高等学校信息管理类专业核心课教材

决策支持系统

张玉峰　主编

陆　泉　艾丹祥　范宇中　副主编

武汉大学出版社

图书在版编目(CIP)数据

决策支持系统/张玉峰主编;陆泉,艾丹祥,范宇中副主编. —武汉：武汉大学出版社,2004.8
高等学校信息管理专业核心课教材
ISBN 978-7-307-04329-9

Ⅰ.决… Ⅱ.①张… ②陆… ③艾… ④范… Ⅲ.决策支持系统—高等学校—教材 Ⅳ.TP399

中国版本图书馆 CIP 数据核字(2004)第 080381 号

责任编辑：严 红　　责任校对：程小宜　　版式设计：支 笛

出版发行：武汉大学出版社　（430072　武昌　珞珈山）
　　　　　（电子邮件：cbs22@whu.edu.cn　网址：www.wdp.com.cn）
印刷：崇阳县天人印刷有限责任公司
开本：880×1230　1/32　印张：15.25　字数：403 千字　插页：2
版次：2004 年 8 月第 1 版　2012 年 6 月第 4 次印刷
ISBN 978-7-307-04329-9/TP·154　　定价：22.00 元

版权所有，不得翻印；凡购我社的图书，如有缺页、倒页、脱页等质量问题，请与当地图书销售部门联系调换。

参与本书编写人员

主　编　张玉峰
副主编　陆　泉　艾丹祥　范宇中
编写者　徐敏刚　郝　彦　晏创业
　　　　金　燕　李　敏　王翠波

内容提要

在多学科理论与方法的指导下,本书从多种角度较全面地阐述了决策支持系统的基本理论、方法与技术。在详细分析了决策理论与方法的基础上,本书系统地阐述了决策支持系统的原理、结构、开发方法、开发技术及应用模型,研究了数据仓库、数据挖掘、联机分析处理等技术的原理与应用方法,介绍了智能决策支持系统、群体决策支持系统、基于网络的决策支持系统的新体系。

本书可作为电子商务、信息管理与信息系统、管理科学与工程、计算机应用、计算机科学等专业的大学本科和研究生教材,同时也可供有关专业人员参考。

前 言

决策支持系统（DSS—Decision Support Systems）是指具有辅助决策能力的高级计算机信息管理系统。它为企业和组织提供各种决策信息以及问题的解决方案，将决策者从低层次的信息分析处理工作中解放出来，使他们拥有更多的时间专注于最需要决策智慧和经验的工作，从而提高决策的质量和效率。自20世纪70年代初美国麻省理工学院的Scott Morton教授在《管理决策系统》一文中首次提出DSS的概念以来，各国学者对DSS的理论研究与开发应用进行了卓有成效的工作。到80年代初，随着计算机管理应用的重点由事务性处理转向企业的管理、控制、计划和分析等高层次的决策制定，DSS的研制和应用也迅速发展起来，成为一门新兴的计算机学科。进入知识经济时代以后，随着企业信息化程度的不断加深，企业管理的重点实现了从物流、资金流向信息流转变的时代跨越，决策支持系统更加显现出其广阔的应用前景，成为管理科学与工程、电子商务、信息管理与信息系统、计算机信息科学等领域的研究热点。在这种时代背景下，对决策支持系统理论与应用技术的学习和研究具有重要的理论意义和实际价值。

目前的DSS已发展成为多学科交叉的前沿学科，涉及计算机科学、管理科学、数学、信息管理科学、人工智能、信息经济学、认知科学等多学科的理论、方法和最新技术。实践表明，多学科理论的融合以及信息技术与智能技术的综合应用，是提高DSS智能化水平的根本途径。这些学科的不断发展和进步，促使DSS获得突破性的进展。DSS与人工智能的结合,形成了智能决策支持系统(IDSS)。神经网络(ANN)、决策树、机器学习、遗传算法、自然语言处理等人工智能技术的应用,大大增强了DSS的功能,提高了决策支持的质量。网络技术、通信技术和分布式人工智能技术的发展与应用,使DSS从主要为个人提供支持的工具转变为支持整个组织乃至多个组织共享的系统。企业和组织能方便地通过Internet和Intranet进行全球范围的合作与交流,跨越组织间的信息屏障,访问不同时空的数据源,进而利用决策支持系统实现群体协同工作,帮助决策者获取更多、更准确的信息,进行更好的决策。各种数据、知识、技术及系统的集成与应用,产生了如数据仓库(DW)、联机分析处理(OLAP)和数据挖掘(DM)等新一代决策支持技术,不但实现了DSS的理论创新,而且大大丰富了DSS的信息存取和信息处理手段,提高了DSS的实际应用效能。目前DSS已在电力、电信、交通、金融、税务等多个行业和领域获得应用,在各大、中、小企业的预算与分析、预测与计划、生产与销售、研究与开发等职能部门中发挥着重要作用,同时在军事决策、政府决策、工程决策、区域规划决策、环境保护决策等领域也正获得越来越多的关注。

全书共分为11章,从多种角度系统全面地阐述了决策支持系统的基本理论、方法与技术。其中第1章和第2章介绍了计算机管理决策科学的基本理论和方法,详细论述了决策过程、决策模式与决策方法,作为决策支持系统的研究基础。第3章至第5章介绍了决策支持系统的基本原理和技术,系统地阐述了决策支持系统的新型结构与主要部件、开发方法、实现方法、开发工具和新技术,介绍了决策支持系统中的模型类型、模型的表示与管理以及可视建模方法。第6章至第7章在决策支持系统基本理论的基础上,阐明了数据仓库、数据挖掘、联机分析处理等新一代决策支持技术的原理与应用方法。第8章至第10章介绍了新技术环境下的主流决策支持系统类型,包括智能决策支持系统、群体决策支持系统和基于网络的决策支持系统,构建了决策支持系统的新体系。第11章分析和展望了决策支持系统的应用和发展前景。本书着重于阐述决策支持系统的基本理论与方法，同时也兼顾了最新的相关技术，撰写过程中广泛地吸取了国内外有关的研究成果，参考和引用了大量的相关文献。

本书由张玉峰组织编写，负责全书的策划、统稿、定稿工作，并撰写前言。参加撰稿的有（按编写的章节顺序）：张玉峰、晏创业（第1章），张玉峰、金燕、徐敏刚（第2章），郝彦、徐敏刚（第3章），陆泉（第4、5、6章），范宇中（第7、8章），艾丹祥（第9、10、11章）。李敏、王翠波参加了部分统稿工作。

在编写本书的过程中，我们引用和参考了国内外许多专家学者的论著，并得到了武汉大学教务部、出版社、信息管理学院的大力支持，研究生周勇士、党锋、张晓翊、余以胜、吴金红、蔡昌许、陈勇跃、刘亮做了大量资料收集与整理工作，在此一并致谢。由于作者能力和水平有限，书中错漏之处在所难免，敬请读者批评指正。

作 者
2004年5月于武汉大学

目 录

1 计算机管理决策支持概论 ………………………………… 1
  1.1 管理者与决策 …………………………………………… 1
  1.2 管理决策与计算机支持 ………………………………… 2
  1.3 决策支持系统的形成 …………………………………… 5
    1.3.1 管理信息系统 ……………………………………… 5
    1.3.2 模型辅助决策系统 ………………………………… 7
    1.3.3 决策支持系统 ……………………………………… 7
  1.4 决策支持系统的理论基础 ……………………………… 9
    1.4.1 管理科学 …………………………………………… 9
    1.4.2 信息管理科学 ……………………………………… 10
    1.4.3 信息经济学 ………………………………………… 15
    1.4.4 人工智能与专家系统 ……………………………… 16
    1.4.5 认知科学 …………………………………………… 20

2 决策理论与方法 …………………………………………… 22
  2.1 决策概述 ………………………………………………… 22
    2.1.1 决策的概念 ………………………………………… 22
    2.1.2 决策问题的要素与特点 …………………………… 24
    2.1.3 决策原则 …………………………………………… 26
  2.2 决策过程 ………………………………………………… 27

2.2.1　信息阶段 …………………………………………… 28
　　　2.2.2　设计阶段 …………………………………………… 29
　　　2.2.3　选择阶段 …………………………………………… 35
　　　2.2.4　实现阶段 …………………………………………… 39
　　　2.2.5　决策过程的支持 ……………………………………… 39
　2.3　决策的分类 ………………………………………………… 40
　2.4　主要的决策模式 …………………………………………… 43
　2.5　结构化决策模型 …………………………………………… 51
　　　2.5.1　决策影响图 …………………………………………… 52
　　　2.5.2　决策树 ……………………………………………… 68
　　　2.5.3　结构化决策过程 ……………………………………… 78
　2.6　认知方式和决策形式 ……………………………………… 90
　　　2.6.1　认知式的决策方法 …………………………………… 90
　　　2.6.2　心理类型对决策的影响 ……………………………… 92

3　决策支持系统概述 ……………………………………………… 97
　3.1　决策支持系统的概念及功能 ……………………………… 97
　　　3.1.1　决策支持系统的定义与特点 ………………………… 97
　　　3.1.2　决策支持系统的功能 ………………………………… 98
　3.2　决策支持系统的结构 ……………………………………… 99
　　　3.2.1　DSS的基本结构与组成元素 ………………………… 99
　　　3.2.2　智能决策支持系统的结构 …………………………… 101
　　　3.2.3　基于数据仓库的客户服务器结构 …………………… 103
　　　3.2.4　综合型决策支持系统的结构 ………………………… 106
　3.3　数据库子系统 ……………………………………………… 107
　　　3.3.1　数据库子系统的结构 ………………………………… 107
　　　3.3.2　组织DSS数据库的三种策略 ………………………… 113
　3.4　模型库子系统 ……………………………………………… 113
　　　3.4.1　模型库子系统的特点与功能 ………………………… 113
　　　3.4.2　模型库子系统的结构 ………………………………… 114

3.5 知识库子系统 …………………………………… 118
3.6 用户接口子系统 ………………………………… 121
　3.6.1 用户接口子系统的管理 ……………………… 121
　3.6.2 用户接口模式 ………………………………… 122
　3.6.3 用户 …………………………………………… 125
3.7 决策支持系统的分类 …………………………… 126
　3.7.1 Alter 的分类 ………………………………… 126
　3.7.2 Holsapple 和 Whinston 的分类 …………… 128
　3.7.3 其他分类 ……………………………………… 129

4 决策支持系统的构造 ………………………… 130
4.1 决策支持系统的开发方法 ……………………… 130
　4.1.1 决策支持系统的开发策略 …………………… 130
　4.1.2 生命周期法 …………………………………… 132
　4.1.3 原型法 ………………………………………… 132
　4.1.4 累接设计方法 ………………………………… 135
　4.1.5 面向对象的设计方法 ………………………… 140
4.2 决策支持系统的开发过程 ……………………… 146
4.3 决策支持系统的设计阶段 ……………………… 152
　4.3.1 设计思想 ……………………………………… 152
　4.3.2 用户开发的决策支持系统 …………………… 153
　4.3.3 小组开发的决策支持系统 …………………… 156
4.4 决策支持系统的实现与集成 …………………… 160
　4.4.1 实现问题概述 ………………………………… 160
　4.4.2 成功实现的决定因素 ………………………… 161
　4.4.3 实现策略 ……………………………………… 167
　4.4.4 系统集成 ……………………………………… 171
　4.4.5 系统集成举例 ………………………………… 175
4.5 决策支持系统开发工具 ………………………… 184
　4.5.1 决策支持系统的技术层次 …………………… 184

  4.5.2 决策支持系统开发工具和开发平台 ………………… 189

5 决策支持系统中的模型 ……………………………………… 193
5.1 模型的类型 ……………………………………………… 194
  5.1.1 物理模型 ……………………………………………… 194
  5.1.2 定量模型 ……………………………………………… 195
  5.1.3 仿真模型 ……………………………………………… 195
  5.1.4 静态模型与动态模型 ………………………………… 196
5.2 数学模型 ………………………………………………… 196
  5.2.1 数学模型综述 ………………………………………… 196
  5.2.2 数学模型算法 ………………………………………… 201
5.3 模型的表示与管理 ……………………………………… 202
  5.3.1 模型的程序表示 ……………………………………… 203
  5.3.2 模型的数据表示 ……………………………………… 204
  5.3.3 模型的逻辑表示 ……………………………………… 208
  5.3.4 模型管理技术的发展过程 …………………………… 213
5.4 可视建模与分析 ………………………………………… 214
  5.4.1 科学计算可视化 ……………………………………… 214
  5.4.2 可视交互建模 ………………………………………… 216
  5.4.3 虚拟现实 ……………………………………………… 217
  5.4.4 可视交互模型与 DSS ………………………………… 219

6 数据仓库 ……………………………………………………… 221
6.1 数据仓库的概念和结构 ………………………………… 221
  6.1.1 数据仓库的概念 ……………………………………… 221
  6.1.2 数据仓库的特点 ……………………………………… 226
  6.1.3 数据仓库的结构 ……………………………………… 234
6.2 数据仓库的数据组织 …………………………………… 236
  6.2.1 多维表的数据组织 …………………………………… 237
  6.2.2 多维表设计 …………………………………………… 243

  6.2.3 多维数据库的数据组织 …………………… 246
 6.3 数据仓库系统的构造 ………………………………… 248
  6.3.1 数据仓库设计的三级数据模型 ……………… 248
  6.3.2 数据仓库设计方法与步骤 …………………… 252
  6.3.3 数据仓库的性能问题 ………………………… 263
 6.4 数据仓库的查询与决策分析 ………………………… 267
  6.4.1 联机分析处理 ………………………………… 267
  6.4.2 数据仓库的查询与索引技术 ………………… 272
 6.5 数据管理和可视化 …………………………………… 275
  6.5.1 数据可视化研究 ……………………………… 275
  6.5.2 可视化系统与方法 …………………………… 277
  6.5.3 多维性与可视化 ……………………………… 279
  6.5.4 多媒体和超媒体 ……………………………… 281

7 数据挖掘 …………………………………………………… 283
 7.1 数据挖掘的概念 ……………………………………… 283
  7.1.1 知识发现和数据挖掘 ………………………… 283
  7.1.2 典型的 DM 体系结构 ………………………… 285
 7.2 数据挖掘的对象与任务 ……………………………… 287
 7.3 数据挖掘的方法与技术 ……………………………… 290
  7.3.1 归纳学习方法 ………………………………… 290
  7.3.2 仿生物技术 …………………………………… 292
  7.3.3 公式发现 ……………………………………… 293
  7.3.4 统计分析方法 ………………………………… 294
  7.3.5 模糊数学方法 ………………………………… 294
  7.3.6 可视化技术 …………………………………… 294
 7.4 Web 数据挖掘 ………………………………………… 295
  7.4.1 Web 数据挖掘的分类 ………………………… 295
  7.4.2 Web 文本挖掘 ………………………………… 296
  7.4.3 Web 链接结构挖掘 …………………………… 308

7.4.4 Web用户兴趣的挖掘 ………………………………… 312

8 智能决策支持系统 …………………………………………… 314
8.1 常规计算与人工智能计算 ………………………………… 314
8.1.1 常规计算 ………………………………………… 314
8.1.2 人工智能计算 …………………………………… 315
8.2 专家系统 ………………………………………………… 316
8.2.1 专家系统的定义与特点 ………………………… 316
8.2.2 专家系统的结构原理 …………………………… 317
8.2.3 专家系统与决策支持系统 ……………………… 319
8.3 智能决策支持系统概念与结构 …………………………… 320
8.4 智能决策支持系统实现技术 ……………………………… 323
8.4.1 智能决策支持相关技术 ………………………… 323
8.4.2 智能决策支持系统的开发 ……………………… 334
8.4.3 基于统一语言的IDSS开发环境 ………………… 340

9 群体决策支持系统 …………………………………………… 354
9.1 群体决策理论与方法 ……………………………………… 354
9.1.1 群体决策的概念、意义和背景 ………………… 354
9.1.2 群体决策的类型 ………………………………… 356
9.1.3 群体决策过程及其建模 ………………………… 358
9.1.4 群技术 …………………………………………… 363
9.2 群体决策支持系统概念、功能和结构 …………………… 367
9.2.1 群体决策支持系统的概念和特点 ……………… 367
9.2.2 群体决策支持系统的功能和类型 ……………… 370
9.2.3 群体决策支持系统的组成和结构 ……………… 375
9.3 群体决策支持系统的实现 ………………………………… 377
9.3.1 群体决策支持系统的运作过程 ………………… 377
9.3.2 群体决策支持系统技术 ………………………… 378
9.3.3 群体决策支持系统构造 ………………………… 388

10 基于网络的决策支持系统 ………………………………… 395
10.1 基于网络的决策支持系统概述 …………………………… 395
10.1.1 基于网络的决策支持系统的概念 ……………………… 395
10.1.2 基于网络的决策支持系统的功能结构 …………………… 398
10.1.3 基于网络的决策支持系统的群件 ……………………… 402
10.2 基于网络的决策支持系统的通信机制 ……………………… 407
10.2.1 网络技术和网络协议模型 ……………………………… 407
10.2.2 任务协调模型 ………………………………………… 411
10.3 电子商务中的决策支持 ……………………………………… 413
10.3.1 电子商务概述 ………………………………………… 413
10.3.2 电子商务中的决策支持技术 …………………………… 416
10.3.3 商务智能 ……………………………………………… 421

11 决策支持系统的应用与发展 ………………………………… 430
11.1 主管信息系统 ………………………………………………… 430
11.1.1 主管信息系统的概念与特点 …………………………… 430
11.1.2 主管的作用及其信息需求 ……………………………… 432
11.1.3 主管信息系统与决策支持系统的比较和集成 …………… 434
11.2 基于Agent的决策支持系统 ………………………………… 438
11.2.1 智能Agent技术概述 …………………………………… 438
11.2.2 智能Agent技术在决策支持系统中的应用 ……………… 444
11.3 信贷决策支持系统案例分析 ………………………………… 450
11.3.1 设计目的 ……………………………………………… 450
11.3.2 功能需求分析 ………………………………………… 451
11.3.3 模块设计 ……………………………………………… 453
11.4 决策支持系统的发展趋势 …………………………………… 456

参考文献 ……………………………………………………………… 460

1 计算机管理决策支持概论

1.1 管理者与决策

随着管理科学、计算机科学、信息管理科学、人工智能、互联网技术的高度发展，人们意识到计算机应用在管理工作中的作用之后，必然会改变管理工作的活动方式、思维方式，并将使之成为人们智力活动的有利工具。人们也将综合利用这些技术于各种决策活动之中，帮助决策者提高决策工作的效率与质量。但是，对于一个复杂的经济系统，存在着许多模糊的、不确定的因素，有许多复杂的半结构化、非结构化的问题。在这种环境下，要做出正确的决策是很困难的。如果仅凭决策者个人的学识、智慧和经验来做决策不仅困难而且是十分冒险的，因此，决策者需要强有力的支持，包括历史的、当代的、自身的、他人的、成功的、失败的等各种各样的数据、经验、方法和技术。

为了了解计算机信息系统可为管理者提供何种决策支持，首先有必要弄清管理者和管理者工作的本质。

组织的各个层面和各个部门都有管理者，包括在组织顶层即战略规划层的管理者，如董事长、经理和信息主管，在管理控制层的部门经理，在运作控制层完成任务的管理者。通常情况，较高层的管理者对组织的存亡和兴旺起着决定性作用。

Mintzberg关于高层管理者的研究和其他类似的研究表明，管理者常扮演10种主要角色，这些角色可以分为三大类，即人际间的、信息的和决策的。人际间的角色主要是指各层领导人物的指导与管理作用以及相互协作与信息关联。信息的角色就是广泛地收集和接受组织内外部信息，包括决策信息、管理信息和基础性信息，特别是最新的竞争信息，并科学地组织、管理、传播和发布信息。决策的角色就是寻求组织及其环境的发展机会，使组织做出科学决策，并使其生效。著名的管理学家、美国卡内基-梅隆大学教授赫伯特·A. 西蒙（Herbert A Simon）曾指出，组织中经理人员的重要职能就是做决策。

为了实现这些角色，管理者需要信息。信息在大多数角色中起着关键的作用，特别是在企业间的交流和协作活动中更是如此。管理者除了获取必要的信息，从而能更好地扮演这些角色外，还可以用计算机支持其决策。这些都嵌入到若干种人际间和信息的角色中。

1.2 管理决策与计算机支持

管理是一个过程，通过该过程，组织利用各种资源达到其目标。这些资源可以认为是过程的输入，而目标的实现可看做是过程的输出。组织和管理者的成功程度常用该输出与输入的比来衡量，该比例表示组织的生产率，即：

生产率 = 输出（产品，服务）/ 输入（资源）

由于生产率决定了组织及其成员的状况，故所有组织都关心其生产率。生产率也是国家的一个最重要的指标，国家的生产率是所有组织和个人生产率的集结，它决定了生活水平、就业水平和国家的经济状况。

生产率的水平如何，或者管理的成功与否，取决于管理功能的实现。这些功能包括计划、组织、指导和控制等，为了实现这些功能，管理者处于不断的决策过程中。

所有管理活动都围绕着决策进行，管理者是首要的或重要的决策人，在组织的各层次中分布着各种决策人。

长期以来，管理者们认为决策是一种纯艺术，是一种需要有长期经历才可以获得的才能，而管理则被认为是各种人以不同风格成功地解决类似的管理问题的艺术。这种风格通常是基于创造力、判断力、直觉和经验，而不是基于作为科学方法基础的系统定量方法。

然而，当今管理运作的环境发生了很大的变化。今天的企业及其环境比以往任何时候都要复杂，而且复杂性有不断增加的趋势，诸多动态因素影响管理决策。事实表明，今天的决策比过去更复杂，更困难，原因如下：其一，由于现代技术与通信系统的迅速发展和信息资源的激增，现在可选的方案比以前任何时候都要多得多；其二，决策失误的代价可能非常大，这是因为操作、自动化和失误在组织中引起的连锁反应是复杂和重大的；其三，决策所需的信息是复杂或难以获取的；其四，必须迅速做出决策。

由此，管理者必须变得更老练，必须学会如何使用为其工作领域开发的新工具和新技术，其中有些工具和技术正是本书论述的主题。这些工具和技术对决策的支持，对于做出有效的决策起着极大的支持作用，如计算机信息技术。

计算机信息技术对组织和社会的影响将不断增加。任何组织都是一个实体系统，都必须通过一个概念系统（信息系统）进行管理。从传统的工资和账目管理，到现在计算机化的系统，计算机信息技术不断渗透到一些复杂的管理领域，包括从自动化工厂的设计和管理，到企业合并与发展机会捕获的建议和评价。几乎所有的企业管理者都认为，计算机信息技术对于企业是至关重要的，他们也正大量地使用着该技术。计算机应用从交易处理（或后台）以及各种控制活动转移到问题分析和求解的应用。在21世纪，诸如决策支持的数据存取、联机分析处理以及 Internet 和 Intranet 的应用正在成为现代管理的基石，而对能为管理者提供直接辅助，支持其决策的信息系统的需求也日益增加。

需要计算机实现决策支持的原因，通常有以下6个方面：

(1) 快速计算。计算机可以让决策人以较低的成本很快地进行大量的计算,从而及时做出决策。及时决策在许多情况下是很关键的。例如,急救医生的决策,股票交易人的决策,等等。

(2) 克服认知限制。克服在处理和存储中认知能力的限制。依据西蒙1977年的观点,人脑对信息的处理和存储能力是有限的,并且当需要时,人们要无差错地回忆信息也是困难的。而计算机的信息处理和存储能力较强,能够克服人脑的这一缺陷。当需要传播与利用信息和知识时,人们的个体问题求解能力也是有限的,因此多个人协作将有助于克服这些困难,但在群体中可能又会产生协调和通信的问题。计算机系统在迅速存取,处理大量信息,克服群体协调和通信中的问题等方面显示出明显的优势。(本书第9、10章将对此进行详细阐述。)

(3) 减少费用。聚集一组决策人(特别是专家)一般需要很高的费用。计算机支持可以减少决策群体的规模,并可以使群体通过异地通信,节省交通、食宿、组织等费用。同时通过计算机的使用,工作人员(如财务分析员等)的效率也将得以提高,对于组织而言,提高生产率意味着降低费用。

(4) 技术支持。许多决策需要运用复杂的技术,比如数据可能存放在不同的数据库中;可能存储在组织外部;数据可能以声音、图像等多媒体形式存储;数据可能需要从很远的地方迅速传输等。此时计算机系统可以迅速、准确地搜索、存储、传输和处理这些数据。

(5) 质量支持。计算机能辅助提高决策的质量。例如,可以评价更多的方案;可以快速地进行风险分析;可用较低的费用快速收集专家的观点;专家的知识甚至可以由计算机系统直接导出。应用计算机,决策人可以快速、经济地进行复杂的仿真,检验各种情况以及估计各种影响,从而有助于产生出最优决策。

(6) 竞争支持。在企业流程重组工程中,竞争压力使得决策更困难。竞争不仅限于价格,而且还包括质量、准时、按用户要求制造产品以及用户服务。组织必须能频繁和迅速地改变其操作模式、构建重组过程以及更新创新机制等。计算机决策支持技术，如专家系统，允许人们即使在缺乏某些知识或信息不确定时，也能快速地做出优质决策，从而有可能提供竞争支持。

1.3 决策支持系统的形成

20 世纪 70 年代，计算机技术在企业管理领域的应用重点逐渐转移到了信息处理和决策支持上，由管理信息系统发展为决策支持系统。

管理信息系统（MIS—Management Information Systems）是将管理科学与计算机数据处理系统相结合而发展起来的，它使计算机的应用由数据处理领域拓宽到业务管理领域，使计算机面向社会和家庭。运筹学和系统工程利用计算机技术后，形成了模型辅助决策系统。由于采用的模型主要是数学模型，它辅助决策的能力主要表现在定量分析上。决策支持系统则把管理信息系统和模型辅助决策系统结合起来，将 MIS 的数据处理与模型的数值计算融为一体，提高了辅助决策的能力。

1.3.1 管理信息系统

随着计算机在数据处理领域应用的成功，20 世纪 60～70 年代西方国家兴起了管理信息系统的研究与应用的热潮。我国 70 年代末到 80 年代初管理信息系统才成为研究热点。

管理信息系统是在数据处理系统（DPS—Data Processing Systems）的基础上，采用管理科学的方法和现代信息技术，对管理信息进行收集、存储、维护、加工、传递和利用，实现广泛的业务规划、管理运行、调控和预测的信息系统。

MIS 具有如下特征：

(1) MIS 的主要功能是事务处理。它包括对信息的收集、传输、存储、检索等低级处理，也包括一些有模型计算在内的高级处理。这些处理结果为决策者所使用。

(2) MIS 包含多个数据处理系统（DPS）。每个 DPS 面向一个管理职能，主要是代替人完成以往传统的数据处理工作，如财务 DPS、劳资 DPS 等。

(3) MIS 是为结构化决策服务的。所谓结构化决策是指那些日常的、有规律可循的、可事先确定的决策行为。

(4) MIS 具有系统的一切特征。MIS 由若干个子系统构成，通过各子系统之间的信息联系，构成一个有机整体以实现总体管理目标。在从开发到运行的整个生命周期中，管理信息系统都体现了系统的思想和工作方法。

(5) MIS 是实际管理系统的一部分。管理信息系统依赖于实际管理系统，后者对前者的功能、组织结构具有决定性的作用。不适应管理的系统没有生存的价值，同样，管理信息系统也不能脱离实际管理系统而独立存在。

(6) MIS 是以数据库系统为基础建立起来的。具有集中统一规划的数据库是管理信息系统成熟的重要标志。

MIS 具备如下功能：

(1) 事务处理：任何部门都会有各种事务需要对数据进行处理。管理信息系统应具备传统的事务处理功能。

(2) 数据库的更新和维护：管理信息系统对当前状况的数据库的操作，主要是根据事务活动的变化进行某些项目的添加、删除和修改。对于历史信息的数据库一般只有添加操作。

(3) 产生各类报表：管理信息系统应具有对数据库中的数据进行提炼，并以报表的形式呈给用户的功能。报表分为定期报表和不定期报表。

(4) 查询处理：查询处理有预先设置好的常规查询和应付某些特殊用途的查询。查询处理还涉及数据的安全保密问题。

(5) 用户与系统的交互作用：管理信息系统应有和用户交流信息的功能。用户可以通过选择某种方式使用管理信息系统或对系统进行提问以获取辅助决策信息。

1.3.2 模型辅助决策系统

模型是对客观规律的一般描述。人们通过对模型的认识来增强处理复杂问题的能力,尽可能地按客观规律办事,不犯错误,取得预期的效果。

对模型的工作有两类:一是建立模型;二是使用模型。

建立模型是专家学者从事物的变化规律中抽象出它们的数学模型。这项工作是创造性劳动,需要花费大量的精力和敏感思维来得到规律性模型或相近的数学模型。

模型建立后的一个重要问题就是提出该模型的求解算法。它可以是精确求解,也可以是近似求解。这种算法的提出通常由计算机数值计算学者来完成。有了模型算法,就可以用计算机语言来编制成程序。实际的决策者就可以利用模型程序在计算机上运行,计算出结果,得到辅助决策信息。

1.3.3 决策支持系统

20 世纪 70 年代初,美国麻省理工学院的 Scott Morton 教授在《管理决策系统》一文中首先提出了决策支持系统(DSS —Decision Support Systems)的概念。20 世纪 80 年代,决策支持系统迅速发展起来并成为新兴的计算机学科。

DSS 实质上是在管理信息系统和运筹学的基础上发展起来的。管理信息系统重点在于对大量数据的处理。运筹学在于运用模型辅助决策,体现在单模型辅助决策上。随着新技术的发展,所需要解决的问题愈来愈复杂,所涉及的模型愈来愈多,不仅使用几个,而是动辄使用十多个、几十个,以至上百个模型来解决一个大问题。在决策支持系统出现之前,多模型辅助决策问题是靠人来实现模型间的联合和协调的。为了实现由计算机自动组织和协调多模型的运行以及数据库中大量数据的高效存取和处理,达到更高层次的辅助决策能力,决策支持系统应运而生。它把众多的模型有效地组织和存储起来,增加了模型库和模型库管理系统,通过人机交互功能,建立模型库和数据库的有机结合。它不同于 MIS 的数据处理,也不同于模型的数值计算,而是它们的有机集成,既具有数据处理功能,又具有数值计算功能。

像 MIS 等技术一样,DSS 是可以任意表达其内容的,也就是说,对于不同的人它具有不同的含义,所以目前还没有统一可接受的 DSS 定义。

决策支持系统与管理信息系统有着密切的联系和本质区别。DSS 是从 MIS 的基础上发展起来的,都是以数据库系统为基础,都需要进行数据处理,也都能在不同程度上为用户提供辅助决策信息。DSS 与 MIS 的区别在于如下方面:

(1) MIS 是面向中层管理人员,为管理服务的系统。DSS 是面向高层人员,为辅助决策服务的系统。

(2) MIS 是按事务功能(生产、销售、人事)综合多个事务处理的信息系统。DSS 是通过多种模型和知识的组合计算辅助决策。

(3) MIS 是以数据库系统为基础、以数据驱动的系统。DSS 是以模型库系统和知识库系统为基础、以模型和知识驱动的系统。

(4) MIS 分析着重于系统的总体信息的需求,输出报表模式是固定的。DSS 分析着重于决策者的需求,输出数据的模式是复杂的。

(5) MIS 系统追求的是效率,即快速查询和产生报表。DSS 追求的是效益,即决策的正确性。

(6) MIS 支持的是结构化决策。这类决策是已知的、可预见的,而且是经常的、重复发生的。DSS 支持的是半结构化决策或非结构化决策。这类决策是既复杂又无法准确描述处理,且涉及大量计算,同时还要满足计算机应用以及用户干预。

随着组织或企业内外部环境的变化,DSS 不断发展,主要原因有:

(1) 企业运作在一个不稳定的经济环境中;
(2) 企业面临着日益激烈的国内外竞争;

(3) 企业遇到了不断增加的大量企业运作情况的困难；

(4) 企业已有的计算机系统不能支持增加效率、利润和进入赢利市场的目标；

(5) 信息系统部门已不能满足企业不断的需求和某些管理决策需求的特殊性，而且在已有系统中还没有所需要的分析功能。

促使 DSS 发展的另一个原因是终端用户计算需求的趋势，终端用户不是程序员，所以他们需要构造工具和过程。而这些是 DSS 可提供的，因此用户通过应用 DSS 能够得到满意的结果。

1.4 决策支持系统的理论基础

决策支持系统在不少行业和部门获得了成功，取得了明显的效益。它的理论和技术发展到今天，离不开相关学科如计算机科学、管理科学、数学、信息管理科学、人工智能、信息经济学、认知科学等的支持。这些学科构成了它发展的理论框架，亦称之为它的理论基础。尽管其中有些学科在它产生和形成的过程中起的作用不大，但它们对决策支持系统未来的发展将给予极为重要的启迪。下面我们来逐一介绍这些相关的理论基础。

1.4.1 管理科学

管理科学综合运用经济学、数学、行为科学和计算机科学的概念与方法，研究人类管理活动规律及其应用，逐渐发展成为一门综合性、系统性的交叉科学。

管理科学方法采用这样的观点，即管理者按照较系统化的过程解决问题，所以，有可能用科学的方法自动地处理管理决策中的某些子问题。系统化的过程包含下列步骤：

(1) 定义问题（需处理某问题的决策情形）；

(2) 将问题分为标准的类型；

(3) 构造描述现实世界问题的数学模型；

(4) 求出并评价模型化问题的解；

（5）推荐和选择问题的解。

上述过程围绕模型这个中心，而建模包含将现实世界中的问题转变成适当的原型结构，从而有助于快速、有效地寻求模型解的计算机方法，只有包含建模功能的 DSS 才能够处理非结构化的问题。

管理科学在处理结构化问题时提出了分析的观点，它所涉及的一系列方法在信息系统中已广泛应用。在处理结构性很强的局部问题时，管理科学是相当成功的方法。但是，管理科学过于注意结构上的规范、形式上的构造模式，用它们来解决诸如战略、规划等半结构化或非结构化的决策问题时，往往使人进退维谷，很难达到预期的效果。

DSS 的开发和研制离不开传统的管理科学所提供的模型，但 DSS 倾向于模型尽量简单，宁可牺牲方法上的精巧而努力使用户在概念上和决策效能上能够接受，而不拘泥于形式上的构造和模型的规范，这是 DSS 的显著特点。

1.4.2　信息管理科学

西蒙认为，今天关键性的任务不是去产生、存储或分配信息，而是对信息进行高级加工处理和科学管理。今天的稀有资源已不是信息，而是处理信息的能力。事实上，不仅决策的前期工作要与信息发生联系，而且信息要贯穿决策活动的整个过程。比如，在选择方案时，决策者既要动用自身积累的专业知识信息，又要洞悉时势信息，在评价方案实施情况时，必须以决策实施方的反馈信息为依据。可见，决策成败的关键取决于对信息的应用。因此，信息管理理论一直都是决策理论的重要组成部分。

在组织所处的环境中，计算机信息被管理者、非管理者、个人和组织所使用。管理者履行职责并发挥着作用，若期望有所成就，就必须有进行交流和解决问题的技巧。管理者应当成为有计算机文化的人，更重要的是，要成为有信息文化的人，要确保搜集必要的数据并将其处理为正确的、有用的信息，同时要以最有效的方式使用信息。

信息管理科学是以信息为主要研究对象,以信息处理的规律和应用方法为主要研究内容,以计算机等技术为主要研究工具,以模拟和扩展人类的信息处理和知识处理功能为主要目标的综合性学科。它重在研究信息和知识的收集、分类、组织、加工、传递、检索、分析和服务的理论与技术。

1.4.2.1 重要的信息处理技术

信息及其管理是构造 DSS 的基础。这里针对 DSS 中的应用,主要介绍信息的收集、组织、分析与利用以及数据仓库、联机分析处理、数据挖掘等新技术。

(1) 信息本质与信息收集

通常 DSS 需要基础信息、管理信息和概括度高的决策信息(即知识)。

信息可以是数字、字符、图形、声音和图像。它是经过加工或组织的数据,使之对接受者有意义,它使接受者了解所不知道的事物或者确认接受者知道的事物,因此具有一定的价值。接受者解释其含义,并进行推理和导出结论。通过信息处理得到的信息对于行动和决策更有意义,这些更专门的信息处理比简单的信息存取更有价值。

知识是人们对于客观事物规律性的认识,并包含组织和处理的数据。知识可以反映人们过去的经验和专长,这些知识通过一些信息的联系,揭示事物的规律性,并具有很高的潜在价值。可以说知识是做决策的关键信息。

信息与知识,常从内部的、外部的和个人的数据源中抽取。内部信息是通过对前期决策与决策实际执行之间差异的比较及其原因的分析而获得的。因此,信息来源主要指的是外部信息,包括政府的政策、公文、行业行规、新闻报道、生产和市场信息等。外部信息的收集,可通过电子数据交换或通过组织之间的信息交流以及 Internet 等方式。

(2) 信息组织与数据仓库

决策需要的许多数据有多个来源,可来自不同的硬件和软件系统，所以获取数据非常困难，这大大增加了决策分析的费用，并降低了DSS的有效性。同时，过量的信息有淹没组织的危险，该问题在客户/服务器环境中特别严重，在这种环境中，连接性和不兼容性因素进一步加重了这种情况。因此，需要借助新技术对大规模的、复杂的决策信息进行有效组织，数据仓库（Data Warehouse）技术应运而生。

数据仓库是在数据库的基础上发展起来的，又称信息仓库。它是一种利用多维方法和集成方法进行数据组织和数据存取的最新技术，能够将各种不同来源的、分散的数据汇集和处理为统一的数据资源，以便于终端用户访问。简而言之，数据仓库就是一个管理组织的所有业务数据的元数据库，终端用户可据此进行多维查询、多维分析以及数据仓库信息的可视化。

数据仓库能对整个企业各部门送来的各种信息进行汇总和综合，从历史的角度组织和存储数据，并能对数据进行有效的控制和分析，使数据在控制过程中产生信息增殖效应，用以支持经营管理中的决策制定过程，实际上是决策支持的一次革新。从技术上讲，数据仓库是企业内部运作数据的中央仓库，这些数据经过了清理、转换、综合以后，为用户存取外部的市场数据以及内部的事务信息提供了方便。举例来说，数据仓库用户可以立即得到某单位当前所处地位的准确报告；了解某公司面临的风险，包括各项事务以及对整个银行所有业务面临的风险；对市场和法规条例的需要迅速做出反应。数据仓库并非仅仅是一个存储数据的简单信息库，否则它与传统数据库没有两样。传统数据库主要用于数据处理，而数据仓库主要用于决策分析。

数据仓库可以对决策人的数据需求提供支持，且其解决方案可以提高决策人的效率。另外，数据仓库还可提供对重要数据的存取方法，将运行数据库隔离并进行临时处理，以及提供高层数据摘要和数据挖掘功能等。这些优点可改进企业信息，提高竞争优势，增强顾客对服务的满意程度，提供良好的决策服务以及帮助企业过程合理化。

(3) 信息分析与数据挖掘

常规的信息分析方法就是在收集、加工、存储和传递信息的基础上，采用定性和定量的方法对其进行处理，从中抽取出更加直观的知识，以便制定和选择决策方案。随着信息技术和信息资源环境的变化，专家们研究了联机分析处理和数据挖掘等新技术。

联机分析处理（OLAP—Online Analytical Processing）是决策者和高层管理人员对数据仓库的多维信息分析处理。它使分析人员能够快速、一致、交互地从各个方面观察信息，以达到深入理解信息的目的。

联机分析处理是由终端用户进行的，包含在 OLAP 中的活动有查询、产生特定的报告、进行统计分析和构造多媒体应用等。OLAP 的基本操作功能有：切片、切块、钻取和旋转。它还需要应用数据仓库的一组工具，包括多维查询、多维分析、数据挖掘、数据可视化等。

数据挖掘（Data Mining）是从大量数据中提取或挖掘深层信息或知识的过程。它是人工智能、机器学习与数据库技术相结合的产物。数据挖掘是知识发现过程的核心，也是一种与用户引导分析不同的自动化数据分析方法（即不受用户预先设想的束缚而自动完成）。

数据挖掘的对象主要有关系数据库、数据仓库，现逐步发展到空间数据库、时态数据库、多媒体数据库、互联网 Web 数据源等。

数据挖掘的主要任务是概念描述、关联分析、分类和预测、聚类、偏差检测、时序模式分析。它采用的方法和技术包括：(a) 统计分析方法；(b) 机器学习；(c) 神经计算方法；(d) 模糊数学方法；(e) 可视化技术等。大多数企业的数据挖掘软件包支持多种方法。

数据挖掘的应用非常广泛，早期的应用主要集中在帮助企业提升竞争能力，现逐渐发展到生物医学、金融分析和电子商务等领域。

1.4.2.2 信息管理科学对 DSS 的影响

信息管理科学对决策支持系统的作用和影响主要体现在以下几个方面:

(1) 信息管理科学为决策支持系统提供基本的理论框架

DSS 之所以依赖于信息管理科学,是因为由信息处理所构成的信息和知识是决策系统的核心。数据、信息和知识的质量,关系到决策的质量,甚至决策的成败。可以说,决策支持系统正是信息管理科学理论研究与实际管理决策应用相结合的产物。信息管理科学的重要理论与方法,如信息知识的收集、分类、组织、检索、分析以及信息系统等,可以作为决策支持系统的理论基础。一些新的信息管理理论研究,如电子商务、智能商务等为决策支持系统理论研究注入了新的活力。

(2) 信息管理科学的技术进步促进决策支持系统的变革

信息管理科学的技术水平状况直接影响到决策支持系统所能提供的决策支持和辅助能力。新的信息管理技术从各个方面促使决策支持系统的变革。网络通信技术、多媒体技术、分布式计算机在信息管理领域的广泛应用改变了原来决策支持系统的单一功能模式,出现了互联网决策支持系统、群决策支持系统、分布式决策支持系统、集成式决策支持系统、多媒体决策支持系统等高层次决策支持系统。此外,数据库技术与人工智能技术的结合,尤其是专家系统和知识库技术的应用,改变了决策支持系统的基本结构,使其从两库结构向三库、四库、五库结构发展。20 世纪 90 年代中期兴起的数据仓库、数据挖掘、联机分析处理和信息可视化技术更是直接面向信息决策支持服务的,从而引发了从"确认式"到"发现式"的 DSS 决策支持理念的创新与变化。

(3) 信息管理科学的发展趋势影响着决策支持系统的发展方向

作为信息管理科学范畴内的重要研究课题,决策支持系统的发展方向一直深受信息管理科学发展趋势的影响。多学科综合一直是信息管理科学的重要特点,尤其是与人工智能学科的结合尤为紧密。这种结合也体现在智能决策支持系统的产生与发展方面,神经网络、决策树、机器学习、遗传算法、自然语言处理等人工智能技术在决策支持系统中都获得了广泛的应用。特别是信息管理的知识化趋势深刻地影响着决策支持系统的发展,导致了从基于数据的 DB-DSS 到基于知识的 KB-DSS 的变革。

以先进的信息技术与知识技术为基础的决策支持系统,将提供强有力的决策支持功能,大大改善管理决策的有效性和效率。那么,多学科理论和方法的集成与融合,将创新更先进的 DSS 方法和技术。

1.4.3 信息经济学

我们经常说,现在是信息社会,我们处在信息爆炸的时代。那么,人们自然会提出这样的问题:信息的产生和获得的成本是多少?利润又是多少?大约在 20 世纪 60 年代,很多从事微观经济理论和方法的研究者,试图将其理论与方法用于解决计算机产生的软件问题而逐步形成了一个新的研究领域,后来被人们称之为信息经济学。尽管这个名词不太确切,但它确实是在研究信息的产生、获得、传递、加工处理、输出等方面的价值问题。例如,有些学者研究了硬件开发中的折衷方案,确定了估价信息值的框架,并对信息进行分类。他们认为信息值的增加与下列因素有关:

(1) 格式、语言和满足用户愿望的详细程度;
(2) 获取方便性和使用权的增加;
(3) 从获取到使用的时间。

显然,信息价值是一个关键问题。众所周知,在软件和硬件之间考虑折衷方案是相当困难的问题。至今,计算机信息系统的价值仍然是个难题。尽管信息经济学也研究信息,但人们一直没有重视它和 MIS 的关系。我们认为它可能对决策支持系统的发展产生影响。

尽管研究计算机信息系统的价值及其计量问题是件相当困难的事情,但这些问题是不可能回避的。总有一天,对 DSS 进行经济学评价和比较的问题会摆在我们面前。

1.4.4 人工智能与专家系统

人工智能（AI—Artificial Intelligence）是研究模拟和扩展人脑智能的先进理论与技术。它是一门综合性的交叉学科，涉及自然科学、社会科学和人文科学等几乎所有学科。目前，专家系统（ES—Expert Systems）、人工神经网络（ANN—Artificial Neural Network）和分布式 Agent 是人工智能最热门的研究领域。

将人工智能技术用于管理决策是一项开拓性的工作。人工智能，尤其是专家系统，将为 DSS 提供有效的理论和方法，使之逐步发展为基于知识的决策支持系统。智能的 DSS 能应用领域专家的知识来选择和组合模型，完成问题的推理和运行，并为用户提供智能的交互式接口等，提供基于知识的决策支持。

大多数管理决策者是智力工作者，因此，他们在决策中很自然地要应用相关知识。人们获取这些知识往往需要许多年，并且随着知识的增加，获取知识变得越来越困难。基于知识的系统不仅能提供关于客观事物的知识，而且也可以提供专家在数据管理和建模方面的知识，以增强决策支持的能力。

1.4.4.1 人工智能

人工智能包含许多含义，大多数专家认为 AI 包含两个基本思想：第一，研究人的思维过程，理解什么是智能；第二，用机器表示这些智能，如计算机和机器人。

一般对 AI 的定义是：人工智能是智能机器的行为，是模拟人类自然智能的结果。探讨一下智能行为的含义，可以知道智能常有的表现是：(a) 从经验中学习和理解；(b) 从模糊或矛盾的信息中找出其含义；(c) 快速和成功地响应新情况（不同的答案，灵活性）；(d) 在求解问题中应用推理，有效地指引求解方向；(e) 处理复杂情况；(f) 用通常合理的方式理解和推理；(g) 应用知识操纵环境；(h) 思维和推理；(i) 在一定的情况下，识别不同部分的相对重要性。

虽然 AI 的最高目标是构造模仿人类智能的机器，但是目前商业化的 AI 产品相对上述的功能而言，还远没有取得显著的成功。虽然计算机没有像人的大脑那样具有经验和学习的多样性，但它能够应用人类专家的知识，这些知识包括事实、概念、理论、启发式方法、过程和关系等。通过组织和分析知识，使之易于理解和应用于问题求解与决策。

AI 的基本内容包括：知识获取、知识组织和知识处理方法。

(1) 知识获取

知识获取是研究如何直接或间接地从一个或多个信息资源中抽取和加工知识的技术，例如机器听觉、视觉、触觉和感觉。知识获取方法有人工方法、统计方法、语言学方法、神经网络方法和机器学习方法等。近来研究者们将机器学习（如归纳学习和类比学习）与数据库技术相结合，研究了数据挖掘与知识发现技术，成为充分利用大型数据库数据实现辅助决策的重要途径。

(2) 知识的表示与组织

知识表示就是把问题求解中所需要的人类专家的知识和客观事物的知识构造为计算机可处理的逻辑结构。这种结构与知识处理方法相结合，将产生智能行为。

现已成功运用的知识表示形式有：(a) 谓词逻辑；(b) 产生式规则；(c) 语义网络；(d) 框架；(e) 过程性知识；(f) 神经网络。前五种知识表示形式属于"符号处理"，即人类认知的基本元素是"符号"，认知过程是符号上的运算。人工智能的 40 年成就，特别是专家系统的成就是基于符号处理的。神经元网络的兴起，改变了人们的观念，提出了人类思维的基本元素是神经元，思维过程是信息在神经元连成的网络中相互传播。它是一个并行分布式处理过程，是一种连接表示机制。

在 AI 系统中，将与问题有关的知识组织和存储在一起，称为知识库（Knowledge Base）。大多数知识库都有应用领域的限制，即知识库应用集中于某些专门和较窄的问题域。事实上，在较窄的知识领域以及 AI 系统中必须包括决策的某些定性的特征，这是 AI 应用成功的关键。一旦建立了知识库，计算机可利用 AI 技术，使用知识库中的知识实现推理功能。

(3) 启发式方法和知识推理

人们常自觉或不自觉地用启发式方法进行决策,每次遇到类似问题时,应用启发式 方法,人们不必完全重新思考。通常,AI 方法使用某种搜索机制,而启发式方法则用于限定和着重于搜索最可能的范围。

AI 包含由机器展现的知识推理功能,推理包含利用启发式方法或其他搜索方法,根据事实和规则推理。常用的知识推理方式有:(a) 演绎推理;(b) 归纳推理;(c) 类比推理。AI 独特之处是应用模式匹配方法进行推理,以定性特征和逻辑的计算关系描述目标、事件或过程。

利用知识库和知识推理功能,可以构建问题求解器供决策者使用。计算机运行 AI 程序,通过搜索存有事实和关系的知识库,能够得到给定问题的一个或多个可行解。

(4) 符号处理

常规计算机程序是基于算法的,而 AI 软件是基于符号表示和符号处理的。专家求解问题通常不是通过求解一组方程或进行烦琐的数学计算,而是用符号表示问题概念,并应用各种策略和规则去运用这些概念。符号是表示某些现实世界概念的字符串,AI 方法用一组符号表示知识并描述问题和概念。AI 程序操纵符号,进行知识表达,而符号的选择、构成和解释是 AI 要解决的重要问题。

AI 本身不是一个商业领域,它是一种科学和技术,是概念和想法的集合。AI 的发展为决策科学等许多学科和技术提供了科学基础,促进了它们的发展与结合。

人工智能的主要研究与应用领域是:(a) 问题求解:如医疗诊断、矿床勘探;(b) 逻辑推理和定理证明:如数学定理的证明;(c) 自然语言处理:如语言翻译、语音的识别、语言的理解和生成;(d) 自动程序设计:"超级编译程序"能从高级形式的描述生成所需的程序;(e) 知识系统:它是拥有为执行任务所涉及的各种知识,并进行知识的管理和解决问题的系统,也称为智能系统,例如专家系统、智能决策支持系统、智能信息系统和智能代理（Intelligent Agents）；(f) 机器人学和传感系统：当传感系统（如视觉系统、触觉系统和信号处理系统）与 AI 结合时，则产生了机器人学，即完成人的部分工作的机器人；(g) 神经计算：神经网络是一种描述大脑工作方式的数学模型，神经网络正开始对商业领域产生有益的影响。

1.4.4.2 专家系统

人工智能技术作为计算机应用研究的前沿，在近 10 年里取得了惊人的进展，呈现了光明的前景，其中最诱人的成果是专家系统的实用化。当今世界上已有上千个专家系统应用于医学、诊断、探矿、军事调度、质谱分析、计算机配置、辅助教育等各种领域，并且已开始涉足财政分析、计划管理、工程评估、法律咨询等管理决策领域。可以预言，专家系统参与解决管理科学中半结构和非结构化问题是辅助决策的未来。

专家系统（ES—Expert Systems）是一组智能的计算机程序，它具有人类领域的权威性知识，用于解决现实中的困难问题，也被称为基于知识的系统（knowledge-based systems）。这种信息系统是在新形势下将人类专家的推理过程应用到决策或各种问题求解过程中，可以达到甚至超过某专门领域人类专家的表现水平。

专家系统的基本思想是简明的，即应用人工智能技术，将专家的知识转换并存储到计算机中，模仿专家进行知识推理和提建议，达到专家解决问题的能力。ES 进行推理得到特定的结论，然后，像人类专家咨询一样，根据需要，给用户提建议并解释它，该建议是基于知识逻辑的。在应用领域中，越是非结构化的问题，越需要专门的建议（费用越高）。现在，专家系统常与其他信息技术集成，用于许多组织并支持其工作。

专家主要擅长于求解较窄领域的问题，每个专家都汇集多年的经验为用户制定建议。这些经验使得专家不必从基本的原理开始分析每一个问题。相反，专家可以识别问题特征和应用解决类似问题的规则，快速和较精确地求解问题，解释做了什么，是如何做的，判断结论的可靠性,知道何时有困难和需要与其他专家交流,并且问题求解的结果比非专家人士提供的结果要更好更快。专家还可以从经验中学习,改变自己的观点以适应问题,专家还使用工具(如规则、数学模型和仿真模型)支持决策。

获取专家的知识并将其组织在知识库中以便他人共享是很重要的。当需要专家知识时,专家可能由于某种原因缺席,使专家的知识不能得以利用。专家系统可用直接方式提供应用专家的知识,专家系统的目的不是代替专家,而是使其知识和经验可以更广泛地得到应用。尽管专家系统通常并不完美,因为不可能捕捉到专家所具有知识的每个方面,但是它能够在广泛的多种情形下改进非专家的决策质量。

专家系统的具体作用如下:
(1) 提高产出和生产力;
(2) 减少决策时间;
(3) 提高产品的质量;
(4) 获取和保护稀少知识;
(5) 提高生产和服务的灵活性;
(6) 可操作、运行于危险环境;
(7) 可以集成多方面、多位专家的意见,形成全面、正确的知识;
(8) 能处理不完全、不确定的信息;
(9) 改进决策处理过程,增强问题求解和决策的能力;
(10) 实现知识的远程交换、传播和共享。

专家系统不是决策支持系统的代替品。更恰当地说,它是一种创立决策支持系统的技术。目前已有许多可以使用的专家系统开发软件包,其问题在于如何选择一个好的专家系统应用程序。

1.4.5 认知科学

认知(cognition)本来是心理学中的一个普通术语,过去,心理学教科书把它理解为认识过程。美国心理学家霍斯顿(T.P.Houston)

等人把许多关于认知的不同观点归纳为五种主要类型：

(1) 认知是信息的处理过程；

(2) 认知是心理上的符号运算；

(3) 认知是问题求解；

(4) 认知是思维；

(5) 认知是一组相关的活动，如知觉、记忆、思维、判断、推理、问题求解、学习、想象、概念形成、语言使用等。

美国学者 Efraim Turban 和 Jay E. Aronson 认为：认知是人们解决其对环境的主观认识与实际环境差异的一组活动。换句话说，它是人们感知和理解信息的能力。

认知科学是一门研究人类感知和思维过程中信息处理机制的科学。认知用于信息交流、理解、知识表示和问题求解等领域。认知模型试图解释和理解人们的各种认知过程，例如它可用于解释人们在进行某种选择后，如何修改以前的观点并进行新的选择。

史忠植教授认为，认知科学研究的内容大致包括：① 复杂行为的神经生理基础、遗传因素；② 符号系统；③ 知觉；④ 语言；⑤ 学习；⑥ 记忆；⑦ 思维；⑧ 问题求解；⑨ 创造；⑩ 目的、情绪、动机对认知的影响；⑪ 社会文化背景对认知的影响。

认知科学深刻地影响着人们的分析方法和决策方式（参见第 2 章）。

2 决策理论与方法

决策支持系统是为了帮助人们做出决策。这些系统不是自己做出决策，必须同决策者一起发挥作用，所以系统必须符合人类的工作方式（模拟人类的决策方法和决策过程）。而决策支持系统能够支持决策者做出正确的、有效的决策，就必须采用科学的决策理论、方法和技术。本章主要论述决策、决策过程、决策分类、决策模式、结构化决策模型与方法。

2.1 决策概述

2.1.1 决策的概念

在社会、经济和工程等领域，存在着许多决策问题，这些决策是由个体或群体做出的。在决策问题中常存在几个矛盾的目标，有许多需要考虑的方案。当前的决策在未来会实现，然而没有人是完美的未来预言家，对于长远的决策更是如此。因为决策环境在不断发生变化。

一个正确的决策将给人们带来政治上的成就、军事上的胜利、经济上的效益、科研上的成果。一个错误的决策将导致重大损失。长期以来，决策主要是依靠人的经验进行的，称为经验决策。对于反复出现的相同或相似的决策问题，决策者凭借丰富的知识进行经验决策。它的优点是，决策时间短，效率高。但是，对于以前未遇到过的决策问题,或者重要且很复杂的决策问题,经验决策就容易出现失误。

所谓决策,是人们为实现特定目标,经过缜密的推断分析而在众多备选方案中择取最佳方案的活动。这个关于决策的概念包含三层意思:第一,找出制定决策的根据,即收集信息,并根据手头上的信息制定可能的行动方案。这是决策的前提,这项工作对最终的决策效果起着决定性的作用。第二,在诸行动方案中进行抉择,即根据当时的情况和对未来发展的预测,从各个备选方案中选定一个方案。这项工作依赖于决策者个人的知识水平、事务判断能力和经验积累,是整个决策活动的核心。第三,对已选择的方案及其实施进行评价。完成这项工作的主要依据是决策实施后的反馈信息。

虽然决策科学由来已久,但社会经济的发展已经赋予这项活动许多新的特征,特别是计算机信息系统和现代通信手段的应用,使得决策过程朝着规范化、科学化的方向发展,并逐步形成了以著名学者西蒙为代表的现代决策理论学派。该学派的思想对当代的决策活动起着深刻的影响。现代决策理论概括起来有这样一些基本特征:

(1) 决策是管理的中心,决策贯穿管理的全过程。西蒙认为,管理决策是整个管理过程的核心,任何作业开始之前都要先做决策,制定计划就是决策,组织、领导和控制也都离不开决策。

(2) 在决策准则上,用满意性准则代替最优化准则。西蒙认为,完全的合理性是难以做到的,管理中不可能按照最优化准则来进行决策。这是因为,首先,未来含有很多的不确定性,信息不完全,人们不可能对未来无所不知;其次,人们不可能拟定出全部方案,这既不现实,有时也是不必要的;再次,即使用了最先进的计算机分析手段,也不可能对各种可能结果形成一个完全而一贯的优先顺序。

(3) 强调集体与组织对决策的影响。西蒙指出,决策者的职责不仅包括本人制定决策,也包括负责使他所领导的组织或组织的某个部门能有效地制定决策。决策者所负责的大量决策制定活动并非仅是其个人的活动,同时也是其下属人员的活动。

(4) 重视计算机技术的应用。西蒙在他所著的《管理决策新科学》一书中,用了大量篇幅来总结计算机在企业管理中的应用,特别是计算机在高层管理及组织结构中的应用。发展人工智能,逐步实现决策自动化,是决策理论发展的必然趋势。

2.1.2 决策问题的要素与特点

要实现成功的决策,管理者不仅需要科学的决策理论,还必须了解决策问题的要素和特点。

决策问题通常有如下构成要素:

(1) 决策人

在较低的管理层和较小的组织中,决策通常是由一个人做出的。在决策过程中,能做出最后决断的决策人称为"领导者"。本章讨论的决策主要是个体决策,然而在中型和大型组织中,许多主要的决策是由群体做出的。我们知道,即使对于单个决策人而言,也会有多个冲突的目标。那么在群体决策中,由于群体可以有不同的规模,可以包含不同部门以及来自不同组织的人员,群体中的各成员更会经常有目标冲突,其决策过程是很复杂的。计算机系统可为群体决策提供很大方便(详见第9章)。

计算机甚至可在超越群体的更大范围内提供支持,从部门到分支机构,甚至多个组织,此类支持需要特殊的结构和过程(详见第10章)。

(2) 决策目标

决策必须至少有一个希望达到的目标。决策是围绕着目标展开的,决策的开端是确定目标,终端是实现目标。决策目标是根据业务标准制定的,既体现了决策人的主观意志,也反映了客观事实,没有目标就无从决策。清晰的决策目标对于明智的决策来说十分重要。它使我们明确地把思索集中在主题上,并且远离毫不相干的枝节问题。如果决策是由群体做出的,则一个清晰明确的决策目标可确保该群体中的所有人尝试做相同的事情。

(3) 决策方案

决策必须至少有两个可供选择的可行方案，称为方案集，表达各种可能的问题求解方法，即决策人可能采用的所有行动的集合。方案有两种类型：
- 明确方案　具有有限个明确的具体方案；
- 不明确方案　只说明产生方案的可能约束条件。

方案个数可能是有限个，也可能是无限个。当方案个数太多时，决策者可以将其缩小到一个合理范围内，或者应用信息检索工具完成此任务。

(4) 后果集

每个方案实施后可能发生一个或几个可能的后果，称为后果集。如果每个方案都只有一个后果，就称为确定型决策；如果每个方案至少产生两个以上可能的后果，就称为风险型决策或不确定型决策。后果集可以用效用、价值或损失等来表示。

(5) 信息集

信息集亦称样本空间（或观测空间、测度空间）。决策时，为了获取与决策问题所有可能的自然状态有关的信息以减少其不确定性，就需要进行调查研究。

除了这些构成要素，决策问题还具有如下特点：

(1) 明确的针对性。决策通常是为了解决某一问题，或实现某一预期目标而必须进行的一项重要活动。

(2) 客观的现实性。最终决策总是要付诸实施的，即要受到实践的检验。

(3) 一定的风险性。决策的环境和条件经常具有大量的不确定因素，人们对未来不可能做到完全充分的了解，有相当部分不得不靠经验决策，因而有时会出现决策失误的情况。

(4) 选优性。决策实际上是从多种方案中选取优者，没有择优就没有决策。

(5) 局限性。决策是由人最终决断的，但由于受限于决策者的学识、经验和偏好，难免有主观臆断的成分。当然，应当通过决策科学化将这种影响降低到最低限度,直至消除。

2.1.3 决策原则

为实现科学决策,人们对决策过程的客观规律进行了研究,针对决策的不同阶段,制定了如下决策原则:

(1) 在决策全过程中需要遵循的原则

● 实事求是原则。在决策和实施过程中必须坚持一切从实际出发,根据实际情况决定方针。

●"外脑"原则。在确定目标、设计方案、选定方案、实施方案中,重视发挥参谋、智囊的作用,把决策建立在科学的基础上。

● 经济原则。决策中力求节约财力、物力、人力和时间,以获得满意的决策效果。

(2) 在确定决策目标时需要遵循的原则

● 差距原则。决策目标和现实之间存在一定的差距,只有努力去缩小这些差距才能达到决策目标。

● 紧迫原则。解决目标与现实之间的差距具有紧迫性。

●"力及"原则。达到目标、解决差距应该是力所能及的,是主客观条件所允许的,有解决的现实可能性。

(3) 在制定备选方案时需要遵循的原则

● 瞄准原则。备选方案必须瞄准决策目标。

● 差异原则。提出的各种备选方案之间必须有所差异。

(4) 在优选方案时需要遵循的原则

●"两最"原则。最后选取的方案应该是效益最大、损失最小、可靠性最大、风险性最小的决策方案。

● 预后原则。选定的方案应该具有应变能力和预防措施。

● 时机原则。决策应该在信息充分或根据充足的时机做出,不能超前或拖后。

(5) 在决策实施过程中需要遵循的原则

● 跟踪原则。决策付诸实施之后,就要随时检查验证,不能放任自流。

● 反馈原则。一旦发生决策与客观情况有不适应之处,就要及时采取措施，进行必要的修改和调整。

2.2 决策过程

每个决策都必须要经过若干步骤实现。决策过程包括提出问题、收集资料、确定目标、拟定方案、分析评价、方案确定和实施的全过程。西蒙认为决策过程包括四个阶段：信息、设计、选择和实现。决策过程的表示如图 2-1 所示，有一个从信息到设计，再到选择（粗体线）活动的连续流，而且在各阶段均可以返回到前一阶段（反馈）。每个决策都要包括其中的所有阶段，决策之间的差异由每个阶段的重点和各个阶段之间的联系造成。

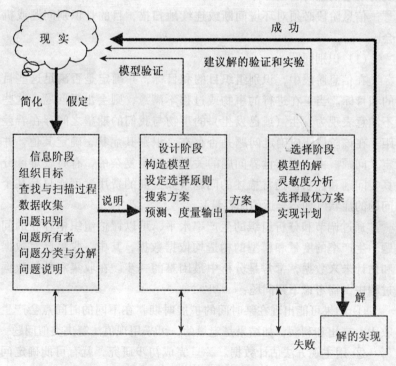

图 2-1 决策过程示意图

决策过程开始于信息阶段，该阶段考察现实系统，并识别和定义问题。在设计阶段，则构造表示系统的模型，通过假设简化现实系统，写出所有变量的关系。对模型进行有效性检验，并确定一组识别行动方案的评价准则。选择阶段，包括确定模型的建议解（不是模型所表示问题的解），在理论上验证此解。一旦认为建议解是合理的，则进入最后阶段——实现。成功实现的结果是解决原问题，失败的结果需要重新返回到前面的阶段，下面将详细讨论该过程。

2.2.1 信息阶段

信息阶段是决策过程的重要部分。著名的信息学家钟义信教授认为，决策过程是一种信息再生过程，即由客观的状态信息产生主观的策略信息的过程。

信息阶段必须对环境间断或连续地扫描，目的是识别问题或机会。

(1) 识别问题

在信息阶段中，识别组织目的和目标，并确定是否满足这些目的和目标。当正在进行的事物或过程不满意，则会出现问题，这些不满意表现为发生（或已发生）的事物与我们的期望之间存在着差距。在该阶段，应确定问题是否存在，识别其症状，确定其值，并定义问题。由于现实世界问题的关联因素是复杂的，有时较难区分真实问题和症状。通常描述的问题（如过高的费用）可能只是某个问题的症状（如不合适的库存量）。

通过调节和分析组织的生产率水平，可以评估组织中存在的问题。生产率的度量和模型的构造均依据数据，其中，收集已有数据和估计未来数据，常常是分析中最困难的一步。在收集和估计数据过程中，需考虑下列问题：

① 结果可能出现在某时间的扩展时期，在不同的时间点会产生收入、支出和利润，如结果是定量的，可采用现值法解决类似问题。

② 用主观方法估计数据。一旦完成初步研究，就有可能确定问题是否真的存在，在何处，程度如何。

(2) 问题分类与分解

问题的分类与分解过程是将问题概念化的过程，也就是将问题分为可定义的类型，一种常用的分类方法是按问题的结构化程度分类。

西蒙（1977年）区分了决策问题结构性的两个极端情况，一种极端为日常重复出现，并有标准模型求解的、结构好的问题，称为程序化问题（programmed problems）。例如，每周调配人员，确定月现金流，确定特定项目库存量。另一极端为结构差的问题或非程序化问题（non-programmed problems），这是新的或目前未遇到过的问题，例如，承担一项复杂的研究和开发项目，企业再造工程，创办一所大学等都是非结构化问题。半结构化问题是介于上述二者之间的一类问题。

许多复杂问题可以分解为子问题，求解较简单的子问题有助于求解复杂问题，实际上，某些看似结构差的问题可能含有高结构化的子问题，这种方法也为与求解过程有关的人们提供了交流的便利。

(3) 确定问题的所有者

在信息阶段，确定问题的所有者是重要的，一个问题存在组织中，组织中的某个（群）人必须愿意承担求解问题的责任，并且有能力解决它，否则该问题不是属于该组织的问题。

信息阶段以问题的描述而结束，接着可以开始设计阶段。

2.2.2 设计阶段

设计阶段包含产生、形成和分析可能的行动，其中包括理解问题和检验解的可行性。在该阶段，构造有关问题的模型即建模，并测试和检验其有效性。

建模包括问题的概念化，并抽象成定量和（或）定性的形式。对于数学模型要识别变量并建立描述变量关系的方程，可通过一系列假设进行简化。例如，变量之间的关系有一些非线性作用（如钟摆模型），但仍可假设为线性。必须在模型简化程度和真实性表示两方面做适当平衡，较简化的模型容易被操纵并能较快地得到解，但其表示问题的真实性较差。

建模工作是科学和艺术的结合,我们提出以下与定量模型(如数学、财务等模型)有关的问题:① 模型的变量;② 模型的结构;③ 确定选择的原则(评价准则);④ 产生方案;⑤ 预测结果;⑥ 度量结果;⑦ 情景。

(1) 确定定量模型的变量

所有定量模型由三种变量组成(见图 2-2),即决策变量、不可控变量(或参数)和结果变量,这些变量通过数学关系联系在一起。在非定量模型中,这些关系是符号的或是定性的,决策的结果由决策(决策变量的值)、决策人不可控的因素以及各变量的关系所决定。

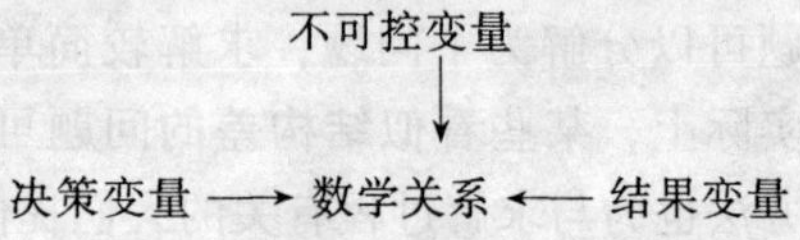

$$\text{不可控变量}$$

决策变量 ⟶ 数学关系 ⟵ 结果变量

图 2-2 定量模型的一般结构

① 结果变量。结果变量是非独立变量,反应系统效果,即表示系统状态和达到目的的程度。

非独立变量的含义是在该变量描述的事件发生前,必须有其他事件发生,在这种情况下,结果变量取决于决策变量和不可控的独立变量。

② 决策变量。决策变量描述行动方案,该变量的值由决策人确定,例如,在投资问题中,投资债券是决策变量;在调度问题中,决策变量是人、时间和工作表。

③ 不可控变量或参数。在任何决策中,都存在一些影响结果变量而决策人不能控制的因素,这些因素可能是固定的,称为参数,或者是变化的,称为变量,如利率、城市建筑编码、税收规定和设施的价格等。由于这些因素是由决策人的环境所决定,所以是不可控的。某些变量起着对决策人限制的作用,所以形成问题的约束条

件。

④ 中间结果变量。中间结果变量反映中间结果。例如，在某工厂生产过程中，废品是中间结果变量，而总利润是结果变量（废品是总利润的因素之一）。另一个例子是职工的工资，它作为决策变量，决定了职工的满意程度（中间结果），并由此决定生产率水平（最后结果）。

(2) 确定定量模型的结构

定量模型的变量由一组数学表达式描述，如方程式或不等式。

一个简单的财务模型为：$P = R - C$，其中 P 表示利润，R 表示收入，C 表示成本。另一个著名的财务模型是现值模型，即：

$$P = F/(1+i)^n$$

其中：P 为现值，F 为未来某年的现金支付，i 表示利率，n 表示年。

例如，第5年支付100 000元，10%的利率，则用现值模型，可得：

$$P = 100\,000/1.1^5 = 62\,092(元)$$

还有更复杂的模型，如下列一些最优化模型：
- 指派（目标的最优匹配）模型；
- 动态规划模型；
- 目的规划模型；
- 投资（最大化回收率）模型；
- 线性规划模型；
- 计划和调度的网络模型；
- 非线性规划模型；
- 替代（投资预算）模型；
- 简单投资模型（如经济订货量）；
- 运输（最小运输费用）模型。

(3) 设定选择的原则

选择的原则（评价准则）是关于求解方法的可接受性，包括标准模型与描述模型的思想（见2.4节）和其他常用的原则。决策者是愿意采用高风险的方法还是低风险的方法？是期望最优化还是满意？下面论述三种选择的原则。

① 最优化原则

最优化原则是指所选择的方案应是所有可能方案中最好的。为了得出该方案，需检验所有方案，并证明所选方案确实是最好的，该过程一般采用最优化模型。从计算方法看，可由下列三种方式之一达到最优化。

（a）由已知的资源求达到的最高目标。

（b）求目标与费用比例最高的方案（例如，投资每元的利润），或最大化生产率。

（c）求达到要求目标水平而具有最低费用（或其他资源最小）的方案，例如，如果某项任务是按要求制造一个产品，寻找一种方法实现该目标并具有最少的费用。

② 次最优化原则

最优化需要确定决策人的各个行动方案对整个组织的影响，这是因为某一部门的决策可能对另一部门有明显的影响（好的或差的影响）。例如，生产部门制定调度计划，可以大批量生产几种产品以减少制造费用，使该部门受益，然而，该计划可能引起大量的库存，以及因缺少其他品种而使市场销售困难。因而，需用系统的观点评价决策方案对整个系统的影响。即生产部门必须将生产计划与其他部门联系起来，然而这种方法需要进行复杂、费用高和耗时多的分析。实际上，DSS 构造者可将系统封闭在一个窄的边界内，仅考虑需要研究组织中的一部分（该例中为生产部门），这类方法称为次最优化。

如果在组织的某一部分，做出一个次最优化决策，而没有考虑组织的其他部分，从该部门看来是最优的解，但在整体看来可能是劣解。

即使如此，次最优化仍是一个很实用的方法，许多问题首先可以由此开始求解，因为仅分析系统的一部分可以得到某些临时的结论，而不至于陷入大量的细节中。一旦得到建议解，可以检验它对组织其他部门的影响，如果没有发现明显的负影响，则可以采用该解，该方法很适合 DSS 的迭代开发方法。

③ 满意原则

根据西蒙（1977 年）的观点，大多数决策，无论是组织的还是个人的，都包含寻求满意解的愿望，即"比最好差点"。在满意模式中，决策人建立愿望、目标或期望的水平，然后寻找方案，直到找到达到该水平的方案。采用满意原则的原因通常是缺少时间，或缺乏达到最优的能力，以及不愿意付出获得所需信息的费用。

(4) 产生方案

模型构造过程的一个重要部分是产生方案，在最优化模型（如线性规划）中，方案可由模型自动产生，然而在多数 DSS 中则需要产生方案的机制。产生方案可能是一个创造性的、较长时间的搜寻过程，而何时停止产生方案是很重要的。产生方案依赖于信息的费用和可用性，并且需要问题领域的专家，这是问题求解最不正规的部分。在大多数 DSS 中，方案产生是人工进行的，理想的方法是由 DSS 提供支持。

通常是在确定评价方案的准则以后再产生方案，这样可以排除明显不可行的方案，可减少搜寻和评价方案的工作量。

(5) 预测各方案的结果

为了评价和比较方案，有必要预测各方案未来的结果。决策情况通常根据决策人知道或相信的预测结果进行分类，习惯上可分为三类，即确定的；风险的；不确定的。

① 确定性决策。在确定性决策中，假设决策人有完全信息，可以精确地知道各行动后果（如同在确定性的环境中），由于假设各方案仅有惟一的结果，故认为决策人可以完全预测未来。例如，投资国库券方案是一种对其未来的投资回报有完全信息的方案之一。此类情况通常发生于具有短时间（1 年）特性的结构化问题。然而，如果某些确定性问题不是足够的结构化，使其可以应用管理科学方法，则需要用 DSS 方法。

② 风险决策。在风险决策（也称为概率或随机的决策情况）中，

决策人必须考虑各方案的多个可能结果,各结果有已知的发生概率。除此之外,假设已知结果发生的长期概率是已知的或者是可以估计的,在这个假设下,决策人可估计各方案的风险程度。进行风险分析需要计算各方案的期望值,并选择具有期望值最大的方案。

③ 不确定性决策。在不确定性决策中,决策人需考虑各行动中多个可能结果的情况。与风险情况相比较,需要计算出决策人不知道,或不能估计结果发生的概率。

不确定性决策由于信息的不充分而更难进行,该类情况的建模需考虑决策人(或组织)对风险的态度。

(6) 度量结果

由目标达到的程度判断一个方案的值,有时结果直接表示为目标。例如,利润是结果,而利润最大化是目标,两者均用货币单位度量。顾客的满意程度可由投诉次数、产品的受喜爱程度以及调查得到的评价来度量。

(7) 情景分析

情景(scenario)是关于某特定系统在给定时间下操作环境的描述,换句话讲,情景是所研究的决策情况的一种设定描述。某情景描述是关于某特定建模情景的决策变量、不可控变量和参数,并提供建模过程和约束。

情景分析是一种捕获可能性范围的 DSS 工具,管理者构造一系列的情景并进行计算分析,该方法是一种集体学习工具。

情景在仿真和 what-if 分析中特别有用,在仿真和 what-if 分析中,可以变换情景。例如,改变住院治疗的病人数(一种输入变量),则可创建一个新情景,由此可以观察不同情景输入医院的现金流。

由于下列原因,情景在 DSS 中起着重要的作用:
① 帮助识别潜在的机会和问题;
② 在计划中提供灵活性;
③ 识别管理应当优先调节的变化范围;
④ 帮助检验建模的主要假设的有效性;

⑤ 帮助检验情景中建议解变化的灵敏度。

可能的情景有：最差情景；最好情景；最可能情景。

以上介绍可以说明，情景决定了分析的范围。

2.2.3 选择阶段

2.2.3.1 模型的解

设计和选择阶段的界线常常难以划清，因为一定的活动可在设计和选择两个阶段进行，并且经常从选择活动回到设计阶段。例如，当评价已有方案时，又有可能会产生新方案。选择阶段包括搜索、评价和为模型推荐合适的解，模型的解是某选定方案中决策变量的一组特定值。

应注意模型的解与求解模型所表示的问题是不同的，模型的解是问题的建议解，只有当建议解成功地实现时，问题才解决。

2.2.3.2 搜索方法

选择阶段包括从设计阶段已找到的行动方案集合中，搜索适当的行动方案，用于解决问题。根据选择准则，有几种主要的搜索方法，如分析方法（最优化）、盲目搜索和启发式搜索方法。对于规范模型，既可用分析方法，也可用穷举法（即将所有的方案相互比较）；对于描述模型，仅在有限的方案中进行比较，通常用盲目搜索或启发式搜索的方法。

(1) 分析技术

分析技术用数学公式直接得出最优解或预测结果，分析技术主要用于求解结构化问题，通常是技术性的或操作性的问题，如资源分配或库存管理领域的问题。盲目搜索或启发式搜索方法一般用于求解更复杂的问题。

(2) 算法

为了提高搜索的效率，常常用算法这一分析技术。算法是一步一步地求得最优解的搜索过程，产生解并检验是否有可能对其进行改进。只要有可能就求得改进解，并且再次进行检验，直到无法进一步改进解为止。

(3) 盲目搜索和启发式搜索方法

在搜索中需给出期望解的描述，称之为目标。从初始条件到目标的可能步骤，称为搜索步数。问题求解是在可行解空间中进行搜索，有盲目搜索和启发式搜索两种搜索方法。

盲目搜索：盲目搜索是一种任意的、没有向导的搜索方法。盲目搜索有两种方法：一种是完全穷举，即通过比较所有方案，发现最优解；另一种是不完全的，即部分搜索，一直到找到足够好的解为止。盲目搜索时，计算机的可用存储空间和时间是有限制的，从原理上讲，盲目搜索在大多数情形中可以搜索可行解，而在某些情形中搜索的范围受到限制。该方法对于求解很大的问题是不实际的，因为在求得最优解以前需检验太多的解。

启发式搜索：在许多应用中有可能找到指导搜索过程的规则，而减少不必要的搜索次数。

启发式（heuristics）是关于如何求解问题的决策规则，启发式方法是根据对问题进行可靠和严谨的分析，有时包括设计的实验，得出对问题的解。指导规则通常可通过试错和经验得到。启发式搜索（或程序）是一步一步重复的过程，直到找到满意解。实际上，启发式搜索比盲目搜索更快，更节省费用，并且求得的解可能很接近最优解。

2.2.3.3 评价方法

上述搜索过程是与评价相关联的，评价是产生建议解的最后一步。

(1) 多目标分析

管理决策的目的在于评价，即在可能的最大限度内推进各方案的管理目标。但是管理问题很少是由一个目标（如利润最大）评价的，因此使管理系统变得更复杂。管理者希望同时达到几个目标，其中有些目标是相互矛盾或制约的，所以常有必要对各方案的多个目标是否存在潜在影响进行分析。

例如，考虑一个赢利企业，除了赢利以外，企业希望扩大、开发新产品，增加职工，为职工提供福利和工作安全保证，为社会服务等。在进行项目投资的决策时，上述目标有些是互补的，而有些是直接冲突的。

决策理论的许多定量模型需要用一种度量单位比较，因此在进行最后比较前，有必要在数学上将多目标问题转换成具有一种度量单位的问题。

在多目标决策分析中常有下列一些困难：

① 显式地描述组织目标常常是困难的；

② 在不同时间或不同的决策情形中，决策人可能改变其对特定目标重要性的设定；

③ 在组织不同层次和不同部门内部，对目标和子目标的看法是不同的；

④ 对应于组织及其环境的变化，目标本身也是不断变化的；

⑤ 各方案对目标影响的关系可能是难以定量化的；

⑥ 复杂决策问题是由一群决策人解决的；

⑦ 不同决策人（参加者）对各目标重要性的设定是不同的。当使用 DSS 时，可采用几种进行多目标决策分析的方法。如效用理论，目的规划，将目标表示为约束，用线性规划。

(2) 灵敏度分析

模型构造者对输入数据进行预测和假设，其中许多涉及对未来的评估，模型求解的结果依赖于这些数据。灵敏度分析用于检验输入数据或参数的变化对建议解（结果变量）的影响。

灵敏度分析在 DSS 中是很重要的，因为它使 DSS 具有对条件变化和不同决策情况的灵活性和适应性，有助于更好地理解所描述的主要决策情况和模型，并允许管理者输入自己的数据，从而增强对模型的信任度。

灵敏度分析可检验以下关系：① 外部（不可控）变量和参数变化对输出变量的影响；② 决策变量变化对输出变量的影响；③ 估计外部变量不确定性的作用；④ 各不同变量相互联系的作用；⑤ 在变化条件下，决策的健壮性（robustness）。

灵敏度分析可用于下列方面：① 修改模型以消除太大的灵敏度；

② 增加关于灵敏度的变量或灵敏情况的细节；③ 更好地估计较灵敏的外部变量；④ 改变现实世界中的系统，以减少实际的灵敏度。

灵敏度分析方法有自动灵敏度分析和试错法两种。

① 自动灵敏度分析

这种分析由某些标准的定量模型（如线性规划等）提供，如可告诉管理者一定的输入变量或参数值（如单位费用）在某一范围内变化不会对建议解带来明显的影响。自动灵敏度分析通常限于每次改变某一变量，然后对其结果进行分析，并且能很快确定变化范围和限制。

② 试错法

试错法可以用来确定任一变量或几个变量变化的影响，即直接改变某些输入数据并重解问题，当重复几次后，可发现越来越好的解。该实验有两种形式：what-if 分析和目的搜索。

(a) What-if 分析

What-if 分析可表示为"如果假设某输入数据或参数值变化，解将发生什么变化？"例如，如果运输货物的费用增加 10%，总的库存费用将发生什么变化？如果广告预算增加 5%，市场占有率将是多少？

假设有适当的人机接口，则管理者能容易地向计算机中的模型询问上述类型的问题，并能立即得到答案；还可重复输入上述问题，并根据需要改变问题中的百分比或其他任何数据。所有这些是直接进行的，不需要计算机程序员帮助。

(b) 目标搜索

目标搜索分析可以计算达到一定期望水平的输出（目标）需要多少输入，它表示一种反向求解方法。如到 2010 年的年增长率为 15%，则研究与开发的预算应为多少？为了使在餐厅就餐顾客的平均等待时间少于 10 分钟，需要多少服务人员？

在许多计算机 DSS 中，由于事先编好的程序只限于询问有限的 What-if 问题，而较难进行更广泛的灵敏度分析。良好的 DSS 必须能容易进行 What-if 分析和目标搜索。

2.2.4 实现阶段

实现的定义有点复杂,因为实现是一个边界模糊的、较长的过程。实现可简单地定义为使建议解发生作用。

许多实现的一般问题,例如,变化的阻力、高层管理者支持程度和用户培训,都是涉及 DSS 的重要问题。DSS 的实现问题将在第 4 章详细讨论。

2.2.5 决策过程的支持

上面描述的决策过程是由决策人进行的,而由计算机提供支持可以改进该过程。下面论述支持决策过程的有关 DSS 技术。

(1) 信息阶段的支持

对信息阶段决策支持的主要要求是,应当有搜寻问题和机会的信息资源,以及解释搜寻结果的功能。

在信息阶段,决策支持技术可提供很大的支持。例如,主管信息系统主要通过不断搜寻内外部信息,以发现问题和机会的早期现象,为信息阶段提供支持。同样,数据挖掘和联机分析处理也支持信息阶段。

日常报告和特定的报告也可为信息阶段提供帮助。例如,可用通常的报告,通过比较系统行为和目前的期望,帮助发现问题。

(2) 设计阶段的支持

设计阶段包括产生行动方案、讨论选择准则以及各准则的相对重要性、预测采用各方案未来的结果。上述这些活动可采用 DSS 提供的标准模型(如预测)。产生结构化问题的方案可通过采用标准的或特定的模型进行,产生复杂问题的方案需要专家知识,这些知识可由专家、意见产生软件或专家系统(ES)提供。大多数 DSS 具有定量分析功能,而 ES 具有定性方法以及关于如何选择定性方法和预测模型的专家知识。群体决策支持系统(GDSS)对于识别重要的问题和方案可提供很大的帮助。

(3) 选择阶段的支持

除了用模型快速地识别最好或足够好的方案外，还可以通过 What-if 分析和目标搜索分析对选择阶段提供支持，对所选择的方案可进行不同的实验，以便作出最后决策，GDSS 有助于群体决策。

(4) 决策实现的支持

DSS 为实现阶段提供的有益作用同前述各阶段一样重要，甚至更为重要，DSS 提供的详细的分析和输出结果对实现阶段起了重要作用。

决策过程的所有阶段可通过改进群体决策中的通信提供支持，计算机系统可提供通信方式帮助解释和评价决策人的建议和观点，通常还可用图形辅助。在进行群体的会议时，GDSS 对各种可能的情况可提供快速的定量分析。

2.3 决策的分类

决策的分类目前没有统一的标准。从不同的角度出发可得出不同的决策分类。同类型决策可从相似的计算机支持中获益。如果我们在设计一种决策支持系统的同时可以将一项决策分类，我们将能了解到，使用哪种决策支持系统能对过去的决策类型产生良好效果，并可指望相似的决策支持系统能够帮助解决手头的问题。

(1) 按决策性质的重要性分类

按决策性质的重要性可将决策分为战略决策、战术决策和操作型决策，或叫战略计划、管理控制和运行控制三个级别。

战略决策是涉及组织生存和发展的有关全局性、长远问题的决策，它影响组织的目标和政策。战略决策一般由组织中较上层的管理层做出。如新产品开发方向和新市场的开发等。

战术决策也称管理控制决策。这种决策是为完成战略决策所规定的目标而进行的决策。它将在未来一段有限的时间内影响组织中某部分做事的方式，这些决策一般在战略决策范围内发生。战术决策策通常由中层决策者做出，这些中层决策者所处的位置低于确定战略方针的高级行政主管，可其职位之高也足以有权决定在将来采取各种行动的方式。例如,对一个企业来讲,战术决策包括产品规格的选择、工艺方案和设备的选择、厂区和车间内工艺路线的布置等。

操作型决策是根据战术决策的要求对执行行为方案的选择。它影响当前正在组织内发生的特定活动。这种决策不能对将来产生什么影响,如果说有影响,也是在控制政策范围之内做出的。操作型决策涉及那些任务、目标和资源已经由战略和战术决策限定的活动。操作型决策通常由较低层的决策者或由非管理人员做出。如生产中产品合格标准的选择,日常生产调度的决策等。

(2) 按决策的结构分类

按决策的结构可将决策分为结构化决策、非结构化决策和半结构化决策。

结构化决策是一种具有严格定义的决策程序的决策,一项结构化决策可用于计算机程序。尽管经济学不可能在每一个案例中证明开发这样程序的合理性。更精确地讲,结构化决策是一种可将所有阶段的输入、输出和内部程序加以确定的决策。每一个决策阶段都可成为结构化决策阶段。结构化决策可用书面指示方式留给职员或计算机。

正如我们所定义的那样,自行做出结构化决策的计算机系统不是决策支持系统,而是决策系统。我们在这里将结构化决策包括在内,是因为这些结构化决策完成了格式描述,是因为全部结构化的重要决策极为罕见,还因为人类的参与可能并不是绝对必要的但往往能改进整个决策过程。

非结构化决策是所有决策阶段都为非结构化的决策。在这种情况下,我们不知道如何确定每个阶段的一个方面:输入、输出或内部程序。这可能因为决策太新或太难得,以至我们无法对其认真地加以研究的缘故。尽管如此,计算机仍可帮助知识工作人员做出非结构化决策,只不过是以不同的方式做出的,同时将更多的过程留给了知识工作人员。

半结构化决策是在某些方面结构化而又不是完全结构化的决策。这通常意味着在决策的四个阶段中有两三个阶段是结构化的,而另一个不是。计算机可以给半结构化决策提供大量的具体帮助。大部分的组织决策归为此类。

在这些决策结构类别范围之内适当地替换一项决策,它们的结构类型并不总是能搞得一清二楚的。有时,我们对一个问题的看法可以确定我们对它的思考方式。如一位决策者可能觉得可以靠分析产品成本和价格需求曲线来确定最佳销售价格,此人会考虑将该决策的选择阶段结构化;而另一个人可能会争论说,这些曲线并不能反映所有顾客对价格反应的因素,一些重要的因素不可能量化,此人会考虑将该决策的选择阶段非结构化或最好半结构化。

(3) 按决策的对象和范围分类

按决策的对象和范围可将决策分为宏观决策和微观决策。

宏观决策通常是指对国民经济活动中的一些重大问题的决策,如产业结构、投资方向、技术开发、外贸形式、体制模式等;而微观决策通常是指某一基层单位或企业发展问题的决策,如企业的产品发展方向、成本、价格和供销渠道等问题的决策。

宏观决策和微观决策是相对的概念。如就国家和地方而言,国家一级是宏观决策,而地方一级是微观决策;但对地方和企业而言,地方一级是宏观决策,而企业一级是微观决策。

(4) 按定量和定性分类

按定量和定性可将决策分为定量决策和定性决策。定量决策是指描述决策对象的指标都可以量化;而定性决策是指描述决策对象的指标无法量化。在决策分析过程中,应尽可能地把决策问题量化。

(5) 按决策环境分类

按决策环境的不同,可将决策分为确定性决策和不确定性决策(包括风险型决策)。确定性决策指决策环境是完全确定的,每一方案的结果也是惟一确定的;而不确定性决策指决策环境是不完全确定的或模糊的,每一方案的结果也有多种可能。

(6) 按决策过程的连续性分类

按决策过程的连续性可将决策分为单项决策和序贯决策。单项决策是指整个决策过程只做一次决策就得到结果;而序贯决策是指整个决策过程由一系列决策组成。一般来讲，管理活动是由一系列决策组成的，但在这一系列决策中，往往有几个关键环节要做决策，每一关键环节的决策可分别看成是单项决策。

(7) 其他分类

其他决策分类包括个人决策与集体决策，创造性逻辑思维方法决策和数量统计方法决策等。

2.4　主要的决策模式

决策模式即决策的模型和方式，考虑的因素有：决策环境、决策行动或决策有关参数的选择确定、决策的衡量标准和期望后果、决策的约束条件等。

企业家和知识工作者的决策对公司取得成功有重大影响，所以许多年来，人们一直在广泛研究企业决策的课题。企业家们做出决策的众多方式具有三个特点：合理性、策略性和灵活性。

决策的合理性，经常用于将决策模型分为两类：标准模型和描述模型。

(1) 标准模型（normative model）

标准模型是那些假定决策者可以客观地优化可量化决策质量的模型（由于绝不会完全了解未来，所以这可能是一种统计度量）。换句话说，有一种可借以对决策做度量的标准尺度，并且经常假定有无限的时间和资源用以分析决策。

标准模型的决策理论是基于下列与理性决策人有关的假设：(a) 人们是追求经济性的，其目的是使收益目标达到最大，即决策人是理性的；(b) 在一定的决策情况中，所有行动方案及其结果，或者至少结果的概率和值是已知的；(c) 决策人对各分析结果有不同的偏好或顺序，以便对所有分析结果排序。

(2) 描述模型

描述模型按事物原貌或人们相信的情况描述事物，尝试描述人们实际做出决策的方式，人们并不总是同意决策质量的度量。人们通常不会有无限的时间或资源对决策做出分析，人们的动机经常可能是难以解释或难以证明其合理性的。描述模型的例子有：信息流、情景分析、财务计划、复杂库存决策、马尔科夫分析（预测）、环境影响分析、仿真、技术的预测、排队管理等。

这类模型对在 DSS 中研究各种不同的输入和处理、产生各种行动方案的结果是极其有用的。然而，由于描述分析只对一些已知方案（而不是所有方案）校验其对系统的作用，所以不能保证由描述分析所选的方案是最优的，在许多情况下，它只是满意的，仿真是最常见的描述建模方法之一。

有人说："标准模型描述我们应该做什么，而描述模型描述我们做什么"，严格来说这不正确。如果决策不重要且决策者把时间更适当地用于其他事上，虽然没有尽可能地做出完美的决策，但对于一位决策者来说，迅速做出的决策可能也是正确的（假如我们驾驶的汽车快没汽油了，我们很着急，那么我们可能会在路旁看到的第一家加油站停下来加油，而不会再去寻找较便宜的汽油或喜爱的品牌）。同理论上的概念相比，实际上，事物的许多方面都迫使我们做出让步。只要人们知道正在做出什么让步和为什么让步，这些让步就是可以接受的。

标准模型和描述模型反映了人们的主要决策方式，它是决策支持系统中的核心决策模型。标准模型和描述模型之间的差异也是十分重要的，因为决策支持系统既反映现存的决策方法也具有改善这些方法的目标。想了解人们如何做出特定决策的方式和搞清楚决策支持系统能如何适应具体情况，就需要描述模型。如果想尽可能完美地做出决策，就经常会要求系统设计者考虑采用标准模型。

下面讨论五种主要的决策模式：理性模式、主观效用模式、过程型模式、满意决策模式、组织和策略决策模式。

(1) 理性模式

理性决策模式包括完全理性模式和有限理性模式。

① 完全理性模式。该模式基于决策者是一个理性的、具备决策权力和能力的人。所以，是一种信息完全确定性的结构化决策过程。

其步骤为：确定问题→产生方案→评价方案→实现最好方案→进行评价活动。该模式借助 MIS 支持即可实现。

理性模式是有关决策者如何做出或假定做出决策的典型假想。理性的决策者大概会取得所有可能得到的细节，权衡所选择结果的可能性，然后确定一种从统计学意义上看是对公司最具潜在价值的替代方案。理性模式是决策的标准模型。

② 有限理性模式。该模式基于决策者对决策目标和结果的有限了解，决策的效果受到决策者技能、知识和经验的限制和影响，故通常应用反馈去不断地改进它。

有限理性理论认为，人们的理性思维能力是有限的，人们通常构造和分析现实情况的简化模型，简化模型的行为可能是合理的。然而，简化模型的理性解在现实世界的情况中可能是不合理的，理性不仅限于人们的处理能力，而且限于个人的差异，如年龄、教育程度和态度。有限理性是限制许多模型只能是描述的，而不能是标准的原因之一。这是一种典型的半结构化决策模式，是 DSS 提供支持的主要决策活动。

在理性模式的适用性方面有一个限制。例如，"从统计学意义上说最具潜在价值"这句话是假定决策者有一个客观的价值尺度，并且所有替代方案都能根据该尺度加以衡量。一般将财务因素用做该价值尺度，因为利用财务因素对所有替代方案进行评估很有效。也有人提出用其他比财务因素更重要的问题作为价值尺度。

就前面讨论的三种限度（合理性、策略性、灵活性）而言，在合理性尺度方面，理性模式毫无疑问要略高一筹。不过该方法也可在体现其他两种限度的方式中使用。也许如果利用理性分析方法，选择在策略上切实可行的替代方案，一个可接受的决策可能是既带有理性因素也带有策略因素的产物。

绘制决策树是表示理性模式中各项选择的有效方法。

(2) 主观效用模式

实际上，人类并不是完全理性的。主观效用模式是基于不同决策者出自不同效果的考虑。该模式是决策的描述模型。它可提供试图反映人们实际决策方式的数学框架，同时显示决策优化的过程。例如，要选择建立一个新厂的位置，财务负责人希望资金消耗最少，而市场部负责人希望该厂址具有较好的潜在市场。这种情况下各部门的任务、相互关系、通信渠道和各种角色的权力状况是十分重要的。类似于事务处理程序的组织在该模式中的重要性是显而易见的。

效用是一个主观概念。不同的人有不同的效用曲线。一个人的效用曲线可限定他所拥有的产品的数量和对他来说所具有的价值之间的关系。当一个人所拥有的某种产品的数量增加时，大多数效用曲线很平坦。例如，拥有一辆汽车的价值，对于家住郊区的一般单身专业人士来说是不低的，而拥有第二辆车的价值则相对较低（不是零，因为即使已经有了一辆赛车，再拥有一辆多用途车也还会有一些增值因素），拥有第三辆的价值更低些，拥有第四辆的价值基本上为零。假设一位理性的经理有一条线性效用曲线：其第1万或第100万个增加的美元跟第一个美元的价值是绝对相同的。

经济学家以叫做 UTILS 的单位衡量效用。虽然可能前面所提到的四辆汽车的价格相同，但若用 UTILS 衡量，价值却是不同的。郊区居住者可能认定拥有第一辆车比在银行存两万美元有更多的效用单位，可第二辆则不值这么多。

经济学家把此类效用理论称做基本效用，这种理论可作为衡量效用的客观标准。一些经济学家指出，实际上我们中间没有任何人用效用单位来衡量真实世界，相反我们更愿意同顺序效用打交道，顺序效用理论按照决策者认为具有同等价值的商品组合定义效用。按照顺序效用，汽车购买者可以将所能得到选择的效用归为如下类别：

① 一辆汽车，银行中少了2万美元存款（效用最高）；
② 两辆汽车，银行中少了4万美元存款；
③ 没有汽车，银行存款余额不变；
④ 三辆汽车，银行中少了6万美元存款；
⑤ 四辆汽车，银行中少了8万美元存款。

主观效用模式是真正能获得实际应用、改善管理、产生经济效益的实际决策模式。它往往包含有更多的客观因素和主观因素，很难用单一的定量模型来描述，常常用多种数学或运筹学模型描述。对这种模式的支持也常常引入人工智能技术，建立智能决策支持系统，通过提供智能信息，帮助决策者正确认识系统，得出合理的判断。

主观效用模式是决策的描述模型，它可提供反映人们实际做出决策的方式的数学框架，同时显示决策优化的过程。

(3) 过程型模式

过程型模式（或系统决策方法）是从不同的角度模仿实际的决策过程，弄清所要做的决策究竟是由哪些人，根据哪些条件和因素，采用哪些方法做出的。过程型模式常常是决策模式从某一方面的解释或具体化，它不同于理性模式和主观效用模式。

几个决策过程不会产生数学意义上的经过优化的决策，所以它们没有资格获得理性管理的标志，但这些过程可以让决策者以一种排除个人好恶的方式处理问题。

过程型模式一般适用于具有多个属性的决策问题。解决这些问题的替代方案由几个属性加以描述，并且无法将它们同步优化。挑选一辆汽车就是这样的决策：潜在的买家必须考虑成本、性能、经济实用性、可靠性、操作性、式样、载运能力，以及是否有便利的售后服务地点和其他更多的属性（在各种属性中，成本常常迫使人们做出让步）。

减少应考虑的替代方案的数量将有百利而无一害。方框图的概念能够减少必须考虑的替代方案的数量。我们可以通过去除所有那些低于某些其他有关属性的替代方案，但可能不会将替代方案的数量减少到一个。

在绝大多数实际情况中都有两个以上的变量和五个以上的选择，人们很难通过应用二维图形表现出来，这将取决于人们对各种因素相对重要性的认识。而计算机却能轻而易举地处理此类复杂问题。

下面介绍的过程型模式将帮助解决这部分决策问题。

① 词典式排除法。使用最重要的属性，选择排位最高的替代方

案。如果两个或更多的替代方案是连在一起的，就继续选择下一个，直至选到一个替代方案，或者考虑剩下替代方案的所有属性。

② 特征排除法。每一次考虑一个属性，并将其与预先确定的最小程度的接受标准水平进行比较，排除任何不符合该标准的替代方案。这样的决策方法经常不会将替代方案数量减少到只有一个。

③ 合取决策法。应用了与特征排除法一样的概念，但是按相反的顺序实施。此种决策方法不是将所有替代方案的同一属性与其标准进行比较，而是将一种替代方案的所有属性与所有标准进行比较。最终的结果是一样的，但为此所付出的工作量可能不同。

其他方法则是用权值表达每一个属性的重要性，尝试将所有属性的值合并为每一个替代方案的综合分值。通过用每个属性的分值乘以该属性的加权值，加法线性模型即可为每一个替代方案计算出一个分值。

过程型模式在合理性方面居于很高的位置，就策略性和灵活性而言，则排位较低。它是一种规范的决策方法。

(4) 满意决策模式

满意决策模式（或满意解决法）用来描述那些想得到"足够好"的决策的决策者的行为。如果管理层已设定一个将重型卡车的后悬挂装置的重量减轻 400 磅的目标，而一位工程师的设计已减轻了 415 磅，可能就没有理由再去了解另一项可能会将重量减轻 425 磅的修改方案。满意解决法十分投合那些不愿惹麻烦的设计人员的心意。

满意解决法并不总是差的，它可能是决策者的明智之举。要知道找出全部替代方案，更不用说调查全部方案，常常是不可能的。而且，在寻求进一步改善的过程中耗费的资源肯定是从一些其他富有成效的活动中取得的。通过让决策者把注意力集中在确实重要的事情上，按照一项决策舍弃许多次要的事情，从更广阔的意义上看可能是最理想的。如果上面提到的使后悬挂装置的重量减轻 415 磅的设计，可使卡车公司提前一星期付诸生产，从而使客户早一星期得到产品的话，对于企业来说，这要比再花一星期的时间使悬挂装置再减少 10 磅重量可能更划算。

受限合理性的概念与满意解决法有关。在做出利用受限合理性的决策时，决策者应认识到对决策的实际限制，或许组织不想很快改变，或许决策的影响不能证明搜集所有可能需要用来使决策尽善尽美的那些信息的合理性，或许负责营销的副总裁绝对不会接受大大削减部门规模的决策。所有这些情况中，在已知或隐含的限制内人们都在做出合理的决策。

满意解决法包含理性的和政治上的决策成分，这使灵活性降低。事实上，有人认为，其特点可以用来刻画那些工作还过得去，然而对有可能利用更加灵活的方法取得出色成果毫无兴趣的固执的官僚们。一个使决策者取得满意解决方案的概念，在单一决策的背景下完全是个描述模型，但是在将多重决策的总体含义考虑在内时，该概念就可能呈现标准决策的各种特征（假设完全规范的决策具有无限的时间和资源可兹利用，所以，使用满意解决法的理由对它不适用）。

（5）组织和策略决策模式

上述决策模式主要适用于单独的决策者，然而许多决策不止涉及一个人。在多人参与决策的情况下，决策中的各种人际关系可能具有非常重要的意义。

决策的组织描述承认，组织包括人员和下属部门。每个组织都有自己的目标、优先事项、"权利"及其拥有的信息和标准的操作程序。各种决策和整个决策过程必须使所有这些协调一致起来，在它们相互冲突的地方，决策过程十分困难和令人痛苦。在各种决策之间没有冲突的地方，将它们识别出来能使我们有针对性地设计系统，以便支持组织的信息流通和决策过程。这样的决策支持系统可称为群体决策支持系统，我们将在第 9 章中详细描述这些系统。

把决策当做一个组织过程可以将合理性与策略性结合起来，每个组织单位（在极限情况下为每个个体）都在按照其对自己目标的理解在内部利用理性过程。只要应用这种方法不侵犯下属部门认为是属于其范围内的事，组织决策就不会与整体决策的理性方法发生冲突。尽管规范的成分可能包含在整体的过程中，但是大多数组织决策模型却都是描述性的。

在获得决策的激励因素成为参与者之间讨价还价的交易之时，我们会做出人们经常提到的策略决策。政治这个词在我们的社会中有负面的言外之意，它给人们的印象是那种由只想着自己私利的人在私下做出的隐秘的、并且经常是不道德的决策，但在决策背景中使用这个词就不一定是负面的。人们可以合法设定不同的目标，可以期望那些致力于达到一个目标的人们为之奋斗，为了将不同的目标合并为单一的决策需要讨价还价，而权利是任何讨价还价过程中的固有的组成部分，所有这些在实际上都是得到承认的。

如同决策群体所理解的一样，讨价还价过程的性质取决于决策的重要性。占上风的大多数人的作用和倾向随着问题重要性的增加和减小而增减变化，使群体分化的决策倾向也是如此。一支管理团队可能会为有关新的研发项目与海外销售扩张的战略决策闹得不可开交，但很可能会痛痛快快地在为公司员工购买野营时穿着的T恤衫颜色的决策方面达成一致。无论承认好心的经理可能有不同意见会多么令人不快，无论通过标准的管理科学的优选方法处理不同意见有多么困难，经理们都偶尔持有不同意见并且可能总愿意这样。通过按部就班、不偏不倚的分享信息，决策支持系统可以帮助隔离不同意见，表述共同目标，并且创造共同的构想。这些功能也归为群体决策支持系统的范畴。

决策支持系统也可能利用电子投票或某些类似Delphi方法的途径帮助解决分歧。在真正的政治环境中，这类决策支持系统或许不为参与者接受。那些失去选举票数的人可能四处游说或超乎决策支持系统之上，与其他群体成员协商以改变其投票意向或求得更高一层的支持，试图推翻选举结果。

政治已被描述为有关可能性的艺术，政治决策的特征是让步："我在这里做出些让步，你在那里做出些让步"。通过发现哪些问题对参与者是真正重要的，经常有可能取得双赢的结果。在政治决策环境领域的决策支持系统的开发者必须在组织文化和权利结构中熟悉了解什么事情是可能的，并且开发出与其范围一致的系统。

2.5 结构化决策模型

结构化决策模型（structuring decision model）是指按照一定模型框架，结构化地描述影响决策的各种要素的模型。最常用的结构化决策模型有两种：决策影响图（Influence Diagram）模型和决策树（Decision Tree）模型。

影响决策的要素很多，主要包括决策目标、实现决策目标的方法、可选择的决策方案、不确定因素以及决策结果等。

- 决策目标：意指一个决策试图实现的目标，如制定投资的目标是使利益最大化。通常决策目标必须分解成更详细的子目标，如成本最小，收益最大等。
- 实现决策目标的方法：意指实现决策目标所使用的具体方法。例如，在使交通安全最大化的决策中，实现决策目标的方法包括强制使用保险带、路边修护栏、加强交通法规实施等。同样的实现方法如果能被更详细地分解，则决策模型将更准确。
- 可选择的决策方案（alternative）：意指实现同一决策目标的众多可选方案。例如，在投资决策中，实现利益最大化的可选策略包括证券投资、企业投资或者存入银行获取利息等。由于资金和人力的限制，往往只能从众多可选择的决策方案中选择一个。
- 不确定因素：意指决策过程中无法预测的或是偶然发生的事件。例如，在投资决策中，汇率、通货膨胀、银行利率的变动等都是不确定因素。不确定因素是影响决策目标的关键因素。
- 决策结果：决策结果往往用数量来表示，例如，交通事故率，现金收益等。

在对决策要素进行结构化描述时，决策影响图模型和决策树模型各有优势，可以互为补充。简单地讲，决策树可以直观地描述决策过程，尤其是对决策结果的计算过程，但不适合复杂的决策；决策影响图可以直观地描述决策要素之间的关系，也适合复杂的决策，但不易直观地表示决策结果的计算过程。下面详细介绍决策影响图和决策树，以及结构化决策过程。

2.5.1 决策影响图

在对大量基本的目标进行详细地描述、构建和分类之后,可以首先从决策影响图(简称影响图)开始,对各种不同的决策要素(包括决策与可选方案、不确定事件与后果以及最后结果等)进行结构化表示。影响图为决策环境提供简单的图形表示,不同的决策要素在影响图中以不同的形状表示,然后以某种方式用箭头连接起来,以表示各个要素之间的关系。

在影响图中,矩形表示决策,椭圆表示偶然事件,圆角矩形表示数学运算式或者一个常量,可用于表示决策结果。这三种图形通常被称为结点:决策结点(decision node)、选择性结点(chance node)和结果结点(consequence node)。结点通过箭头或者弧线连接起来组成图。弧线的开始结点被称为前驱,结束结点被称为后继。

假设一家风险投资机构,要决定是否投资一家新的公司,其目标只有一个,就是赚钱(对从事这一职业的人来说这是一个可理解的目标)。而寻求投资的这家公司可能具有无可挑剔的条件,如对市场做了细致的调查,组建有一个经验丰富的管理和生产团队,制定有一个恰当的商业计划,而且不管风险投资机构是否投资,该公司都肯定能够从某些其他途径获得财政支持。该公司的惟一问题是所计划的项目具有非常高的风险,既可能成功也可能失败。因此,对是否向这个公司投资,风险投资机构必须慎重决策。这是因为,如果对该公司投资,风险投资机构可能会面临两种结果:一种是投资成功,风险投资公司进入一个非常成功的商业领域;另一种可能的结果,即投资完全失败。如果不对该公司投资,风险投资机构可以将资金投资于股票市场或者其他风险度低的项目,获取其他的赚钱机会。显然,令风险投资机构难以抉择的地方在于,是否值得为了投资这个有可能成功的公司而完全放弃其他的投资机会。该风险投资机构的投资环境可以用决策影响图表示,见图 2-3。

需要注意的是,图中"投资"和"投资成功或者失败"都是"投资回报"的前驱,这意味着结果取决于决策和偶然事件。通常,

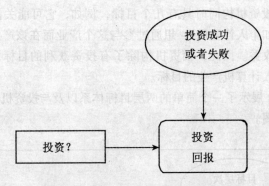

图 2-3 风险投资机构决策影响图

结果取决于结果结点的前驱发生了什么事或者决定了什么。而且一旦做出了决策并且不确定因素消除了,那么结果就确定了。结果结点中不存在不确定因素,因此适宜用圆角矩形表示。

另外需要注意的是,图中没有从选择性结点指向决策结点的弧,这说明在决策确定时,风险投资机构还不知道项目是成功还是失败,可能只是感觉到有一定成功的机会,这种信息在影响图中以成功或者失败的概率表现出来。因此影响图可以反映出决策者对当前环境的了解状况。另外,图中也没有从决策结点指向选择性结点的弧,这具有非常重要且微妙的含义。选择性结点关系着风险项目的成功与否,从结点"投资"到结点"投资成功或者失败"没有弧存在,意味着项目的成功几率不受投资机构决策的影响。换句话说,投资机构不必考虑其自身对项目的影响。

投资机构有可能根据投资的程度决定是否参与管理。例如,投资机构可能投入 100 000 美元而让企业独立运行,也可能投入 500 000 美元表示想参与对公司运行的管理。如果投资机构认为它的参与能够提高企业成功的几率,则图中应该增加一个从决策结点到选择性结点的一个箭头,因为投资机构的决策——投资力度和随后的投资力度——会关系到公司成功的几率。

2.5.1.1 决策影响图和基本目标结构

假设投资机构同时具有几个目标，例如，它可能关注某个特定的产业（如个人计算机），想通过参与这个产业而在该产业的成长过程中获得收益。因此，投资机构除了有投资获利的目标之外，它还有投资个人计算机产业的目标。

图 2-4 展示了一个简单的两层目标体系以及与投资机构决策相对应的影响图。

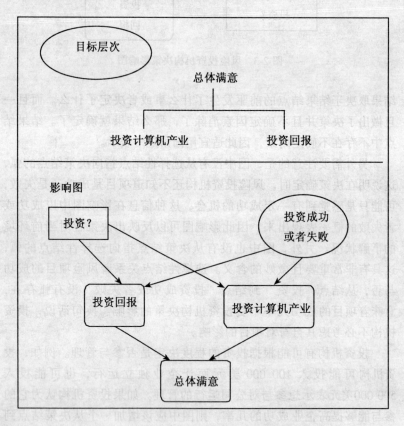

图 2-4 两层目标体系及投资机构决策影响图

在图中可以看出,目标体系是怎样在影响图中的结果结点模型中反映出来。"投资计算机产业"结点和"投资回报"结点表示较低层次的目标,并且它们连接到"总体满意"结果结点。这个目标体系结构表明:在某些环境中需要权衡这两个目标之间的投资风险,特别是在决定是启动计算机商业计划还是投资更可能赚钱的非计算机商业计划时,必须要进行比较和权衡。

如前所述,"计算机产业"和"投资回报"适宜于用圆角矩形表示,因为在做出决策以及确定成功的风险程度之后就可以知道结果。圆角矩形"总体满意"表示一旦前两个结果之一已知,则总体结果也就被确定。

图2-5显示的是美国联邦航空管理局(FAA)炸弹检测系统中多目标决策的影响图。

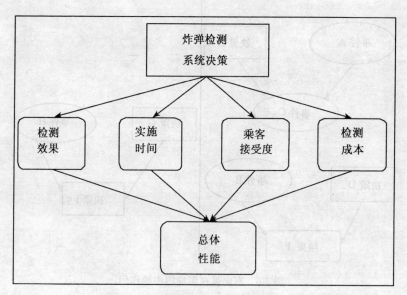

图2-5 炸弹检测系统中多目标决策的影响图

在这个环境下,FAA必须从一系列炸弹检测系统中挑选一个系统用于民航。在做选择的过程中,FAA必须要面对几个目标。第一,被选择的系统必须能够有效地检测各种类型的爆炸;第二,必须尽快地实施该系统;第三,必须让乘客最大可能地接受;第四,成本最小。为做出决策,FAA不得不针对每个目标、每个候选系统进行评分。其中,实施时间和检测成本分别用"天"和"美元"为单位表示,而对检测效果和乘客接受程度,则需要通过测量仪器、系统经验或者用户调查结果来测量。"总体性能"结点包含一个合计各项分数的公式,这个公式引入了这四个目标之间的权衡机制。

2.5.1.2 应用弧表示关系

图 2-6 演示了使用有向弧表示结点之间关系的规则。

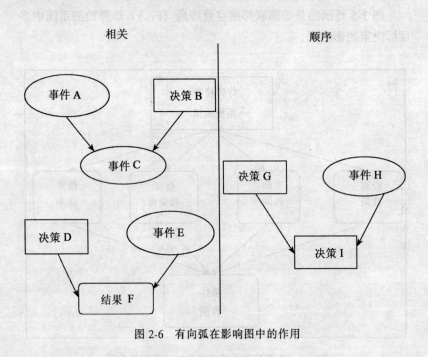

图 2-6 有向弧在影响图中的作用

通常,一条弧能够表示"相关"和"顺序"两种关系。从箭头的上下文可以看出其中的意义。例如,一条指向选择性结点的弧表明其前驱与不确定事件发生的几率有关。在图 2-6 中,从事件 A 到事件 C 的弧意味着 C 的几率可能因事件 A 的结果的不同而不同。类似地，一条从决策结点到选择性结点的弧表示特定的选择与其后继的不确定事件发生的几率有关。例如，一个人成为百万富翁的机会在某种程度上与他选择的职业相关。图 2-6 中决策 B 的选择和评价事件 C 可能结果的几率有关。

相关的弧也能连接到结果结点，表示该结果取决于特定的前驱结点的特定结果。如图 2-6 中，结果 F 取决于决策 D 和事件 E。又如图 2-4 中指向"投资计算机产业"和"投资回报"结点的弧表明做出的决策和风险投资的成功几率决定了这两个结点所代表的结果。另外，从两个独立的结果结点指向"总体满意"结点的弧的含义也与此类似。

当决策者做出一个选择的时候，这个选择通常是根据某个时候可利用的信息做出的。指向决策的有向弧表示在决策的时候可以获得的信息，它表示决策是在知道其前驱结点的结果之后才做出的。从选择性结点到决策的有向弧表示，从决策者的观点来看，所有不确定的事件都已经解决了，在做决策的时候，前面的结果已经明了。因此，对决策者来说可利用的信息是指决策之前发生的事件的结果。图 2-6 中的事件 H 和决策 I 就是这种情形，决策者在做出决策 I 之前必须等待事件 H 的结果。从一个决策指向另外一个决策的弧表示第一个决策必须在第二个决策之前做出，比如图 2-6 中的决策 G 和决策 I。因此，通过影响图中弧的路径，可以显示出决策的制订顺序。

弧的性质（相关性或顺序性）是通过观察影响图中弧的上下文来确定的。为避免使用过多的符号而造成混淆，本书中所有的弧均采用一样的表现形式。确定弧的性质很简单，指向决策的弧表示顺序，其他的弧表示相关。

正确构建的影响图是有向无环图，不管是从什么类型的结点开始，顺着箭头都不能再返回到开始结点。例如，如果有一个箭头从 A 指向 B，那么从 B 出发，绝不会有一条返回到 A 的路径，不管这条路径有多么的曲折。

2.5.1.3 基本的影响图

这里介绍几种基本的影响图。准确地理解了这些基本图的原理后,将为以后理解更复杂的图打下基础。

(1) 基本风险决策

基本风险决策是人们在不确定环境下最常遇到的基本决策。上述的风险投资案例就是一个基本的风险决策,它只有一个不确定事件,只要求做一个决策,是一个最简单的模型。

许多复杂的决策过程能够简化成基本的风险决策。例如,假设你想利用2 000美元进行投资以获得最高的投资回报,现在有两个可选的方案:投资朋友的公司或者放在银行里收取固定的利息。如果你向朋友公司投资,那么投资回报将取决于公司的运作情况。如果公司经营状况良好,则投资回报相应地也会不错,比如净赚3 000美元(使你的总资金达到5 000美元)。如果公司经营失败,那就可能赔进你所有的投资。另一方面,如果将钱存入银行,那么不管你朋友的公司经营好坏,你都能赚回200美元的利息(总资金2 200美元)。图2-7中的影响图显示了在这个问题中决策、机会和后果之间关联的详细情况。决策结点的内容包括投资公司和存入银行两个方案。选择性结点表示与公司相关的不确定因素,并且显示了两种不同的结果。后果结点包括不同决策和随机事件的结果带来不同收益的情况。该表清晰地表明如果你投资公司,那么你的投资回报将取决于公司的运营情况。如果将资金存入银行,则不管公司运营好坏,投资回报都将是固定的。

从图2-7可以看出,基本风险决策中的基本问题是:风险选择所带来的潜在收益是否值得进行风险投资。决策者必须通过对有风险投资与无风险投资的后果进行比较后才能做出决策。在一个基本风险决策中有多种风险选择存在,例如,如果随机事件有多于两种的可能结果,则模型会有很多可能的返回结果。这种多风险选择的影响图的结构与图2-7类似,不同之处只在于每个随机事件的详细情况不同。

(2) 不完全的信息

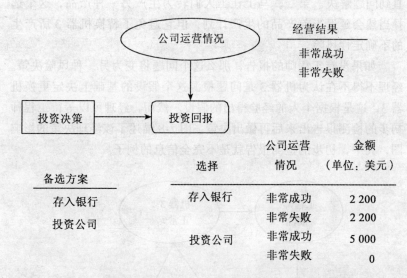

图 2-7 具有显性选择、收益和结果的基本风险决策影响图

另外一种基本的影响图用于反映获得不确定事件的不完全信息的概率。这些信息包括预报、专家的评估或诊断以及从计算机模型中得出的信息,它们有可能影响决策的最终结果。在上述的投资案例中,需要通过订购一些发布投资建议的信息服务来获取信息,虽然这些信息服务不一定能很好地预测市场。

假设一个从事制造业的经理正面临一系列监测产品的选择与购买的决策问题。其基本目标是以尽可能低的成本购买监测产品并保证生产计划的顺利实施。假设机器 3 被怀疑是故障的根源,且已经委派一位维护工程师对它做了初步监测。初步监测将提供一些有关机器 3 的信息,为确定它是不是问题的根源提供一些线索,但这还不能完全找出问题的根源,必须做一系列彻底的、开销庞大的监测才能彻底解释真相。此时,经理面临两种选择:第一,机器 3 的替代品存在,能够以一定的成本购买过来,如果机器 3 是问题所在,那么替换后工作可以照常进行,也不会耽误完成生产计划。如果机器 3 不是故障的根源,问题将继续存在,工人们必须更换其他器件直到问题解决。第二,马上让工人们转为生产另一种产品,这个选择当然会延迟当前产品的生产计划,但它避免了替换机器3所产生的不确定性风险。

如果没有工程师的报告,那么这个问题将变为另一种风险决策。经理不得不在认为机器3是问题根源这个假设的基础上决定更换机器3,这是根据个人的经验得出的假设。然而,经理可以等待工程师初步的检测报告出来后再做出决策。图2-8描述了该经理决策的影响图,其中,初步的检测报告就是不完全信息的例子。

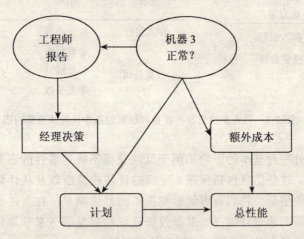

图2-8 不完全信息下的制造业影响图

影响图最后的结果取决于所做出的选择(替换机器3或者改变产品)和机器3是否真的出了问题。但"工程师报告"和最终结果之间没有弧连接,因为报告对最终的结果没有直接的影响。图中,从"工程师报告"到"经理决策"之间的箭头是一个有向弧,因为经理在做出决策之前要等待工程师的报告出来,因此,工程师的初步报告是决策时可以利用的信息。这个影响图描述了经理等待工程师报告的场景。另外,正确的行动不仅取决于工程师的报告,而且还取决于经理对工程师的信任程度。经理对工程师的准确性的评估体现在"工程师报告"这个选择性结点上。注意,从"机器3正常?"到"工程师报告"之间有一条相关的弧,这表明机器3的状况与评估工程师的报告相关。例如,如果经理相信工程师很善于诊断机器故障,那么当机器3确实运行正常时,工程师也诊断为正常的几率接近100%;同样,如果机器3确实是造成故障的罪魁祸首,工程师也非常有可能得出机器3是问题的根源所在。相反,如果经理认为工程师不是很擅长于诊断问题,比如说他对这种型号的产品不熟悉,那么工程师就可能会犯一些判断错误。

　　天气预报为我们提供了另一个不完全信息的例子。假设你住在迈阿密,BAHAMAS群岛附近有一场飓风正在逼近,很有可能会造成很严重的灾害,因此,政府建议所有人疏散。虽然疏散是一件很消耗金钱的事,但是会给人们带来安全。相反,留在本地存在一种风险,一旦飓风登陆后,人们可能受伤甚至丧生。但是如果飓风改变了路径,人们就是不疏散也很安全。显然,这个例子里有两个基本的目标:最大限度地保障人的安全,最小限度地耗费人们的财产。毫无疑问,人们会密切注意关于飓风预报的报道,但预报只能提供一些关于飓风的信息,不能很好地预测飓风的路径,因为人们对飓风的研究还没有达到这个地步。图2-9显示了关于疏散决策的影响图。

　　"飓风路径"到"天气预报"之间的关系弧表明实际的天气情况与天气预报的不确定性有关。如果飓风确实要登陆迈阿密,那么天气预报所提供的信息应该更趋向于飓风攻击迈阿密而不是绕过迈阿密。相反地,如果飓风确实不会攻击迈阿密,天气预报应该预测飓风不会登陆。这两种情况下的天气预报都不可能很准确,因为飓风的形成还不能被完全预测。因此虽然天气预报确实在飓风登陆之前提供了信息,但是人们很有可能会认为天气预报可能在飓风的方向上做出了错误的判断。

　　图2-9中的最后结果结点包含最小化成本和最大化安全这两个目标。另外一种替代的方法是像图2-8那样提供两个独立的结果结点。这两个目标都只是一些模糊的定义,它们可能是决策的一些初始化规范,更完善的规范应该更详细地定义这些目标,如提供成本的等

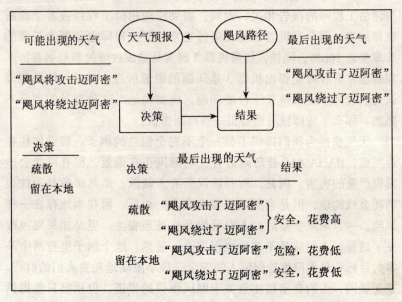

图 2-9 关于疏散决策的影响图

级(可能以美元为单位)和危害的等级。另外,在影响图中应该包括各种可能的后果——从没有任何伤害到致死。

与制造业案例一样,图 2-9 是等待天气预报发布情景的一个缩影。从"天气预报"到决策结点的有向弧表明决策是在获取不完全的天气预报信息后做出的。可以想象一下,你要等待下午 6 点的天气预报,在你等待的期间,你会想预报员会说些什么,在各种情况下你会做出什么样的决策。整个事件发生的顺序是决策者听到天气预报,决定应该怎么做,然后是飓风登陆或者绕过迈阿密。本例与制造业实例一起表明,通过模型分析将提供一种方法,那就是为每种可能的预测情况提供一种特定的决策。

(3)顺序决策

上面的飓风疏散决策可以被认为是一个大图的一部分。假设在你焦急地等待天气预报时,飓风正在逼近,你是继续等待天气预报还是马上离开？如果你继续等待天气预报，你所采取的行动取决于天气预报的报道。这种情况下，你面临着如图 2-10 的顺序决策问题。事件的顺序由弧来决定，因为从"天气预报"到"等待天气预报"没有弧存在，但有一条到"疏散"的弧，很明显，这里的顺序是先决定是否等待或者立即离开。如果选择等待，则随后的事件发生顺序是：天气预报发布→根据天气预报决定是否疏散。

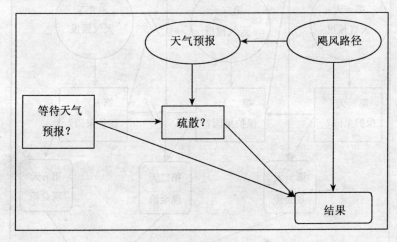

图 2-10　疏散决策的顺序决策

在影响图中，顺序性决策是通过有向弧连接在一起的。

再举一个农场主的决策例子。农场主想保护他的树不被恶劣天气摧毁，他每天都要根据第二天的天气预报来重复他的决策，以确定果园是否需要被保护。不妨假设农场主的基本目标是最大化投资的净现值（NPV—Net Present Value），包括保护果园的成本。图2-11 显示出这个问题的影响图，其本质是连接在一起的一系列不完全信息图。在每个决策之间（保护或者不保护），农场主都要观察天气并且听第二天的天气预报。从一个决策到下一个决策之间的弧显示了时间顺序。

每天的天气与天气预报之间的弧表示观察的天气对天气预报起

决策支持系统

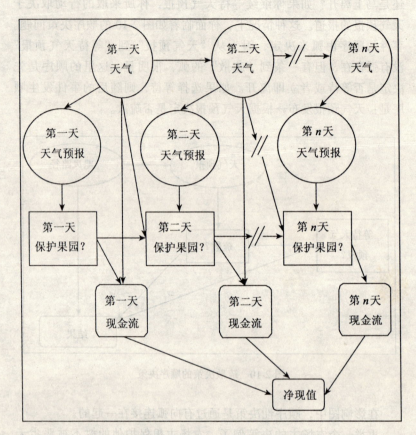

图 2-11　农场主顺序性决策影响图

影响作用。其实,昨天的天气也影响着今天天气的评估。但在图 2-11 中没有明确地显示出从前一天天气结点到天气预报结点的弧。虽然图中没有显式的表达这些弧,但可以通过连接到决策结点的事件序列暗示出来。这些遗漏的弧被称作非遗忘弧,也就是说决策者不能忘记前一个结点的结果。除非这些非遗忘弧在理解环境中非常重要,否则最好不显示它们,因为这有可能使图形更加复杂。

最后,虽然我们假设农场主只有一个单一的目标——最大化

NPV，但图 2-11 显示的却是一个多目标决策，这些目标是为了最大化每天的现金流入（从而最小化每天的现金支出或者成本）。当然，每种现金流都用于计算农场主的 NPV。

(4) 中期计算

在某些案例中，有必要设立一些附加的结点，这些结点用来计算前驱结点的结果。例如，假设一家公司正考虑引入一个新的产品。该公司的基本目标是最大化企业的利润率，我们把其结果结点标为"利润"。在基本层面，成本和收入都是不确定的，因此，最初的影响图如图 2-12 所示。

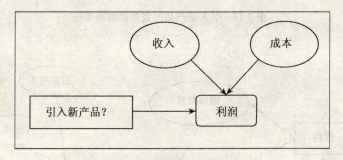

图 2-12　引入新产品的简单影响决策图

经过思考，公司的 CEO 意识到在成本方面，可变成本和固定成本存在不确定性；在收益方面，销售的数量也存在不确定性，因此必须要先完成一个价格决策，这些考虑使得该决策影响图变得更为复杂，如图 2-13 所示。

图 2-13 是一个完善的影响图，也可以用图 2-14 表示，在其中我们还将为该图加入中间结点，用来计算成本和收益，这些结点被称为计算结点，因为它们根据前驱计算成本和收入。

计算结点的功能与结果结点类似，从前驱结点获得输入后，可以立即从计算结点中获得计算结果，环境变量已知后（如决策、随机事件或其他计算结点），就不再存在不确定性。当然，这种确定性也只是在一定的条件下存在。决策者可以随时预知在各种可能的条

65

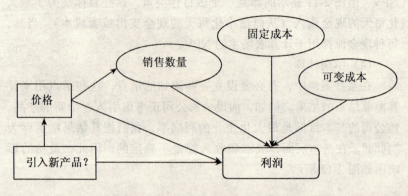

图 2-13　引入新产品的完善影响决策图

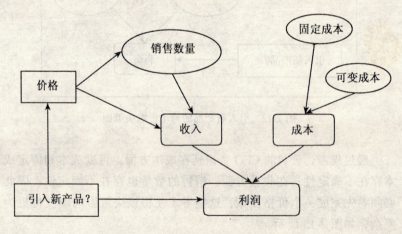

图 2-14　引入中间结点的完善影响决策图

件变量组合下的计算结点的结果。在条件变量已知之前,这些计算结点的值是不确定的。

通常,计算结点在强调影响图的结构时非常有用。如果一个结点有许多前驱结点,那么应当引入一个或者多个中间结点,以便更精确地定义各个前驱结点之间的关系。在图 2-14 中,成本和收入的计算已经明显地表示出来了,因为是根据成本和收入来计算利润的。很明显,价格策略和销售的不确定性对收入结点有很大的影响,而固定成本和可变成本则对成本结点有影响。

图 2-15 描述了另外一个例子。某公司正考虑建造一个新的制造工厂,但这个工厂可能会产生某些污染。工厂的收益取决于多方面的因素,但是在图 2-15 中强调的是其他污染源的影响。计算结点"地区污染程度"利用汽车的数量和本地工业增长的信息来决定污染程度指标。污染程度将对新工厂获得许可开业的机会以及制定新的规章制度(或更严或更松)产生影响。

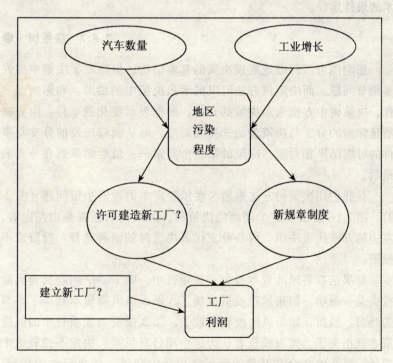

图 2-15 确定污染程度的影响决策图

上面的例子可以使我们对影响图形成一些基础的了解。理解影响图是一项重要的决策分析技术。实际创建一个影响图相对来说比较困难。

2.5.1.4 构建影响图

构建影响图没有固定的策略。因为结构化决策问题的任务是复杂而多变的。最佳方法是先构建各个简单的影响图，然后将它们组合在一起，再逐步增加一些必要的细节，直到影响图能够表示出问题域的所有相关方面。

通过阅读和练习来学习影响图的制作仅是一种可能的途径，实际上通过一种计算机程序来学习构建影响图，是提高影响图构建技术的最佳途径。

2.5.2 决策树

影响图可以清晰地展现决策的基本结构，但隐藏了决策中的许多细节问题。而决策树方法可以揭示出决策中的细节。和影响图一样，决策树中方框表示决策的开始，圆框表示变化的事件。由方框所延伸出的分支与决策者的选择相对应，而从圆框出发的分支与事件的可能结果相对应。决策的第三个要素——最后结果列在分支的最后。

让我们用决策树方法重新考察风险资本的投资决策问题（图2-3）。图2-16给出了这个问题的决策树。决策树的流程是由左向右，左边的方框代表决策，两条分支代表决策时的两种选择：投资或不投资。

如果选择将风险资本投资到该项目中，则下一个问题就是风险投资是否成功。如果风险投资成功了，那么该风险资本赚得了丰厚的利润。然而，如果风险投资失败了，那么投资到该项目中的风险资本就损失了。如果投资者认为这个项目有风险，决定不投资这个项目，那么他将会在其他的低风险项目中赚得一些象征性的利润，这种可能性显示在图中右端的最底部。

为了更好地理解决策树，我们对它做进一步的解释。

首先，决策者只能从由分支表示的所有选项中选择一项。例如，

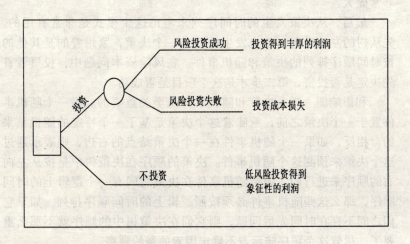

图 2-16 风险资本决策的决策树

在风险资本决策中,决策者可以选择投资或不投资,但不能两者都选。在一些实例中,可能存在一些组合策略。例如,如果投资者在考虑两个不同的项目 A 和 B,那么他有可能投资 A、B 中的一个,也可能 A、B 都投资,或 A、B 都不投资。在这种情况下,对这四种不同的组合策略必须分别建决策模型,从而产生出决策方式中的四条分支。

其次,每种随机方式都必须有一组互斥且完整无遗漏的结果与之对应。互斥意味着只有一种结果能实际发生。在风险资本决策中,这个项目有可能成功或者失败,但不可能既成功又失败。完整无遗漏意味着不存在任何其他的可能性,所有预先列出的结果中必须有一种结果会实际发生。将这两种特性结合在一起,意味着当遇到不确定情况时,有且仅有一种结果会发生。

再次,一棵决策树代表着决策者可能走的所有路径,包括所有可供选择的决策和随机事件的所有可能结果。在风险投资中,有三条这样的路径,分别对应着树右边的三条分支。在复杂的决策中,有许多连续的决策和不确定因素,那么决策树中潜在路径的数量会非常庞大。

最后,从决策发生的时间序列来考虑这个模式是非常有用的。先从树的左边看起,首先发生的就是一个决策,紧跟着的是其他的按时间顺序排列的决策和随机事件。在风险资本问题中,投资者首先决定是否投资,第二步才是这个项目是否成功。

和影响图一样,决策和随机事件是至关重要的。将一个随机事件置于一个决策之前,意味着这个决策是基于一个特定的随机结果的。相反,如果一个随机事件在一个决策结点的右边,则表示通过这个决策来预测这个随机事件。决策的顺序在决策树中是按从左向右的顺序来进行的。如果随机事件在决策之间有一个逻辑上的时间顺序,那么这些随机事件必须按照逻辑上的时间顺序排列。如果它们之间不存在时间先后问题,则它们在决策树中的顺序就不那么重要了,尽管这个顺序暗示着不确定因素的制约顺序。

2.5.2.1 决策树和目标层次

决策树可以很直观地反映出多个决策目标,并在每个分支的末端简单地列出所有相关的结果。如果在决策树中包含多个目标,一个简单的方法就是如图 2-17 那样使用结果矩阵。矩阵的每一列表示

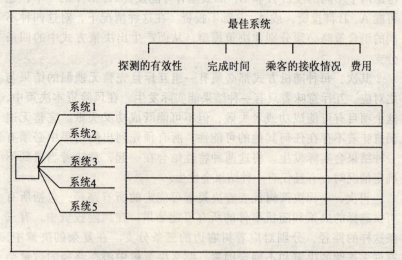

图 2-17　FAA 的多目标炸弹探测决策的决策树

一个基本目标,每一行表示一个可供选择的方案(这里是一个候选的探测系统)。评估这些方案需要在矩阵中填充方格,每一种可供选择的方案都必须针对每一个目标进行衡量。因此,每一个探测系统都必须针对探测的有效性、完成时间、乘客的接收情况和费用分别进行衡量。

图 2-18 是飓风案例的决策树表示。位于决策树最左边的"预告"分支表示疏散的决定,是在预报已经发出的基础上发生的(回想一下图 2-9 中的不完全信息下的决策情况)。图 2-18 表明不管决策树中

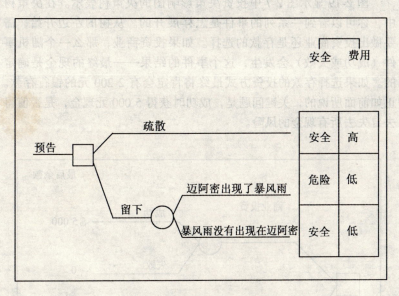

图 2-18 疏散决定的决策树

右边的那些末端结点是表示一个可供选择的决策还是一个不确定的结果,都必须考虑它所有的可能结果。另外,图 2-18 清楚地显示了"留下"所承受的风险,决策者必须在疏散后的安全性和疏散的费用之间作一个基本的取舍。最后,风险是否存在,很大程度上取决于预报是否准确。

2.5.2.2 基本的决策树

在这一节中,我们将介绍一些基本的决策树形式,其中有许多与前面讨论过的基本影响图相对应。

(1) 基本风险型决策

正如在影响图中讨论过的那样,风险资本决策是基本的风险型决策。其中投资者面临的最大困难,是该项目潜在的丰厚回报是否值得承担这个额外的风险,如果他认为不值得,那么他就不会投资这个项目。

图 2-19 显示图 2-7 中投资决策影响图的决策树表示。在决策树中,你可以看到一系列的事件是怎样展开的。从树的左边开始,需要做出投资商业还是存款的选择。如果投资商业,那么一个随机事件(成功或失败)会发生,这个事件的结果——最终的现金是确定的。如果选择存款的投资方式最终将肯定会有 2 200 元的银行存款。正如前面所说的,关键问题是,成功时获得 5 000 元现金,是否值得去冒失去所有现金的风险。

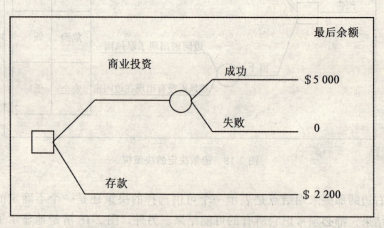

图 2-19 投资者的基本风险型决策

另一个例子是政客的决策。政客的基本目标是通过拥有国会中的席位来改变自己的地位,代表他的选民领导国家的事业。政客可以通过两种选择实现这个基本目标：一是竞选众议院席位，二是竞选参议院席位。如果政客选择竞选参议院席位，那他有可能失败，失败导致的最坏结果可能是重新回去干他的老本行——律师。但是如果成功了，那他将会得到最好的结果——代表他的选民领导国家。图 2-20 就是这个例子的决策图。

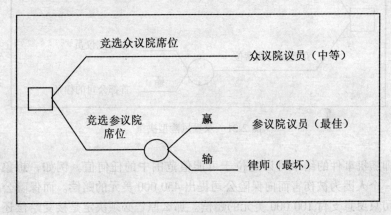

图 2-20 政客的基本风险型决策

在基本的风险型决策中，决策困难是因为无风险的方案导致的结果介于有风险的方案可能导致的几种结果之间（如果不是这种情况，那根本不存在决策问题）。决策者的任务是，判断采取有风险的方案成功的几率相对于失败的几率是否足够大，从而使得采取有风险的方案比采取无风险的方案更有价值。在采取无风险的方案有价值的情况下还宁愿采取有风险的方案，则意味着采取有风险的方案成功的几率比较大。

另一种基本的风险型决策叫做双重风险型决策。在这个问题中，决策基于两个有风险的方面：一方面，无论选择哪种方式都有可能造成损失；另一方面，无论选择哪种方式都有可能会成功。例如，政治候选人会面临着图 2-21 中决策树显示的决策，他可能会进入参议院或者众议院，但也存在都进不了的可能性。

在基本风险型决策和影响图的讨论中，曾提到了范围风险决策，

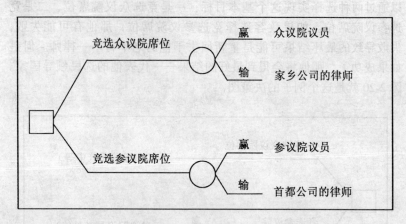

图 2-21 双重风险型决策

即随机事件的结果可以是位于可能值范围中的任何值。例如，想象一个人因为被伤害而向保险公司提出 450 000 美元的赔偿。而保险公司只愿意支付 100 000 美元的赔偿。那么原告必须决定是接受赔偿还是上法庭。该决策树如图 2-22 所示，其中用月牙形表示一个不确定

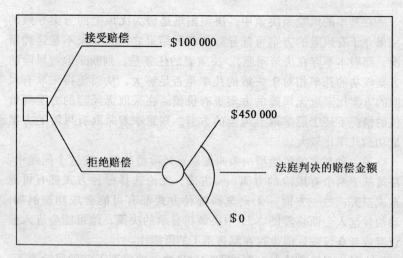

图 2-22 范围风险型决策

事件的结果值范围——法庭判决的赔偿金额可能是 0～450 000美元间的任何金额。

（2）不完全信息

做决策所依据的信息中包含大量的不完全信息。例如，图2-23中的疏散决策问题。这棵决策树开始于天气预报，它描述一个随机事件，是不完全信息。在决策树里，时间顺序很清晰：收到天气预报，再决定是否疏散，最后，飓风或者袭击了迈阿密，或者没有。

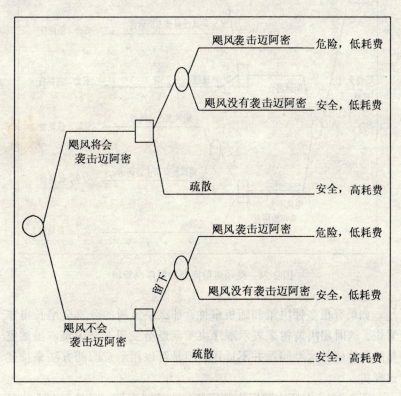

图 2-23 飓风疏散问题的决策树

（3）顺序决策

正如在影响图中所讨论的那样，我们可以修改不完全信息决策树,使之反映出一种顺序决策的情形。图 2-24 是修改后的顺序决策树。

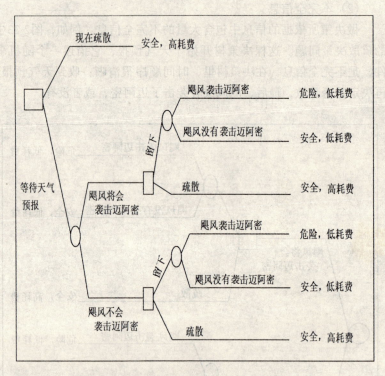

图 2-24 飓风疏散问题的顺序决策树

如果有很多种决策和随机事件,那么决策树的分支会增长得非常快,这时用决策树来表示顺序决策问题会变得非常困难。虽然完整的决策树对这类问题并不适用,但是可以用示意图的方法来描述这棵树。

图 2-25 是农场主顺序决策问题的决策树表示。虽然每一个决策和随机事件仅有两条分支,但是为了避免使树太复杂,需要用月牙形来表示。

在图 2-25 中,我们可以将这些月牙形顺序地串在一起,这是因

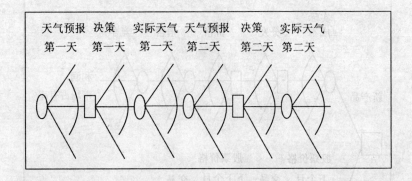

图 2-25 农场主顺序决策的示意图

为对任何结点，不管怎样的结果或决策，树中剩余部分都存在着相同的事件和决策。在很多情况下都可以采用这种表示方法。例如，图 2-26 表示一个关于对新产品进行风险投资还是进行股票投资的决策。每一种方案都将导致一组决策和随机事件，而每一组决策和随即事件都用示意图表示。

2.5.2.3 决策树和影响图的比较

以上的讨论和例子表明，从表面上来看决策树比影响图展现出了更多的信息，但随着决策问题越来越复杂，决策树要比影响图难以构建。图 2-26 就是一个复杂的决策树，但它没有真正反映出如影响图中的所有复杂细节。复杂度的表示不是一件小事，能否使上级管理者理解图示化的决策分析结果至关重要。在复杂度的表示上，影响图更胜一筹。

那么到底是应该用决策树还是应该用影响图呢？答案是两者皆可用，且两者可以互为补充。影响图在解决问题的构造阶段和大问题的表示方面很有价值，而决策树则可以更好地反映出一个问题的细节。最终的决策不应该依赖于表示方式，因为影响图和决策树是同构的，任何正确构造的影响图都能转换成一个决策树，反之亦然（虽然这种转换并不容易）。一个有效的方法是首先用影响图来帮助

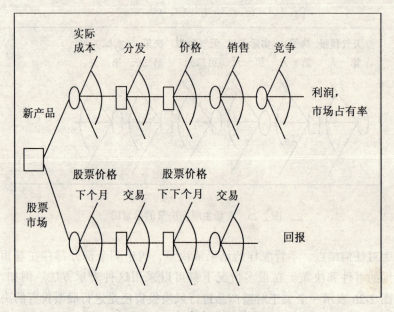

图 2-26 投资决策的示意图

理解问题中的重要元素,然后将其转换为一个决策树,以填上更多的细节。

影响图和决策树为决策建模提供了两种途径。这两种途径有着各自的优点,根据特定情况的具体建模要求,其中一种可能比另一种更适合。例如,如果需要其他人交流该模型的总体结构,影响图可能更适合;而如果要具体反映和精确分析特定的概率和输入值,则决策树会更好。将两种途径结合起来使用被证明是一种有效的方法,毕竟最终目标是建立准确反映决策情况的模型。因此在决策建模过程中,可以将两者视为相互补充的手段。

2.5.3 结构化决策过程

结构化决策过程是指分析决策模型,计算和比较决策结果,最终结合风险选择决策的过程。这一部分将学习如何利用结构化问题中的细节知识寻找最合适的决策途径。"利用细节"是指强调决策中的分析过程，包括计算、图解分析、评估结果等。决策树和影响图中所做的各种计算基本相同。

首先要学习如何分析只包括一个目标或特性的决策模型。在讨论单一特性的决策过程之后，我们将进一步讨论多特性的决策，并且将给出一些简单的分析方法。

主要例子来自著名的 Texaco-Pennzoil 法庭案例。

2.5.3.1 诉讼中的两方：Texaco 与 Pennzoil

1984 年上半年，Pennzoil 和 Getty Oil 有合并之意。但是在正式签署文件之前，Texaco 公司却提出愿意为 Getty 提供更高的价格。实际上掌握 Getty 大部分股票的 Gordon Getty 公司否认了与 Pennzoil 公司的交易事项，将 Getty 卖给了 Texaco 公司。Pennzoil 公司觉得受到了不公正的待遇，于是一纸诉讼将 Texaco 公司告上了法庭，理由是 Texaco 公司以非法手段破坏了 Pennzoil 和 Getty 之间的协议。最后，Pennzoil 公司赢得了这场官司，并于 1985 年底获得了 111 亿美元的赔偿判决。这是美国当时有史以来最高的一例赔偿案。Texaco 公司提出申诉，要求法院将判决金额减少 20 亿美元，但是利息和罚款还是累计高达 103 亿美元。Texaco 公司的首席执行官 James Kinnear 表示：如果法庭维持原判，则 Texaco 公司不得不申请破产。他还发誓，如果可能的话，要将 Pennzoil 公司一直告上美国最高法院，理由是 Pennzoil 公司在与 Getty 公司的商业谈判中没有遵守证券交易法律条款。1987 年 4 月，就在 Pennzoil 公司准备开始申请扣押权的前夕，Texaco 公司答应付给 Pennzoil 公司 20 亿美元以平息这场官司。而 Pennzoil 公司的总裁 Hugh Liedtke 事后透露，他的智囊团一直给他建议，30~50 亿美元的议和费才能接受。

那么 Liedtke 会做出怎样的决策呢？是接受 20 亿美元的赔偿金，还是要求法庭判给更多？如果他拒绝了这万无一失的 20 亿美元，那么他就面临着风险。Texaco 公司可能会同意给 Pennzoil 公司 50 亿美元的赔偿金，而 50 亿美元才是 Liedtke 本人觉得可以接受的数额，但是如果他向法庭提出要求给予 50 亿美元的赔偿金，则 Texaco 公司可能只会答应给 30 亿美元,同时也有可能提出不服而进一步上诉。图 2-27 的决策树简要地描绘出了 Liedtke 所面临的难题。

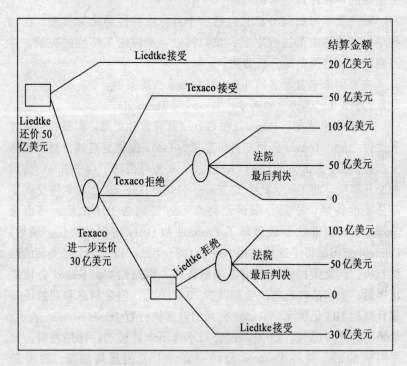

图 2-27 Hugh Liedtke 在 Texaco-Pennzoil 诉讼案中的决策

图 2-27 中只是简略地列出了几种情况。首先,假设 Liedtke 仅仅只有一个目标——尽可能地获得更大数额的赔偿。Liedtke 实际上也拥有更多的决策选择。在最初的选择中,他可以要求其他方面的损失赔偿,在第二轮决策中,他可以提出 30～50 亿美元中的任一数目。同样,Texaco 公司也可能不愿意出 30 亿美元的罚金。法院最终判定的金额也是在 0～103 亿美元中变化。我们最终不能从这个决策模型中得出任何结论。

对于上面的简单模型的构造,可以从以下几点进行具体分析:

(1) Liedtke 的目标。显然获取最大数额的罚金是一个合法的目标，但问题在于 Liedtke 是否还应该考虑到其他因素，如尽可能降低律师费用，提高 Pennzoil 公司在公众心目中的形象等。虽然 Liedtke 可能有其他的目标，但是这些目标相对于获取可能高达 103 亿美元的罚金来说，都显得不那么重要了。

(2) Liedtke 的第一次还价。50 亿美元的还价也可能被换成其他数目，这样的话决策树需要被重新分析。不同数额的价格可能会改变 Texaco 公司对其的接受能力。

(3) Liedtke 的第二次还价。其他可能提供的还价也能被添加到决策树中，同时 Texaco 公司的决策也会相应地具有不同的情形，包括接受、拒绝或进一步地讨价还价。不考虑这些具体因素的原因在于通过媒介可以了解到 Kinnear 和 Liedtke 是一对非常强硬的谈判对手，更进一步的谈判是不可能的。

(4) Texaco 公司的还价。30 亿美元的还价也可能被换成其他可能的数目，关键在于寻找一个"平衡点"——高于这个数目 Liedtke 肯定会接受，低于这个数目 Liedtke 就会拒绝。在上面给出的决策树中，如果 30 亿美元的决策点被其他数目取代，则需要重新计算该决策点下的子决策树，因此，在这个问题上可以有很多解。

(5) 法庭最后的判决。其实还可以在决策树中包含更多的分支以表示其他可能的结果，或者利用月牙形取代三个分支，来表示一个可能的结果范围。图中我们挑选了一个比较可能的近似值用于表示法庭不可预测的决策。

(6) Texaco 公司选择破产。在这个案例中没有考虑 Texaco 公司的资本净值可能高于 103 亿美元的情形。因此，即使 Texaco 公司申请破产，Pennzoil 公司仍旧可以得到一笔赔偿。事实上，即使 Texaco 公司已经申请破产，这个谈判仍可以继续下去。Texaco 公司申请破产的目的是为了防止它的债权人查封资产，这样有利于日后的重组计划，这也是 Texaco 公司应对 Pennzoil 公司上诉的一条出路。然而在 Liedtke 看来，Texaco 公司是否申请破产无足轻重。

讨论这些细枝末节似乎有点偏离主题,但实际上是在探讨为 Liedtke 面临的难题所构造的决策树是否符合要求。一般来说,构造一棵决策树时既要考虑所有相关信息,又要简化使之尽可能地利于读者理解。从上面分析的几点来看,Liedtke 面临难题的关键之处已经在决策树中表现出来。虽然在以后的讨论中可能会采用稍有差异的赔偿数目,并且决策树的结构有可能会有些细小的差别,但是图 2-27 中的决策树结构足以胜任早期的分析。开发一个结构化模型的基本目的,就是为了捕获决策问题的要害,获得正确的分析框架,让决策者对问题了然于心。

在图 2-27 的决策树中,我们还需要指定 Texaco 公司对 Liedtke 提出的 50 亿美元罚金的不同反应的几率,同时还要对法院可能的几种不同判决进行评估。在决策树中给出的概率应当能反映出 Liedtke 对这些不确定事件的看法。因此,这些概率应该基于 Liedtke 对问题的评论或者基于 Liedtke 所信任的旁人的推断。为了达到这个目的,我们假设无意中听到了 Liedtke 和他的智囊团之间的谈话。下面是他们谈话中可能提出的几点:

- 考虑到双方在谈判中的强硬立场,Texaco 公司拒绝 Liedtke 提出的新一轮谈判的可能性达到 50%。如果 Texaco 公司不拒绝 Liedtke 提出的新谈判,那又是怎样的情形呢?Texaco 公司接受 Liedtke 提出的 50 亿美元的谈判价格的概率有多大?Texaco 公司在该轮谈判中不接受 Liedtke 提出的 50 亿美元的赔偿而重新提出 30 亿美元的赔偿概率又是多少?两种情形的概率的比例是多少?Liedtke 和他的智囊团可能揣摩出后一种情形的概率是前一种情形的概率的两倍。这样的话,除掉 50% 拒绝谈判的可能性,后两种情形的概率分别是 17% 和 33%。
- 法院最后判决的几率。在 Fortune 杂志中这样写道:Liedtke 本人承认 Texaco 公司有可能赢得这场官司,法院判决 Texaco 公司不用给予赔偿的概率相当大,Pennzoil 公司不但什么也得不到,而且还要支付律师费用。同时,考虑到 Pennzoil 公司在本案中的有利情形,法院支持该公司的可能性也很大。最后，要考虑的问题在于法院会要求 Texaco 公司给予 Pennzoil 公司的赔偿金额有多大（在模型中假设是 50 亿美元）。假定 Liedtke 和他的智囊团认为获得 103 亿美元赔偿的概率为 20%；而得不到任何赔偿的概率为 30%；获得 50 亿美元赔偿的概率为 50%。

图 2-28 是添加了几率值的决策树。图中几率采用概率形式表示，而不是百分比形式。

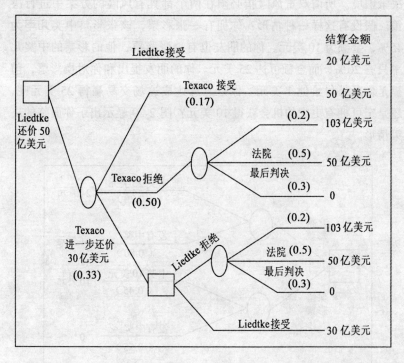

图 2-28 Hugh Liedtke 在 Texaco-Pennzoil 诉讼案中的决策（带有几率值）

2.5.3.2 决策树和预期币值

如何在一系列风险性方案中进行决策，其中一种方法是挑选具有最高期望值的方案（EV—highest Expected Value）。如果决策的目的仅仅与货币相关联,则能够计算出预期币值(EMV—Expected Monetary Value)。利用决策树发现 EMV 是非常方便的,这一过程常被称为决策树的回溯,即从树的最右边的分支开始向左查看。回溯过程中要注意以下情况:(1)当遇到选择性结点时要计算期望值;(2)当遇到决策结点时,选择具有最高价值或期望值的分支。下面将通过几个例子来具体说明这些步骤的执行。

首先介绍一个简单的例子。图 2-29 显示了一个具有双重风险的决策困境。所谓双重风险指必须在两个都具有风险的方案中进行决策。假设有这样一种情形:你拥有一张彩票,该张彩票中奖几率为 45%,金额为 10 美元。你的朋友也有一张彩票,他的彩票的中奖几率只有 20%,而金额可达 25 美元。你的朋友提出和你对换彩票,前提是你额外付给他 1 美元。你是愿意达成这场交易赢得 25 美元呢,还是宁可拥有更大的机会获得 10 美元?图 2-29 显示出了你面临的决策情形。

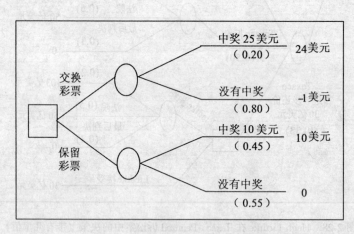

图 2-29 一个具有双重风险的决策

值得一提的是,图中分支的最底层(叶子结点)表示净收益值。如果你和朋友交换了彩票并且你中奖了,那么你的净收益是 24 美元,因为你已经付了1美元给你的朋友。

利用EMV和图2-29的决策树计算EMV值的步骤描述如下:

首先考虑不交换彩票的分支。预期价值等于中奖和不中奖两种情形的加权平均值,这里的权值是各分支结果出现的几率。算式为:

EMV(保留彩票)= 0.45×(10)+ 0.55×(0)

= 4.5(美元)

对EMV值的解释如下:多次参加该抽彩活动,则平均每次活动可获得约4.5美元。

交换彩票时的EMV值为:

EMV(交换彩票)= 0.20×(25)+ 0.80×(0)

= 4(美元)

将决策树中的选择性结点用各自分支底层的预期价值替换,形成图2-30。在两个分支中挑选具有最高期望值的分支。带有双斜线的那条分支表示该分支没有被选择。

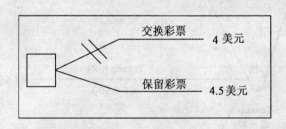

图2-30 利用期望值代替选择性结点

这个简单的例子仅仅是一个预备练习。下面我们将看看如何在更复杂的环境下进行决策。首先我们回忆一下Liedtke案例的情形,如图2-28。我们从决策树的右边开始考虑。首先计算法庭判决的期望值。第二步确定Liedtke接受Texaco公司提出的30亿美元的还价,还是拒绝而等待法院判决,在这一步中,需将法院判决的期望值与30亿美元进行比较。第三步计算Liedtke提出50亿美元还价的期望值。最后将第三步计算出的期望值与Texaco公司提出的20亿美元的赔偿做一个比较。详细计算分析过程如下：

法院判决的期望值是各种可能结果的加权平均值：

EMV（法庭判决）= [P（赔偿$103）×103] + [P（赔偿$50）×50] + [P（不用赔偿）×0]

= [0.2×103] + [0.5×50] + [0.3×0]

= 45.6（亿美元）

用这个期望值代替决策树中表示法庭判决的两个不确定性的结点，如图 2-31 所示。然后比较接受或拒绝 Texaco 公司提出 30 亿美元还价的期望值。很明显，45.6 亿美元的期望值比 30 亿美元的实际值大得多。因此，在"接受 30 亿美元"的分支上划上斜线。

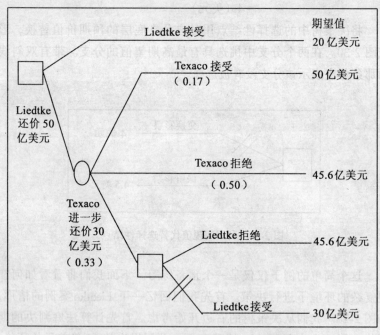

图 2-31 带有法院判决期望值的决策树

继续回溯决策树（folding back the decision tree），用选择的决策方

案替换决策结点,如图 2-32 所示。第三步计算 Liedtke 还价 50 亿美元方案的期望值。计算方法为:

$$\begin{aligned}
\text{EMV（还价\$50）} &= [P(\text{Texaco 接受})\times 50] + \\
&\quad [P(\text{Texaco 拒绝})\times 45.6] + \\
&\quad [P(\text{Texaco 还价})\times 45.6] \\
&= [0.17\times 50] + [0.50\times 45.6] + \\
&\quad [0.33\times 45.6] \\
&= 46.3 \text{（亿美元）}
\end{aligned}$$

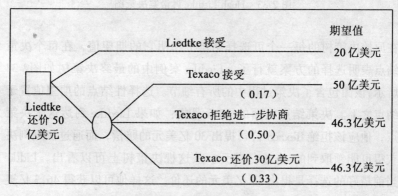

图 2-32 利用期望值代替首选决策结点的决策树

将决策树中的选择性结点用期望值代替,如图 2-33。最后比较两条分支的值,很显然,期望值 46.3 亿美元比直接接受 Texaco 公司提出的 20 亿美元要划算。

以上的解决方法表明,每一步决策都是通过比较期望值的大小而进行的。根据图中的推断,Liedtke 应该拒绝 Texaco 公司提出的 20 亿美元的赔偿,而要求其给予 50 亿美元。如果 Texaco 公司拒绝 Liedtke 提出的 50 亿美元的赔偿并且又还价 30 亿美元,Liedtke 应当拒绝 30 亿美元的赔偿,而选择通过法庭判决。

我们之所以详细地分析决策过程,目的是想说明这一过程包含哪些步骤。事实上,并不需要在每一步中都重新画决策树,只需要

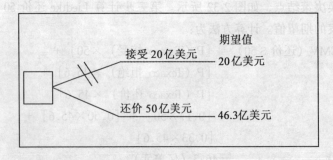

图 2-33 Hugh Liedtke 诉讼案决策图

在原始决策树的每一个可选择结点上注明它的期望值,在每个决策结点表明选择的方案就行了。Liedtke 案例中的最终决策树如图2-34所示,该图包含了决策过程中的所有细节。选择性结点的期望值置于结点之上。决策结点上面的 45.6 是指:如果 Liedtke 到达这个决策点,他应该拒绝 Texaco 公司提出 30 亿美元的赔偿,而通过法庭判决获得可能领取到的 45.6 亿美元。从这棵决策树上可以看出,Lidtke 当前最好的选择是提出 50 亿美元的还价,这样他可以获得 46.3 亿美元期望值的赔偿。如果 Texaco 公司提出 30 亿美元的赔偿,Liedtke 应当拒绝。

以上的分析方法就是随机性策略的思想。如果发生某一事件(如 Texaco 提出还价),就应当采取相应的措施(如拒绝还价)。进而,在决定是否接受 Texaco 公司提供的 20 亿美元的赔偿时,Liedtke 应该更深一步地考虑如果 Texaco 公司提出还价 30 亿美元的话,他应该怎样应对。这是通过回溯决策树的方法来解决问题的。

上面的分析过程还表明,构造一棵决策树是比较简单直接的,并且一些规模较小的决策树的 EMV 也能通过比较简单的手工计算出来。但是,制作影响图相对来说要困难些,不过可以通过计算机程序来自动处理。

下面我们利用影响图来分析 Texaco-Pennzoil 案例,从影响图

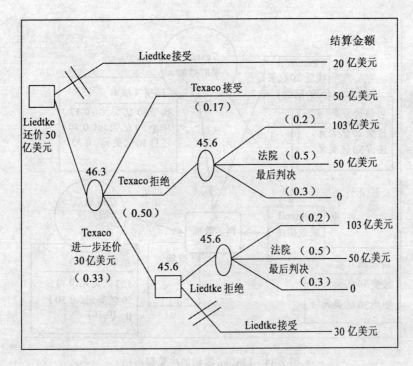

图 2-34 Hugh Liedtke 的最终决策树

的角度来看,决策是通过决策树中结点的依次扩展来实现的(如图 2-35 所示)。该图结点中包含了可选择方案表、具有概率值的结果表以及最终后果表。该案例的最终后果表太复杂,所以没有添加到图 2-35 中,可以另列。

下面对图 2-35 中未列出的最终后果表做进一步解释。初始决策是 Pennzoil 公司是否应该接受 Texaco 公司的 20 亿美元的赔偿,在这个决策结点利用表格列出了可选择方案是:接受 20 亿美元或还价为 50 亿美元。同样,"Pennzoil 反应"结点也通过表格表示"接受 30 亿"或"拒绝 30 亿"这两种选择。可选择结点"Texaco 反应"也通过表格列出 Texaco 接受 50 亿赔偿额、拒绝 50 亿赔偿

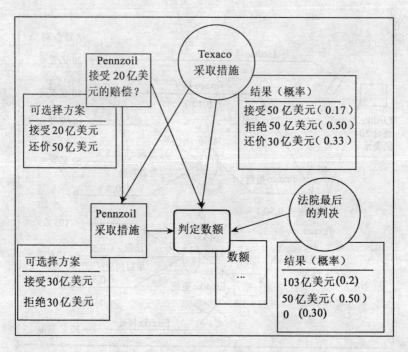

图 2-35　Liedtke 案例的决策影响图

额、还价为 30 亿以及这三种情形发生的概率。法院最后判决结点的结果表是：103 亿美元、50 亿美元、零及其概率值。

2.6　认知方式和决策形式

2.6.1　认知式的决策方法

（1）认知方式

认知方式是一个主观过程，通过该过程，人们在决策过程中发现、组织和改变信息。认知方式是重要的，因为在许多情形中，它决定人们对人机界面的偏好。例如，数据是原始的还是集成的，是以表格形式还是图形的形式表现。认知方式还影响人们对定性与定量分析方法以及决策辅助的偏好。

认知方式的决策方法如表 2-1 所示。

表 2-1　　　　　　　　认知方式的决策方法

问题求解方面	启发式的	分析的
学习方法	通过行动比通过分析情况学习更多些,并且更强调反馈	用设计的序贯方法求解问题,通过分析情况比通过行动学习更多些,并且较少强调反馈
搜索	用试错法和自发的行动	用正式的、理性的分析
分析方法	用通常的意识、直觉和感觉	开发显式的(常为定量)模型
分析范围	将整个情况看做是一个有机的整体,而不是作为特定部分的结构	将问题简化为一组因果关系的函数
推理基础	寻找随时间变化的可见情形的差别	通过比较事物,确定其相似性和共性

虽然认知方式是一个有用的方式,但是将其应用于信息系统和决策时存在着一些困难。困难之一就是认知方式是一个连续变量,许多人并不完全采用启发式或分析方法,而是介于二者之间。与认知方式相关的是决策方式。

(2) 决策方式

决策方式是决策人对问题思考和反应的一种方式,它包括决策人发现方式、认知反应以及在不同人和不同情况下,价值和观念是如何变化的。人们常常以不同方式进行决策,虽然有一般的决策过程,但它远不是线性的,人们并不采用相同顺序和相同决策过程的步骤,也不是采用所有步骤。另外,不同的人在不同情况下,对各步骤的强调、给出的时间分配和优先性也明显不同。管理者决策的方法和管理者与其他人交互的方法反映了其决策方式。由于决策方式取决于上述因素,故有许多决策方式。

除了前述的启发式和分析方式外,还有独裁方式与民主方式以及咨询方式(与个人或群体)。当然,存在许多方式的组合和变化,例如,决策人可以采用分析和独裁方式,或者咨询和启发方式。

计算机系统要想有效地支持管理者,必须适应决策情况和决策方式,所以系统应当灵活和适应不同用户,询问 What-if 问题和目标搜索功能在该方面提供了灵活性,并且希望在决策方式中,应用图形技术。用 DSS 支持不同的方式、技能和知识,不能只限于某特定过程,还要能帮助决策人使用和发展其方式、技能和知识。

不同的决策方式需要不同的支持形式,决定所需要的支持形式的主要因素之一取决于决策人是个体的还是群体的。

2.6.2 心理类型对决策的影响

瑞士心理精神病学的先驱、心理精神病学家 Carl Jung 在 20 世纪 20 年代就意识到,个体都具有在长时间内保持稳定的个性特征。在新的环境下,可以从一个人过去在同样环境下的行为预见(至少是部分预见)到他的行为。进而言之,可以将人们归为各种类别,通常一个类别中的所有成员对相似环境的反应也是相似的。

Katharine Briggs 和 Isabel Briggs,Myers 表明,人类具有四种关键的行为特性。这些行为特性中的每一种都包含着从一种行为趋向到其反面的行为趋向之间的一个范围并以此为特征,每一种特性都反映对给定领域从两种替代方法中选出一种方法的某种个体趋向或偏好。根据四种特性中的每种特性衡量,每个人都处于这一谱系中的某个位置。例如,一个人可能较喜欢富有逻辑性且客观地评价问题,可另一个人却可能喜欢主观和具有个性化地评价问题。为方便起见,将每个范围都分为两部分,为每种特性赋予两种个人偏好。这些偏好反过来可产生在进行决策时人们常采用方式的许多见解。

根据 Briggs 和 Briggs-Myers 理论,有四种可确定个性类型的偏好。它们是：内向型/外向型、感知型/直觉型、思考型/情绪型以及判断型/理解型。

(1) 内向型/外向型。这种类型可表明个体是更喜欢将能量导向外部世界还是导向内心世界。外向的人通过采取行动并达到目标的方式来理解世界，他们需要使事物具体化，以便理解这些事物。内向的人则通过认真的思考来理解世界，他们更喜欢在对某个问题进行了认真周全的考虑之后再采取行动或做出反应。

(2) 感知型/直觉型。这种类型是指一个人所偏爱的理解过程。它表明人们是如何获取信息，了解事物、人、事件和各种事物、看法的。感知的意思是通过各种感官和细致入微的观察发现有关事物的情况。偏好直觉的人凭直觉从各种事物、看法、人和事件中理解各种类型和关系。凭直觉理解事物的人相信基于直觉的感受和言外之意，而感知型的人则把其注意力限定在真实和可证实的事情上。

(3) 思考型/情绪型。这种类型所指的是人们所偏爱的判断过程。它描述人们是如何就有关已理解和领会的事物得出某种结论或做出决策的。思考的意思是，在权衡利弊和考虑后果之后再做出合乎逻辑的选择、决策或得出结论。情绪则涉及权衡个人的价值和他人的反应：将发生冲突呢还是和睦相处，是同意呢还是不同意？情绪化的人经常忽略逻辑推理而不考虑后果。乐于思考的人则往往不考虑其他人的反应，甚至包括自己情绪的反应。

(4) 判断型/理解型。这是一种"生活方式"的偏好，它描述一个人是否会常常让理解过程或判断过程控制自己的外部生活。具有判断偏好的人希望根据计划解决问题、做出决策、规划工作和进行管理，他们常常被视为那种行为果敢、办事有条理的人，并对能在结构完善的组织中工作而感到心满意足。而具有理解偏好的人则常常被人当做那种灵活变通、随心所欲的人，这类人对结构完善的组织和计划感到很不舒服。他们想把计划限制在最小的范围之内，以便能最灵活地适应新的局面。

对决策支持系统的开发者而言，个性类型可对决策模式产生重要影响。这是因为，决策支持系统必须把决策支持系统使用者的决策方法反映出来。例如,如果了解到决策支持系统使用者的心理类型,就可以推测出某些类型的自动决策支持系统可能是有用的,而另一些则是无用的。如果是为一个拥有各类成员的大型用户开发决策支持系统,就应该使决策支持系统的设计具有许多特色,以支持各类成员不同的决策偏好。假如这种做法不切实际,管理层一定要对这样的事实有所警觉:决策支持系统可能不太适合某些职员的决策偏好,那么就可能需要通过另外的培训或其他决策支持的替代办法对此做出修正。

四种个性特征可在以下方面影响决策。

(1) 内向型/外向型。该偏好可在决策者尝试做出群体决策时对其决策方式产生影响。外向的决策者将会更喜欢在群体内公开彻底地讨论此事,而内向的决策者将会更喜欢在私下对此苦思冥想,然后将成形的结论提交群体。

(2) 感知型/直觉型。该偏好可在决策者搜集决策信息的过程中,即决策过程的设计阶段显示出来。像电视节目中的讲话,具有感知型特征的人想知道的就是实实在在的论据和有关它们的一切。而直觉型的人可能不需要那么多细节,他们只要能把论据集中起来即可获得结论。

(3) 思考型/情绪型。该偏好影响选择阶段。思考型的人可能是那种注重理性的决策者的典范,他们遵照缜密的逻辑做出决策,可常常忽略人的因素。一个有情绪偏好的人将会较少使用管理科学的方法。

(4) 判断型/理解型。在决策者同他人一起工作时,该偏好将在把注意力集中决策过程的信息搜集部分还是集中在分析和决策部分的判断上对决策者产生影响。判断型的人可能会急急忙忙地搜集信息,然后一下子就进入其认为是事情实质的选择阶段。而理解型的人则想尽可能长地推迟做出决策,延长决策阶段,并在搜集越来越多的信息的同时,保留选择的自由。

Huitt 归纳出 8 种个性类型的某些受偏爱的决策技巧,参见表2-2。要注意,几个技巧可与不止一种个性类型相配。

表 2-2　　　　　　　个性类型与决策技巧

类型	偏好的决策技巧
外向型	群体中集思广义法 结局心理表演疗法（通过表演角色评估所采取行动的原因） 大胆思索
内向型	个人的灵机一动 酝酿（做些其他的事，由潜意识对问题发生作用） 分享个人价值观，看法
感知型	超负荷（慎重考虑太多因素，独自搞明白） 归纳推理（从具体实例引出规则） 随机文字技巧 分级，归类
直觉型	演绎推理（将规则应用于具体实例） 挑战假设 想象/可视化 综合，分级，归类
思考型	分析 网络分析（如关键路径方法） 任务分析
情绪型	分享个人价值观 倾听他人的价值观 价值观分类 评估（与标准或预先设定的标准比较）
判断型	加减利益技术（为评估替代方案） 反向计划（识别为达到目标所需的条件） 选择单一的解决方案 灵机一动
理解型	随机文字技术 荒唐的挑衅（作为达到想法桥梁的荒唐陈述） 采用其他人的视角

心理类型也对人们在一起工作的融洽程度有所影响。这并不是说决策群中的所有成员都应该属于同样的或相似的类型，由不同类型的人们带给群体决策的方法可能会极大地改善决策质量。在这种情况下，重要的是整个团队都要意识到他们不同的风格。团队成员可能会考虑这样的事实：尽管他们的风格可能有所不同，但还是可以对群体作出不同凡响的贡献。在组织中掌握了有关雇员心理类型信息并受到适当培训的经理或负责人力资源的专业人员，大概能帮助筹划成立一个很好的决策群体。对决策群体组合的自动支持本身，就是一个具有潜力的决策支持系统应用领域。

3 决策支持系统概述

本章通过论述 DSS 的功能、结构和类型,可以展现 DSS 的主要优点,主要包括下列内容:DSS 的定义、特点和功能,DSS 的结构和组成部分,数据库子系统,模型库子系统,知识库子系统,用户接口子系统和 DSS 的分类。

3.1 决策支持系统的概念及功能

3.1.1 决策支持系统的定义与特点

由于人们对 DSS 的认识不完全相同,所以至今还没有一致公认的 DSS 定义。早期 DSS 的定义表明 DSS 是在处理半结构化的问题中支持决策人裁决、扩展决策人的能力,但不能代替其判断。

Little(1970 年)将 DSS 定义为支持管理者进行决策、数据处理、判断和应用模型的一组过程。该定义中隐含的假设是基于计算机的系统,能为用户提供服务,以扩展用户求解问题的能力。

Bonczek 等(1980 年)将 DSS 定义为由三个相互联系的部件组成的基于计算机的系统:语言系统,它提供用户与 DSS 其他部件相互通信的机制;知识系统,存储在 DSS 中的有关问题领域的知识;问题处理系统,它连接其他两个部件,并包含决策所需要的一个或多个一般问题处理功能。该定义提出的概念对于理解 DSS 和专家系统的结构以及两种系统的关系是重要的。

孟波教授给出的 DSS 定义是:"决策支持系统是一个交互式的、灵活的和自适应的基于计算机的系统,它综合应用数据、信息、知识和模型,并结合决策人的判断,支持决策过程的各阶段,支持决策人进行半结构化和非结构化决策问题的分析求解。"

从上面的定义可以知道,决策支持系统具有以下基本特征:

(1) 较之于处理的效率,更追求决策的效果。

(2) 它不是代替决策,而是提供良好的决策环境,对决策提供支持。

(3) 具有智能性。

(4) 面向决策者,支持中、高层决策者的决策活动。DSS 的输入和输出,起源和归宿都是决策者。

(5) 模型和用户共同驱动,即决策过程和决策模型是动态的,是根据决策的不同层次、不同阶段、周围环境和用户要求等动态确定的。

(6) 强调交互式的处理方式。通过大量、反复、经常性的人机会话方式将计算机系统无法处理的因素(如人的偏好、主观判断能力、经验、价值观念等)输入计算机,并以此规定和影响决策者的进程。

认识到 DSS 的这些主要特点,对我们进一步研究和建立 DSS 都是非常重要的。

3.1.2 决策支持系统的功能

DSS 有以下主要任务和功能:

(1) DSS 通过将决策人的判断和计算机中的信息集成在一起,主要辅助决策人分析半结构化和非结构化决策问题。这类问题不能或不便于用其他计算机系统或标准的定量方法及工具求解。

(2) 可以为不同管理决策层提供支持,包括从高层管理者到生产线管理者。

(3) 可以为个体和群体提供支持,半结构化和非结构化问题的决策分析常需要来自不同部门和组织层次的人员参与。

(4) DSS 支持各种决策过程和形式。

(5) DSS 在时间上是自适应的，面对迅速变化的条件，决策人应能及时反应，并且 DSS 应适应这种变化。DSS 是灵活的，因此用户可增加、删除、组合、改变或重新安排系统的基本部分。

(6) 用户应能很方便地使用 DSS。用户界面的友好性、较强的图形功能和类似自然语言的人机交互接口可以极大地增强 DSS 的有效性。

(7) DSS 努力提高决策的有效性（准确性、及时性、质量），而不是决策的效率。

(8) 在问题求解中，决策人能完全控制决策过程的所有步骤，DSS 的目的是支持而不是代替决策人。

(9) 终端用户应能自己构造和修改简单系统。大的系统可通过信息系统专家的支持进行构造。

(10) DSS 通常应用模型分析决策问题，建模功能使 DSS 能够在不同的结构下，对不同策略进行实验。

(11) DSS 能访问和获取不同来源、格式和类型的数据，包括地理信息系统和面向对象的数据。

这些特点使决策人能及时地做出更好、更一致的决策。如前面所述，DSS 的特点和功能是由其主要部件提供的，这些部件将在下面简要论述。

3.2 决策支持系统的结构

3.2.1 DSS 的基本结构与组成元素

DSS 是一个由多种功能协调配合而成的、以支持决策过程为目标的集成系统。DSS 主要由数据库子系统、模型库子系统和用户接口子系统构成，如图 3-1 所示。

(1) 数据库子系统

数据和信息是减少决策不确定因素的根本所在，管理者的决策

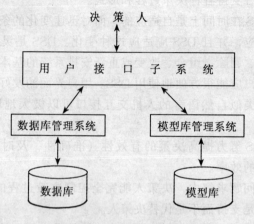

图 3-1 DSS 的基本结构

活动离不开数据,因此,数据库子系统是 DSS 不可缺少的重要组成部分。

数据库子系统包括数据库和数据库管理系统,其功能包括对数据的存储、检索、处理和维护,并能从来自多种渠道的各类信息资源中析取数据,把它们转换成 DSS 要求的各种内部数据。从某种意义上说,DSS 数据库子系统的主要工作就是一系列复杂的数据转换过程。与一般数据库相比,DSS 的数据库特别要求灵活易改,并且在修改和扩充中不丢失数据。

(2) 模型库子系统

在管理决策活动中,客观事物就是被决策者处理的问题,管理决策模型就是对问题状态及其演变过程的描述,模型库就是这些决策模型的集合。模型库子系统由模型库和模型库管理系统组成,它是 DSS 的核心部分,也是 DSS 区别于其他信息系统的重要标志。

(3) 用户接口子系统

用户接口子系统有如下功能:接收和检验用户的请求,协调数据库系统和模型库系统之间的通信,为决策者提供信息收集、问题识别以及模型构造、使用、改进、分析和计算等。它通过人机对话,使决策者能够根据个人经验,主动地利用 DSS 的各种支持功能,反复学习、分析、再学习,以便选择一个最优决策方案。显然,对话决策方式充分重视和发挥了认识主体(人的思维能动性),必然使管理决策质量大幅度提高。由于决策者大多是非计算机专业人员,他们要求系统使用方便,灵活性好,所以,用户接口子系统的硬件与软件的开发和配置往往是决策支持系统成败的关键。

用户也是系统的一部分,研究人员认为决策人与计算机的频繁对话可以产生 DSS 某些特殊的作用。

3.2.2 智能决策支持系统的结构

在 DSS 基本结构中,增加知识库子系统,则可得到如图 3-2 所示的智能决策支持系统(IDSS—Intelligent DSS)结构,或称为基于知识的决策支持系统。

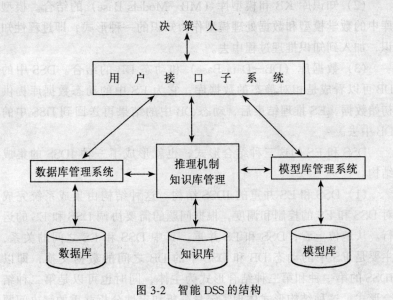

图 3-2 智能 DSS 的结构

所谓知识库子系统,就是要提供一种(或几种)知识表示的方法和知识的存储、管理形式，以使得人们能够很方便地表达他们的知识，能够很方便地存储和调用这些知识为 DSS 的运行（包括识别问题，人机对话，自动推理，模型构成以及问题求解等）服务。所以从这个角度来说，它又是所有智能化系统的核心部件。知识库子系统包括：知识库（KB—Knowledge Base），推理机制（inference engine），知识库管理系统（KBMS—Knowledge Base Management System）以及模型库和数据库管理子系统的接口部分。

该结构中的知识库子系统能支持其他子系统或作为独立的部件应用，提供智能和定性分析功能，以增强决策人的能力。

专家系统（ES）是一类重要的知识系统，常作为 IDSS 的组成部件。DSS 和 ES 的结合主要体现在三个方面：

(1) DSS 和 ES 的总体结合。由集成系统把 DSS 和 ES 有机结合起来。

(2) 知识库 KB 和模型库（MB—Models Base）的结合。模型库中的数学模型和数据处理模型作为知识的一种形式，即过程性知识，加入到知识推理过程中去。

(3) 数据库（DB—Data Base）和动态 DB 的结合。DSS 中的 DB 可以看成是相对静态的数据库，它为 ES 中的动态数据库提供初始数据，ES 推理结束后，动态 DB 中的结果再送回到 DSS 中的 DB 中去。

DSS 和 ES 的这三种结合形式，也就形成了三种 IDSS 的集成结构。

(1) DSS 和 ES 并重的 IDSS 结构。这种结构由集成系统完成对 DSS 和 ES 的控制和调度，根据问题的需要协调 DSS 和 ES 的运行。从地位上看，DSS 和 ES 并重。其中 DSS 和 ES 之间的关系，主要是 ES 中的动态 DB 和 DSS 中的 DB 之间的数据交换，即以 IDSS 的第一种和第三种结合形式为主体，同时也可以是第二种结合形式。这种结构形式体现了定量分析和定性分析并重的解决问题的特点。

(2) 以 DSS 为主体的 IDSS 结构。这种集成结构形式体现了以定量分析为主体，结合定性分析解决问题的特点。在这种结构中集成系统和 DSS 控制系统合为一体，从 DSS 角度来看，简化了 IDSS 的结构。

在这种结构中，ES 相当于一类模型，即知识推理模型或称智能模型，它被 DSS 控制系统所调用。

(3) 以 ES 为主体的 IDSS 结构。这种结构形式体现了以定性分析为主体，结合定量分析的特点。在这种结构中，人机交互系统和 ES 的推理机合为一体，作为 IDSS 中最高层的控制部件。

在这种结构中，推理机是核心：对产生式知识的推理是搜索加匹配；对数学模型的推理就是对方程的计算。这种结合形式的问题求解体现为推理形式。

智能决策支持系统中的专业知识可以帮助缺乏经验的管理者。由 ES 支持的活动与 DSS 数据和模型部件所支持的活动是不同的。这样，知识部件适用于更广泛的决策，它扩展了基于数据和基于模型的 DSS 的功能。其他可能支持的领域还有：

(1) 支持数学方法无法支持的决策过程的某些阶段。例如，需用专业知识、选择合适的输入数据、评价建议解的影响等。

(2) 支持多模型 DSS 中模型的构造、存储和管理。该应用增强了模型库管理系统（MBMS—Models Base Management System）的功能，并使 MBMS 智能化。

(3) 支持不确定性分析。不确定性是现代企业环境的主要特点之一，所以许多决策情况包含不确定性。其中包括需要模糊逻辑和神经计算等应用工具的专业知识。

(4) 支持智能用户接口。在 DSS 的实现中，用户接口起着主要作用，基于知识的系统可极大地改进用户接口的智能性。例如，自然语言处理和语音处理技术可使接口更容易和更自然。

3.2.3 基于数据仓库的客户/服务器结构

数据仓库是从数据库技术发展而来的一种为决策服务的数据组织、存储技术。数据仓库由基本数据、历史数据、综合数据和元数据组成，能提供综合分析、时间趋势分析等辅助决策信息。联机分析处理（OLAP）是对多维数据进行分析的技术。由于大量数据集中于多维空间中，OLAP 技术提供从多视角分析途径获取用户所需要的辅助决策的分析数据。数据挖掘能够对数据库或数据仓库中的数据使用一系列方法进行挖掘、分析，从中识别和抽取隐含的、潜在的有用信息，即知识，并充分地利用这些知识辅助决策。

数据仓库、联机分析处理和数据挖掘是三种相互独立又相互关联的信息技术。它们各自从不同的角度辅助决策。数据仓库是基础，联机分析处理和数据挖掘是两种不同的分析工具。三者的结合使数据仓库辅助决策能力达到更高层次。采用这些新技术的 DSS 是一种新型的决策支持系统。

基于数据仓库的客户/服务器结构，常见的有两层和三层结构，还有 N 层结构。三层结构如图 3-3 所示，数据从内部来源和外部来源抽取，在放入数据仓库前，由专门的软件进行过滤和摘要等处理，并存储到专门的多维数据库中，组织成多维表达的形式。DSS 用户可通过 DSS 服务器进行查询和数据分析。

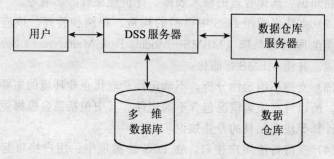

图 3-3 基于数据仓库的 DSS 结构

数据仓库有不同的形式和规模，如图 3-3 所示的系统可扩展到包括多层结构（更多的服务器）。数据仓库的硬件和软件通常可由多个供应商提供。下面列出了企业使用的所有部件，然而有些企业可能只用其中一种部件。

(1) 大型物理数据库。这是一个实际的物理数据库，数据仓库的所有数据存储在该数据库中，并且包括元数据和用于数据刷新、组织、打包以及终端用户进行数据预处理的处理逻辑功能。

(2) 逻辑数据仓库。它包含所有的元数据、企业规则以及用于数据刷新、组织、打包和数据预处理的处理逻辑功能。此外，还包含寻找和存取实际数据所需要的信息。

(3) 数据中心。它是整个企业数据仓库的子集，起着部门的、区域的和职能的数据仓库作用。作为数据仓库迭代的数据处理的一部分，在一定的时间内，组织或企业需要构建一系列的数据中心，还要通过企业范围的逻辑数据仓库连接这些中心。

根据数据仓库、联机分析处理和数据挖掘三种技术的不同集成，该系统结构实质上分为三种形式：① 基于数据仓库的决策支持系统；② 基于数据仓库与联机分析处理的决策支持系统；③ 基于数据仓库、联机分析处理、数据挖掘的决策支持系统。

基于数据仓库的决策支持系统是在数据仓库兴起后形成的。数据仓库本身就具有很高的决策支持能力。它拥有很强的查询分析功能，能产生用户所需的综合信息、时间趋势分析信息等辅助决策信息。

基于数据仓库与联机分析处理的决策支持系统是数据仓库的自然发展。数据仓库的数据组织与联机分析处理的数据组织是一致的，都是多维数据组织。联机分析处理提供了很强的多维数据分析方法，如切片、切块、旋转、钻取等操作。它通过多维查询和多维分析方法，扩大辅助决策能力。

基于数据仓库、联机分析处理、数据挖掘的决策支持系统，是数据仓库发展的新阶段。数据挖掘是一个独立的研究领域，它可以用于数据库，也可以用于数据仓库。数据挖掘的方法很多，应用范围也很广。根据数据仓库的应用范围可以选择合适的数据挖掘方法，提高数据仓库辅助决策能力。目前，开发数据库的大公司都开发了自己的数据仓库产品，同时也开发有关的数据挖掘产品。

这类基于数据仓库的 DSS 最适用于下列情形：

(1) 数据存储在不同的系统中;
(2) 管理中已使用的方法需要大量、多种类型的信息;
(3) 有大的、多种顾客库;
(4) 同样的数据在不同系统中的表示方式不同;
(5) 数据用难以识别的格式存储,并需要用高技术访问或转换数据。

3.2.4 综合型决策支持系统的结构

把数据仓库、联机分析处理、数据挖掘、模型库、数据库、专家系统结合起来,则形成综合的、更高级形式的决策支持系统。其中数据仓库能够实现对决策主题数据的存储和综合以及时间趋势分析,联机分析处理实现多维数据分析;数据挖掘可以获取数据库和数据仓库中的知识;模型库实现多个广义模型的组合辅助决策;数据库为辅助决策提供数据,专家系统利用知识推理进行定性分析。它们集成的综合决策支持系统将相互补充和依赖,发挥各自的辅助决策优势,实现更有效的辅助决策。

综合型结构包括三个主体,第一个主体是模型库系统和数据库系统的结合,它是决策支持的基础,为决策问题提供定量分析(模型计算)的辅助决策信息;第二个主体是数据仓库和联机分析处理,它从数据仓库中提取综合数据和信息,这些数据和信息反映了大量数据的内在本质;第三个主体是专家系统和数据挖掘的结合。数据挖掘从数据库和数据仓库挖掘知识,放入专家系统的知识库中,由知识推理的专家系统达到定性分析辅助决策。

综合型结构的三个主体既可以相互补充,又可以相互结合。根据实际问题的规模和复杂程度,决定是采用单个主体辅助决策,还是采用两个或是三个主体的相互结合辅助决策。

(1) 传统决策支持系统:利用第一个主体(模型库和数据库结合)的辅助决策系统,就是传统意义下的决策支持系统。

(2) 智能决策支持系统:利用第一个主体和第三个主体(专家系统和数据挖掘)相结合的辅助决策系统就是智能决策支持系统。

(3) 基于数据仓库的决策支持系统：利用第二个主体（数据仓库和联机分析处理）和第三个主体中的数据挖掘相结合的辅助决策系统就是新决策支持系统。在联机分析处理中可以利用模型库的有关模型，提高联机分析处理的数据分析能力。

(4) 综合型决策支持系统：将三个主体结合起来，即利用"问题综合和交互系统"部件集成三个主体，形成一种更高形式的综合决策支持系统，其辅助决策能力将上一个大台阶。由于这种形式的决策支持系统包含了众多的关键技术，研制过程中将要克服很多困难。

需要的话，也可以将一组相关而独立的 DSS 集成为一体，每一种用于一个专门领域。

3.3 数据库子系统

3.3.1 数据库子系统的结构

数据库子系统包含下列部件：
(1) 数据库及其结构；
(2) 数据库管理系统（DBMS—Database Management Systems）；
(3) 数据查询；
(4) 数据字典。

这些部件的概要如图 3-4 所示。该图也表示了数据库子系统与 DSS 其他部件的交互关系以及与几种数据源的交互关系。下面将简述这些部件及其功能。

3.3.1.1 数据库及其结构

数据库是相关数据的集合，这些数据组织起来可被多个用户在多个应用中使用。对于大型 DSS，除了数据库外还包括数据仓库。对于有些 DSS 的应用，根据需要可建立多个专门的数据库，而包含不同来源数据的几个数据库可为同一个应用服务。

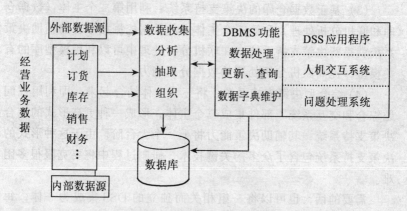

图 3-4 数据库子系统的结构

为了创建 DSS 数据库或数据仓库,常有必要从几个数据源中获取数据,这种操作称为抽取。抽取包括文件的输入、摘要、过滤和数据的压缩。当用户需要由 DSS 数据库中的数据生成报告时,常需要抽取数据,抽取过程由 DBMS 管理。

DSS 数据库可以包含文字、图片、地图、声音和动画等多媒体数据,也可以是概念、想法和观点;可以是初步的、原始的,也可以是概括的。

许多 DSS 使用概括的数据,或从三个基本的数据源(内部的、外部的和个人的数据源)中抽取数据。

(1)内部数据。内部数据指可从组织内部的数据处理系统获得的数据,例如,关于组织内部的人员、产品、服务和过程等方面的数据。有时内部数据可通过 Web 浏览器或从 Intranet 上获取。

(2)外部数据。外部数据是来自组织外部的数据,例如,市场研究数据、调查数据、就业数据、政府规章、税率表、国家经济数据等。大量的外部数据可从商业数据库中收集,某些数据可以从其他计算机信息系统或 Internet 上收集。这些数据常使 DSS 用户的信息过载,而大多数外部数据与特定的 DSS 是无关的,因此必须对外部数据进行筛选,以确保重要数据的收集并尽量减少无关的数据。

(3) 个人数据。个人数据是 DSS 用户或组织的管理者和职工个人创建的反映其专长与经验的数据,这些数据包括对销售情况的主观估计、在竞争中将如何行动的建议以及对新闻报刊上文章的理解等。

数据库结构有六种:关系的、层次的、网状的、面向对象的、多媒体的和智能的。

(1) 关系数据库。关系数据库结构是用二维表格形式描述数据之间的关系。在关系数据库中,允许多项查询。在数据文件的一页中包含许多列,这些列为不同的字段。页中的各行为各不相同的记录。多个文件可以通过数据文件中的相同字段相关联,这些相同的字段必须有完全相同的拼写、相同的大小(字节数)以及相同的类型(如数字型或字符型等)。这种数据库结构的优点是简单易学、容易扩展和修改。

(2) 层次数据库。层次模型将数据项按从上到下的形式呈树状排列,在有关的数据之间建立逻辑联系。

(3) 网状数据库。该结构允许存在更复杂的连接,包括在相关数据项之间的横向连接,因此可通过共享某些数据项而节省存储空间。

(4) 面向对象的数据库。复杂的 DSS 应用,如计算机集成制造系统(CIMS—Computer Integrated Manufacturing System),需要存取复杂的数据,这些数据可包括图形和复杂的关系。层次、网状,甚至关系数据库结构都不能有效地描述和处理这类数据。因此,需要采用面向对象的数据库及其管理系统。

对象由一组数据与施加于这些数据上的一组操作构成。面向对象的数据管理基于面向对象的编程原理,面向对象的数据库系统将面向对象的编程语言(如 C++)与数据存取机制相结合,面向对象的工具直接集成在数据库中。面向对象的数据库管理系统(OODBMS—Object-Oriented Database Management System)允许人们用对象之间自然关系的概念分析数据,用抽象方法建立对象层次之间的继承关系，并且对象封装使数据库设计者能把通常的数据和过程代码存储在同一对象中。

面向对象的数据库管理系统将数据与其相关的结构和行为进行封装。系统使用对象层次的类和子类。在对象中包含关系表示的结构和用方法和过程表示的行为。面向对象的数据库管理对于应用复杂的分布式 DSS 是特别有用的。面向对象的数据库系统具有很强的处理 DSS 应用中复杂数据的能力。

(5) 多媒体数据库。多媒体数据库（multimedia database）存放多媒体数据，包括数字、文本、声音和图像，如数字化的照片、地图或 PIC 类文件、超文本图片、录像片和虚拟现实（多维图像）等。多媒体数据库管理系统（MMDBMS—Multimedia Database Management System）除了管理标准的文本以外，还能够管理各种格式的数据。

根据国外的调查，企业所有信息只有不足 15% 是数字化的，而企业的信息中至少 85% 是以文件、地图、照片、图像和录像片的形式存放在计算机以外。为使企业在构造应用系统时能利用这些丰富的数据类型，数据库管理系统必须能管理这些类型的数据。Oracle、Informix 和 Sybase 可存储和管理丰富的多媒体数据类型，还可实现面向对象的数据库。大多数 PC 系统（作为客户）具有显示或播放这些格式文件的功能，通过扩展数据库的功能，以便在 DSS 中包含这些对象。软件开发商正在修改 DBMS 以提供这些功能。

(6) 智能数据库。智能数据库的思想是，综合应用数据库技术与人工智能技术，特别是专家系统和人工神经网络，使得对复杂数据库的存取和操纵更简单，效率更高。实现的方式之一是为数据库提供推理功能，这样可形成智能数据库。如果将数据库与自然语言处理器相结合，则将进一步增强专家系统对数据库的作用。

在专家系统和数据库的集成环境中，应用程序可通过数据库直接产生数据驱动，或由数据库产生数据，然后由专家系统处理（如解释）的方式驱动，也可以通过网络集成专家系统和 DBMS。

专家系统与大型数据库的主要问题是连接困难，甚至对于大型企业也是如此。有些软件商已认识到这类集成的重要性，并开发了软件解决连接问题。该类产品的一个例子是 Oracle 关系数据库的 DBMS，它已经以查询优化器的形式集成了某些专家系统的功能，可以选择最有效率的路径查询数据库。查询优化器对用户非常重要，利用该功能，用户使用数据库时，只需少量的规则和命令。

目前 IBM 嵌入的商业人工智能之一是提供与数据库一起工作的知识处理子系统，它允许用户从数据库中抽取信息，再将数据送到有几种不同表示结构的专家系统知识库中。另一个产品是 KEE Connection，它将 KEE 命令翻译成数据库查询命令，并且自动跟踪在 KEE 的知识库和使用 SQL 的关系数据库之间来回传送的数据。这类集成的另一个好处是能采用数据的符号表示形式，并能改进 DBMS 的构造、操纵和维护功能。

3.3.1.2 数据库管理系统

数据库管理系统（DBMS—Database Management Systems），可用于修改、删除、操纵、存储和检索数据库中的信息。DBMS 可以管理和处理大量信息，具有大量数据的集成、复杂的文件结构、快速的检索和变化、更好的数据安全等优点。DBMS 与建模语言的结合是一种典型的系统开发模式，可用于构建 DSS。通常从数据库抽取数据，并送到统计的、数学的和财务的模型中，做进一步的处理和分析。

电子表格程序涉及 DSS 的建模方式，它帮助创建和管理模型，进行相关变量的重复计算，并且包含很强的数学的、统计的、逻辑的和财务的函数。许多 DBMS 提供类似于集成表格软件的功能，使得 DBMS 用户能用 DBMS 进行表格操作。类似地，许多表格软件也提供基本的 DBMS 功能。

在 DSS 中，常需要同时使用数据和模型，一般希望系统只采用一个集成工具管理数据和模型，然而 DBMS 和表格软件的接口很简单，这些接口可提供相互独立程序之间的数据交换。

由 DBMS 创建、存取、修改和维护数据库，DBMS 可提供的具体功能如下：

(1) 建立和管理数据模型及数据库；

(2) 增加、删除、编辑、修改数据库的内容；

(3) 对不同数据源的相关联数据进行抽取、分析、处理及集成；

(4) 灵活、迅速、方便地进行数据查询和报告，为 DSS 提供各种所需要的数据；

(5) 提供很强的数据安全性（例如，防止非授权的访问和恢复功能）；

(6) 处理个人的数据，以便用户根据其判断对决策问题的解进行实验；

(7) 根据查询进行复杂的数据操纵；

(8) 跟踪 DSS 中数据的使用；

(9) 通过数据字典管理数据。

有效的数据库及其管理系统可为许多管理活动提供支持，如数据记录的浏览、支持各种数据关系的创建和维护，以及报告生成等。然而，只有当数据库与模型集成时，DSS 才可以发挥出真正的作用。

3.3.1.3 数据查询

在建造和使用 DSS 中，常需要存取、操纵和查询数据，查询模块可完成这些任务。它从其他 DSS 部件接受数据请求，确定如何完成这些请求（如需要，可参考数据字典），形成详细需求，并将结果送交需要的用户。

DSS 查询系统的重要功能是选择和操作，例如，查询某区域在某年某月的所有产品销售情况，并按销售人员统计销售情况。

3.3.1.4 数据字典

数据字典是数据库中所有数据的目录，包括数据定义。它的主要功能是描述数据项的可用性、来源和准确含义等。通过帮助搜索数据和识别问题，数据字典特别适合支持信息阶段。像其他目录一样，数据字典可支持增加新项目、删除项目以及特定信息的查询。

3.3.2 组织 DSS 数据库的三种策略

处于不同层次的管理者,其决策时所需信息的特征和来源往往大不相同。从事具体业务工作的管理人员,他们所需信息基本都是来自组织内部的信息,这些信息相当精确、细致,也容易得到。而战略计划级的管理者的主要工作是一些决策性问题,他们要用到组织内部的数据,更需要外部数据。至于经营管理性的管理者,则主要需要内部数据,有时也涉及来自外部的信息。

由于不同层次有不同的要求,如何做到三方面兼顾,就成了 DSS 数据库的组织问题。一般有三种策略:

第一种策略是 DSS 数据库与业务数据库相结合,构成一个综合型的数据库。这种策略很难实现。为了满足 DSS 的要求,这种综合型数据库中的数据呈现十分复杂的多样性特征,因为,要在设计中预先确定各种数据应采用的组织方式、结构和存取方法,几乎是不可能的,加之难以处理特定决策所需要的、已有数据中尚不存在的外部数据,使得这种综合型的数据库在技术上不可行,经济上也不合算。

第二种策略不考虑已有的 MIS 数据库或其他信息数据库,而重新建立 DSS 自己的数据库。这种策略在技术上比较易于实现,但数据重复输入使数据的冗余度增加。

第三种策略采取析取方式。在这种方式下,DSS 所需数据从已有的 MIS 数据库或其他库中通过析取加工得到,并存放在 DSS 自身的数据库中。

3.4 模型库子系统

3.4.1 模型库子系统的特点与功能

模型是对客观事物及其环境的客观描述,是人们研究客观事物的一种手段。在 DSS 中,模型是一个针对某一特定问题的求解。

由种种基本算法或功能（如数据检索、编辑、分析、预测、图标输出等基本功能）构成。

模型库子系统为了解决 DSS 半结构化问题的不确定性和为了提高 DSS 结构的灵活性，必须具备三个特点：

(1) 模型具有同一性，模型能够与实际问题有机结合；

(2) 模型应使管理者易于理解；

(3) 模型的功能尽量单一，这样通过单一模型的结合，DSS 结构可以更加灵活。

根据对模型库的定义，模型库子系统的功能可以综合为：

(1) 产生或重构新的模型；

(2) 分解和组合模型；

(3) 管理模型库（如模型的修改、删除、存储、维护、恢复等）；

(4) 与数据库发生联系（如数据库与模型集成等）；

(5) 协调和集成建模、存取及运行管理。

3.4.2 模型库子系统的结构

模型库子系统包含三个层次：应用级、生成级和工具级。应用级是为决策者设计的专用的或共享的模型子系统；生成级由模型库管理系统、用户接口系统和数据库管理系统、基础库等部分组成，它的用户是 DSS 的设计人员，他们根据用户的要求，充分利用 DSS 的各种工具来建立和维护各个应用子系统；工具级是一些专用的或通用的软件，如构造模型的软件、图形工具、文字处理工具和模型化语言等。通常的所谓模型库，多数是指介于应用级和生成级之间的系统。生成级是模型库系统的核心，在它的支持和控制下，不同的决策者可根据自己的意图来建立和使用模型。

DSS 的模型库子系统由下列部件组成：

(1) 模型库；

(2) 模型库管理系统；

(3) 模型字典。

3 决策支持系统概述

这些部件以及与 DSS 其他部件的接口如图 3-5 所示。各部件的定义和功能叙述如下：

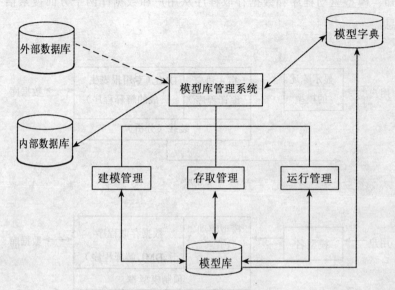

图 3-5 模型库子系统的结构

3.4.2.1 模型库

模型库包括常规和专门的统计、财务、预测、管理科学和其他定量模型，这些模型可提供 DSS 的分析功能。调用、运行、改变、组合和检查模型的功能是 DSS 区别于其他计算机信息系统的主要方面。

依照模型库建立和使用的特点，可以把模型库分为三类：

(1) 通用模型库

这类模型库的模型建立和编制均由用户完成。系统仅仅提供宿主语言和各种高级语言、专用语言和一些模型的求解方法，其结构如图 3-6（a）所示。目前流行的交互式财务计划系统就是属于这种类型的模型库。

(2) 专用模型库

这类模型库是专为某些决策或决策者设计的，用户并不创建模型，而是引用库中已有的预制模型，如图3-6（b）所示。由图可知，模型驱动程序和数据存取程序从用户和数据库两个方面搜索信息。

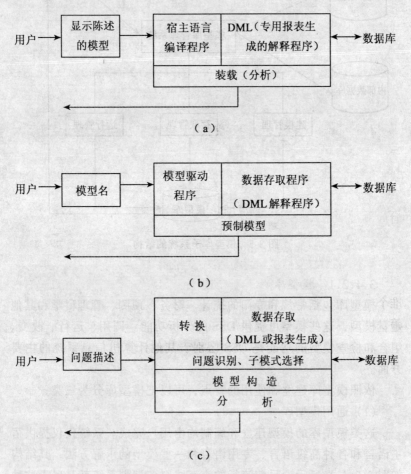

图3-6 按照模型建立和使用特点对模型库的分类

(3) 智能模型库

智能模型库由模型的基本组件、问题识别器和形式化机制组成。用户只需给出对问题的陈述，系统就能自动识别问题，进行模型的形式化和模型的建立和分析。这种系统目前尚处于研制阶段，如图 3-6（c）所示。

此外，根据求解问题的不同对象，它们又可以分为战略模型、战术模型和操作模型。

战略模型通常只包括主要规划和方向性决策模型。它用于支持高层管理的战略规划和潜在的应用，包括制定企业目标、企业兼并与规划、工厂选址、环境影响分析以及非常规资金预算等。战略模型一般用于长期决策，以集成的形式表示许多变量，常用到大量的外部数据。

战术模型主要用于中层管理，以支持组织的资源分配和控制。战术模型的例子有人力需求计划、促销计划、确定工厂布局、日常资金预算等。战术模型通常只用于组织的某子系统，如财务部，其时间范围从 1 个月到 2 年，需要某些外部数据，但大量需要的是内部数据。

操作模型是指为解决业务操作的决策问题而建立的模型库。它用于支持组织的日常和短期的决策工作，典型的常规决策如银行批准个人贷款、生产调度、库存控制、维修计划和调度、质量控制等。操作模型通常使用内部数据。

从战略模型到战术模型、操作模型，其涉及的范围逐渐缩小，其参数的确定性逐渐加强。

模型库中的模型也可按其职能领域分类（例如，财务模型或生产控制模型）或按学科分类（例如，统计模型或管理科学模型）。DSS 中的模型可以有几个到几百个。

3.4.2.2 模型库管理系统

为了对模型库进行集中控制和管理，模型库系统必须有一个强有力的模型库管理系统来实现以下管理功能：

(1) 模型的分类与存储；

(2) 模型的生成、修改与集成；

(3) 模型及其基本属性的存储与更新；

(4) 模型的存取、查询与使用；

(5) 描述模型所用的变量、数据，数据的提取机制，以及它们之间的各种关系；

(6) 描述和管理各种建模约束条件和系统目标；

(7) 提供接口部分的会话管理程序和解释、咨询程序，以及其他的系统输入、输出形式；

(8) 接口管理与问题识别机制的管理；

(9) 模型的动态调用和连接；

(10) 对模型各部分最终运行模型的影响进行灵敏度分析，为今后修改模型提供依据；

(11) 模型构成的合法性和有效性验证；

(12) 模型使用和操作权限的管理；

(13) 模型的模拟运行和实际模型运行的跟踪管理。

简言之，模型库管理系统是包括模型的存储、调用、连接、运行、修改、查询、检验、评价、灵敏度分析等功能在内的一组管理程序的有机结合。

3.4.2.3 模型字典

模型字典的作用类似于数据字典，是模型库中所有模型和软件的目录，它包含模型定义、模型功能，用于描述模型的可用性和功能等。

3.5 知识库子系统

许多半结构化和非结构化问题很复杂，因此除了需要常规 DSS 的功能以外，还需要问题求解的专门知识，这些专门知识可由专家系统或其他智能系统提供，所以在智能的 DSS 中需要包含知识库子系统，该系统可提供求解问题所需要的某些知识，以及提供可增强 DSS 其他部件运行功能的知识。

一般可以从三个方面将基于知识的专家系统与数学模型集成：一是基于知识的决策辅助，用于支持数学方法未能涉及的决策过程的某些步骤；二是智能决策建模系统帮助用户构造、应用和管理模型库；三是决策分析专家系统将严谨的理论方法与专家系统的知识库相集成。

知识库系统是一个能提供各种知识的表示方式，能够灵活地调用和管理知识的软件系统。从运行机制上来说，知识库系统包括知识库、知识库管理系统、推理机制、咨询部分、学习机制和接口部件，如图3-7所示。知识库和推理机制是其核心部分，下面作简要介绍。

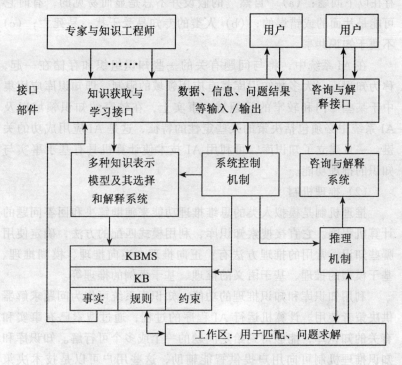

图3-7 知识库系统结构

(1) 知识库

虽然计算机没有像人的大脑那样具有经验和学习的多样性，但是，它能够应用人类专家的知识，这些知识包括事实、概念、理论、启发式方法、过程和关系。知识也是信息，通过组织和分析知识，使之易于理解和应用于问题求解与决策。

在智能 DSS 中更需要元知识。元知识是关于如何管理和运用知识的知识。它的存在形式有：人的元知识，供人们使用的基于计算机的元知识和供计算机使用的元知识。人的元知识存在于人们的头脑中或他们的文件中。它具有以下特点：是创造性的，可以直接从感性经验获取，可以在很大的经验范围内应用。人类的元知识也存在以下问题：(a)"自然"的假设并不总是显而易见的，有时它可能是片面的或错误的；(b) 人类的专知易受干扰，易死亡；(c) 不便于知识共享。

在 AI 系统中，将与问题有关的一些知识组织和存储在一起，称为知识库。大多数知识库都有应用领域的限制，即知识库应用集中于某些专门和较窄的问题域。事实上，在较窄的知识领域以及 AI 系统中必须包括决策的某些定性的特征，这是 AI 应用成功的关键。一旦建立了知识库，可利用 AI 技术使计算机具有基于事实与知识的推理功能。

(2) 推理机制

推理机制是模拟人类的思维推理功能来辅助解决和回答问题的计算机程序。它直接搜索知识库，利用模式匹配的方法，确定使用哪些知识。常用的推理方法有：正向推理、逆向推理、模糊推理、基于模型的推理、基于语义的推理、基于事例的推理等。

利用知识库和知识推理的功能，知识库系统可作为问题求解器供决策者使用。计算机运行 AI 程序的过程，通过搜索已有事实和有关的知识库，能够得到给定问题的一个或多个可行解。知识库和知识推理机制可向用户提供智能辅助，这些用户可以是技术决策者，也可以是典型的新手，而非智能 DSS 的用户必须是典型的专家型决策人。

3.6 用户接口子系统

用户接口技术包含了用户与 DSS 通信的所有方面,不仅包括硬件和软件,而且涉及容易使用、容易接受和人机交互的许多因素。有的 DSS 专家认为,用户接口是 DSS 的最重要部件,因为 DSS 的许多功能、灵活性和容易使用的特点是由该部件表现出来的。有些用户接口不便于操作和使用,是管理者不愿意尽可能使用具有定量分析功能的计算机决策支持系统的主要原因之一。

3.6.1 用户接口子系统的管理

用户接口子系统由用户接口管理系统(UIMS —User Interface Management System)进行管理,UIMS 由几个程序组成,其中包括对话产生和管理系统。

UIMS 具有如下主要功能:
(1)提供多种用户接口模式;
(2)为用户提供多种输入设备;
(3)以不同格式和设备表现数据;
(4)为用户提供辅助功能,如提示、诊断和建议等灵活的支持;
(5)提供与数据库和模型库的交互;
(6)存储输入和输出数据;
(7)提供彩色图形、三维图形和绘图功能;
(8)有多个窗口可同时显示多个函数;
(9)可支持用户和 DSS 开发者的通信;
(10)通过例子提供训练功能(通过输入和建模过程引导用户);
(11)提供灵活性和适应性,以便 DSS 能提供不同技术和用于不同问题;
(12)以多种不同的对话形式交互;

(13)获取、存储和分析对话子系统的使用情况(跟踪),以便改进对话系统,可提供对用户使用情况的跟踪功能。

3.6.2 用户接口模式

利用行动语言表达用户需求的方式称为接口交互模式(interface/interactive mode)。DSS是面向决策人的,提高系统的智能性,实现多功能的、自然的人机交互,建立友好的交互界面具有特别重要的意义。

在一般的信息系统中,使用者是专门的操作员,这些操作员计算机专业知识有限,更不会对系统本身有深入的了解,所以要求系统有直观易懂的界面形式以及严密的防误操作设计。但毕竟操作员所要使用的方式是很程序化、很固定的,可以通过培训使操作员熟悉特定的交互方式。而对于DSS的使用者——决策人员来说,这些就不可能了。一方面决策系统的使用方式是非程序化的,其需要多样而且多变;另一方面,决策者对计算机的熟悉程度往往更低,特别是不熟悉一些特定软件工具或技术的使用。而且决策者又没有时间来熟悉过于专门的技术。如何合理地设计交互界面,使决策人的需要能充分、灵活和方便地输入计算机,同时将计算机的处理结果直观、充分和合理地告诉使用者,就成了DSS设计的关键。可以不夸张地说,交互界面设计成功了,DSS系统也就成功了一半。

本节讨论下列重要的交互模式:命令语言、菜单交互、表格技术、自然语言理解、可视化技术、浏览器技术等。

(1)命令语言

在命令语言形式中,用户以输入命令的方式使用系统。许多命令采用动词与名词相结合的形式,某些命令可用功能键执行,另一种简化命令(甚至命令序列)的方法是使用宏,也可用语音输入命令。

命令是最基本的交互手段,命令的优点是功能丰富,甚至可以组织成功能更为强大的宏程序。缺点是操作不直观,用户学习复杂。在直接面向用户的DSS中,已很少采用命令语言这一方式,但作为提供给二次开发人员的一种开发手段，宏语言仍是一种重要形式。

(2) 菜单交互

在菜单交互模式中，用户使用输入装置来选择一项完成一定功能的菜单。例如，用户可以选择字处理软件如 Word，或表格软件如 Excel。菜单以逻辑形式组织和显示，主菜单下面是子菜单。菜单项可显示子菜单中的命令，或者菜单中其他项目及开发工具。

菜单正如其名称所表明的那样，其思想是很简单的，但却非常有效。菜单技术使我们只需进行较少的学习和训练就可能掌握复杂的软件使用。当然，要取得良好的交互性，合理地组织菜单就变得非常重要了。对于功能庞大的系统，菜单可能变得十分复杂，学会使用仍会是一个不小的负担，当组织成多层嵌套菜单时，每次选取都很麻烦。现在菜单技术已开发出了诸如热键、工具条、浮动菜单和浮动工具条、气泡式提示、图文混合以及纯图形按钮，等等。

(3) 表格技术

管理离不开表格，丰富而灵活的表格支持是所有面向管理的软件必须面对的问题，管理软件开发工作量最大的一个方面就是设计和实现这些表格，以后用户不断提出新的要求也往往是表格。如何能方便、直观和高效地建立这些表格支持，是管理软件开发技术的研究重点。

表达能力：表格的形式是非常多种多样的，为此，许多 MIS 开发工具都给了专门的支持。如 PowerBuilder 的 DataWindow，Delphi 随带的 Report Smith，Visual Basic 随带的 Crystal Report，等等。中国的报表与西式报表有一些习惯上和要求上的不同，国内也产生了一些报表系统，如用友的 UFO、同人报表等。

直观灵活性：报表定制不仅要求能表示各种各样的表，而且要求表达起来直观灵活。因为报表定制工作量大而烦琐，报表还常常需要修改，用户在以后也会经常提出新的报表需要，所以提高报表定制的效率和方便性就变得十分重要了。不仅是开发者要迅速方便地定制报表，而且最好能支持用户自己在不编程的情况下，迅速定制所需的报表或对已有报表进行修改。Lotus 1-2-3, 以及 MS Excel 就是这方面的代表。DataWindow, Report Smith, Crystal Report 和同人报表也在直观性上进行了不少努力。

与数据库的连接：作为面向信息管理的软件，与数据库的衔接是一个基本环节。报表工具也在不断改善与数据库的衔接能力，如 UFO 专门与自己的财务数据库连接，而 Excel 则通过微软的另一个产品 MSQuery 以及 ODBC 与数据库连接，这样可连接的数据库就更广泛。当然连接的方便也是重要的发展方向。

目前，随着 OLAP 技术的发展，多维表格的支持又成了一个研究和发展的重点。

(4) 自然语言理解

自然语言是人类最基本的交流手段。在当前信息化社会中，语言信息处理已占到计算机应用的 80% 以上，自然语言理解成为当前人工智能界关注的重点。目前人工智能界已发明了许多知识表示方式，用计算机来模拟对自然语言的理解。如用一阶谓词逻辑描述语法规则，用语义网络表示语言的语义关系，用产生式系统构造自然语言的语法系统，用框架结构描述语言的各种语法、语义属性等。目前，计算机还远未达到人对自然语言的理解水平，这方面还有很长的路要走，但至今的一些成果已能使计算机具有一定的自然语言理解能力。将这样的技术应用于 DSS 领域仍然具有很大的意义，这可以看做是对命令语言的一个更高层次的回归。

另一个和自然语言理解相关的技术是语音识别，目前这方面已达到比较实用化的水平，以 IBM Via Voice 为代表的语音识别软件，已能很有效地输入包括汉语在内的多种语言。将语音识别与自然语言理解相联系，就可能大大提高人机交互的友好性。

(5) 可视化技术

随着计算机技术的发展，计算机应用水平的提高，计算机信息采集来源的多样化，信息系统中的数据越来越海量化。如何有效地利用这些数据已成为很大的问题，一个提高这些数据利用水平的途径就是采用现代计算机图形学与图像处理技术，将数据以图的方式直观地显示出来。无疑,在 DSS 领域这是非常有意义的。

图形技术是可视化的一个基础,但显示只是可视化的最后一个环节,要真正做好可视化的工作,必须合理地组织数据,有效地处理数据,正确地解释数据。

不仅数据有一个可视化问题,事实上,这些年来编程本身的一个重要进展也是可视化。一些专业领域完全不同的计算机公司,都不约而同地在它们的编程开发工具上加上了 Visual 这个词。如 IBM 公司的 Visual Age for Java,Symantec 公司的 Visual Cafe,微软公司的 Visual Studio 系列等。编程的可视化大大提高了软件开发,尤其是交互界面开发的效率,自然也成为 DSS 开发环境的一个发展要求。

(6) 浏览器技术

20 世纪 90 年代,Internet 得到了极其迅速的发展,浏览器正是 Internet 上的基本工具。它也是基于窗口技术的,但有更为统一的形式和使用方式,内容之间的关系更为清晰,更容易为没有计算机经验的人所接受和掌握。20 世纪 90 年代中期以后,与浏览器技术相联系的网络计算、瘦客户机技术日益被业界所接受,如 Java、ActiveX 等,正使软件面临继传统 C/S 方式以后的又一次革命。从菜单到多窗口再到浏览器的发展,代表了交互界面的一些基本发展状况,实际上也涉及软件组织技术的发展,DSS 从中获益匪浅,但我们仍然希望有更方便、更直观、更灵活多样的交互方式出现。

3.6.3 用户 ●

DSS 所支持的面对决策问题的人称为用户、管理者或决策人。然而,用户等术语并不能反映不同用户和 DSS 的不同使用模式。用户有不同的职务,不同的认知偏好和能力,不同的决策方式,决策人还可以是个体或群体。DSS 通常有两大类用户:管理者和专职工作人员。专职工作人员,如财务分析员、生产计划员和市场研究员等,比管理者的数量多 3~4 倍,而且使用计算机的人数更多。当设计 DSS 时,了解谁实际使用它是重要的。一般而言,管理者比专职工作人员更希望系统能提供人机交互友好的界面,而专职工作人员希望系统功能强,并能完成具体任务,希望在日常工作中使用具有多种分析、计算功能的 DSS。通常专职工作人员是介于 DSS 和管理者之间的中间人员。

中间人员可使管理者不用操作键盘就能从 DSS 中获益,下面几种不同的中间人员反映了其对管理者的不同支持。

(1) 专职助理。他们有关于管理问题的专门知识和决策支持技术的某些经验。

(2) 专门工具使用人员。他们能熟练应用一种和多种专门问题求解工具,完成问题求解或训练不具备完成任务技能的管理者,使他们能自己完成任务。

(3) 系统分析员。他们有应用领域的一般知识以及相当的 DSS 构造工具的技能。

(4) 群体决策支持系统中的系统设施操作者。这类中间人员控制和协调群体决策支持系统软件的运行(见第 9 章)。

在管理者和专职工作人员中,也还有影响 DSS 设计的其他因素,例如管理者因所处的组织层次、职能范围、教育背景不同,对分析支持的需求亦不相同,各专职工作人员在教育背景、职能范围和管理的关系方面也是不同的。

3.7 决策支持系统的分类

DSS 的设计过程、运行和实现取决于它所涉及的许多情况,下面将概要论述几种 DSS 的分类情况,其中有的是相互交叉的。

3.7.1 Alter 的分类

Alter(1980 年)的输出分类是根据系统输出实质性作用的程度或系统输出能直接支持决策的程度进行分类。该分类将 DSS 分为七类,前面两类是面向数据的,进行数据检索或分析;第三类涉及数据和模型;其余四类是面向模型的,可提供仿真功能、最优化和建议解的计算。并不是每个系统正好只适合某一种类型,某些系统可以同时具有面向数据和面向模型的功能。

(1) 文件柜系统

文件柜系统基本上是手工文件系统的自动化,主要用于直接存储和查询数据,如库存信息查询系统、航空订票系统以及用来跟踪和检测生产过程的车间生产管理系统。

(2) 分析信息系统

分析信息系统包含可存取的数据库、模型和各种分析机制。例如,市场信息系统,包括内部销售、广告、商品推销和价格等数据库。利用它可以产生专用报告,为经理人员采取竞争对策提供信息依据。

(3) 统计模型系统

统计模型系统包括许多会计模型。例如,在一种航海效益评估系统的数据库中,存有船舶吨位、航速、燃料消耗、海港费用等数据,可利用它计算航海利润和处理船租契约。又例如,某保险公司的经费预算系统可以编制出两年的经费开支规划。

(4) 样本模型系统

样本模型系统中的模型可对非研究性活动进行描述、分析和评价。一些概率未定的关键因子需要用户估计后输入。例如,某消费品销售公司利用一种市场响应模拟模型综合系统来跟踪市场变化情况,探讨未来市场竞争活动与后果之间的联系。

(5) 最佳模型系统

最佳模型系统能在一系列约束条件下求得最佳解,提供决策行动的指导。

(6) 建议模型系统

建议模型系统用于完全结构化的重复决策。它以决策规则、优化计算公式或其他数学方法为基础,产生一种建议性的方案。从某种意义上说,建议模型系统甚至比最佳模型系统更加结构化。建议模型系统的实例,如保险公司的税率调整系统。该系统能根据保险金和相应政策之间的历史关系,按某特殊部门保险政策进行税率调整,进行某种复杂的计算。当保险商认为系统的输出不能反映实际情况时,可以恰当的方式修改输入,重新计算。

3.7.2 Holsapple 和 Whinston 的分类

Holsapple 和 Whinston(1996 年)将 DSS 分为六类:

(1) 面向文本的 DSS

信息(包括数据和知识)常以文本形式存储,决策人可以获取这些信息。然而决策人可搜索的信息量呈现指数式增长,所以有必要高效表示和处理文本文件与片段。面向文本的 DSS 通过跟踪决策需要的文本形式的信息,为决策人提供支持。它允许根据需要,创建、修改和阅读文件。信息技术,例如文件相关、超文本和智能代理(intelligent agent),均可嵌入到面向文本的 DSS 中。如今基于 Web 的系统使基于文本的 DSS 的开发有了新的发展。

(2) 面向数据库的 DSS

在面向数据库的 DSS 中,数据库在 DSS 结构中起着主要作用。与处理面向文本的 DSS 的数据组织所不同的是,面向数据库的 DSS 将数据组织成高度结构化的形式(关系的或面向对象的)。早期面向数据库的 DSS 主要采用关系数据库结构。关系数据库处理的信息通常具有庞大的、描述的和严密的结构等特点,面向数据库的 DSS 具有很强的报告生成和查询功能。

(3) 面向表格软件的 DSS

表格软件是一种建模语言,允许用户编写模型和执行 DSS 的分析,不仅可以创建、观察和修改过程知识,而且可指导系统执行自含的指令。表格软件广泛用于面向终端用户开发的 DSS,其中最流行的工具有 Microsoft Excel 和 Lotus 1-2-3 等表格软件。

由于软件包(如 Excel)包含基本的 DBMS 并且可以提供与 DBMS 的接口,它们具有面向数据库的 DSS 的某些性质,能够描述数据和知识。面向表格软件的 DSS 是面向求解器的 DSS 的一种特殊情形。

(4) 面向求解器的 DSS

求解器（solver）是一个可用计算机程序描述的算法或过程，可用于进行特定类型问题的求解。求解器的例子有：用于计算趋势的线性回归程序、用于计算最优定货量的经济定货模型等。

求解器可以是商业化软件中的算法程序，如 Excel，Lotus 1-2-3 中的函数。求解器还可由程序语言编写，如 C 语言。它们可直接写入或加入表格工具，或者可嵌入特殊的建模语言。更复杂的求解器，如用于最优化的线性规划，可由商业化的软件提供，DSS 构造者可将这些求解器结合进 DSS 应用。面向求解器的 DSS 可灵活地根据需要改变、增加和删除求解器。

（5）面向规则的 DSS

DSS 的知识部件通常包含在专家系统的过程和推理规则中，这些规则可以是定性的或定量的。

（6）组合 DSS

组合 DSS 是一个混合系统，它包含了上述 5 种系统中的两种或两种以上。组合 DSS 可用一组独立的 DSS 构造，每种用于一个专门领域（例如基于文本和基于求解器），组合 DSS 也可以使用单一的、紧密集成的方式构造。

3.7.3 其他分类

其他有代表性的分类是机构 DSS 和特定 DSS。

（1）机构 DSS 处理重复发生的决策，典型例子，如证券管理系统。证券管理系统常用于一些大型银行的投资决策。由于机构 DSS 重复地用于求解相同的或类似的问题，所以机构 DSS 可以通过开发，或者通过系统多年的应用提炼形成。

（2）特定的 DSS 常处理不能预料或不重复发生的特定问题。特定决策常常包含战略规划问题，有时也包含管理控制问题。这种 DSS 一般只使用 1~2 次，这是 DSS 开发的主要问题之一。

4 决策支持系统的构造

4.1 决策支持系统的开发方法

4.1.1 决策支持系统的开发策略

决策支持系统的构造与开发是一个复杂的过程，它涉及从管理（如决策支持系统辅助决策的层次与综合程度）、技术（如硬件和网络的选择）到行为（如人机接口和 DSS 对于个体和群体的潜在的影响）等一系列的问题。

由于前述决策支持系统的类型与特点各不相同，因此，不存在一种总是最好的构造决策支持系统的方法。针对具体决策问题的不同，构造与开发决策支持系统有相应不同的开发策略与方法。例如，有的决策支持系统是为临时问题一次性开发使用的，用过以后就不适用了；而有的决策支持系统开发过程很严格，开发与使用时间都很长。

决策支持系统的开发策略包括开发的工具、层次、综合程度等问题。从大的决策环境角度来说一般有以下开发策略：

（1）在系统开发初期就着手建立和改善系统的开发环境及应用环境，例如，中国高新技术产业开发区综合信息系统的研究、建立和运行，使得 DSS 有可靠的、动态的信息来源，为 DSS 的开发和应用打下扎实的基础。

(2) 采用"速成原型"法进行系统开发,边开发、边应用。系统的开发具有较大的探索性,在其开发初期不可能有比较成熟的框架及明确的用户需求,因而"速成原型"法是恰当的开发策略。开发一个原型系统,然后投入应用,为下一步深入的开发打下了良好的基础。

(3) DSS 的开发工作同软科学研究密切结合。DSS 开发过程中的许多问题本身就是一个软科学研究课题,DSS 的功能在很大程度上取决于这些问题研究的深度。

而从具体开发工具与层次上说则通常有以下的开发策略:

(1) 直接使用通用程序设计语言(如 C、PASCAL、汇编等)编写相应的 DSS 模块。这种策略流行于 20 世纪 80 年代,90 年代以后就已很少被采用了。但是作为一种最基本的手段,在接口开发中,特别是大型 DSS 与其他计算机信息系统的许多接口,通常是从原始代码开始构造的。

(2) 采用第 4 代语言(4GL)开发相应的 DSS 模块。例如,面向对象的语言、表格开发程序和面向财务的语言。由于其功能的集成性与模块性,应用这些工具可比采用通用程序设计语言提高十倍或更多的工作效率。

(3) 采用 DSS 集成开发工具(也称为生成器或生成机)生成决策支持系统。集成软件包一般需要使用多种 4GL,例如,PC 上的 Excel、Lotus 1-2-3、QuattroPro 等,以及更复杂的生成器 Express。在决策支持系统开发上,生成器比 4GL 更有效,但是也受到更多的限制。

(4) 采用专门领域的 DSS 生成器生成专门领域内特定问题的决策支持系统。专门领域的 DSS 生成器用于构造高度结构化的系统,因此适合某些职能部门快速、反复地使用。

(5) 应用 Case 方法开发 DSS。

(6) 综合使用以上多种方法开发更为复杂的 DSS。例如,在不同部件与集成层次上采用不同的方法,在能用 DSS 生成器的地方采用 DSS 生成器,在集成上可选择用集成软件与程序设计语言。

4.1.2 生命周期法

生命周期法（SDLC—Systems Development Life-Cycle）是一种成熟的系统开发方法，常用于开发 MIS 等操作型环境中比较结构化的系统。但是，对于 DSS 这种结构化程度低、类别丰富的系统，如何应用生命周期法？如何设计 DSS 以改进管理者所面临的半结构化或非结构化问题的决策过程？显然，在大多数 DSS 的分析设计开始阶段，开发者不能完全了解用户的需求，用户也无法一开始就确切知道自己的需求。因此，必须根据具体问题定义与规划生命周期法的各个阶段，如数据仓库中的 SDLC 方法（见 6.3.2 节）；必须重视在设计过程中不断地学习与循环，也就是说，作为设计和实现的一部分，希望用户更多地了解问题或环境，以识别新的未预料的信息需求，及时调整系统设计。

4.1.3 原型法

原型法（prototyping approach）（见图 4-1）用下列方式构造 DSS，即经过一系列短时间的开发步骤，在这些步骤中有来自用户的中间反馈，根据反馈修改系统，并反复迭代，以保证开发的正确进行。因此，用于原型法开发的 DSS 工具必须能适应用户对快速和容易要求的变化。

迭代过程包括下列四项任务：

(1) 首先构造选择的重要子问题

用户和构造者一起识别一个重要的子问题，用于初始 DSS 的构造。这项开发初期的联合工作可以在项目参与者之间建立初步的工作关系，并建立相互沟通的渠道。子问题应该足够简明，对于问题的本质、计算机支持的需求及特性都是清楚的，并且决策人对该问题有很大的兴趣，哪怕决策人的兴趣是短暂的。

(2) 为决策人开发一个小的可用系统

这里并不进行详细的系统分析或可行性分析。虽然是小规模的开发，构造者和用户实际上快速地经历了系统开发的所有步骤。除

4 决策支持系统的构造

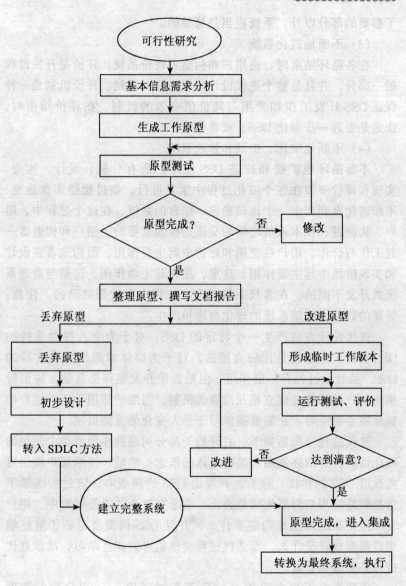

图 4-1 原型法

133

了必要的部分以外，系统应当是简单的。

（3）不断地进化系统

在各循环结束时，由用户和构造者评价系统。评价是开发过程的一部分，并且是整个迭代设计过程的控制机制。评价机制是一种保证 DSS 开发工作和费用与其价值一致的机制，在评价结束时，决定是否进一步细化 DSS，或者停止。

（4）不断地细化、扩展和修改系统

不断循环地扩展和改进 DSS 版本，所有分析、设计、构造、实现和评价步骤在各个细化过程中重复进行。该过程经多次重复、不断进化直到产生一个比较稳定、综合的系统，在这个过程中，用户、构造者和技术人员之间的交流是极为重要的。用户和构造者一起工作与合作，用户在使用和评价中起主要作用，而构造者在设计和实现阶段中起主要作用。这里，用户起主动作用，这是与常规系统的开发不同的，在常规系统开发中，用户常常是被动的。注意：需要的数据说明随系统的进化而逐步产生。

迭代设计方法产生一个特定的 DSS，对于为个人提供支持的 DSS 设计，该过程是比较直接的，对于为群体或组织提供支持的 DSS，虽然该过程有一定作用，但是会使开发变得更复杂，需要特别为用户和构造者建立相互沟通的机制。当维护适用于所有用户的标准核心系统时，还需要提供对于个人变化的支持机制。

迭代过程可概括如下：它开始于部分问题的模型或整个问题的简化情况，并给终端用户某些具体的概念；然后，终端用户提供可能改进 DSS 的建议；接着，开发出 DSS 的新版本，该过程继续下去直到终端用户对系统满意为止。由于在复杂的决策过程中，用户常不能精确地知道他们需要什么，并且 DSS 构造者也不了解终端用户需要或接受什么，而迭代过程使他们可以相互学习，故该迭代过程是必需和有效的。

原型法有下列主要优点：① 开发时间短；② 用户反馈速度快；③ 用户对系统及其信息需求和功能的理解增强；④ 费用低。当使用原型法时，可能会失去在系统生命周期法各阶段、各步骤中可以得到的东西，例如，对信息系统效益和费用的整体了解、企业信息需求的详细描述、容易维护和较好测试的信息系统以及已有较好准备的用户。

原型法可与关键成功因素法（CSF—Critical Success Factor）相结合应用，构造者使用的构造方法常取决于 DSS 是由终端用户构造，还是由 DSS 小组构造。

4.1.4 累接设计方法

传统的计算机信息系统开发的四个主要步骤——分析、设计、构造和实现，在开发 DSS 时，被合并为一体，这就是累接设计或循环反馈。累接设计能够在使用中根据用户的反映进行评价、修改和扩充，经过几轮循环后得到一个相对稳定的系统。累接过程是在 DSS 生成器和专用 DSS 之间的反复循环。

4.1.4.1 累接设计的步骤

1980 年，Courbon 等人提出的累接设计步骤如下：

(1) 识别一个重要的子问题。决策者或用户与系统研制者共同参加这项工作。子问题必须足够小，使得问题的性质、基于某种计算机支持的需求和这种支持的特点都是透明的。

(2) 开发一个小型但能对决策者起辅助作用的系统。系统很可能（或者说理所当然地）是简单的，在此框架上，可以再进一步开发。必须指出，这一步骤不包含过多的系统分析，研制者在一个极小的规模上很快地走过了系统开发过程的所有环节。

(3) 周期性地改进、扩展、修改系统。每一周期都要经过分析-设计-实施-使用-评价这样一些环节。如果方法得当，用户可能并不会意识到经过了这些环节。在 DSS 的开发中，必须重视研制者和用户的配合效果。用户起使用和评价作用，是系统开发的参与者并应起积极作用，而研制者的任务是设计和构造系统。

(4) 不断评价系统。在每一个周期的终结，用户都要对系统进行评价，评价是整个累接设计过程的控制机构。评价的原则是要把开发 DSS 的成本和效益保持在一定的范围内。对于专用 DSS，提倡开发生命周期较短的系统。经过评价认为不能使用的系统就要进行淘汰。

4.1.4.2 支持累接设计的机制

如上所述，累接设计过程需要多种支持机制，既包括技术上的，也包括组织开发和规范，它们中的大多数也是决策支持所必须具备的技术和原理，不过在讨论累接设计时，给它们赋予了新的内容和意义。

（1）定义角色。人际关系是累接设计的侧重点，对用户、研制者和技术支持者都必须十分明确，即每个人应该知道其他人是谁，并了解他们之间的相互作用和他们应该履行的责任，相互作用可能很频繁，而且关系相当密切，因此有必要考虑个人的风格。在有些情况下，机构和报表的适当调整也是非常重要的。

（2）技术支持。要建立一个小型实用的 DSS 并且要不断地改进它，没有技术支持是不行的。实际上，DSS 之所以可行，一定程度上是因累接设计方法在技术上的进步。

（3）通信机制。由于累接设计方法对工作环节的压缩和快速循环，用户和研制者之间的通信就显得更为重要。有很多渠道可以支持这些通信，例如，研制者和用户的办公室尽量靠近，频繁的例会和采用电子通信系统。其中电子通信系很有前途，最好它能成为系统的组成部分，它的基本功能也可用来支持文件编制、用户培训和系统评价。

（4）文件编制能力。累接设计方法要求有动态文件编制能力，使用户和系统研制者能经常了解系统的现有构造。用户需要一种方法来描述可供选用的系统单元，以指导他们在需要时进行增加和删除。系统研制者对 DSS 生成器也需要类似的文件编制能力，使之能描述可以利用的各种 DSS 构造部件。DSS 工具的文件编制由工具设计者所准备的系统文件来完成。

（5）用户培训。用户培训贯穿于整个 DSS 的开发和使用过程。在设计和开发阶段，用户培训主要包括数据要求、资源、功能选择和对话选择等内容。在 DSS 的装配中，用户培训的目标是操作

DSS。在 DSS 的使用中，用户培训的任务是如何用 DSS 求解问题，如何修改 DSS 以适应新的问题，以及如何提高使用技巧。

(6) 评价和跟踪。评价为交互设计提供了指导和控制机制。重要的是用嵌入在 DSS 中的技术和机制来支持评价工作。评价步骤包含了一系列检测点，以捕捉专用 DSS 及其使用的信息反馈，这种反馈为用户跟踪系统提供了方便。

4.1.4.3 ROMC 分析方法

ROMC 一词来源于四个面向用户目标，即表述（representations）、操作（operations）、记忆辅助（memory aids）和控制机构（control mechanisms）。这种分析方法是为了满足 DSS 的三个主要领域——战略规划、运筹规划、作业安排所提出的基本要求，从而为 DSS 的部件设计提供一种规范的分析方法，它不管是对于单用户的 DSS 还是对于多用户的 DSS，都是最基础的工作。一般认为，表述是帮助用户构造问题的概念模型以及和系统建立通信关系；操作是对表述的组织管理和分析加入；记忆辅助用于帮助用户连接表述和操作；控制机构的功能就是帮助用户对整个系统发号施令。

(1) 表述

决策过程中的任何活动都有具体的内容，这些内容都可以用描述信息的概念化模型来表述，如一张图表、一幅画、一组数据或者一个方程，等等。概念模式往往只存在于人的思维中，是很抽象的。但是，当我们希望得到计算机的支持时，一般要借助于物理媒介把这些概念模式准确、形象地表现出来，以便决策者和其他人交换意见，例如，写成研究论文，写在黑板上，画在图纸上，甚至于录在磁盘、磁带上等。

根据决策理论，决策过程分为理解、设计、选择三步。在表述阶段，理解是对决策对象和目标的分析，收集必要的信息，确定条件和目标；设计是寻找从条件到目标的路径，一般来讲，这种路径不会是惟一的；选择是从多种方案中选出决策者最满意的一种。表述一定要采用决策者熟悉的表达方式，让用户和系统尽可能多地拥有共同的语言。除了使用决策者熟悉的图表形式、数据格式、描述方式外，让机器理解自然语言是一个最关键的问题。如果能开发一个自然语言接口，那么，在表述阶段，确定讨论的领域范围和交互方式就方便多了。

（2）操作

在操作阶段把表述所形成的概念模式变成相应的动作。这里我们只是采用理解、设计、选择这种规范模式来帮助对决策的操作进行分类，而不涉及操作的步骤。因为对于不同的决策环境和决策过程，操作实施的步骤是不同的，往往在不同决策环节中出现同一种操作。同时还应注意，处理某一个具体的决策问题时，不一定全部操作都会得到使用。随着DSS工具的发展，也可能会出现一些新的操作，常用的操作如：收集信息、核实数据、识别目标、构造问题、诊断问题；收集数据、报告生成、数据管理、模型生成、目标定量化、建立决策方案、确定知识框架、方案风险分析、构造推理机制；建立方案的统计数据、在方案中作选择、方案效果仿真、解释方案、选择解释等。

（3）记忆辅助

在决策支持系统中应提供若干种记忆辅助来支持表述和操作的实际应用，例如：一个包含机构内部和外部信息源的数据库；数据库的视图（聚合和子集）、显示表述的内容并能保存由操作所产生的中间结果的工作空间；存储工作空间内可供今后使用的内容；提醒决策者该运行某种操作的触发器等。

所谓的数据库视图是一种存储辅助，它包含对数据库内数据作分组、子集、聚合的详细说明。这些说明很可能与不同的决策方案有关。决策有时就被描述为视图。例如，一个企业的人事安排的决策可以描述为人才数据库的某种分组方式，其中某组人员被分配某种特定的任务；又如，一个聘用决策可以描述为申请人数据库的子集，该子集包含所有合格的申请者。

工作空间是一种缓冲存储辅助，它提供了可以积累操作结果的工具。在与每一个工作空间相连的库中，长期存储着在工作空间所产生的有用的中间结果或最后结果，这个库主要用于与信息共享的辅助存储。当用户在某个工作空间识别一个记号时，连接存储就可以保存有关的数据供以后使用。索引辅助用于存储为使用 DSS 的初始约定，例如一幅图的标题或者一份报告的行数，这些约定只适用于特殊的用户，以帮助他保留使用 DSS 作决策支持的权力。

(4) 控制机构

表述、操作和记忆辅助的目的是支持各种决策和不同的决策过程，也就是它们对 DSS 的开发研制具有通用的指导作用。DSS 的控制机构用于引导决策者使用表述、操作和记忆辅助，以便根据他们个人的风格、技能和知识综合进行决策。因此，它的功能主要是指导决策者如何使用 DSS，同时也让决策者能够获得新的风格、技能和知识，以便有效地使用 DSS。综上所述，控制机构往往成为 DSS 和决策者配合成功的关键。

控制机构实现的第一种形式是让用户较方便地使用控制方法的机制，例如，菜单或功能键、便于用户与系统交互的标准约定（比如库的编辑和存取）。这种机制对于表述和操作，以及把表述作为操作的选择文本都十分重要。

控制机构实现的第二种形式是帮助决策者掌握 DSS 的操作方法，支持 DSS 培训和 DSS 的使用说明，例如，自然语言错误信息表、后援命令、边实践边学习的培训方法等。决策者可利用控制机制，把几种与表述有关的操作及过程合并。例如，有一种过程构造语言，它能用标准的程序控制语言进行合并工作。过程构造也提供了一种增加新型操作的机制。

控制机构实现的第三种形式是帮助决策者改变其操作的能力，例如，可删改模型的结果。控制机构还要包含能改变 DSS 定值的操作，例如，若一个 DSS 用约定的比例尺和标定惯例来提供自动绘图的操作，那么它也应该提供改变这些约定的操作。

(5) DSS 的柔性

系统柔性这个概念是根据对 DSS 用户、任务、环境等因素的观察提出来的概念模式。现在认为柔性可分为四个层次，分别记为 $F1$、$F2$、$F3$、$F4$。通过下面对四个不同层次柔性的表述可以理解系统柔性的概念。

求解的柔性 F1（flexibility to solve）：柔性 F1 给用户以方法上的灵活性，从而增强对问题的求解能力。它用于实现理解、设计和选择活动，并能探索求解问题的不同方法。因此，我们利用"求解"这个词来描述这一过程。为了理解求解柔性，可以设想存在一个问题空间，这个空间的每一点表示一个特点的问题或子问题，这些子问题在空间上构成了一个点集合，故称之为问题域。用户在问题域内搜索解决问题的能力，就是柔性 F1。

修改的柔性 F2（flexibility to modify）：它表示对专用 DSS 形态的修改能力。F2 能使 DSS 处理不同的或扩展的问题集（即问题空间中的点集）。一般 F2 通过对表述、操作、记忆辅助和控制机构的增加或删除来实现。例如，柔性 F2 可以表现出增加或删除一张图表、一幅地图、图表上的一种操作、一个暂存工作空间、菜单上的某些项目等。

适应性柔性 F3（flexibility to adapt）：问题、用户和环境的变化往往十分剧烈，用户要求重新构造完全不同的专用 DSS，适应于这种变化的能力称为适应性柔性 F3，它往往是通过改变 DSS 生成器来实现的。

发展的柔性 F4（flexibility to evolve）：当开发 DSS 的基本技术性能变化时，系统响应这种变化的能力称为发展的柔性。它是通过能增强生成器适应能力的工具和技术的变化来实现的，也可以通过提高已有技术能力的速率和效率或采用一种全新的技术来达到。F4 能使 DSS 生成器吸收新技术以改进其适应的能力，特别是可以在硬件技术上进行开发，也可以在软件技术上进行开发。

4.1.5 面向对象的设计方法

4.1.5.1 面向对象方法

面向对象方法是以对象或数据为中心，这时的数据与传统的被动的数据不同，它具有"行动"的功能，而这种行动是在对象接到消息时发生的。由于对象反映了应用领域的模块性，具有一定的稳定性,可以被当做一个组件,去构造更复杂的应用。又由于对象一般封装的是某一具体的实际工作的各种成分,因此,当某一对象改变时,对整个系统几乎没有影响。

面向对象方法包含有面向对象的分析、设计、编程、调试和维护等过程。

(1) 面向对象的分析

这种方法直接对问题域中的客观事物建造分析模型中的对象,使得对象的描述与客观事物相一致,保持问题域中单个事物及事物之间关系的原貌。相同特性的对象为一类,一般类与特殊类间有继承关系。整体与部分结构有组合关系,事物之间存在有静态联系和动态联系,这些都是问题域中客观事物的本来面目。因此,面向对象方法对问题域的认识和分析是直接的,分析结果直接映射到问题域中。

(2) 面向对象的设计

面向对象的分析模型是针对问题域运用面向对象方法产生一个具体实现。针对这个具体的实现,面向对象的设计运用面向对象的方法来完成:

① 把分析模型直接搬到设计中去,作为设计的一部分;

② 根据具体实现中的人机界面、数据存储等因素补充一些与实现有关的部分,而这些部分与分析模型采用相同的表示方法和模型结构。

由于分析模型与设计方案采用了一致的表示法,不存在转换,只是局部的调整和补充,这就大大地降低了由分析模型到设计方案的过渡难度,同时也减少了工作量和出错率。

(3) 面向对象的编程

面向对象的编程工作变得很简单,即将面向对象的设计方案中的每个成员所使用的面向对象的语言写出来就可以了。所需做的工作如下:

① 用具体数据结构来定义对象的属性;

② 用具体的语句来实现服务流程图中所表示的算法。

(4) 面向对象程序的调试

在使用面向对象的程序设计语言编写的程序中,使对象成为一个独立的程序单位,只通过有限的接口与外部发生关系,从而减少了错误影响的范围。

(5) 面向对象的维护

由于程序与问题域的一致性,各阶段的表示也是一致的。这就减少了编程人员的理解难度。发现问题可以直接追溯到问题域,其道路比较平坦。由于系统中最容易变化的因素被封装在对象的内部,并且对某个对象的修改给其他对象造成的影响又较小,这将给调试与维护带来极大方便。

综上所述,由于面向对象方法分析问题的出发点与人们对客观事物认识一致,使得软件开发工作变得更容易、更方便。

4.1.5.2 面向代理的方法

现在在 DSS 设计中渐渐采用了一种由面向对象方法发展而来的面向代理的方法,涉及多代理、移动代理、CORBA 等多方面技术。以下简介之。

软件代理是一个在给定的环境下封装的软件实体,它能够采取灵活、自治的行为适应环境,并且完成自身的功能。这里,代理是一个可标识的问题解决实体,具有良好的边界和接口。代理可以感知环境的变化,并且以一定的方式作用于环境。代理还可以自主地控制内部状态和自身的行为。

在设计中采用一种面向代理的视图时,很明显单个代理是不够的。许多问题需要采用多个代理来表达,如问题的分布性、不同的控制位置、多个角度或不同的利益关系。而且代理之间还需要相互作用,这种相互作用或者是要实现某个个体的目标,或者是管理处于相同环境而要相互协作的代理之间的依赖关系。这些相互作用包括简单的语义互操作(相互交换可理解的信息的能力)、传统的客户服务器形式的交互(请求执行某种特定功能的能力)以及丰富的社会性交互(互相协调、协商一系列行为的能力)。

面向代理的方法包括三方面的内容:

(1) 面向代理的系统分解

面向代理的系统分解是对复杂系统的问题空间进行划分的有效途径,复杂系统包括许多用层次化方式组织起来的相关的子系统。各层次上的子系统之间需要协同工作来完成上层系统的功能;而子系统内部的组成部分也同样需要协同工作来完成子系统的功能。因而,实际上整个系统的运行是基于一种统一的基本模型,即相互作用的组件协同工作以实现特定的目标。

基于以上的情况,根据要实现的目标进行组件的划分就是非常自然的做法。换句话说,每个组件应该被设计成实现一个或更多的目标。软件工程发展的另外一个重要趋势是,在对问题进行分解时,增强分解得到的部件的局部化和封装程度。将局部化和封装性这种思想与目标实现的分解方式相结合,就意味着单个的组件应该包含其自身的控制线程,封装实现目标所需要的信息和问题求解能力。由于组件经常要在只有部分信息的环境中运作,它们必须实时地决策采用什么行动才能够推进目标的实现,也就是说,组件在行为选择时需要有自治性。

为了使这些自治组件既能完成个人目标,又能实现整体目标,需要它们相互作用。但是系统的复杂性决定了不可能预先得知所有需要的连接,相互作用往往发生在不可预测的时间,起于不可预知的原因,在不确定的组件之间发生。因此,不可能在设计阶段预测和分析所有可能的组件间相互作用。而较为现实的办法是,赋予组件自身进行实时决策相互作用的属性和范围的能力,这样组件就有了灵活启动和响应交互的能力。这样的设计可以大大简化复杂系统的设计工作,因为要考虑的有关组件间的复杂的交互关系在很大程度上已经减少了。

基于上面的讨论,可以得出这样一个结论:将复杂系统模块化的一个自然的途径就是,定义一组具有特定目标又相互作用的自治组件。采用面向代理的分解,可以显著地简化复杂系统的开发过程。

(2) 面向代理软件的抽象

面向代理软件的抽象是对复杂系统进行建模的自然方式。所有设计工作的一个重要部分就是找到描述问题的正确模型。一般来说，总有多种可用的选择方案，而要从中选取最合适的方案并不是一件容易的事情。最有力的抽象应当是使将问题概念化的分析单元与解决办法中的构件之间在语义上的差异最小。在复杂系统的情况下，需要抽象的部分包括子系统、子系统组件、交互和组织关系。而将子系统组件抽象为代理的原因在上面已经讨论过了。复杂系统的组件之间的相互作用都是较高知识层和社会层上的交互，因此，代理间的相互作用显然是描述这些类型的相互作用的最合适的抽象机制了。

(3) 面向代理的组织结构管理

面向代理的方法可以适应复杂系统对动态组织关系和结构进行管理的需求。复杂系统包含大量的组织关系，从对等的到层次化的；从暂时的到永久的。这种组织关系，一方面可将分离的组件组织起来，当做一个概念单元进行处理；另一方面可对高层次上的连接关系进行描述。组织关系和结构对系统行为有很大的影响，对组织结构提供明确的支持，并对它进行灵活的管理是一个非常重要的工作。由于组织关系经常会发生变化，因此，描述组织关系的组织结构具有动态地适应环境的能力也是非常重要的。在面向代理的方法中，定义明确的组织结构和灵活的管理机制同样也具有十分重要的意义。首先，元组件的概念可以根据观察者不同的需要发生变化，在某一个层次上，整个子系统可以被看成是一个组件；而在另外一个层次上，一组代理可能被看成一组元组件。其次，组织结构提供了稳定的中间状态，这个稳定的结构对于快速发展的复杂系统来讲是非常重要的，因为这意味着代理或其他任何组织单元可以相对独立地进行开发，然后逐步地增加到系统中来，从而保证了系统功能的平稳增长。因此，面向代理的方法适应复杂系统对组织关系和结构进行管理的需要。

下面将面向代理技术与其他主流的软件工程方法（面向对象的系统分析与设计和基于组件的软件工程）做个简单的比较：

(1) 面向代理与面向对象

面向代理与面向对象的系统开发的视图有一些相似之处。例如，它们都强调实体间相互作用的重要性。不过，它们之间还是有许多重要的区别：

首先，对象一般是被动的，需要接到消息才能启动。

其次，尽管对象封装了状态和行为，它不封装对行为的激活操作，因而，所有对象可以公开地访问任何其他的对象，一旦方法被激活，对象便执行相应的行动。因此对象之间是相互服从的。这种方法可以满足在合作和易控环境下的小型应用的需求，却不能够适应大规模或者竞争性的环境。其主要原因是，这种操作方法将所有激活行为的责任都放在了客户端，从组织和行政管理科学的角度看，这种一边倒的方式不适合于规模化。而最好的执行方式是，动作的执行者能够有交流的渠道，向请求方反映它对执行该动作的考虑。例如，执行者一般掌握动作执行的相关细节，可能知道为什么特定的动作在目前的环境下不宜被激活，这种情况下，执行者要么拒绝请求，要么至少应能指出执行动作的危害后果。当软件从单一组织控制下的环境，转换至包含有相互竞争组织的开放环境时，这种考虑便显得更加重要。

再次，面向对象不能为一些复杂类型的系统建模提供足够的抽象概念和机制。复杂系统需要更加丰富的抽象来描述问题解决的途径。单个对象所表达的行为粒度和操作激活方式，对于描述可能发生的交互类型来讲过于原始。为了解决这些局限，研究人员发展了更有力的抽象机制，如设计模式和应用框架，但它们侧重于刚性的和可预知的系统的一般功能和交互模式。

最后，面向对象对组织结构提供的支持最小（关系基本上是由继承类的层次进行定义）。但复杂系统包含许多不同的组织关系，而"part-of"和"is-a"只是其中最简单的两种。

（2）面向代理与基于组件

与面向对象技术密切相关的另一种技术是基于组件的技术。根据基于组件技术开发的软件就是组件软件。产生基于组件的软件的原因有多个，但最重要的原因就是提高软件的重用水平。目前大多数的软件开发项目都是从最基本的编码开始,开发所有的软件组件显然是不经济的,因为一个典型的软件项目中的一些基本的元素,可能已经被成功地实现很多次了。由此,研究人员希望发展一种能够在以往的组件基础上构建新软件的方法。例如,使用 Java 开发用户界面时,开发者就可以将已经定义好的界面元素搭接在一起,创建需要的界面。

这里所描述的组件是从面向对象技术中派生出来的,因此它继承了对象的全部属性,而且对象与代理之间的密切关系同样适用于对象与组件。另外,代理和组件都含有独立单元的思想,与代理一样,组件也是自包含的计算实体,不需要依赖其他组件就能实现所提供的服务。但是组件不具有人们理解代理的那种自治性,而且同对象一样,在组件软件中没有反应式或者社会性行为的概念。

虽然面向代理的方法所能够提供的机制用其他方法一样能实现,因为面向代理的系统毕竟也是计算机程序,但是,一种软件方法的真正价值在于,它能为软件工程师提供不同的思想和技术。在这方面,面向代理的概念显然超过了现有的所有其他方法和概念。

4.2 决策支持系统的开发过程

由于 DSS 所处理问题的半结构化或非结构化特点,管理者对信息需求的认识可能不清楚,所以大多数 DSS 都采用原型法进行开发。

本节论述的开发过程包括复杂 DSS 开发中的所有活动。在实践中,这个过程可以有许多变化和补充,而主要的阶段和活动仍是有效的,但也并不是每个 DSS 都需要进行所有的活动。该过程的描述如下(见图 4-2):

(1) 阶段 A:问题规划

问题规划主要涉及评价和问题诊断,即进行需求分析,定义决策支持的目的和目标,规划的关键是确定由 DSS 支持的关键决策。对实际决策问题进行科学决策的重要一步就是确定决策目标。所谓

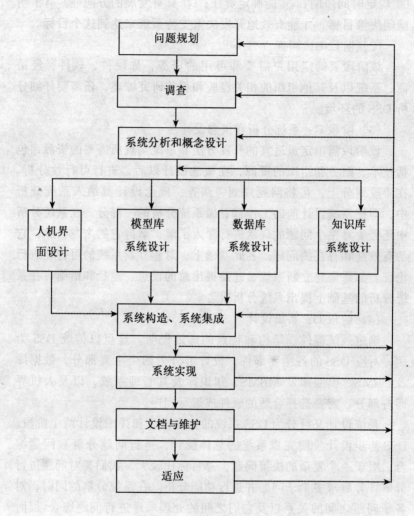

图 4-2 DSS 开发过程

目标是指在一定的环境和条件下,在预测的基础上所要追求达到的结果。目标代表了方向和预期的结果,目标一旦错误,实际决策问题可能导致失败。目标有四个特点:① 可计量,能代表一定水平;

② 规定时间限制；③ 能确定责任；④ 具有发展的方向性。有了明确的决策目标，才能有效地开发决策支持系统来达到这个目标。

(2) 阶段 B：调查

该阶段要确定用户需要和可用的资源，如硬件、软件、经销商、系统以及其他组织的相关经验和相关研究综述，还需要仔细分析 DSS 的环境。

(3) 阶段 C：系统分析和概念设计

该阶段需确定最适宜的开发方法和系统实现所需要的资源，包括技术、财务和组织的资源，在概念设计以后，进行可行性分析。在阶段划分上，可将问题规划、调查、概念设计都纳入系统分析中，即把系统设计前的工作都看做系统分析的一部分。在系统分析中还需要对整个问题的现状进行深入了解，掌握它的来龙去脉，它的有效性和存在的问题。在此基础上，对建立新系统的可行性进行论证。如果要建立新系统，还要提出总的设想、途径和措施。在系统分析的基础上提出系统分析报告。

(4) 阶段 D：系统设计

确定系统部件、结构和特点的详细说明。这里以传统 DSS 为例，对应 DSS 的各主要部件，设计可分为四个主要部分，数据库及 DBMS、模型库及 MBMS、知识库及其管理系统，以及人机界面各部分。需要选择合适的软件或编写程序。

系统设计又可分为 DSS 系统的初步设计和详细设计两个阶段。DSS 初步设计阶段完成系统的总体设计，进行问题分解和问题综合。对于一个复杂的决策问题，总目标比较大，我们要对问题进行分解，分解成多个子问题并进行功能分析。在系统分解的同时，对各子问题之间的关系以及它们之间的处理顺序进行问题综合设计。对各子问题要进行模型设计，首先要考虑是建立新模型还是选用已有的模型。对于某些新问题，在选用现有的已成功的模型都不能加以解决的情况下，就要重新建立新模型。建立新的模型是一项比较复杂的工作，具有一定的创造性。

对于选用已有的成功的模型，是采用单模型还是采用多模型的组合，需要根据实际问题而定。对于数量化比较明确的决策问题，可以采用定量的数学模型；对于数量化不明确的决策问题，可以采用知识推理的定性模型；对于比较简单的决策问题可以采用单个定量模型或定性模型来加以解决；对于复杂的决策问题需要把多个定量模型和定性模型结合起来。

对各子问题还要进行数据设计，主要考虑两方面：

第一，数据提供辅助决策的需求。例如，综合数据能给决策者建立一种总的概念，对比数据能给决策者建立一种差距感。

第二，为模型计算提供所需要的数据。这需要和模型设计结合起来考虑，特别是多模型的组合，模型之间的联系一般是通过数据的传递来完成的，即一个模型的输出数据是另一个模型的输入数据。

DSS详细设计阶段是对各子问题的详细设计，包括对数据的详细设计和对模型的详细设计，问题综合的详细设计需要对DSS总体流程进行详细设计。

数据的详细设计包括对数据文件的设计和对数据库的设计。对于数据量小而且通用性要求不高的数据，一般设计成数据文件形式，便于模型程序的直接存取。对于数据量大且通用性较强的数据，则设计成数据库形式，便于对数据的统一管理。目前，通常采用关系数据结构形式。

模型的详细设计包括对模型算法设计和对模型库的设计。模型库不同于数据库。模型库由模型程序文件组成。模型程序文件包括源程序文件和目标程序文件。为便于对模型的说明，可以增加模型数据说明文件（对模型的变量数据以及输入、输出数据进行说明）和模型说明文件（对模型的功能、模型的数学方程以及解法进行说明）。对模型的这些文件如何组织和存储是模型库设计的主要任务。数学模型一般以数学方程的形式表示。在计算机上实现时，需要对模型方程提出算法设计。算法设计必须设计好它的数据结构（如栈、队、链表、矩阵、文件等数据结构形式）和方程求解算法（数值计算方法）。计算机算法涉及计算误差、收敛性以及计算复杂性等有关问题。当模型设计了有效的算法后，才能利用计算机语言编制程序，在计算机上实现。

设计中的主要问题是从许多商业软件包中确定选用哪一个，该问题将在本章后面讨论。

(5) 阶段 E：系统构造、系统集成

根据设计的原理和使用的工具，DSS 的构造可有不同的方式。构造是设计方案的技术实现，应不断测试和改进。

在构造阶段，DSS 三大部件要进行不同的处理，然后进行集成（关于集成问题将在 4.4.5 节中介绍）。

① 数据部件的处理

数据部件中编制程序的重点是数据库管理系统，应考虑是选用成熟的软件产品，还是自行设计数据库管理系统。目前，各种类型计算机都配有成熟的数据库管理系统，自行设计和开发的数据库管理系统从功能上和运行效果上，一般赶不上已成产品的软件，而且开发一个数据库管理系统需要花费较多的人力物力。采用已成熟的软件产品可以大大节省开发时间。在选定数据库管理系统以后，针对具体的实际问题，需要建立数据库。建立数据库一般包括设计数据库结构和输入实际数据。对数据部件的集成主要体现在实际数据库和数据库管理系统的统一，利用数据库管理系统提供的语言，编制有关数据库查询、修改等的数据处理程序。

② 模型部件的处理

模型部件中编制程序的重点是模型库管理系统。模型库管理系统现在没有成熟的软件，需要自行设计并进行程序开发。模型库的组织和存储，一般由模型字典和模型文件组成。模型库管理系统用于实现对模型字典和模型文件的有效管理。它是对模型的建立、查询、维护和运用等功能进行集中管理和控制的系统。

开发模型库管理系统时，首先要设计模型库的结构，再设计模型库管理语言，由该语言来实现模型库管理系统的各种功能。模型库管理语言的作用类似于数据库管理语言，但是，模型库管理语言的工作比数据库管理语言更复杂，它要实现对模型文件和模型字典的统一管理和处理。模型主要以计算机程序的形式存在，可利用计算机语言（如 FORTRAN，PASCAL，C 等语言）对模型的算法编制程序。模型部件的集成，主要体现在模型库和模型库管理系统的统一。

③ 综合部件处理

编制 DSS 总控程序是按总控详细流程图，选用合适的计算机语言，或者自行设计 DSS 语言来编制程序。作为 DSS 系统总控的计算机语言，需要有数值计算能力、数据处理能力、模型调用能力等多种能力。目前的计算机语言还不具备这样的多种综合能力，但可以利用像 PASCAL、C 这样的语言作为宿主语言，增加在 DSS 中不足的功能（如通过 ODBC 接口实现数据处理）。要使总控程序能有效地编制完成，可以采用自行设计 DSS 语言来完成 DSS 总控的作用。

在本阶段中，如果需要的话，DSS 应与适当的 CBIS 和网络连接。

(6) 阶段 F：系统实现

由于 DSS 的开发具有循环、迭代和累接的特点，广义地讲，系统实现包括系统开发的所有阶段（这一点将在 4.4 节中叙述），这里指的是狭义的系统实现。系统实现阶段包括下列任务：测试、评价、演示、说明、训练和配置，其中有些任务可同时进行。

① 测试。收集系统输出的数据，并与设计说明进行比较。

② 评价。评价实现的系统对用户需求的满足程度。因为系统在不断地修改或扩展，所以没有确切定义的完成日期或用于比较的标准，且测试和评价通常会引起设计和构造的变化，过程需周期性地反复几次，因此，对 DSS 的评价是比较困难的。

③ 演示。为用户演示完整的系统功能是一个重要阶段，这会使用户较容易接受系统。

④ 说明。为用户提供掌握系统基本功能和操作的说明。

⑤ 训练。按系统的结构和功能，训练用户操作，并训练用户学会如何维护系统。

⑥ 配置完整的运行系统，供所有的用户使用。

(7) 阶段 G：文档与维护

维护包括为系统及其用户提供支持的计划，并开发系统使用和维护的文档。

(8) 阶段 H：适应

为适应用户日常需求以及今后的变化，可再循环上述步骤。系统应该提供修改的柔性与适应性柔性，提供一定的发展的柔性。如问题的扩展，软、硬件环境的升级，系统移植等。

4.3 决策支持系统的设计阶段

4.3.1 设计思想

决策过程的设计阶段是指产生、形成和分析决策过程中可能的行动阶段，而决策支持系统的设计阶段是对软件系统的结构和功能进行设计。决策支持系统设计阶段是决策支持系统开发的关键。具体地说，决策支持系统设计主要是决策支持系统的总体结构设计，它包括运行结构设计和管理结构设计。

对传统决策支持系统来说，运行结构是对实际决策问题用决策支持系统原理设计的程序结构。在模型库中可按程序结构直接编制成由计算机程序表示的模型，它的运行结果就是实际决策问题的答案。管理结构是要完成对模型库和数据库的管理，达到多模型的共享和大量数据的共享。在三角式结构中，运行结构的关键是对话管理主控模块或称为综合部件。综合部件一般用总控程序来完成，要求调用模型部件的模型程序和存取数据部件的数据库数据。总控程序在调用模型和存取数据时，除打开、关闭模型字典库和相关数据库等少量的管理功能外，大量的工作都是直接操作模型程序和直接存取数据。而在串联式结构中，模型管理系统承担了一部分数据管理的功能。

如 4.1.1 节所述，决策支持系统的开发首先要注意策略问题。

在进行决策支持系统总体结构设计之前,先要根据系统的资源、环境、规模、范围等因素选择合适的开发策略,包括管理方法、开发方式、开发工具等,还要确定合适的人员组织与管理方式,才能选择系统具体实现的软件结构,进行决策支持系统的设计阶段工作。

许多在 20 世纪 80 年代和 90 年代初期开发的 DSS 是大规模、复杂的系统,主要用于提供组织支持。现在仍然在开发这类系统,用于复杂问题和企业范围的决策支持。这类系统由用户、中间人、DSS 构造者、技术支持专家和信息系统人员组成的小组进行开发。由于各方面可以有几个人参加,小组人员通常较多,而其组成是随时间变化的。小组构造 DSS 是一个复杂的、时间长和费用高的过程。

构造 DSS 的另一种方法是用户开发系统。随着个人计算机和通信网络的发展,该方法在 20 世纪 80 年代得到了发展。此外,具有良好人机界面开发软件的增多、软硬件费用的降低以及 PC 机性能的提高,大大促进了用户开发 DSS 的普及。在客户/服务器结构中,企业范围的计算、数据渠道的增多和模型的访问,进一步推动了用户开发 DSS。

通常可以将小组和用户开发 DSS 方法结合使用,一种方法是由小组开发基本的 DSS,然后由个人用户开发特定的应用;另一种方式是组成 2~3 人的小组来开发 DSS 的某些应用。

4.3.2 用户开发的决策支持系统

用户开发的 DSS 有下列特点:

(1) 交付时间短,不必等待信息系统人员开发。

(2) 可免去大量的预先和正式的用户需求说明,这是用生命周期法开发常规系统的系统分析部分所必需的。在 DSS 的开发中,存在用户不能确定需求或分析人员与用户交流困难等问题,导致说明通常是不完整或不准确的。用户开发的 DSS 刚好避开了这个问题,缩小了工作量,加快了进度。

(3) 通过将实现任务转移到用户,DSS 的实现问题可以减少。

对人机界面、文档、维护等环节的要求可降到最低。

（4）费用通常很低。通常由用户在已有资源上开发、合成或快速生成。

（5）由于用户缺乏实际 DSS 设计经验，终端用户忽略常规的控制、测试过程和文档标准，导致开发的 DSS 性能可能较低。

（6）潜在的性能低的风险可分为三类：一是将低标准的或不适当的工具和设备用于 DSS 的开发；二是与开发过程有关的风险，例如，没有开发系统的能力或开发的系统产生错误的结果；三是数据管理风险，例如，丢失数据或使用过时、不合适、不准确的数据。

（7）因为用户不熟悉安全的要求，或开发时以个人或临时使用为目的而不考虑安全设计，安全风险可能增加。

（8）缺乏文档和维护技能可能引起问题，特别是当开发者离开企业以后。

用户开发的 DSS（user-developed DSS）与终端用户计算直接相关，终端用户计算（end-user computing），又称为终端用户开发（end-user development），可广义地定义为由信息系统领域以外的人员开发和使用的基于计算机的信息系统。这个定义包括许多用户，例如，管理人员和使用 PC 机的专业人员、进行文字处理工作的秘书以及使用电子邮件的管理人员等。就 DSS 而言，终端用户有更狭窄的定义，即包括决策人和专业人员，例如，财务或税收分析员和工程师，他们直接构造或使用计算机系统，以求解问题或提高生产力，这主要是通过 PC 机进行的。

终端用户可以是组织的任何层次和任何部门，他们的计算机技能也可以是不同的，终端用户计算可按照使用的程度和方法、应用的类型、需要的训练和需要的支持进行分类。特别是在 20 世纪 90 年代中期，由于 Internet 更普及，终端用户的数量迅速增加，使某些高层管理人员也喜欢自己构造 DSS。终端用户的构造过程通常是非正式的，并且仅包含图 4-2 中所示的某些步骤。终端用户通常使用 DSS 集成工具或使用方便的软件包快速生成 DSS 应用,如 Excel、Lotus、DecisionPro(Vanguard Software corp.)等。

下面以用户开发决策支持系统的电子表格建模为例,来说明用户开发决策支持系统的过程与特点。

由于个人计算机在现代组织和人们生活中的广泛普及,电子表格的强大功能和灵活性使人们迅速认识到其对企业、工程、数学和科学的应用开发易于用软件来实现。随着 PC 的升级及其功能的扩展,电子表格软件也在升级和扩展,并进一步开发了嵌入式表格,可用于求解表格框架中的特定模型。例如,Solver(Frontline Systems Inc.)可用于线性和非线性优化,@Risk(Winston,1996)可用于仿真研究。

现在,电子表格(或简称表格)是最流行的终端用户建模工具之一。由于表格包含了大量功能强大的财务、统计、数学、逻辑、日期和时间、字符的函数,它已成为非常有用的工具。表格可与容易使用的外部嵌入函数和求解工具相结合,因此,利用表格可完成模型求解任务,如线性规划和回归分析。在表格中已开发了用于分析、计划和建模的重要工具。表格的另一重要特点是在宏中的可编程的命令序列、What-if 分析以及目标搜索。改变表格中单元的值可立即得到变化的结果,通过给出一组单元及其希望的值以及改变或调整单元,可进行目标搜索。基本的数据库管理包含在大多数表格中,包括用于数据选择、查询和排序的特殊函数和命令。通过利用模板、宏和其他工具可以提高构造 DSS 的编程效率。

在特定的 DSS 中,可能需要其他工具与数据库软件进行交互,大多数表格软件通过读写普通的文件结构,可提供较好的无缝集成。另外,其他许多软件包(如数据库、字处理软件)可以读写大多数流行表格文件,特定的工作表可以主动或被动地(某个表的输出作为另一个表的输入)链接在一起。

两种最流行的 PC 表格软件包是 Microsoft Excel 和 Lotus 1-2-3,两者都可以作为单独的软件购买或作为集成套件购买(Microsoft

Office包含Excel，Lotus SmartSuite包含Lotus 1-2-3）。除了表格以外，这些套件一般还包含字处理软件（Word for Office，Word Pro for Lotus l-2-3），数据库管理系统（Access，Approach），图形表达软件包（Powerpoint，Freelan Graphics）以及通信软件，新发行的版本还包括Web浏览器和Web页生成功能。虽然套件中的各应用软件包的运行是相互独立的，但是它们各自创建的文件可相互读取调用。

利用电子表格建模来开发用户开发的决策支持系统包括以下几个过程：

（1）系统分析和概念设计。分析决策问题中哪些是非结构化因素，哪些是外部数据，如何接口，模型是什么，是静态的还是动态的，用电子表格实现接口是否可行等问题。主要考虑是否适合使用电子表格软件开发以及哪些地方用电子表格实现。

（2）系统设计与构造。主要包括模型设计与接口设计，由于不需要设计文档，因而可以边设计边构造。表格可用于构造静态模型和动态模型；可以通过表格中内置的随机数产生器开发仿真模型，将风险分析与表格结合；可以通过电子表格提供的与其他多种工具（如关系数据和多维数据）的良好的无缝连接来读取其他数据源数据。

（3）系统实现。主要工作是系统测试和利用系统进行决策支持，达到边开发边使用的效果。

可以看出，因为大多数个人的DSS和组织的DSS是由终端用户构造的，所以减少终端用户构造DSS的风险是很重要的，这是一个需深入研究的问题。所涉及的主要问题有，错误的检测、审计技术的使用、适当控制数量的确定、错误原因的分析研究以及建议解的产生等。

4.3.3 小组开发的决策支持系统

与用户开发的决策支持系统相比，小组开发的决策支持系统是一个规范的软件开发过程。它涉及的人员、部门多，开发时间长，费用高，组织管理要求高，适合解决中长期的决策支持问题；小组内也可以进行分工合作，快速生成临时支持软件。

小组开发的决策支持系统要求有周密的计划和组织来保证开发效率。计划和组织的构成取决于 DSS 的使用要求，需要根据 DSS 应用的具体活动来设计。

首先需要组织一个开发组来构造和管理复杂的 DSS，小组人员数目取决于许多因素，如工作量和使用的工具。有的系统可少至 2~3 人进行 DSS 的开发工作，而有的系统则需要多达 12~15 人。

DSS 开发小组中的人员可以来自同一组织的不同部门，同样，开发小组也可以设置到不同的组织部门中，例如，信息部门、高层的管理人员小组、财务或其他职能部门、工程部门、管理科学小组等。

DSS 小组工作遵循的过程取决于特定的应用。小组可以是临时的，即可以是为某个特定的 DSS 成立的，也可以是永久的。在前一种情况下，小组成员被分配开发特定的 DSS 项目；在后一种情况下，DSS 小组是作为 DSS 决策支持小组或决策支持中心存在的，负责对企业内所有的决策支持要求进行高层次的信息支持。

小组开发的决策支持系统开发过程规范，开发质量较高，开发风险较小。小组开发的决策支持系统一般包括图 4-2 中所示的大部分步骤，开发工具选择范围大，常使用各种工具和语言构造 DSS，也可以购买软件包和成型软件生成 DSS，在某些模块上也可同终端用户一样，直接使用 DSS 集成工具临时构造 DSS。

下面以小组开发传统三部件结构的决策支持系统为例，来说明小组开发决策支持系统的过程与特点。

可以建立一个由三人组成的开发小组，在规划与调查阶段，三人分别负责不同组织部门的调研与分析工作，如一个人负责管理部门，分析决策需求、管理方式与预期变动；一个人负责工程部门，搜集运行模式、业务特点等；一个人负责信息部门，整理现有软件与资料、交互界面与培训需求等。在概念设计和可行性分析后,根据工作量分配和使用的工具不同,小组成员分别负责一个部件的设计。下面叙述设计的内容。

传统决策支持系统的系统结构由综合部件、模型部件、数据部件组成。模型部件提供多模型程序,完成决策问题的模型辅助决策能力。数据部件提供多数据库文件,完成决策问题的数据辅助决策能力。如何把模型辅助决策能力和数据辅助决策能力结合起来,则是综合部件的任务。综合部件按决策问题的要求,完成控制模型的运行以及模型的组合运行,存取数据库的数据进行有关的数据处理和计算,设置人机交互,最后集成三大部件的能力,形成决策支持系统。

决策支持系统总体结构如图 4-3 所示,其实现将在下一节中叙述。

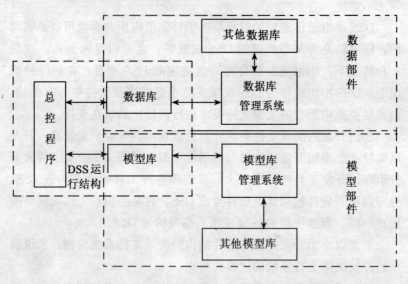

图 4-3　DSS 系统总体结构

在 DSS 运行结构中,最关键的是总控程序的设计,其次是模型程序的设计。在 DSS 管理结构中最困难的是模型库管理系统的设计。数据库管理系统可以借用已成熟的数据库软件。在此我们重点讨论 DSS 运行结构的设计。

(1) 总控程序的设计

① 对每个模型的控制运行。在模型运行前，需要由总控程序输入它所需要的数据到指定的数据文件或数据库中，模型输出数据文件或数据库也需要准备好。按照总控流程的步骤要求控制模型的运行。

② 模型之间的数据加工。每个模型只完成它自身的工作。对模型间的数据加工只能由总控流程来完成。若数据加工量很大，可以设计一个数据处理模型放在总控流程之外来进行，以便简化总控流程的工作。若数据加工量不大，仍由总控流程自身完成。模型间的数据加工既含数据处理工作，又含数值计算工作。这项工作为总控程序的编制带来困难。

③ 人机交互设计。为控制模型运行或者显示系统运行情况，控制中间计算结果或者临时输入少量的数据都需要设计人机交互工作。目前，计算机的交互手段已很先进。图形、图像、声音、视频等多媒体技术丰富了人机的交互方式。窗口、菜单以及鼠标的应用方便了用户对计算机的操作。

(2) 模型程序的设计

在模型库中将存放大量成熟的模型程序。但对实际决策问题还需编制有关的模型程序，包括数学模型程序、数据处理模型程序、图形和图像模型程序、报表模型程序等。这些模型程序的组合将完成对实际决策问题的求解。

随着模型程序的设计，将同时设计有关的数据文件和数据库。

由于模型包括的种类较多，各模型所采用的计算机语言可以不同。如数学模型用数值计算语言，数据处理模型、报表模型用数据库语言。

从总控程序的综合集成要求和模型程序采用语言的多样性，可以看出决策支持系统设计和实现的复杂性。

4.4 决策支持系统的实现与集成

4.4.1 实现问题概述

建立 DSS 是支持决策和求解问题的开始阶段，更重要的是要将系统引入组织，使用系统达到预定的目的。如同其他计算机信息系统一样，DSS 的实现并不都是成功的，存在各种风险。实现是组织准备使用新系统的一个过程，在这个过程中，应努力确保将系统成功地引入组织。

DSS 的实现是复杂的，因为这些系统不仅仅是收集、处理和发布信息的信息系统，它还与管理决策任务相关联，这些任务将明显地改变组织运作的方式。许多实现因素是各信息系统共有的，以下仅讨论某些直接与 DSS 有关的因素。

DSS 实现的定义是复杂的，因为实现是一个较长的过程，并且边界是模糊的。如果要给出一个定义，实现可简单地定义为开发一个新系统，或者是所希望的、明显改变的系统。

DSS 实现是一个开发过程，系统的开发阶段包括提出开发的建议、可行性研究、系统分析与设计、编程、转换以及系统安装。信息系统专业人员认为实现是系统生命周期的最后阶段，然而 DSS 实现的定义更复杂，因为其开发过程具有迭代、累接和循环的特点。

如果需重复地应用 DSS，则实现意味着将系统提交给用户，用户在日常工作中经常使用该系统，或者使系统的使用制度化。对于专门的一次性决策，实现意味着决策人使用系统并为其决策提供帮助和支持。

在现实中，系统一般只能实现 70%～90%，其他部分由人来实现，可以将这种实现称为部分实现。实现低于 100% 的原因之一是需要修改或改变系统的某些部分，而这种修改有时可能产生某些不利的影响，因此，有时不得不舍弃这些产生不利影响的部分；部分实现的其他原因还有预算减少或费用超支等。在实现 DSS 时，应该鼓励对结构化程度低、变化快且难以预测的系统部分进行部分实现，除了以上一些原因，这种部分实现在提高系统适应性、柔性等方面有重要意义。

实现的定义包含了成功的概念，在对实现的研究中，已提出了对成功的信息系统的许多评价标准，现实问题是，除非有一组一致的成功的标准或准则，否则，很难评价系统是否成功。因此，对 DSS 实现成功的度量仍然是一个有待研究的课题。下面仅列出一些相互独立的成功的准则：

(1) 实现系统的实际时间与估计时间的比例；
(2) 开发系统的实际费用与系统预算费用的比例；
(3) 对于系统管理的态度；
(4) 满足管理者信息需求的程度；
(5) 系统对企业中计算机操作和应用的影响；
(6) 系统的使用情况（例如，使用系统的用户数、用户使用系统的次数等）；
(7) 用户满意性（通过问卷或询问了解）；
(8) 用户对系统的偏好程度；
(9) 系统达到预定目标的程度；
(10) 对组织的效益（如费用减少、增加销售等）；
(11) 效益费用比；
(12) DSS 在组织中使用制度化的程度。

另外，还可以用多目标评价方法评价 DSS。由于 DSS 的多样性与多变性，评价 DSS 的成功可能比较困难。影响系统成功的因素可能有：用户参与、训练用户、高层管理支持、信息来源、支持管理活动的层次，以及包括的决策问题或决策任务的特点（如结构化、非结构化、难度和相互依赖性等）。

4.4.2 成功实现的决定因素

实现问题的重要性已引起了人们对成功实现的决定因素的广泛

研究。几十年前,行为科学家开始研究用户对系统实现所引起的变化的原因。从 20 世纪 50 年代以来,在管理科学领域进行了对实现问题的研究,而 MIS 研究者对实现问题的研究已有 20 多年了,提出了许多想法和理论,并且提出了早期的信息系统的实现模型。

成功实现的决定因素可分为两大类:与任何信息系统有关的一般因素和与特定的 DSS 技术有关的因素。具体来讲,实现的成功因素可分为 9 类(见图 4-4),各类之间常常是相互关联的,并且,某些因素可划分在两个及两个以上的类下面。本节讨论其中一些主要的因素。

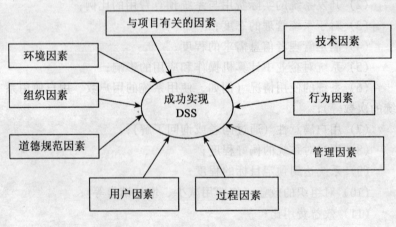

图 4-4 成功实现 DSS 的决定因素

(1) 技术因素

技术因素涉及实现过程的机制,在表 4-1 中列出了一些主要因素。

技术因素可分为两类:一是技术约束,它主要是由可用技术的限制引起的;二是技术问题,它不是由技术本身引起的,而是由于资源缺乏等其他因素引起的。当开发出新技术时,可消除第一类因素的影响,通过增加资源来解决第二类因素引起的问题。

表 4-1　　　　　　　DSS 成功实现的技术因素

- 复杂性程度（必须低）
- 系统响应时间和可靠性（必须高）
- 不合适的功能
- 缺乏设备
- 缺乏标准（标准有助于系统集成和推广）
- 与网络有关的问题（例如连接性），分布式 DSS 正在增加
- 硬件、软件的不匹配
- 项目组的技术能力低

（2）行为因素

行为因素包含两方面：一个是人的行为因素，计算机信息系统的实现，特别是 DSS 的实现，一般受到人们认识这些系统的程度和行为的影响；另一个是系统行为因素，即由系统实现所引起的变化而带来的阻力，如权力、地位、利益变化带来的抵制。主要的行为因素概括在表 4-2 中。

表 4-2　　　　　　　　　　行为因素

因　素	描　述
决策方式	AI 的符号处理是启发式的，DSS 和 ANN 是分析的
解释的功能	ES 提供解释，ANN 不能，DSS 提供部分解释，解释可减少对变化的阻力
组织氛围	某些组织支持和引导革新，采用新技术，而有的却等待和落后于变革
组织的期望	过高期望将导致失望和终止革新，在大多数早期的智能系统中常出现过高期望
由变化而带来的阻力	DSS 实现产生的变化和影响可能很大，用户可能有许多阻力

(3) 过程因素

DSS 开发和实现过程的管理方式将极大地影响实现的成功，应考虑如下问题：

① 高层管理支持

长期以来，人们认为高层管理的支持是在组织中引入变化最重要的部分之一。此外，还需要为 DSS 的开发不断提供财务支持，没有这些支持，系统的实现将难以成功。同时，应研究增加 DSS 对高层管理支持的方法。例如，下列 3 个阶段的方法能使高层管理者更有意义地参与 EIS 项目：第一，将企业的管理需求与所需的信息系统联系起来；第二，开发系统中需优先开发的部分，并增强管理者对系统的信心；第三，快速开发可进行管理的和有用的系统，其风险较低。另一个有用的方法，包括下列五个活动：一是接受管理者的指导；二是组成一个指导委员会；三是向高层管理者宣传；四是做出系统的预算；五是对高层管理者解释信息系统及其开发过程。

② 用户的义务

支持意味着理解、参与和做贡献，然而，有关用户应承担的义务的划分是不明确的。成功的实现一般需要两类用户的义务，第一是对项目开发本身的义务；第二是对项目实现后引起组织中的变化的义务。

③ 制度化

制度化是一个过程，通过该过程，DSS 结合进入到组织中正在进行的活动。DSS 使用的制度化可表明系统接近于成功的实现。

④ 用户已使用计算机和 DSS 的时间

实践证明，用户已使用计算机的时间是对 DSS 满意的一个关键因素。研究表明，一般用户使用 DSS 越久，会越满意。

(4) 用户参与

用户参与是指用户或用户群体的代表参加系统开发过程。用户参与是 CBIS 成功开发的必要条件。在构造 EIS 中，用户必须参与,因为系统是按用户要求定制的。

虽然人们一致认为用户参与是重要的,但是,确定用户何时参与以及参与多少是合适的,仍未引起研究者足够的重视。在已开发的系统中,用户非常明显地参与了开发,而当采用小组开发方式时,参与的问题变得很复杂。

用户参与的含义对于 DSS 和一般信息系统是有所不同的,一般信息系统的用户主要参与规划阶段以及测试和评价阶段。对于 DSS 开发,在整个开发过程中提倡用户更多的参与,并且在这个过程中管理者要大量地参与,这种联合应用开发是很值得推荐的。对管理者在 DSS 开发生命周期各阶段中参与的研究表明:高层管理者在 DSS 的构造和测试阶段几乎没有参与,并且,在系统演示中只起很小的作用;中层管理人员深入参与开发过程的所有阶段;而低层管理人员一般很少参与。这是因为研制的系统主要是用于支持中层或高层管理决策的。

项目的任务、责任、约束和计划都必须清楚,必须有项目计划和时间表,所有参加者必须能够获取足够的信息,在所有有关的成员中必须建立正式的通信渠道。

(5) 组织因素

对 DSS 特别重要的组织因素有以下一些方面:

① DSS 小组的技能和组织。参与者的技能,特别是 DSS 构造者和技术支持人员的技能,对 DSS 的成功是关键的,对 DSS 开发和实现的责任也是一个重要因素。研究表明,大多数 DSS 的开发是由用户控制的。

② 足够的资源。DSS 项目的成功取决于组织提供所需要的计算机和其他资源,如个人计算机和工作站、局域网的质量,数据库的可存取性以及用户费用。其他因素包括支持和帮助设施(例如,帮助中心的适用性),软件的维护和硬件的可用性等。

③ 与信息部门的关系。许多 DSS 应用可能需要连接到组织的数据库,已有系统必须能够提供当前和历史的数据,分布式 DSS

需要应用网络和 Internet，因此，与用户信息部门协调好关系对于 DSS 的成功是关键的。

(6) 外部环境

DSS 的实现受到外部环境的影响，外部环境包括社会、经济、法律、政治以及其他可能影响项目实现的有利或不利的因素。

(7) 与项目有关的因素

前面讨论的大多数因素可认为是与实现氛围有关的，氛围包含任何应用系统实现的一般条件，即氛围独立于任何特定的项目。有利的氛围是有帮助的，但是并不充分，必须评价各项目本身的优点。例如，它对于组织和成员的重要性，此外，还必须满足一定的费用——效益准则。对项目的评价包括多个方面，并需要考虑多个因素，对于一般的信息系统可考虑下列因素：

① 需要解决的重要或主要的问题。

② 需要评价的主要机遇。

③ 求解问题的紧迫性。

④ 与问题领域相关联的资源。

⑤ 如果问题解决，可以产生的效益。

⑥ 费用-效益分析。对于任何一个投资项目来说，经济效益是要考虑的首要因素。因此，事先进行费用-效益分析，事后进行评估是必不可少的。我们可以将任何 DSS 的开发和应用看做是一种投资，这样，系统的应用不仅要产生效益，而且还要研究其机会成本，即要优于其他投资方案，包括什么也不做的选择方案。有效的实现在很大程度上取决于进行这类评价的能力。从 20 世纪 80 年代中期以来，评价信息系统（包括 DSS）的压力增加了。调查表明，很少有企业对其 DSS 和 EIS 进行费用-效益分析。

⑦ 项目的选择。为了成功地实现系统，它必须与特定的组织相兼容，这种适应性包括三个层次，即个人的、小组的和组织的。

⑧ 项目管理。在 DSS 项目实现之前，必须回答下列实际项目管理的问题：谁将负责完成项目的各部分？各部分何时完成？除了

资金以外还需要什么资源？需要什么信息？

⑨ 财务和其他资源的可用性。要先做好计划并确定所有需要的财务、现金流及其来源。应按计划执行，以便需要时将有可用的资金。缺乏足够的财务支持，通常是实现或连续使用大型系统的主要障碍。

⑩ 时间和优先序。工程进度安排在项目实现中有两个相关的因素，即时间和优先序。例如，DSS 构造者会发现在进行可行性研究时认为非常重要的问题，如果在实现时由于其他工作的进度快慢关系与事先估计相比有很大差异，就会变得不是那么重要。通常，就 DSS 小组而言，时间和优先序应该作为不可控因素看待。

4.4.3 实现策略

近 20 多年来，已有了许多信息系统的实现策略，其中许多具有普遍性，并可用于指导 DSS 实现。DSS 的实现策略可分为四类：

(1) 将项目分解为可管理的部分；
(2) 使解决方案简单；
(3) 开发满意的支持库；
(4) 满足用户的需要和使系统制度化。

一般而言，上述分类似乎是常见的。对一个设计方案，谁都想为系统提供满足用户的需要或使用户满意的支持库，然而，上述四类都有许多不同的策略，在表 4-3 中概述了每个策略的目的和遇到的问题。

如前所述，DSS 实现是一个开发过程，系统的开发阶段包括提出开发的建议、可行性研究、系统分析与设计、编程、转换以及系统安装。系统的实现有一个总的策略，如将项目分片实现再集成，但是，在实现的不同阶段或同一阶段的不同工作中，还要根据系统总的策略与具体情况相结合，选择具体的实现策略，如多部件的接口可以采用黑盒方式处理。因此，上述策略间不是互斥关系，而是相容关系，在 DSS 实现的各阶段，应当注意具体策略的调整。

表 4-3　　DSS 实现策略

实现策略	典型的情形或目的	遇到的问题
将项目分片	减少开发大型系统失败的风险	如果片太小，集成各片可能有困难
用原型法	成功取决于新的概念，在提交完全的系统前试验概念	对原型的反映总是与最终配置系统不同
进化方法	试图减少在开发者与用户、愿望与产品之间的反馈循环	必须处于用户不断的变化中
开发一系列工具	满足专门的数据库分析需要，并创建小的模型	可应用性是有限的；维护不经常使用的数据
保持解简单	鼓励使用而不是吓倒用户	通常是有益的，但可能导致误表达、误解和误用
简单的	对于简单的系统没有问题；对于复杂系统或情况，如可能，则要选择简单的方法	某些企业问题不是简单的，如需要简单的解，可能使系统无效
隐藏复杂性（封装）	可将系统看做是最简单的形式，即一个黑盒，它对用户隐藏了处理过程，给出问题的解	黑盒可能会对系统输出产生不良的结果
避免变化	如可能，使已有的过程自动化，使其性能稳定而不开发新的	对新系统影响最小，但当需要过程变化时，不是一个灵活可变的策略

续表

实现策略	典型的情形或目的	遇到的问题
开发一个合作支持库	用户的管理支持库的某些部件不存在	应用某支持获得的策略,而未适当注意其他策略,可能是危险的
让用户参与	当不是通过用户开始系统开发,或开发前的使用模式不明显	多用户意味着要平衡多目标;不是所有用户都参与每个部件和每个阶段的开发;多个用户较难协调,并且用户难以理解某些复杂的模型

下面以 4.3.3 节中的传统决策支持系统设计为例,重点讨论决策支持系统实现中的开发问题。

从图 4-3 中可知,开发决策支持系统应从两方面入手:① 在 DSS 运行结构中主要是综合部件的总控程序的开发;② 在 DSS 管理结构中主要是模型部件的开发和模型与数据库的接口,而一般数据库管理系统是选用成熟的数据库软件。

首先讨论综合部件的总控程序开发问题,从 DSS 总控程序的设计中可知它要完成的工作为:① 控制模型程序的运行;② 存取数据库的数据;③ 进行数据处理;④ 进行数值计算;⑤ 完成人机交互。

总控程序虽然只起控制作用,但它具有的功能却要求很高,即它既要有数值计算能力,又要有数据处理能力,还需要有很强的人机交互能力。它要起到集成模型部件、数据部件以及人机交互形成 DSS 系统的作用。

目前,计算机语言分为几类:① 数值计算语言,如 FORTRAN,PASCAL,C 等;② 数据库语言,如 dBASE,FoxPro,Oracle,Sybase 等;③ 人工智能语言,如 LISP,PROLOG 等。从总

控程序的功能要求来看，没有一个语言完全适用于 DSS 的要求。数值计算语言缺乏对数据库的操作能力；数据库计算机语言的数值计算能力很差，没有指针、链表，不能完成递归运算等。由此可知，决策支持系统发展缓慢的一个重要原因就在于没有集成数值计算和数据处理的计算机语言。

为解决决策支持系统的开发语言问题，可以采用以下两种途径：

（1）研制适合于决策支持系统开发的集成语言。计算机语言是随研制任务的需求而发展的。数值计算语言是由于计算机数值计算的需求而发展起来的。最开始应用计算机编程采用二进制的机器语言，后来出现了 FORTRAN 和 ALGOL 语言，ALGOL 发展成为 PASCAL，不久出现了 C 语言、ADA 语言等。由于数据库（数据处理）逐步推广和普及，出现了 dBASE Ⅱ，后来又有了 dBASE Ⅲ，FoxPro, Oracle, Sybase 等。现在兴起的决策支持系统要求计算机语言集成数值计算和数据处理两类功能。这将促进计算机语言的发展，出现新的语言，满足决策支持系统的要求。

研制新语言实质上是要研制新语言的编译系统，即对新语言提出语言文法（文本）以后，需要按该文法的语句研制编译系统。这项工作的工作量是很大的，但是，研制决策支持系统集成语言是解决决策支持系统开发的根本途径。

（2）以某功能较强的计算机语言为主语言，嵌入开发决策支持系统需要的其他语言形成宿主语言。例如，清华大学在 1995 年研制的"分布式多媒体智能决策支持系统平台 DM—IDSSP"采用宿主语言方式，用功能很强的 C++ 语言为主语言，嵌入 CODEBASE 数据库操作语言，再嵌入多媒体表现语言（自行研制的）和知识推理语言（自行研制的），形成了多功能的宿主语言。

用该语言编制决策支持系统的总控程序可以达到数值计算、数据处理、多媒体表现、知识推理等多功能的组合，有效地集成模型部件、数据部件、知识部件、人机交互部件，以实现更高的辅助决策能力。

关于数据库系统开发,除数据处理用数据库语言完成外,用其他语言编制的程序要实现对数据库数据的存取及加工均要通过数据库接口。

目前,已经有开发数据库的商品软件,如 CODEBASE、ODBC 等,将它们嵌入到高级语言如 C 中可实现对数据库的操作。现在几乎所有的高级语言都支持用嵌入式 SQL 语言处理标准数据库接口。通过 CODEBASE 可实现对 DBF 数据库文件的操作。通过 ODBC 可实现对 Oracle,Sybase,DBF 等数据库的操作。这样,利用这些接口软件,嵌入到主语言(如 C)中,就达到了扩充主语言对数据库操作的能力。

关于模型库系统开发问题,目前模型库系统没有成熟的商品软件,也没有统一的标准与规范。开发者可以根据实际决策问题的需要自行研制。值得注意的是,目前在一些特定行业,如金融、建筑等,已有很多商品化模型工具软件,行业内模型库系统规范已初步形成。在研制 DSS 时,可以参考这些模型工具软件和已发表的关于模型库系统的文献资料。

4.4.4 系统集成 ●

计算机的系统集成意味着系统混合在一个设备中,而不是有各自的硬件、软件以及独立的通信系统。可以在开发工具层次或应用系统层次时进行系统集成,一般有两类集成,即功能集成和物理集成。

功能集成意味着由单一的系统提供不同的支持功能,例如,使用电子邮件、使用表格软件、与外部数据库通信、创建图形表示方式以及存储和操纵数据,所有这些能在同一个工作站上完成。用户通过统一的接口,可以获取和使用适当的功能软件,并且可在不同任务之间进行切换。

物理集成包含完成功能集成所需要的硬件、软件和通信功能的集成,软件集成很大程度上由硬件集成所决定。

具体就 DSS 集成而言,可以从集成层次上划分为单元集成、部件集成、多系统集成三类。在下一节中将详细叙述这三种集成的方式和内容。

DSS 软件集成有两个主要目的:

(1) 增强基本的功能。这种集成的目的是增强其他工具软件的功能,例如,ES 能增强神经计算,或 ANN 能增强 ES 的知识获取功能。ES 常作为智能代理以增强其他工具或应用的功能。

(2) 增加应用的功能。在这种情况中,工具之间可以互补,各工具完成其最擅长的子任务。例如,集成 DSS 和 ES 的一个主要原因,是可以从各系统提供的技术中获益,这些效益如表 4-4 所示,该表表示了由主要部件得到的效益以及整体效益。

表 4-4　　　　　　　ES 与 DSS 集成的作用

	ES 的作用	DSS 的作用
数据库及 DBMS	改进 DBMS 的构造、操作和维护 改进存取大型数据库 改进 DBMS 的功能 允许数据的符号表示 对数据仓库的构造和应用的建议	提供 ES 数据库 提供数据的数字表示
模型库及 MBMS	改进模型管理 帮助选择模型 提供模型的判断功能 改进灵敏度分析 产生方案解 提供启发式方法 简化构造仿真模型 逐步修改问题结构 加快试错法的仿真过程	提供初始的问题结构 提供标准的模型计算 为模型提供事实(数据) 将专家构造的专门模型存储到模型库中

续表

	ES 的作用	DSS 的作用
接口	使用户接口更友好 提供解释功能 提供用户熟悉的术语 像教员一样发挥作用 提供交互、动态和可视的问题求解功能	提供表达方式,以适合各用户的认知和决策方式
系统功能	为用户提供智能的建议 增加解释功能 扩展决策过程的计算功能	提高数据收集的有效性 进行有效的实现 对用户提供个性化的建议以适合其决策方式

以多系统集成为例,多系统集成有两种一般的集成类型。第一种是不同系统的集成,例如,ES 和 DSS;第二种是相同类型系统的集成,例如,可利用基于知识的方法,集成多个个人的 DSS 和组织的 DSS。

值得注意的是,DSS 集成不是随意进行的,当集成 DSS 时,需要考虑许多因素,如是否决定集成,采用哪种集成方式,如何进行集成等。下面论述其中某些重要的因素。

(1) 集成的必要性

用户可能希望或不希望集成,因此需进行基本和综合的可行性研究,需要分析技术、经济、组织和行为等方面的可行性,从而确定是否有必要和有可能进行系统集成。

(2) 评价与效益-分析

虽然集成有许多优点,但显然需要提供资金。使计算机更智能化是一个好的想法,但是必须有人或单位(一般包含问题的所有者)负责投资。该问题很重要,因为许多人对计算机的经济性及其与组织目标的结合存有疑问。

(3) 集成的结构

进行集成有多种可选的结构方案，各种方案都有不同的效益、费用和限制，在集成前，必须进行仔细地分析。

(4) 人的问题

DSS 技术本身的集成以及与常规计算机系统的集成有两种形式，即启发-判断的形式和算法-分析的形式。这种结合将引起用户工作习惯或方式的改变，习惯于用常规工具工作的构造者和用户，要求用符号和面向对象的处理方式工作，这些用户将受到某些影响。

(5) 寻找适当的构造者

需要寻找有技能的程序员或构造者，他们能从事 DSS 技术和常规的计算机系统方面的工作，特别是在包含了复杂系统时，这是一项主要的工作。

(6) 开发过程

许多 CBIS 项目的开发过程遵循生命周期方法，然而，DSS 采用原型法，当二者相结合时，将产生两类系统开发阶段不协调的问题，即 CBIS 项目可能长时间不能完成，而影响 DSS 的开发，而且当项目完成时，可能又需要新的原型，DSS 开发过程又要延误 CBIS 项目的进行。在开发大型系统时，该协调问题必须解决好。

(7) 组织的影响

DSS 受到信息系统负责人或主管信息负责人较大的影响，该负责人需要 DSS 更好地管理常规 CBIS 应用，需要 DSS 能提高他们的工作效率。因此，必须考虑和研究负责人对这些机会反应的方式、对任务的描述，以及信息系统组织内和整个企业内的权力分布。

(8) 数据结构问题

AI 应用的核心在于符号处理，而 DSS、EIS、ANN 和 CBIS 等系统则围绕数字处理构造，当这些系统集成时，数据必须从一种环境流向另一种不同的环境。知识库系统中的数据结构与一般数据库的数据结构差异很大，在知识库中，过程信息和描述信息是分开的，而在数据库中所有信息都是结合在一起的。需要研究开发一个包含数据库和知识库的概念系统，并表示两者的相互连接，但是，两个库之间需要具有合适的转换和翻译方法,如何实现这些功能还需进一步研究。

(9) 数据问题

DSS 应用,特别是 ES 和神经计算,需要包含不同类型的、部分不一致的和不完整的、不同维数和精度的数据,DSS、EIS 和传统的 CBIS 应用不能对这类输入数据进行处理。例如,当使用 ES 作为 DSS 的前端时,不完全的数据必须根据数据库的输入要求进行组织和准备,当 DSS 的输出输入到 ES 时,同样如此。

(10) 连接性

AI 应用可利用 LISP、PROLOG、ES shell、C、C++ 等专门的知识工程工具,以及与这些语言和工具的结合进行编程。ES shell 可以由 C、C++ 或 PASCAL 编写,但不一定要用与编写 DSS、EIS 或与 AI 部分集成的 ANN 相同的语言编写。另外,虽然许多 AI 工具经销商提供与 DBMS、表格软件等的接口,但是这些接口可能不兼容,并可能费用很高且需要不断改进。解决办法之一是利用 Windows 环境,以及将应用配置在 Web 和其他客户服务器结构上。

4.4.5 系统集成举例 ●

4.4.5.1 DSS 的单元集成

单元集成是软件设计最常用的方法之一。系统的集成化作用在于如何把不同层次、不同类型和不同用途的模块,按决策过程的需要组织起来,发挥支持作用。现代化的 DSS 既然要面向实际问题,对各种方法、技术、工具博采众长,为己所用,就必须要有办法把各种模块组织起来,协同动作。虽然是从不同的侧面和角度,不同的准则进行分析得出多方面的结论,却要能够加以协调综合,通过和决策者的多次交换信息,得出较为满意的方案。就像一位高明的领导,既能够请到各方面的专家各抒己见,畅所欲言,又善于归纳引导,使分析步步深入,最后形成较一致的意见。当然,DSS 作为一种人-机系统,是人在起主导作用,但计算机系统也要创造条件加以配合。这是功能方面理解的集成任务。要完成这一任务,系统自上而下要有一套组织决策支持过程的思路,善于组织集成,又要自下而上有相应的信息、知识、模型的组织结构,便于组织集成。前一个问题涉及元决策(即决策的决策,或者说决定如何组织决策)问题,还涉及心理学、决策科学、系统科学、计算机科学等一系列技术问题,需要综合研究解决。

目前,传统 DSS 单元集成常用的集成方式有四种:网状结构、桥式结构、分层结构和塔状结构。它们各有所长,很难说究竟那一种结构好。下面简单予以介绍。

(1) 网状结构(network architecture)

网络集成的基本目标是允许模型和对话系统能共享数据,并能比较容易地增加新的内容。这种结构可以使得由不同的人、在不同的地方、用不同的程序设计语言在不同的操作环境下设计的部件组合在一起。因此,它的集成能力很强,是适应性最强的部件集成方法。

(2) 桥式结构(bridge architecture)

为了减少由网状结构所要求的部件接口数目,同时又保持能够方便地集成新部件的性能,提出桥式结构的概念。这种结构使用了统一的接口单元,它包括对话、局部模型、数据库等单元;同时把共享建模单元和共享的数据库单元联系在一起。局部单元不可以共享,它只为单个用户服务。

(3) 分层结构(sandwich architecture)

DSS 的分层结构是用单个对话单元和单个数据库与多重模型单元集成,这与集成多重对话和多重模型库的网状结构、桥式结构不同。分层结构是所有的建模单元共享同一个对话单元和同一个数据库,建模单元的数据通信要借助于共享的数据库来完成,它们之间的信息通信控制则要利用共享的对话单元来完成,因此像桥式结构一样,也具有标准的数据接口和控制接口。但是,在分层结构中,这种标准接口是由同一个对话单元或数据库提供,而不像桥式结构那样,由分离的接口提供。在分层结构中,每个建模单元的开发和变更都必须满足这两个接口的要求,而在网状结构中,大部分修改都是在单元接口内完成的。

(4) 塔状结构（tower architecture）

在 DSS 的三个主要单元中维持简单交互的同时，为单元提供模块性和灵活性，以支持各种不同的硬件设备和源数据库的选用。塔状结构和网状结构的主要差别是，在塔状结构的每一层次上，单元都处在同一种操作环境下。与分层结构一样，对每一个专用 DSS，它仅有惟一的对话单元和数据库单元，而且对话、建模和数据库等单元也是分层的，不像桥式和网状结构那样混杂在一起。在与模型单元的接口方面，塔状结构与分层结构相同。它与分层结构的主要区别是，它可以支持各种用户接口设备和多个源数据库。塔状结构把对话单元和数据库单元各分割为两个部分。

根据我国山西省省级决策支持系统的经验，系统集成的级别还可以分为下列五个层次：① 通过统一的用户接口和支撑环境，做到能任意调用任一模块；② 应该有统一的数据库管理；③ 要求做到模块间能够动态地进行信息交流；④ 面向问题，能够按决策过程组织功能模块运行；⑤ 更高的阶段则是系统能够根据决策情景向决策者提供启发性、试探性建议，以引起他的联想、类比，等等。

4.4.5.2 DSS 部件集成

DSS 的部件集成，是指以 DSS 的各功能子系统如模型库系统为项目分片进行设计开发，再以各子系统为单位进行集成。下面举两例说明。

(1) 传统决策支持系统的三部件集成

传统 DSS 的三部件集成，首先要解决部件之间的接口问题，然后对三部件进行集成，最后形成 DSS 系统。

最基本的接口问题是模型对数据库中数据的存取接口。模型程序一般由数值计算语言，如 FORTRAN、PASCAI、C 等来编制而成，它本身不具备对数据库的操作功能。数据库语言适合数据处理而不适合数值计算，故不便用来编制有大量数值计算的模型程序。用数值计算语言编制的模型程序所使用的数据通常是自带数据文件。在 DSS 系统中要求数据有通用性（即多个模型共同使用），故将数据放入模型程序的自带数据文件中就不合适了。应把所有数据都放入数据库中，便于数据的统一管理。在这种要求下，就需要解决模型和数据库的接口问题。目前，通用数据库接口（ODBC）已经解决了这个问题。

总控程序有时需要直接对数据库中的数据进行存取操作，这个接口和模型与数据的接口处理方法相同。

总控程序对模型的调用接口主要要考虑模型库的结构，一般过程是：总控模块先调用模型字典，再找到模型的可执行程序，取到内存中运行。

三部件的集成就是把三个部件有机地结合起来，按 DSS 系统的总体要求，使三部件有条不紊地运行。在解决了三部件之间的接口后，如何进行有机集成，这主要反映在 DSS 系统的总控程序上，它是集成三部件有机运行的核心。DSS 总控程序是由 DSS 语言来完成的，也即 DSS 语言是一种集成语言，它必须具备几个基本功能：人机交互能力、数值计算能力、数据处理能力、模型调用能力。目前各类计算机中还未配备这种多功能的 DSS 语言。当自行设计 DSS 语言时，将把这几种能力集成为一体，完成 DSS 系统的集成。

要设计一套 DSS 语言，就需要有一套完整的编译程序，把源程序编译成目标程序，让计算机运行。虽然这种途径工作量较大，但这是一种有效地构造 DSS 系统的途径；还有一种途径是利用目前的计算机语言，比较好的语言有 PASCAL 和 C 语言，它们的人机交互能力、数值计算能力、模型调用能力都比较强，惟一缺乏的是数据处理能力，这需要在以 PASCAL 和 C 语言为宿主语言的基础上，增加对数据库操作的能力，设置接口程序，使它们提高到 DSS 集成语言的水平上，才能满足 DSS 总控程序的需要。

在接口与集成问题解决之后，就可利用 DSS 集成语言编制 DSS 总控程序了；模型库系统（模型库和模型库管理系统）、数据库系统（数据库和数据库管理系统）也同时建成；然后进行联合调试和运行，并在调试中发现问题，解决问题，最终形成有机整体的DSS系统。

(2) ES作为DSS的一个部件进行智能DSS部件集成

ES还可以作为独立的部件加入，与DSS共享接口和其他资源，所以这种集成是紧密的。然而，这类集成还可利用通信连接方式实现，如利用Internet或Intranet，这类集成有如下三种结构：

a. ES的输出作为DSS的输入。例如，ES用于问题求解的初始阶段，以确定问题的重要性或问题分类，然后将问题转移到DSS进行求解。

b. DSS的输出作为ES的输入。DSS提供的计算机定量分析结果通常是送给专家或专家小组，由他们进行解释，然而，DSS的输出也可直接送到ES，完成需专家完成的相同的工作，这样做的费用可能更低或速度更快，而ES建议的质量则可能更优。

c. 反馈。ES的输出作为DSS的输入，并且，DSS的输出又送回到原来的ES。

4.4.5.3 多系统集成

随着DSS应用范围的不断扩大，应用层次逐渐提高，DSS已进入到区域性经济社会、发展战略研究、大型企业生产经营等领域的决策活动中，这些决策活动不仅涉及经济活动各个方面，涉及生产管理、经营管理的各个层次，而且各种因素互相关联，决策环境更加错综复杂。特别是在省、市、县等发展战略规划方面的应用领域，决策活动还受到政治、社会、文化、心理等因素不同程度的影响，而且可供使用的信息又不够完善、齐全、精确，这些都给DSS系统的研究、开发和实际应用造成很大的困难。

采用单一的以信息为基础的系统，或以数学模型为基础的系统，或以知识（规则）为基础的系统，都难以满足这些领域的决策活动对DSS的功能要求。因此，需要将系统分析、运筹学方法、计算机技术、知识工程、专家系统等有机地结合起来，在面向问题的前提下，充分发挥各自的优势，特别是发挥它们在联合运用时的优势；需要开发面向实际问题的综合型决策支持系统，这种系统的特色之一是各种思想、各类问题、各种方法、各种工具的集成化。而更为重要的是怎样按照解决问题的思路，将有关环节有机地组织起来，实现决策支持过程的集成化（integration）。

决策支持系统的核心内容是人机交互系统。当 DSS 进入到高层次的决策活动领域时，由于处理的问题多半是半结构化和非结构化的，为了帮助决策者进一步明确问题，认定目标和环境约束，产生决策方案和对决策方案进行综合评价，系统应该具备更强的人机交互能力，成为交互式（interactive）系统。

在处理难以定量分析的问题时，需要使用知识工程、专家系统方法与工具，这已经涉及人工智能领域。而更重要的问题在于如何使用知识工程的思想方法，组织各个有关模块实现决策支持的集成化，这种应用方式就是决策支持系统的智能化（intelligent）。

基于以上思想提出的 I^3DSS 是智能型、交互型、集成化决策支持系统（Intelligent, Interactive and Integration DSS）的简称，I^3DSS 是面向决策者、面向决策过程的综合性决策支持系统的一个功能框架。它的提出和实际应用，使 DSS 进入了一个新的历史发展阶段。下面举例说明上述思想的应用。

(1) 决策支持系统与专家系统集成的模型

前文已提出了 ES 和 DSS 集成有多个模型，这类集成可有不同的名称，如专家支持系统、智能 DSS 等。在多系统集成中有下列集成模型：ES 附加到 DSS 部件中；ES 为 DSS 产生求解方案以及统一的方法。

① 专家系统附加到 DSS 部件中

ES 可集成到任意一个或多个 DSS 的部件中，如图 4-5 所示，包括了 5 个 ES。ES1：数据库智能部件；ES2：用于模型库及其管理的智能代理；ES3：用于改进用户接口的系统；ES4：DSS 构造者的咨询系统，除了给出构造 DSS 各部件的建议外，还给出了如何构造 DSS，如何将各部件粘合在一起，如何进行可行性分析以及如何进行 DSS 构造中的许多活动；ES5：用户的咨询系统，DSS 的用户需要专家对复杂问题的建议，例如，问题的本质、环境条件和实现问题,用户还需要 ES 指导如何使用 DSS 及其输出。

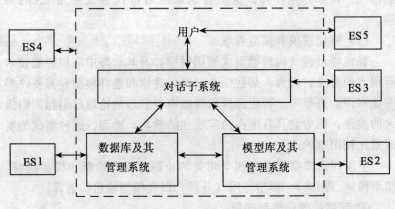

图 4-5 ES 集成到 DSS 部件中

② 共享决策过程

按照这种集成结构,在决策过程中,ES 可以在一个或多个步骤中补充 DSS。决策过程包含下列 8 个步骤:说明目标、参数和概率(可能性);检索和管理数据;产生决策方案;对决策方案的结果进行推理;传播文字、数字和图形信息;评价结果;解释和实现决策;形成策略。

前面的 7 步是典型的 DSS 的功能,而最后一步,需要判断和创造性,可由 ES 完成。ES 的目的是通过使用系统内置的和存储的有关企业的知识和推理规则,为 DSS 提供补充。这种集成可描述为:DSS 的用户按照前 7 个步骤构造 DSS,当进行到策略形成阶段时,调用 ES。尽管各系统可共享数据库以及使用模型库的某些功能,但该系统采用的是分别实现的系统("松散地集成")。为了更好地理解这类集成,可假设 ES 起人类专家的作用,当用户需要形成策略的有关专业知识时,调用 ES,可立即得到回答或进行某些分析(如预测),这类分析可通过使用 DSS 数据库及其预测模型完成。

ES/DSS 集成还可以扩展,如 EIS/DSS/ES 集成系统,即主管信息系统/决策支持系统/专家系统集成。集成中还可以包括其他智能系统，例如神经计算，这些智能系统可以代替或补充 ES 的功能。

(2) 智能建模和模型管理

在建模过程（构造模型或使用模型）及其管理中应用智能技术有很大的意义，因为某些任务（例如建模和选择模型）需要许多专业知识。近年来，智能建模和智能模型管理的论题已引起人们极大的关注，因为它具有潜在的实质性的效益，然而，这种集成的实现是比较困难的。

下面讨论模型管理的四个相关的论题：问题诊断和模型选择、模型构造（形成）、模型使用（分析）以及模型输出的解释。

① 问题诊断和模型选择

目前，有的 ES 可帮助选择适当的统计模型，例如，对数学规划模型进行选择的 ES，用于问题诊断的 ES。

② 模型构造

构造决策模型对现实世界的情况进行简化和表示。模型可以是规范的或描述的，这些模型可用于各种类型的 CBIS（特别是 DSS）。在建模表示和简化之间进行平衡需要专门的知识，需要模型化的问题定义，需要选择原型模型（例如线性规划），需要进行数据收集、模型有效性验证、有关参数及其关系的估计等，这些工作都较复杂。

③ 模型使用

一旦构造了模型，就可以使用，而模型的使用可能需要某些判断的值。在进行灵敏度分析以及确定过程的明显差异时，还需要经验，ES 可为用户提供模型使用的必要指导。

④ 模型输出的解释

ES 能够提供模型使用的说明和对所得到结果的解释，例如，ES 可跟踪数据的异常情况；另外，可能需要灵敏度分析以及将信息转变为一定的格式，ES 可对这些提出建议。

(3) 定量模型

大多数实验性的 ES 并不是按照刚才讨论的四个模型管理问题开发的，而是按照使用的定量模型类型开发的，因此，需要考虑四个问题的一个或更多的部分，见图 4-6。

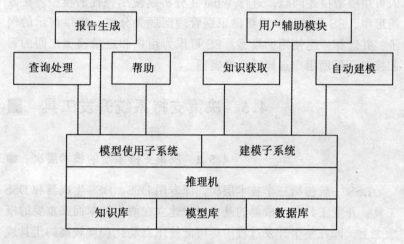

图 4-6　模型管理系统的软件体系结构

专家通常应用定量模型支持其经验和专业知识，例如，专家可能需要预测某种产品的销售量，或者估计企业计划模型中未来的现金流，专家几乎在工程的所有领域使用各种模型。通过仔细观察咨询专家的工作，可以了解 ES 在定量模型和模型管理方面的作用，咨询专家的工作通常包括：与用户讨论问题的实质；识别问题并分类；构造问题的数学模型；求解模型；进行模型的灵敏度分析；提出建议解；帮助实现解。

如果能在 ES 中汇编咨询专家的知识，则可构造一个能完成相同功能的智能 CBIS。然而，目前人们对咨询专家所应用的认知技能仍然不够了解，对此，Goul 等人（1984）进行了有关的研究，开发了一个试图将决策人、咨询专家和计算机相结合的系统。在该系统中，首先由计算机询问决策人，在确定了管理问题的一般类型（例如，分配问题或库存管理），以及确定了问题准确的性质（例如，是什么类型的分配问题）后，计算机提出建议使用的定量模型（例如，动态规划或线性规划）。接着，决策人可要求系统定义术语，以判断由机器产生的建议解，并解释使用的模型。最后，决策人可用模型描述问题，进行 What-if 分析或使用替代的模型。在该情形中，ES 像教员一样帮助识别管理问题并分类，提供演示的例子，并选择一组使用的模型。ES 可作为用户和定量模型之间的智能接口，帮助用户选择适当的模型。

4.5 决策支持系统开发工具

4.5.1 决策支持系统的技术层次

DSS 一般包括三个技术层次，即专用 DSS、DSS 生成器和 DSS 工具。开发工具和生成器的基本思想建立在两个简单而又重要的概念之上，即在整个开发过程中尽可能使用自动化程度较高的工具或生成器，并且尽可能使用成熟的组件来构造整个系统。第一个概念相当于木匠用电锯代替手锯；第二个概念相当于建筑工人建造房屋时用可组装的墙板代替灰浆砖瓦。

4.5.1.1 DSS 工具

DSS 技术的最低层次是 DSS 工具，它是指用于开发 DSS 最基础的技术，既可用于 DSS 生成器的开发，也可用于专用 DSS 的开发，它包括开发专用 DSS 或 DSS 生成器的基本硬件和软件单元。到目前为止，已经研制了大量的 DSS 工具，其中包括常用的程序设计语言、图形、编辑器、查询系统、随机数产生器等，还有新的特殊用途语言、支持对话功能的改进操作系统、彩色作图硬件及支持软件等。

一般情况下，我们把 DSS 工具分为两大类：

（1）语言类。即提供一套开发语言，例如开发模型库管理系统和数据库管理系统的各种语言等，当开发一个具体的决策支持系统时，开发者要自行设计总体结构，确定组成部分，并用这些语言具体编写系统的各个部分程序。

（2）外壳（或称生成器）类。即提供决策支持系统的一个框架。当开发一个具体的 DSS 时，开发者只需根据使用说明填写"具体内容"（包括数据、模型与方法等），即可形成一个可运行的决策支持系统。

在研究各种具体的决策支持系统过程中，不难发现它们有不少共同点或公用部分。例如，各种数据库管理系统可以是通用的；模型库和方法库管理系统，包括其中的模型定义语言和模型操作语言，也可以是公用的；对智能决策支持系统而言，当决策领域知识的表示方式确定以后，知识库的组织和推理机制的设计也不妨采用一个确定的模式来实现，也可以建立通用的建模和分析语言等，这些共同点或公用部分就为决策支持系统的开发工具提供了功能需求。

一般而言，一个开发系统需要提供三个使用接口：

（1）开发者接口。这是供开发者在生成具体系统时使用的一些命令或菜单选择，以便开发者向生成器下达（生成动作的）命令并传递必要的"参数"。开发者接口也包括一些用来给数据库、模型库和方法库中形成和装入具体数据、模型或方法的各种工具，这包括各种编辑器和检查一致性、合理性等的程序。

（2）用户接口。在开发时通过开发者接口选定接口形式并充实必要的"参数"后就能形成一个供终端用户使用的接口，即对话管理部分的主体。接口可以是菜单形式、命令形式、自然语言问答式或各种混合形式的，用户今后使用系统时就通过这个接口与系统进行对话。

（3）系统接口。它指决策支持系统本身与其他软件系统，例如，操作系统、外界的数据库管理系统和各种高级程序设计语言的编译系统等的接口。只有很好地提供这些系统接口以后，才有可能使系统中的模型或方法，方便而有效地调用这些外界系统的功能，使对外界的许多现成的软件资源的利用成为可能，而且也便于对系统进行各种修改和补充。

4.5.1.2 专用DSS

专用DSS（SDSS—specific DSS）是完成专门决策任务的计算机软件和硬件系统。专用DSS实际上是执行决策支持的系统，它是一种基于计算机的信息系统，但其特点与数据处理系统完全不同。专用DSS包含一组计算机软件和硬件，支持一个或一群决策者，处理一批相关的决策问题。例如，Portfolio Management System（T. P. Gerrity, 1971）是一个支持投资管理者对顾客证券管理的日常决策的系统；Brandaid（J. D. c Little, 1975）是一个用于产品推销、定价和广告决策的混合市场模型；Projector（C. L. Meador 和 D. N. Ness, 1974）是一种交互式的DSS，用以支持企业短期规划。这些例子都是专用DSS获得成功的实例。近几年，更先进的专用DSS也在不断地开发与应用中。

4.5.1.3 DSS生成器

DSS生成器是由相关的一组软件和硬件组成的模块，其目的是提供迅速而方便地开发专用DSS的能力。DSS生成器只能用DSS工具来开发。当涉及对话、模型和数据库等部件时，DSS生成器可看做是操作数据和生成数据的解释程序，而DSS工具既用于生成或修改解释程序，也用于生成或修改数据本身。某些工具（如程序设计语言）用于生成解释程序，某些工具（如显示管理系统）本身就是解释程序，它们可以嵌入到DSS生成器中使用；某些工具（如对话编辑器）仅用于修改数据；某些工具（如模型生成器）用于生成解释程序及其驱动表。

根据上述对DSS工具和生成器的功能需求分析，可提出生成器的结构，如图4-7所示。

从图4-7中可以看出，开发者可以从决策支持系统的生成器的三个方面来运用生成器，即利用用户接口生成器以生成终端用户对话接口；运用开发者控制接口来做系统的各种选择（包括用户接口形式选择等）和提供必要的参数；利用建模工具来形成数据和模型（包括方法），并装入数据库和模型方法库。

数据库管理、模型库管理、对话接口处理器和建模工具等都可

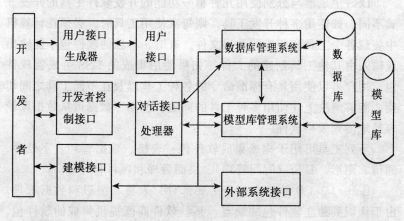

图 4-7 DSS 生成器结构

通过系统接口调用本系统之外的各种软件系统，包括操作系统、其他数据库管理系统和各种高级语言的编译系统等，甚至可以通过它与其他 DSS 互相通信和调用。可见这样的体系结构有可能生成能与多个决策支持系统互相协同和合作的群决策支持系统。

从产品的角度看，DSS 生成器（DSS generator）是集成的开发软件包，它提供多种功能，可快速、低费用和方便地构造专用 DSS。生成器具有各种功能，包括建模、报告产生以及风险分析，这些功能集成在容易使用的软件包中，PC 上流行的生成器是 Excel。

DSS 生成器有两个发展方向，一个方向是最初开发用于大型机的专用语言。事实上，许多商业的 DSS 生成器包括计划或建模语言，通常还增加报告产生和图形显示功能，这类语言的例子是 Interactive Financial Planning System（IFPS/Plus）和 Encore！。其他类型的专用语言是较早开发的、具有较强的 DBMS 功能的语言，例如，Nomad 和 RAMIS。第二个方向是 PC 上的集成软件系统，例如 Excel、Lotus 1-2-3、Quattro Pro，它们是围绕表格软件技术构造的。

DSS 生成器与分别使用几种单一功能的开发软件工具的开发方式不同，如使用多种开发工具，则每次使用工具时，必须在计算机中装载各个工具和相应的数据文件。有时，单独的软件包不能输出或输入由其他工具创建的文件。如果使用集成的 DSS 生成器软件包，用户可以使用具有标准命令的各种工具以及在不同工具之间切换，能够解决上述使用多种工具的问题。例如，数据可从数据库较容易地传到表格软件。

下列工具可用于构成集成软件包：表格、数据管理、字处理、通信、图形、日历（时间管理）、桌面管理和项目管理等。

Lotus 1-2-3 软件包有三个主要部件：表格、图形和数据管理。由于认识到独立软件包的缺点，某些软件商既提供集成的软件包，又提供单独的工具。例如，虽然 Microsoft 提供的 Excel 产品具有数据管理和图形功能，但也提供单独具有数据管理和图形功能的工具，例如 Access 和 PowerPoint。用户也可以购买单独的工具，但是大多数人不这样做。

为了增强功能，软件商提供另一种集成层次，即创建集成办公套件，它包括多种应用软件包的部件。例如，Microsoft Office 包括 Excel、PowerPoint、Word、Access。像 Microsoft Office、Lotus SmartSuit 和 Perfect Office 这些集成软件包，经过不断改进，各部件具有了高质量的独立软件的性能。

用生成器可节省大量的时间和费用，从而使 DSS 经济可行。仅用工具构造 DSS 可能时间长且费用高，特别是当工具本身还必须开发时更是如此。早期大多数的 DSS 开发没有用生成器，但现在却正好相反，即大多数 DSS 采用生成器构造。

DSS 的三个技术层次之间的关系如图 4-8 所示。

DSS 技术层次的分类不仅有助于对 DSS 构造的理解，而且对于开发其应用更为重要。合适的开发工具提高了构造者的开发效率，并帮助他们以合理的费用，按用户的真实需要构造 DSS。该领域的研究表明，DSS 生成器和工具对于终端用户，甚至对于高级管理人员都很有用。在应用以上思想时，一个很重要的基本问题是开

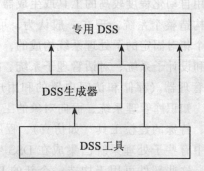

4-8 DSS 的三个技术层次的关系

发软件的选择问题,这个问题将在下一节叙述。

4.5.2 决策支持系统开发工具和开发平台

开发决策支持系统,是一项费时费力的艰巨工作。就拿传统决策支持系统的开发来说,传统决策支持系统的推广,必须有一个良好的与以往不同的开发工具,即要求提供一套语言体系将 DSS 的多种部件,如数据部件、模型部件和综合部件有机地结合起来。虽然数据部件和模型部件各自有一套比较成熟的语言体系支持,但目前绝大多数语言体系还没有一种是能同时支持综合部件,能将三者有机地结合在一起的集成语言。传统的算法语言如 FORTRAN,PASCAL 等很适合数学模型的实现,但不支持对数据库的操作;各种 DBMS 语言适合数据库的管理和操作,但不适宜数值运算。因此,在每个决策支持系统开发中,开发人员总要选择多种不同特点和功能的软件语言工具来分别开发决策支持系统的各个部件和接口,这与我们提倡的划分 DSS 三个技术层次的思想相违背。从长远的角度看,利用基础语言工具开发适合 DSS 开发特点的决策支持系统集成式开发语言工具具有重要的意义。这种集成语言应该是多种语言(如数值计算语言和数据库语言)的综合。

扩展开来说,仅仅这样做还远远不够。开发工具要尽可能把开发者从重复劳动中解放出来,提高构造者的开发效率,在整个开发过程中尽可能使用自动化程度较高的工具或生成器，并且尽可能使用成熟的组件来构造整个系统。现在一般认为，可以把 DSS 开发系统看做是由多个相对固定的子处理系统构成的，包括需求处理子系统、系统分析和设计子系统、对话管理子系统、报告产生器、图形产生器、源码管理器（存储和访问内置的和用户开发的模型）、模型库管理系统、知识库管理系统、面向对象的工具、标准的统计和管理科学工具、特殊的建模工具（如仿真）、程序设计语言、文档图形工具。其中有些子处理系统已集成在 DSS 生成器中，有些可根据需要加入，这些部件可用于构造一个新的 DSS 或修改已有的 DSS。系统的核心包括开发语言或 DSS 生成器，通过结合各程序模块实现构造，而程序模块是一段可执行的代码，它有一个名称并可完成一定的任务。

近几年涌现出许多具备上述部分功能的决策支持系统开发工具与开发平台。开发工具产品，如国防科技大学研究的 GFKD-DSS (GuoFangKeDa-Decision Support System) 决策支持系统开发工具把数值计算、数据库操作、模型运行控制和人机交互功能融为一体，设计了一套新的计算机语言体系。利用这个工具开发一个实际问题的决策支持系统，首先需要进行问题分解，把一个大而复杂的问题分解成若干个较小且容易解决的子问题。对各子问题选用相应的模型来求解，并建立所需的数据库。这些模型应该是广义模型，可以是数学模型、数据处理模型、智能推理模型，也可以是绘图模型和报表模型等。对各模型可以选用最合适的语言编写实现，数学模型用 PASCAL、FORTRAN 语言编写，智能模型用 PROLOG、C 语言编写，数据处理模型、报表模型用数据库语言编写。然后，在解决了这些子问题的基础上，按照实际问题的处理流程，利用工具提供的 DSS 集成语言将这些子问题间的相互关系，即各模型的调用、存取数据库数据、数据处理、数值计算、人机交互等编制成 DSS 控制程序，经过编译，就可把多个模型、大量的数据库有机地结合起来，生成解决实际问题的决策支持系统。

开发平台产品，如国防科技大学研究的分布式多媒体智能决策支持系统平台 DM-IDSSP（Distributed Multimedia-Intelligent Decision Support System Platform）集成了多媒体技术、分布式处理技术、专家系统、机器学习、神经网络、模型库系统、地形处理等多项新技术；开发了以军事为背景的分布式智能决策支持系统和化学物质识别等一系列实例。该平台的研究包含基础技术的研究和创新技术的研究。基础技术的研究为平台组成功能部件的研究；创新技术的研究为平台集成环境的研究和机器学习自动获取知识的研究。在智能决策支持系统开发平台 DM-IDSSP 的设计中，以专家系统和决策支持系统集成为基础，采用多媒体人机交互形式和分布式网络处理形式，开发出的智能决策系统是一个分布式多媒体智能决策支持系统。具体地说，DM-IDSSP 平台开发环境由硬件环境和软件环境所组成。硬件环境将保证系统在硬件上达到分布式环境和多媒体环境。软件环境则是要达到具有开发实际决策问题的智能决策支持系统的目的。

DM-IDSSP 平台的软件环境由基础部件和集成环境两个部分所组成。

（1）基础部件（集成体）包括：① 机器学习、神经网络完成知识的获取。② 专家系统工具完成产生式规则、框架知识的专家系统生成。③ 模型库系统、数据库系统、地形处理系统完成决策支持环境。④ 多媒体制作与表现系统完成多媒体人机交互的生成。⑤ 分布式环境完成智能决策支持系统的分布式处理。

（2）集成环境完成对基础部件的有机集成，将集成体中各部件有机集成为系统的整体。它包括：① 集成语言体系。② 知识和模型的统一表达。③ 客户/服务器集成模式。④ 部件接口。⑤ 系统集成。

从以上叙述中可以看出，决策支持系统开发工具与开发平台的研究是一个多层次、多角度和不断上升的过程。现阶段的决策支持理论和决策支持系统产品都只是这个发展过程中的阶段性成果。我们可以预见，将会有越来越多的决策支持系统开发工具和开发平台产品投放市场，决策支持系统产品的体系结构和接口等一系列解决方案将趋向于规范化和标准化，决策支持理论和决策支持系统开发理论将具有更多智能化特点。因此，在决策支持系统开发上一定要注意相关理论、平台、工具和决策问题的时效问题。

下面给出现阶段选择 DSS 工具或 DSS 生成器时需要考虑的一些因素：

（1）DSS 的信息需求与输出需求。
（2）软件工具和软件包的应用要求。
（3）比较具有近似功能的软件包。
（4）软、硬件更新、升级的周期。
（5）软件价格与价格变化是可接受的。
（6）相关系统和参与人员对开发工具的要求。
（7）语言的通用性，一种语言可用于多种 DSS 的构造，因此，需要工具具有能适应由一种应用转到另一种应用的功能。
（8）选择与比较软件包的准则有些是定性的，有些则是相互矛盾的。
（9）多种 DSS 工具、DSS 生成器和可以预见的相关系统的兼容程度。
（10）需要考虑更多技术、职能、终端用户和管理的问题。

5 决策支持系统中的模型

DSS 的主要特点是至少包含一个模型，DSS 的基本思想是运行 DSS 分析现实系统的模型，而不是现实系统。

模型是对于现实世界的事物、现象、过程或系统的简化描述，由于现实太复杂而难以精确复制，并且在求解特定问题时，许多复杂性是不相关的，所以通常可对现实系统进行简化。在一般的意义下，模型是模仿实物形状制成的，根据其大小可以分为缩小型、实物型和放大型，有些模型甚至连细节都跟实物一模一样，有些则只是模仿实物的主要特征。模型的意义在于可通过视觉了解实物的形象，除了具有艺术欣赏价值以外，在教育、科学研究、工业建筑、土木建筑和军事等方面也有极大的效用。

随着科学技术的进步，人们将研究的对象看成是一个系统，从整体上对它进行研究。这种系统研究不在于列举所有的事实和细节，而在于识别出有显著影响的因素和相互关系，以便掌握本质的规律。对于所研究的系统可以通过类比、抽象手段建立起各种模型，这称为建模。

DSS 运用模型有下列原因：模型可压缩时间，若干年的运转可用计算机的分或秒来模仿；模型操纵（如改变决策变量或环境）比操纵现实系统容易得多，所以容易进行实验，而不影响组织的日常工作；模型分析比对现实系统进行类似实验的费用要少得多；可以采用试错法，用模型比用现实系统实验所需的费用要少得多；环境中含有很大的不确定性，管理者用模型可以计算特定行动的风险；

应用数学模型有可能分析很大数目,甚至无限数目的可行解;模型有助于管理者和决策人学习和训练。

按照模型的表现可以分为物理模型、定量模型和仿真模型。按数据的稳定性可以分为静态模型与动态模型。

5.1 模型的类型

5.1.1 物理模型

物理模型包括图标模型(实物模型)和模拟模型(类比模型)两种。

(1) 图标模型

图标模型是最不抽象的一种模型,它是系统的物理复制,通常是原型的不同比例,是根据相似性理论制造的按原系统比例缩小(也可放大或与原系统尺寸一样)的实物。图标模型可以是三维的,例如,风洞实验中的飞机模型,水力系统的实验模型,汽车、船舶、桥梁或生产线的模型等。图标模型也可以是二维的,如照片是二维的图标模型。图形用户接口和面向对象的编程是图标模型应用的另外一些例子。

(2) 模拟模型

在不同的物理学领域(力学、电学、热学、流体力学等)的系统中,各自的变量有时服从相同的规律,根据这个共同的规律可以制定出物理意义完全不同的比拟和类推的模型。因此,模拟模型不像现实系统,它比图标模型更抽象,是现实系统的符号表示,这些模型常为二维表或图形。它们是物理模型,但模型的形状与现实系统不同,有下列一些例子:

① 用树状图或组织表表示组织结构、权限和责任等关系。

② 用不同颜色表示地图上的不同目标,如水域或山脉。

③ 股票走势表用于表示股票价格的变动情况。

④ 机器或房屋的蓝图。

⑤ 用表盘指针表示速度、压力、电流等。

5.1.2 定量模型

许多组织系统中,其关系的复杂性不能用图标模型或模拟模型表示,或者这种表示较麻烦,或者使用起来较费时间,因此,常用数学方法来描述更抽象的模型,大多数 DSS 分析采用数学或结构模型进行分析。

数学模型是用数学语言描述的一类模型。数学模型可以是一个或一组代数方程、微分方程、差分方程、积分方程或统计学方程,也可以是它们的某一种适当的组合,通过这些方程定量或定性地描述系统各变量之间的相互关系或因果关系。除了用方程描述的数学模型外,还有用其他数学工具,如代数、几何、拓扑、数理逻辑等描述的模型。需要指出的是,数学模型描述的是系统的行为和特征,而不是系统的实际结构。

结构模型是主要反映系统的结构特点和因果关系的模型。结构模型中的一类重要模型是图模型,即用结构图表示系统的结构。此外,生物系统中常用的房室模型、教学用的 DNA 双螺旋模型等也属于结构模型。结构模型是研究复杂系统的有效手段。

5.1.3 仿真模型

仿真模型是通过数字计算机、模拟计算机或混合计算机上运行的程序表达的模型。采用适当的仿真语言或程序,物理模型、数学模型和结构模型一般都能转变为仿真模型。对实际系统,要分析不同控制策略下或不同变量对系统的影响,或系统受到某些扰动后可能产生的影响,最好是用系统本身进行实验。由于一些实际原因,例如,实际系统的实验费用可能很昂贵;系统可能是不稳定的,即实验可能破坏系统的平衡,造成危险;系统的时间常数很大,实验需要很长时间;待设计的系统尚不存在等,建立系统的仿真模型进行实验是很有效的。

5.1.4 静态模型与动态模型

在 DSS 的模型研究中,还可将模型分为静态模型和动态模型。

(1) 静态模型

静态模型为情景的简单快照,处理相对简单。在静态模型中,考察的所有事物都发生在同一时间内,例如,是制造还是购买产品的决策,本质上是静态的,季度或年度的收入情况是静态的。在静态分析中,假设相关的数据是稳定的,是与时间无关的常数。在预测与决策中,使用得更多的是动态模型。

(2) 动态模型

动态模型用于分析随时间产生变化的情况,一个简单的例子,5 年的利润和开支情况,其中输入数据,如费用、价格和数量,是逐年变化的。动态模型是依赖时间的,例如,确定在超级市场开放多少收费点,必须考虑每天的不同时间,因为不同时间购物的人数是变化的。

动态模型是重要的,因为它表示了随时间的变化趋势和模式,还表示了时间上的平均值以及对比分析(例如,今年该季度利润与去年该季度利润的比较)。另外,一旦某静态模型构造出来用于描述某已知情况(如产品分发),可以扩展它以用于描述本质上为动态的问题,例如运输模型(一种网络流模型)可用于描述产品分发的静态模型,该模型可扩展到动态的网络流模型,以提供建议库存和订货量。

5.2 数学模型

5.2.1 数学模型综述

数学模型用得最多,也用得最广。它是由字母、数字和数学符号构成的等式或不等式,用来描述系统的内部特征或与外界的联系;它是真实世界的一种抽象。数学模型是研究和掌握系统运动规

律的有力工具,它是分析、设计、预测和控制实际系统的基础。数学模型的种类很多,一般可分为:

(1) 原理性模型

自然科学中所有定理、公式都是这类模型。从开普勒的行星运动三大定律,到牛顿的经典力学三大定律,直到近代的爱因斯坦狭义相对论和广义相对论,自然科学已建立起一套完整的原理性模型。它是指导自然科学发展的基础和核心。

(2) 系统学模型

系统学是研究系统结构与功能(演化、协同和控制)一般规律的科学。系统学的研究对象是各类系统。按系统的复杂程度,系统可分为简单系统和简单巨型系统。简单系统是指组成系统的元素比较少,元素之间的关系又比较简单。简单巨型系统是指组成系统的元素数目非常庞大,但元素种类比较少,且元素之间的关系比较简单的系统。

对于简单系统和简单巨型系统,用自然科学的理论和方法可以很好地描述和研究,包括运筹学、控制论、信息论、数学以及耗散结构理论、协同学和突变论等。

系统学的模型有:系统动力学、大系统理论、灰色系统、系统辨识、系统控制、最优控制和创造工程学等。

目标决策分析模型也属于系统学模型的范畴。方案数量不多的决策情况可通过决策分析方法建模。在该模型中,用表或图形的方式,列出方案及其预测的目标值以及这些目标值实现的概率,然后可对各方案进行评价,并选择最好的方案。

目标决策分析有单目标决策和多目标决策两种不同情况,单目标决策可用决策表(decision table)或决策树(decision tree)方法,多目标(multiple criteria/objects)决策可用多目标决策分析方法和软件分析求解。有许多软件包可用于多目标决策分析,如Decision-Pro(Vanguard Software Corp.),Expert Choice(Expert Choice Inc.),Logic Decision(Logic Decision Group),Visual IFPS/Plus(Comshare Inc.)。

(3) 规划模型

数学规划可用于分析求解管理决策问题（李德等，1982），在这些问题中，决策人必须为各种活动分配各种紧缺资源，并使目标达到最优化。例如，对于加工各种产品（活动）的机器时间（资源）的分配就是一个典型的分配问题。换句话说，数学规划是研究合理使用有限资源以取得最大效果。

规划问题大致可分为两类：① 用一定数量的资源去完成最大可能实现的任务；② 用尽量少的资源去完成给定的任务。解决这些问题一般都有几种可供选择的方案。在规划问题中，必须满足的条件称为约束条件，要达到的目标用目标函数来表示。数学规划问题可归结为：在约束条件的限制下，根据一定的准则从若干可行方案中选取一个最优方案。

数学规划实质上是用数学模型来研究系统的优化决策问题。如果把给定条件定义为约束方程，把目标函数看做是目标方程，把目标函数中的自变量看做是决策变量，这三者就构成了规划模型。

数学规划模型包括：线性规划、非线性规划、动态规划、目标规划、更新理论和运输问题等。线性规划模型是其中最重要的模型。

线性规划问题包括决策变量（决策变量的值是未知的，但需要解出来）、目标函数（线性数学函数表示决策变量与要达到的目标的关系，并需要求其最优化）、目标函数系数（单位利润或表明单位决策变量对于目标的作用）、约束（以线性的等式或不等式表示的对资源的限制和要求，变量之间通过线性关系表达）、限制（描述约束和变量的上下限）、输入输出（技术）系数（表明关于决策变量的资源使用）。

决策人需经常使用数学规划，特别是线性规划，在许多标准的软件包中都有该类软件。这样，在许多 DSS 工具中都有最优化函数，例如，Excel、Visual IFPS/Plus。此外，很容易将其他的最优化软件与 Excel、DBMS 和类似的工具连接。最优化模型通常也包括在决策支持系统中。

(4) 预测模型

预测是对事物的发展方向、进程和可能导致的结果进行推断或测算。预测对象可以是一项科学技术、一种产品、一项工程、一种需求、一个社会经济系统或者是一项发展战略。它涉及社会、政治、经济、科学技术、管理等各个领域。预测方法分为定性方法和定量方法两类。定性预测大都侧重于质变方面，回答事件发生的可能性，主观预测大多属于定性预测；定量预测侧重于量变方面，回答事件发展的可能程度。

定性预测方法主要有：特尔斐法（专家调查法）、情景分析法、主观概率法和对比法等。

定量预测方法主要有：趋势法、因素相关分析法（如回归法等）、平滑法等。

(5) 管理决策模型

管理是指为了充分利用各种资源对系统及其组成部分施加一定的控制来达到系统目标。管理决策是在管理过程中做出的各种决策。

管理是随着生产的发展和社会生活的需要而发展起来的。凡是有群体活动的地方，均需要管理。管理成为有效地组织集体劳动的专业工作。管理中的共同规律性就是管理科学。

管理决策中的模型有：关键路线法（CPM）、计划评审技术（PERT）、风险评审技术（VERT）和层次分析法（AHP）等。

(6) 仿真模型

仿真有许多含义，一般而言，仿真是对假设的现实特征的表现。它是利用模型再现实际系统中发生的本质过程，并通过对系统模型的实验来研究存在的或设计中的系统。当所研究的系统造价昂贵、实验的危险性大或需要很长的时间才能了解系统参数变化所引起的后果时，仿真是一种特别有效的研究手段。

仿真与数值计算、求解方法的区别在于它是一种实验技术。仿真过程包括建立仿真模型和进行仿真实验两个主要步骤。

仿真模型是被仿真对象的相似物或其结构形式。为了寻求系的最优结构和参数，常常要在仿真模型上进行多次实验，通过实验观察系统模型各变量变化的全过程。

在 DSS 中，仿真是一种在数字计算机上对管理系统模型进行实验的技术（例如 What-if 分析）。DSS 主要用于处理半结构化或非结构化的问题，这些问题所涉及的复杂现实情况较难用最优化或其他模型表示，但常常可以用仿真方法处理，所以，仿真是一种最常用的 DSS 工具之一。下面主要论述几种仿真类型。

（a）概率仿真。在这类仿真中，一个或多个独立变量（如库存问题中的需求）是随机的，即这些变量服从一定的概率分布。该概论分布又可分为离散分布和连续分布两类。离散分布包含取有限值、有限数目事件（或变量）的情形。连续分布是指服从密度函数（如正态分布）有无限可能事件的情形。

（b）时间相关与时间无关仿真。时间无关（time-independent）是不必精确地知道事件发生时间的情形，例如，我们知道每天需要某种产品三件，但并不在意一天中何时需要这些产品，或者讲，在某些情形中，时间完全不是仿真的因素。而在排队问题中，精确知道顾客的到达时间是重要的，因为需要了解顾客是否需要等待，在这种情形中需要处理与时间相关的情况。

（c）仿真软件。现在已有数百种用于各种决策情况的构造仿真工具软件包，其中包括嵌入表格的仿真软件。

（d）可视仿真。用图形来显示计算的结果，包括动画，这是人机交互和问题求解中较成功的新发展方向之一。

（e）面向对象的仿真。在开发仿真模型领域的最新进展中，用到了面向对象的方法。

常用仿真模型包括：蒙特卡洛法、KSIM 模拟和微观分析模拟等。

（7）计量经济模型

计量经济学是以数学和统计学的方法确定经济关系中的具体数量关系的科学，又称经济计量学。计量经济学对经济关系的实际统计资料进行计量，加以验证，为经济变量之间的依存关系提供定量数据，为制定经济规划和确定经济政策提供科学依据。

计量经济学是为国家干预和调节经济，加强市场预测，合理组织生产，改善经营管理等经济活动服务的。

计量经济模型包括：经济计量法、投入产出法、动态投入产出法、回归分析、可行性分析和价值工程等。

5.2.2 数学模型算法

模型是客观事物的一种抽象描述。数学模型一般用数学方程的形式来表示，也有用图形、图像来表示的。对模型的求解则是数学方程的算法或是图形、图像的处理。这样，我们可以把模型的方程看成是模型的静态形式，把模型的算法看成是模型的动态形式。模型的算法又可以分成人工算法和计算机算法。人工算法不能直接搬到计算机上去实现。计算机算法是编制模型的计算机程序的基础，它受计算机结构特性的限制。目前，大多数计算机基本上是处在串行的计算和数值求解范围内。而人工算法却异常宽广，它是逻辑思维、形象思维和灵感的统一体。最普遍的例子是下棋。人们用人工智能技术装配计算机，但仍停留在简单的棋类中，计算机能下棋，甚至于取胜。对于复杂的围棋等，只能让计算机会下棋，但取胜不了人类。目前只能将那些逻辑性强的人工算法变换成计算机算法。

手工计算实例一般不能直接搬到计算机上，要让计算机实现手工计算实例必须解决许多实际问题。如算法中的基本操作如何实现？如何解决人的思维能力与计算机的逻辑判断能力的差异？如何节省工作单元，提高效率？

对于数学模型，只有充分采用了计算机的数据结构以及合适的计算机算法后，才能编制出模型程序在计算机上运行，得到模型辅助决策的结果。

模型程序是建立在计算机上的数值计算方法、数据结构以及计算机语言的基础上的。数值计算方法经过几十年的研究和发展，相对比较成熟，效果比较明显。但数值计算的误差会给结果带来不利的影响，需要花很多的精力去控制误差。数据结构的发展开创了非数值计算，使计算机应用范围大大扩大。

计算机语言种类很多，发展也很快，但它与人类的自然语言还是相差甚远，因此，计算机算法仍受到很大的限制。

5.3 模型的表示与管理

决策支持系统主要是解决半结构化或非结构化问题的计算机软件系统，这类问题缺乏定量描述和明确规定的解题算法。因此，DSS应用的特点决定了问题求解过程是试探性的，数据是通过不同程序模块（模型）的组合而进行处理的。由于不断需要大量的模型来充实模型库，并且要构成模型体系，这样就急需要使用和控制这些模型的机制以解决作为系统查询而提出的各种问题。

模型库是提供模型存储和表示模式的计算机系统。在这个系统中，还包含一个以上的以适当的存储模式进行模型提取、访问、更新和合成等操作的软件系统，这个软件系统就是模型管理系统。

模型库（model base）和模型软件包（model package）的重要区别在于：在模型库中模型的存储模式和求解过程并不相连，并不是为某一目的而建立的独立的程序及其集合，而是以基本模块和基本要素为存储单元的集合。从理论上讲，利用这些基本单元，可以构造任意形式和无穷多个模型。

模型库是DSS的共享资源，它有一些具有支持不同层次的决策活动的基本模型，其中有一些为支持频繁操作的单一模型；还有一些是用于生成新模型的基本模块和基本要素。这样，模型库就是一个"产生"模型的基地，而不是预先建立的模型集合。通过模块的组合，可以使模型灵活地变更。因此，动态性是模型库的一个基本特征，也是研究模型库生成技术的前提。

在模型库系统中，首先要考虑模型在计算机中的表示方法和存储形式，使模型便于管理，便于灵活的连接，并参加推理。模型表示包括对模型参数和验证条件的适当描述，以保证模型正确地执行和输出。为了增强管理的灵活性和减少存储的冗余，模型的表示趋向于将模型分解成基本单元,由基本单元组合成模型。对应于不同的管理模式,基本单元采用不同的存储方式,目前主要有以下三种:模型的程序表示、模型的数据表示、模型的逻辑表示。

5.3.1 模型的程序表示

传统的模型表示方法都是程序表示。包括输入、输出格式和算法在内的完整程序就表示一个模型。这种表示方法主要有两个缺点:一是解程序和模型联系在一起,使模型难以修改;另一个是存储上和计算上的冗余,因为对每一种模型形式都有一套完整的计算程序,而不同形式的模型往往有许多计算是相同的,只有微小的差别,如线性规划模型的不同算法。模型的程序表示不能使这些共同部分共享。

在模型库意义下的程序表示方法是将模型和解程序相分离,并将程序表示的模型分解成基本模块,不同模型中的共同部分可以调用相同的模块,这样就可以减少冗余。基本模块可以以适当的方式进行组合,形成新的模型。这样模型的修改和更新都比较方便。

另一种程序表示方法是以语句的形式表示,用通用的高级语言设计出一套建模语言。模型中的不同方程、约束条件和目标函数都对应于相应的语句,进而对应一般程序或句子。这种表示方法适用于熟悉建模和算法的运筹学专家,他们可以用这种语言构造一个建模程序或运行模型的程序,而不涉及每个建模语句是如何实现的。这种方法进一步发展,就构成了模型定义语言。

模型的程序表示方法适用于描述结构化的计算模型,是自使用计算机运行模型以来一直采用的传统方法,但模型的使用发生了很大变化。最早的计算机仅作为一种计算工具,用户既是建模者,也是程序设计员。20世纪60年代出现了为完成建模或分析任务的子程序库,最典型的例子是IBM公司用FORTRAN写的科学计算子程序包(SSP),该子程序包提供了统计学和矩阵运算程序。程序员只需写一段驱动程序(即主程序),调用必要的子程序,引导用户输入必要的数据,以完成建模分析任务。

20 世纪 70 年代，集成软件系统在计算机辅助系统中得到广泛的应用。将与求解问题有关的模型程序集成到一个系统中，用户可通过菜单选择所需要的模型或一个求解系列。这样的操作方式为用户提供了方便，模型的使用效率有很大程度的提高，但存在着模型不易变更的缺点，用户只能选择模型而不能干预求解过程。到 20 世纪 80 年代，提出了模型库系统的概念，此概念不是将模型对应于一个事先编好的程序，而是将模型的基本要素——基本计算单元对应于基本模块。模型的选择和运行都由计算机完成。

从程序表示模型的三个发展阶段可以看出，模型的计算机表示总的发展趋势是用户越来越脱离计算机而注重问题的表述。从简单的计算到对问题的分析和信息的管理，计算机馈送给用户的信息和用户越来越接近。

5.3.2　模型的数据表示

模型的数据表示是把模型看做是从输入集到输出集的映射，模型的参数集合确定了这种映射关系。有些学者从不同的角度研究了用数据表示模型的问题，例如，Blanning 建立了关系式模型库技术的基本理论，Konsynski 的主要工作在于模型的实际求解技术。

模型的数据表示就是通过数据的转换来研究模型。其优点是可以引用发展得比较成熟的关系数据库管理技术实现模型的管理。模型可描述为由一组参数集合和表示模型结构特征的数据集合的框架。输入数据集在关系框架下进行若干关系运算，得出输出数据集。这样，模型运算就可转换为数据的关系转换。这种方法使模型单元易于与其他单元通信，并且模型便于更新。

Konsynski（1984 年）用数据表示模型的方法构造了一个广义模型管理系统（GMMS），他把模型描述为由方程、元素和解程序组成的数据抽象。对于经济学模型，元素类型包括时间序列集合、变量和参数，方程表示为递推的或并行的约束和目标函数，解程序则是由某些特殊的技巧和算法确定的关系框架。模型的每个单元都在数据库中维护且按全局指南进行特征化。

一般的数据抽象由三个数据库组成：参考数据库，用户数据库和模型数据库。其中，参考数据库存有一般性的参数和时间序列数据，而用户数据库是由方程组成的数据库，这些方程由操作在用户数据库中的时间序列的统计分析得到。例如，在用户数据库运行的回归方程的结果可以作为一个方程转移到模型数据库，然后由这些方程组成能被仿真的基本经济学模型。在模型数据库中存入优化问题的方程有些困难，即对方程类型的模式要有适当的说明（例如，目标函数、等式约束、不等式约束、梯度以及处理非线性的方程等）。适当的数学规划解程序可以用相应的接口命令加入系统，产生优化模型的特征。对于较复杂的非线性规划模型直接进行数据抽象比较困难。但有些可用经济学模型和线性规划模型的组合来表示，这样，模型的数据抽象就可表示范围比较宽的经济学模型和优化模型。

Blanning 提出了模型的关系理论。他的主要思想是将模型表示为由一组输入属性和一组输出属性组成的关系，记为 (a/b)，a 为输入集，b 为输出集。他对 Model Bank 下了精确的定义，并类似于关系数据库理论，定义了模型关系的范式，规定了提取模型的操作。他还设计了模型定义语言 MDL 和模型操作语言 MML。

按照关系理论的观点，模型可看做是一个对应于输入输出属性领域集的笛卡儿积，就像在关系数据库中，与属性对应的关键字 (keyword) 和内容 (content) 的值域构成了笛卡儿积的子集一样。事实上，在模型关系中的元组不存在存储形式，而是按用户的要求设计的，并对用户是透明的。这个模型元组的虚拟特征奠定了 Model Bank 设计的基础。

近年来，数据模型技术的发展为模型的数据表示带来了新的发展机遇。O-O 数据模型适于描述复合对象等复杂实体，语义模型的抽象机制等特点使得模型的数据表示方法趋于多样化。下面分别说明。

(1) 面向对象的数据模型

在程序设计语言中采用过面向对象的概念。对象是客观世界实体的抽象描述，由信息（数据）和对数据的操作组合而成；类是对多个相似对象共同特性的描述；消息是对象之间通信的手段，用来指示对象的操作；方法是对象接收到消息后应采取的动作序列的描述；实例是由一特定类描述的具体对象。对象具有封装特性，对外部只提供一个抽象接口而隐藏具体实现细节；类具有继承性。程序人员在面向对象程序设计中正在研究加进数据持久性（persistence）的概念，以支持数据库。另外，面向对象模型吸收了语义数据模型中概括和聚合的概念。当然，O-O 数据模型也包括传统数据库管理的持久性、二级存储管理、并发、数据恢复和查询语言的概念。这就形成一个全新的面向对象的数据模型，如图 5-1 所示。

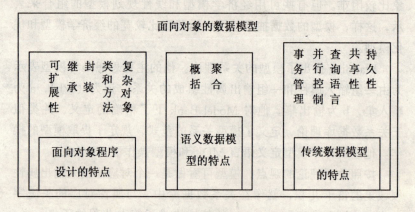

图 5-1 面向对象的数据模型

面向对象数据模型提供了表示复杂对象的能力。可在任意层次上嵌套各种类型构造符（数组、表、元组等），同时可表示数据之间各种特殊关系，引入数据之间特殊关系主要是通过元类（meta class）的概念得到。元类的实例是类，类的实例是对象。Wolfgang Klas 等人利用元类来描述多媒体数据的一些特殊关系，使用 O-O 方法为多媒体数据建模作了尝试。N. Bhalla 等人则通过扩充面向对象的数据库 ORION 的查询模型（query model），为方便地处理复杂对象而对关系代数进行了扩充。

(2) 语义数据模型

语义数据模型能克服传统数据模型的某些缺陷，提供不受具体的实现结构限制，更多地面向用户（user-oriented）的模型。语义数据模型能提供一种"自然"的机制来说明数据库的设计，同时能更准确地表示数据及数据间的关系。

语义模型提供了强有力的抽象构造机制，如概括（generalization）和聚合（aggregation）。概括允许设计者将相似对象构成组，集中到一个更普及的组对象（group object）上；聚合允许设计者从对象的性质或属性中抽象出模型化实体，该实体中可包括异质部件，如一个聚合对象 Address 由 Street、City、State 和 Zipcode 组成。除概括和聚合外，还有联合（association）、分类（classification）等。语义数据模型的另一重要特点是支持"派生数据（derived data）"的概念。派生数据是指并不实际存于库中的、需要时可由库中数据及其之间的关系派生出来的数据。

语义数据模型主要包括 E-R 模型、RM/T 模型、TAXIS 模型、SDM 模型、函数模型、SAM * 模型、事件模型以及 SHM + 模型等。

下面以函数模型和 RM/T 模型为例作一简单介绍。

函数模型将实体集和属性之间的关系抽象为一个实体到属性域的映射函数，实体与实体之间的关系也用函数表示。实体间及实体与属性间的关系既可以是单值函数也可以是多值函数。函数模型具有易于理解的可视性表示和先进的内部语义完整性。

RM/T 语义模型对关系模型进行扩充用以描述语义信息。RM/T 认为数据库由实体集组成，实体集用来描述现实世界的对象、概念及其相互关系，每个实体拥有一个关联特性集，可通过操作集来管理实体。数据库中每个实体被定义成至少具有一个实体类型的一个实例，给出的类型的所有实体共享该类型的所有特性，RM/T 支持子类型和超类型两种关系。在 RM/T 语义数据模型中，各实体都有系统定义的惟一标识符。

5.3.3 模型的逻辑表示

模型不仅表示了输入输出之间运算关系和数据转换关系，同时还确定了输入输出之间的逻辑关系。逻辑关系既可以描述定量模型的输入输出关系，也可以描述更广泛的模型（定性的、逻辑的和概念的模型）对应关系。因此，模型的逻辑表示对于描述含有定性、定量、半结构化和非结构化的决策模型具有十分重要的意义。在把人工智能技术应用于模型管理方面，模型的逻辑表示是实现模型智能管理的基础。目前主要有谓词逻辑、语义网络、逻辑树和关系框架等几种方法。由于这几种方法都是表达知识的基本方法，所以又称模型的逻辑表示，是基于知识的表示方法。

在人工智能领域，知识表示方法用得最多的有产生式系统、语义网络、框架理论和一阶谓词逻辑。这些方法分别适合于一定类型的知识，都被广泛地用于开发知识系统。其中一阶谓词逻辑对DSS中模型和数据的表示有一些独特的优势。首先，数据库系统（特别是关系数据库）可用FOL来分析，FOL具有表示和处理数据的良好结构；其次，FOL具有坚实而完备的推理机制，可作为查询处理的基础。另外，FOL显示出编程的有效性，Prolog逻辑程序语言有许多成功的应用实例。

虽然FOL的推理能力很强，但表达动作或过程的能力却有限，许多人都对这一问题感兴趣，提出了在模型子系统中引入过程性知识的方法。

这里引用一个用FOL表示模型的形式化方法，这种方法使模型表示与基于逻辑的数据表示、基于归结的定理证明相兼容。

5.3.3.1 模型表示的语法

用FOL结构表示模型需要对Prolog类语言进行扩充。首先，需区分两类谓词。领域谓词（domain predicates）用来表示应用领域的知识，与一般的谓词类似。模型谓词（model predicates）则用于定义计算过程或反映客观联系模型的输入（也可能是输出）接口。在下面的例子中，谓词的所有输入参数都经过验证后才能运行模型。运行成功后，向谓词返回一个真值，并把相应的值传入输出项。

每一模型在知识库中都表示为一合式公式（或合式公式集），每一个定义模型的合式公式都包括一个模型谓词加上一些领域谓词，合在一起蕴含着一个或多个领域谓词的合取。这种扩充的FOL合式公式的形式语法（BNF表示法）表示如下：

<合式公式>::=<领域谓词>&<合式公式>|

<模型谓词>&<合式公式>|

<领域谓词>|

<模型谓词>

<模型谓词>::=<谓词符号>（<输入表>，<输出表>）

<领域谓词>::=<谓词符号>（<变量表>）

<输入表>::=<项>|

<项>，<输入表>

<输出表>::=<项>|

<项>，<输出表>

<变量表>::=<项>|

<项>，<变量表>

<项>::=<常量>|<变元>|<函数符号>（<变量表>）

<变元>::=<标量变元>|<同型矢量变元>

下面举一个一般的线性回归模型，它可用下面的合式公式来表示：

GT (Count (a, Typ (x), Typ (y)), Plus (card (x), Card (y)), r) &

REGRESS (a, Typ (x), Typ (y), x, y, b, r) &

GT (r, 0.7) → VAL (a, x, y)

其中，REGRESS是模型谓词，GT是领域谓词，VAL是定义输出的领域谓词。

这个合式公式的意义是，"如果 (a, x, y) 型的元组数比独立变元多2个，REGRESS模型才能运行，并且如果结果的回归系数大于0.7,模型的输出 y 才取值"。

计算某一关系中某一属性平均值的模型可表示为:
VAL (a, b, l, x) & VAL (a, b, u, y) &
AVERAGE (a, b, l, u, z) → AVEVAL (a, b, l, u, z)

其中,VAL 和 AVEVAL 是领域谓词,AVERAGE 是模型谓词,在给定起止点 l, u 时,它计算平均值 z。

这个公式的意义是,"如果相应元组的起止点 l, u 的值分别为 x, y,就可用模型 AVERAGE 计算平均值 z"。

5.3.3.2 表示的一般性

知识库既要简洁,又要具有多种功能,这就需要同一模型能够适应多种查询和各种环境。下面谈谈如何实现表示的一般性。首先要对逻辑结构进行一些修改,在以上用到的许多分类逻辑中,虚关系或模型定义中的每个项都是一般类型的,如整数类型或字符串类型。下面我们将类型修改一下:让一般类型包括一种(即其本身)或多种特殊类型,将特殊类型的项与一般类型的变量合一,属于同一一般类型;再将类型层次化,最高层是一般的,低层则越来越特殊,呈树形结构。

有了这种结构,就可以说明什么是模型的环境了。如果一个模型的两个例化中,与模型中变元合一的项属于同一特殊类型,就说这一模型的两个例化是属于同一环境的。如 VALUE (cp1, USA, 1999, x) 与 VALUE (cp2, France, 2000, y) 是同一环境,它们与 VALUE (Sales, Wuhan, 2001, z) 属于不同环境,因为 USA 与 France 是国家名类型,而 Wuhan 是城市名类型。

这种方法有两个优点:①因为每个模型都通过输入和输出来描述,所以一个合式公式足以定义一个模型。定义模型的合式公式中使用一般类型的变元。而变元类型可以通过两种方法确定:首先,用合适的分类来防止无意义的解释和合一归结,另外通过模型层次,就像上面讨论的那样,用一般类型定义模型,用特殊类型进行例化,使得同一模型能够适应不同的环境。②表示法中允许有标量和矢量变元,其中矢量变元包括多个同型成员。例如,如果 x 定义为 n 维整型矢变量，它就可以和证明中任意的整数项集合合一。只要 x 的维数足够大，它就可以与不同例化情形中数目各不相同的项合一，在这种情况中，x 中没有合一的所有多余元素就是缺省值。这样，如果模型输入/输出用矢量定义，那么，即使不同例化情形中有不同数目的输入/输出项，也只要一个定义就够了。

5.3.3.3 模型操作的推理机制

完成了模型的 FOL 表示，还需研究模型操作的机制。我们采用了归约－反驳－推理机制（resolution-refutation-inference mechanism）。如果目标合式公式的字符和模型合式公式的字符归约，那么证明中模型谓词被例化了，这些目标公式中的模型谓词一直保持到模型运行（或证明回溯）结束时。归约可用在多种查询过程中，包括不需要任何模型，可从存储的数据中直接得到的，也包括需执行几个模型或用知识库中的几个模型组合起来的复杂计算。当然，还需要启动模型运行的附加过程，作为处理各种查询的方法，这在下面要进行讨论。

模型操作使用推理的优点是：当证明需用多个模型时，这些模型的选择和执行顺序是隐式进行的，作为证明过程的副产品，不需要用户控制。这样，当一查询需要复杂模型时，系统就可以由基本模型来组合，构造复杂而大型的模型。

5.3.3.4 控制和执行

使用推理和基于逻辑的知识库来解决问题（回答查询），系统要自动地搜索相关的数据和模型，通过适当的参数例化模型，按一定顺序执行模型，并且保证结果的正确性。在这里，我们讨论有关控制的一些方法，但不特别讨论搜索技术，尽管它们在逻辑系统中也很重要，因为这些重要的方法已比较成熟。

在上面介绍的模型表示和控制方法中，模型的例化是通过模型谓词与证明过程产生的字符合一而完成的，这也就是归约。如果模型在证明中（回答查询中）是有用的，那么它的谓词必定会在证明过程的某一点上得到合一。但模型谓词和查询参数的合一并不实际启动模型执行，只有当知识库的当前状态满足了模型所有的前提条

211

件时才能执行。模型执行后，合一器就把模型输出结果加入证明的合式公式中并去掉模型谓词，这个过程在知识库支持的模型中就是这样做的。在继续进行的归约证明过程中，如果有一些模型的前提条件还没有全满足，几个模型（或同一模型的不同例化）可能就会累积起来作为执行的候选者，实际执行顺序不必指出。当每个模型的前提条件实际满足后才执行，一般的归结证明机制无法实现上述方法，下面用一个例子来进行说明。

有两个模型，一个是计算回归系数的回归模型，一个是预计参数值的预测模型。已知条件是独立变量的值和回归结果。其模型的合式公式为：

① GT (Count (a, Typ (x), Typ (y), Plus (Card (x), 1))) & REGRESS (a, Typ (x), Typ (y), x, y, b, r) →BETA (x, b, r)

② BETA (x, b, r) & GT (r, 0.7) & PREDICT (x, b, y) →VALUE (a, x, y)

如果查询的合式公式与②合一，就要用到 PREDICT。但还不能执行，因为前提条件还没有满足，要进一步与①合一，形成如下的合式公式：

GT (Count (a, Typ (x), Typ (y), Plus (Card (x), 1)) & REGRESS (a, Typ (x), Typ (y), x, y, b, r) & GT (r, 0.7) & PREDICT (x, b, y) →VALUE (a, x, y)

这里满足了 REGRESS 的前提条件，可以执行了，并得到 b, r 的值，然后就可以去启动 PREDICT。

由上例可见，证明过程的每一步，已经归约的合式公式中每一例化模型的前提条件不一定都是显式表示的，这说明合式公式并不总是满足一个模型的所有前提条件，所以在证明过程的每一步都必须检查各例化模型是否可以执行。这里可以采用二段过程（two-phase-process）。首先，在归约阶段，查询和知识库公式之间的归约按常规进行，直到证明完成或没有归约可进行；其次，每一归约阶段完成后，如果证明还未完成，就把那些前提条件都已满足的例化模型挑出来执行，这一阶段称为执行阶段。如果找不到这样的模型，证明就失败了。否则，如果被执行模型成功结束并在输出项上赋值，证明就回到归约阶段。

这种二段法吸取了归约的优点，并可以组合模型和使用模型，使 DSS 具有处理多种类型的查询功能：

（1）需要显示的查询。这种查询只在归约阶段应用，并且只用到关系数据库那样的显式关系。

（2）需要显式和隐式的虚关系的查询。在这种情况下，也只在归约阶段需要，这一阶段完成也就是证明完成。

（3）需要一个模型加上隐式、显式虚关系的查询。证明包括第一段归约阶段和第二段模型的执行阶段，最后是结束的归约阶段。

（4）需要多个模型的查询。对这种查询，需两阶段交替进行，为避免过多的回溯和无用功，各个模型执行的顺序应该有条不紊。

5.3.4 模型管理技术的发展过程

随着计算机科学和信息技术的不断发展，模型管理技术经历了由易到难，由简单到复杂的过程。

（1）子程序库。这是模型管理技术的初期阶段。比较成熟的模型和算法以子程序的形式汇编成册或存放在计算机内，用户可以根据自己的需要调用它们。这个时期，用户同时也是程序员，他的任务是编制主程序。子程序可以多层嵌套，一个解决较小问题的主程序调试成功后，可以存放在程序库内，作为解决更大问题的子程序。

（2）模型软件包。这个时期由专职的程序员（也称软件人员）来研究模型并编制相应的程序，构造出一系列模型应用软件包。用户可以不必考虑程序问题，甚至不懂程序也可以，只要模型符合用户的要求，用户只需按规定使用相应的名字来调用模型即可，这个阶段才真正进入了模型管理阶段。模型软件包通常采用的对话方式是菜单，并降低了对用户的要求，但缺乏灵活性。这就是模型管理系统出现的背景和客观要求。

(3) 模型管理软件。这种软件的最大特点是具有生成模型的能力，其典型代表是各种模型管理系统软件。用户只需要描述问题的性质和环境条件，并且在计算机的启发下深入地陈述自己的要求，由模型管理软件生成或选择模型。显然，这个系统能给用户以更大的方便，并且具有足够的灵活性。目前，模型管理软件系统是 DSS 用于模型管理的主要方法。

模型管理系统使用计算机进行模型的组织管理工作，使 DSS 有很强的决策支持能力，能给用户最大的帮助。随着 DSS 技术的不断发展，对模型管理技术提出了越来越高的要求。目前的主要研究方法是：采用数据库管理技术实现模型管理；应用人工智能技术实现模型管理；或者将这二者巧妙地结合。一般说来，模型管理采用数据库技术，都是直接应用数据库管理的原理，将模型处理为数据抽象，并类似于数据管理技术，建立模型定义语言和模型查询语言。

(4) 人工智能管理方法。近几年兴起的另一个研究方向是采用人工智能管理方法，建立基于产生式规则的知识表示方法，作为计算机中的模型表示形式。事实上，现在的研究方法是将人工智能的知识表示方法和数据库管理技术结合起来，数据库结构用于存储模型，而知识表示技术则是模型表示的主要工具。也就是说，目前的研究重点是采用人工智能的概念和技术改善模型表示，使之能更便于管理。例如，模型库、数据库和知识库的集成，自动建模技术，使用自然语言的人机界面和智能推理提取模型等，都是模型管理中的重要研究课题。

5.4 可视建模与分析

5.4.1 科学计算可视化

计算机最早用于科学计算。长期以来，由于计算机软硬件技术水平的限制，科学计算只能以批处理的方式进行，因而不能进行交互处理。当向计算机输入程序和数据后,使用者就不能再对计算过程进行干预和引导,只能被动地等待计算结果的输出。而大量的输出数据只能采用人工方式处理,或使用绘图仪输出二维图形。人工数据处理十分冗繁,所花费的时间往往是计算时间的十几倍甚至几十倍,不仅不能及时地得到有关计算结果的直观、形象的整体概念,而且还有可能丢失大量信息。

美国是世界上最早把计算机应用于科学计算,也是最早实现计算结果可视化的国家。在 20 世纪 50 年代,有人使用打印机、打印绘图仪和笔式绘图仪作为可视化的输出手段,且一直延用至今。20 世纪 60 年代开始使用交互式图形显示器,如 IBM 的图形终端,开始了制作幻灯片和动画胶卷,20 世纪 70 年代初开始使用电视监督显示系统(TMDS—Television Monitor Display System)。它以图形形式显示计算结果与测试数据,所以可以观察到计算过程中网络的变化情况。20 世纪 80 年代,实现科学计算可视化的硬件大大加强,为可视化的发展提供了可能。1987 年 2 月,美国国家科学基金会在华盛顿召开了有关科学计算可视化的会议,与会者有来自计算机图形学、图像处理以及从事不同领域科学计算的专家。会议认为:"将图形和图像技术应用于科学计算是一个全新的领域",并指出,"科学家们不仅需要分析由计算机得出的计算数据,而且需要了解在计算过程中数据的变化情况,而这些都需要借助于计算机图形学及图像处理技术"。会议将这一涉及多个学科的领域定名为"Visualization in Scientific Computing",简称为"Scientific Visualization"。美国国家科学基金会高级科学计算部(DASC)发表了一篇题为"Visualization in Scientific Computing"的报告。报告论述了"Visualization——可视化"对科学计算的重大意义,指出,它将为科研人员提供理解与观察计算中所发生的一切,发现通常发现不了的启发与见解,从而丰富科学发现的过程,使科研人员可获得意料之外的启发与见解,从而提高科研工作的水平和效率,缩短获得研究成果的周期。"科学计算可视化"一词也是它首先使用的,后被大家所接受。该报告的发表对推动美国联邦政府的有关部门与工业、科学界重视发展科学计算可视化起到了很好的作用。

现在一般认为,科学计算可视化是运用计算机图形学和图像处理技术,将科学计算过程中产生的数据及计算结果转换为图形或图像在屏幕上显示出来。实际上,随着技术的发展,科学计算可视化的含义已经大大扩展,它不仅包括科学计算数据的可视化,而且包括工程计算数据的可视化,如有限元分析的结果等;同时也包括测量数据的可视化,如用于医疗领域的计算机断层扫描(CT)数据及核磁共振(MRI)数据的可视化,就是可视化技术中最为活跃的研究领域之一。

另外,科学计算可视化的发展在更深的意义上为更多的研究领域提供了新的研究方向,如可视化仿真、可视化建模、数据开采可视化、决策支持中的情景交互等。

科学计算可视化的发展,推动了科学预测与决策及数据开采可视化的研究。

5.4.2 可视交互建模

如前所述,科学计算可视化最激动人心的发展之一是可视交互建模(VIM—Visual Interactive Modeling),该技术已经在运行管理领域的 DSS 中得到应用,并取得了很大的成功。可视交互建模又可称为可视交互式问题求解(visual interactive problem solving)、可视交互仿真(VIS—Visual Interactive Simulation)。

可视交互建模(VIM)可描述静态或动态系统。静态模型可显示某时间、某决策方案结果的图形(利用计算机窗口,可以在屏幕上比较多个结果);动态模型可由动画表示系统随时间的变化。

可视仿真(visual simulation)是动态 VIM 很有发展前景的领域之一,它是 DSS 的一项重要技术。可视交互仿真是一种决策仿真,在仿真过程中,终端用户可观看图形显示,并以动画形式观察仿真模型的进程,用户在仿真过程中可以进行人机交互,并对不同的决策策略进行试验。这类系统包括 Dynamic Animation Systems (Immersive Environments),Synthetic Engineering Inc. (Extreme

Simulators)。最新的可视仿真技术结合了虚拟现实的概念,创建虚拟世界可以有许多应用,如训练、虚拟景观等。关于虚拟现实,详见5.4.3节。

(1) 常规仿真

仿真方法是研究复杂 DSS 问题的一种有效方法,然而,仿真技术通常无法让决策人观察复杂问题的解是如何随时间变化的,也不能在求解过程中与系统进行交互。仿真仅在一组特定的实验结束时,给出统计的结果,这样,决策人不能与仿真过程相结合,他们的经验和判断不能直接用于仿真研究。因此,还必须考虑任何由仿真模型得到的结论的可信程度,如果结论与决策人的直觉或实际判断不一致,决策人就不会信任该模型。

(2) 可视交互仿真

VIS 的基本思想是决策人能够与仿真模型交互,并能观察随时间变化后其结果的情况,决策人能对模型的有效性进行检验。由于决策人自己参与,便更有信心使用模型,并且可以利用其知识和经验与模型交互,以研究方案和策略。

与仿真模型的交互可以在设计阶段、运行阶段,或者在两个阶段中进行。为了知道系统在不同的条件下是如何运行的,当模型运行时,能够与模型进行交互是重要的,这样便于对建议的方案进行试验,例如,有的仿真软件能够可视仿真包含 30 多个加工或处理工作站的工厂生产线。用户设定各工作站前的缓冲库存容量(工作过程中的库存为决策变量),各工作站的工作完成时间和故障是随机的,加工件的到达时间也是随机的。可在屏幕上观察仿真,用户可以立即看到决策的影响结果(直接显示加工件堆积在各站前的情况),其他的策略也可以在开发有效的调度策略时尝试。

5.4.3 虚拟现实

(1) 三维表达

现在许多应用都具有三维(3-D)用户接口。3-D 用户接口为人们应用其大脑功能中较强的空间感觉和经验进行人机交互,创造了很好的条件。3-D接口有下列优点：3-D表达包含更多的信息、易于程序设计、表达更加深刻、颜色的使用范围更大。然而，3-D环境实际上是在二维的屏幕上构造的，人们只能看到3-D图像的2-D映射，用户必须推测出图像的几何特征和空间关系。3-D用户接口的实现通常也是困难和昂贵的，3-D用户接口的一种实现是虚拟现实。

（2）虚拟现实概述

利用虚拟现实（VR—Virtual Reality）用户可以在3-D环境中进行人机交互。为了抓取和移动在虚拟环境中的对象，用户需使用跟踪设备，如计算头盔和数据手套（手位置传感器）。通过实时地改变显示，虚拟现实的显示效果可达到被景物包围的幻觉。虚拟现实已用于一些游戏和某些商业应用中（见表5-1），在今后十年或更长时间内，将会有更多的商业应用。

表 5-1　　　　　　　　　　虚拟现实应用的例子

领域	应用
工业/军事	设计试验、虚拟原型、工程分析、人机工程学的分析、装配、生产和维护的虚拟仿真、训练
医疗	手术训练（仿真）、手术、物理治疗
研究/教育	虚拟物理实验、飓风研究、银河结构、复杂数学的表达、虚拟博物馆
娱乐	3-D赛车游戏、空战仿真（在PC机上）、虚拟现实公园

（3）虚拟现实与决策

目前的大多数虚拟现实应用是直接支持决策的，例如，美国波音公司开发了一个虚拟飞机模拟器用于测试设计效果；还有一些虚拟现实应用，用于支持制造以及将军用技术转换为民用。虚拟现实也用于测试虚拟小汽车的虚拟故障以及应用于设计过程实验。

另一个虚拟现实的应用是数据可视化，决策人面临着不断增加的信息量，虚拟现实可帮助财务决策人员通过可视听的和空间的虚拟系统，更好地理解数据。

(4) 虚拟现实与 Web

与虚拟现实平台无关的标准称为虚拟现实标识语言（VRML—Virtual Reality Markup Language，Goralski 等，1997），它使得在联机超级市场和博物馆中畅游，如同用文本信息交互一样容易。VRML 允许创建对象，使 Web 用户可在虚拟房间中"行走"，用户可使用普通浏览器（如 IE、Navigator）点击和观察对象。特别的 VRML 工具允许用户移动对象，这使得虚拟现实软件具有极强的发展潜力。可以预计，将来 VRML 会更流行。

预计虚拟现实在市场上会有更多的应用，例如在 Web 上可提供虚拟音乐书店，顾客可以在店前"相遇"、"走"进去，并浏览 CD、VCD 和录像等，然后他们与真正的销售人员进行联机交互，选择和购买物品。

虚拟逛超市有助于激发人们在家中购买货物的兴趣。不久的将来，人们将进入虚拟超市，行走在虚拟商店中，拿起虚拟物品，并放入虚拟小车中。虚拟超市可设计成给用户一种行走在实际超市中的感觉。虚拟现实才刚刚开始用于决策支持，三维世界将在 Web 上流行，因为它使数据更易获取。

5.4.4 可视交互模型与 DSS

可视交互建模可用于运行管理决策的 DSS，该方法包含企业及其状态的可视交互模型，模型在计算机上快速地执行，管理者可以通过模型观察企业是如何运行的。类似的方法可帮助高层管理者协商发展与预算计划。

VIM 的一个例子是排队管理系统，通常，DSS 对该系统的每种决策方案计算出系统的几个度量值（如系统中的等待时间），用于比较分析。复杂的排队问题需要仿真，在仿真运行中，VIM 可随着排队的变化直观地显示其排队长度。以火电厂生产用煤储备为例，可以通过随机数或用户的交互指令来控制采购和生产计划，以煤堆大小来动态显示存储量变化。模拟 VIM 还可用图形表示输入变量的变化以及 what-if 问题的答案。

VIM 方法还可与人工智能结合使用，并可增加一些功能，如用图形方式构造系统以及了解系统的动态性。高速并行计算机可以实时地进行大规模复杂的动画仿真。已有可运行于大型机和个人 PC 机上的动态 VIM 软件的商业产品，例如，Orca Visual Simulation Environment（Orca Computer Inc.）。

6 数据仓库

6.1 数据仓库的概念和结构

6.1.1 数据仓库的概念

随着计算机技术的飞速发展和企业界不断提出新的需求,数据仓库技术应运而生。传统的数据库技术是以单一的数据资源,即数据库为中心,进行事务处理、批处理及决策分析。然而,不同类型的数据处理有着不同的处理特点,以单一的数据组织方式进行组织的数据库并不能反映这种差异,满足不了数据处理多样化的要求。近年来,随着计算机应用,特别是数据库应用的广泛普及,人们对数据处理的这种多层次特点有了更清晰的认识。总结起来,当前的数据处理可以大致地划分为两大类:操作型处理和分析型处理(或信息型处理)。

操作型处理也叫事务处理,是指对数据库联机的日常操作,通常是对一个或一组记录的查询和修改,主要是为企业的特定应用服务的,人们关心的是响应时间、数据的安全性和完整性。分析型处理则用于管理人员的决策分析。例如,在 DSS 中经常要访问大量的历史数据,当以业务处理为主的联机事务处理(OLTP)应用与以分析处理为主的 DSS 应用共存于同一数据库系统中时,这两种类型的处理发生了明显的冲突。人们逐渐认识到,事务处理和分析处理具有极不相同的性质,直接使用事务处理环境来支持 DSS 是行不通的。两者之间的巨大差异使得操作型处理和分析型处理的分离成为必然。这种分离,划清了数据处理的分析型环境与操作型环境之间的界限,从而由原来的以单一数据库为中心的数据环境发展为一种新环境——体系化环境。

具体来说,事务处理环境不适宜 DSS 应用的原因,概括起来主要有以下五条:

(1) 事务处理和分析处理的性能特性不同

在事务处理环境中,用户的行为特点是数据的存取操作频率高而每次操作处理的时间短,因此,系统可以允许多个用户按分时方式使用系统资源,同时保持较短的响应时间,OLTP 是这种环境下的典型应用。

在分析处理环境中,用户的行为模式与此完全不同。某个 DSS 应用程序可能需要连续运行几个小时,从而消耗大量的系统资源。将具有如此不同处理性能的两种应用放在同一个环境中运行,显然是不适当的。

(2) 数据集成问题

DSS 需要集成的数据。全面而正确的数据是有效的分析和决策的首要前提,相关数据收集得越完整,得到的结果就越可靠。因此,DSS 不仅需要整个企业内部各部门的相关数据,还需要企业外部、竞争对手等处的相关数据。

事务处理的目的在于使业务处理自动化,一般只需要与本部门有关的当前数据。而对整个企业范围内的集成应用考虑很少。当前,绝大部分企业的数据的真正状况是分散而非集成的。造成这种分散的原因有多种,主要有事务处理应用分散、"蜘蛛网"问题、数据不一致问题、外部数据和非结构化数据等。

(3) 数据动态集成问题

由于每次分析都进行数据集成的开销太大,有些应用仅在开始对所需数据进行了集成,以后就一直以这部分集成的数据作为分析的基础,不再与数据源发生联系,我们称这种方式的集成为静态集成。静态集成的最大缺点在于,如果在数据集成后数据源中数据发生了改变,这些变化将不能反映给决策者,导致决策者使用的是过时的数据。对于决策者来说,虽然并不要求随时准确探知系统内的任何数据变化,但也不希望他所分析的是几个月以前的情况。因此,集成数据必须以一定的周期(例如 24 小时)进行刷新,我们称其为动态集成。显然,事务处理系统不具备动态集成的能力。

(4) 历史数据问题

事务处理一般只需要当前数据。在数据库中一般也只存储短期数据,有些历史数据保存下来了,但被束之高阁,未得到充分使用。但对于决策分析来说,历史数据是相当重要的,许多分析方法必须有大量的历史数据。没有对历史数据的详细分析,是难以把握企业的发展趋势的。

(5) 数据的综合问题

在事务处理系统中积累了大量的细节数据,一般而言,DSS 并不对这些细节数据进行分析。这主要有两个原因,一是细节数据数量太大,会严重影响分析的效率;二是太多的细节数据不利于分析人员将注意力集中于有用的信息上。因此,在分析前,往往需要对细节数据进行不同程度的综合。而事务处理系统不具备这种综合能力,根据规范化理论,这种综合还往往因为数据冗余而加以限制。

以上这些问题表明,在事务型环境中直接构建分析型应用是一种失败的尝试。数据仓库本质上是对这些存在问题的回答。但是数据仓库的主要驱动力并不是过去的缺点,而是市场商业经营行为的改变,市场竞争要求捕获和分析事务级的业务数据。建立在事务处理环境上的分析系统无法达到要求。要提高分析和决策的效率和有效性,分析型处理及其数据必须与操作型处理及其数据相分离。必须把分析型数据从事务处理环境中提取出来,按照 DSS 处理的需要进行重新组织。

数据仓库(DW—Data Warehouse)的概念形成是以 Prism Solutions 公司副总裁 W. H. Inmon 在 1992 年出版的书《建立数据仓库》(*Building the Data Warehouse*)为标志的。数据仓库的提出

是以关系数据库、并行处理和分布式技术的飞速发展为基础的,是针对信息技术(IT)在发展中存在的拥有大量数据却有用信息贫乏(data rich-information poor)的综合解决方案。

从目前的形势看,数据仓库技术已紧跟 Internet 而上,成为信息社会中获得企业竞争优势的又一关键。美国 MetaGroup 市场调查机构的资料表明,《幸福》杂志所列的全球 2 000 家大公司中已有 90% 将 Internet 网络和数据仓库这两项技术列入其企业计划,而且有很多企业为使自己在竞争中处于优势已经率先采用。

关于数据仓库的概念,有以下几种提法:

(1) W. H. Inmon 在《建立数据仓库》一书中,对数据仓库所下的定义是:数据仓库是面向主题的、集成的、稳定的、不同时间的数据集合,用于支持经营管理中决策的制定过程。

(2) Tim. Shelter(Informix 公司副总裁)的观点:数据仓库是将分布在企业网络中不同信息岛上的商业数据集成到一起,存储在一个单一的集成关系型数据库中。这种集成信息可方便用户对信息的访问,更可使决策人员对一段时间内的历史数据进行分析,研究事物发展走势。

(3) SAS 软件研究所的观点:数据仓库是一种管理技术,旨在通过通畅、合理、全面的信息管理,达到有效的决策支持。

传统数据库用于事务处理,也叫操作型处理,是指对数据库联机进行日常操作,即对一个或一组记录的查询和修改,主要为企业特定的应用服务。用户关心的是响应时间、数据的安全性和完整性。数据仓库用于决策支持,也称分析型处理,用于决策分析,它是建立决策支持系统(DSS)的基础。

例如,银行的用户有储蓄,又有贷款,还有信用卡,这些数据存放在不同业务彼此独立的数据库中。现在,有了数据仓库,它把这些业务数据库集中起来,建立起对用户的整体分析,决定是否继续对他贷款或发信用卡。

操作型数据(DB 数据)与分析型数据(DW 数据)之间的区别如表 6-1 所示。

表 6-1　操作型数据（DB 数据）与分析型数据（DW 数据）的区别

DB 数据	DW 数据
细节的	综合或提炼的
在存取时是准确的	代表过去的数据
可更新的	不更新
操作需求事先可知	操作需求事先不知道
事务驱动	分析驱动
面向应用	面向分析
一次操作，数据量小	一次操作，数据量大
支持日常操作	支持决策需求
生命周期符合 SDLC	不同的生命周期
对性能要求高	对性能要求宽松

　　需要指出的是，在数据仓库的实现上，现在更多地采用数据集市来进行。目前，全世界对数据仓库总投资的一半以上均集中在数据集市上。由于数据仓库工作范围和成本常常是巨大的，信息技术部门必须面对所有的用户并以全企业的眼光对待任何一次决策分析。这样，就形成了代价很高且时间较长的大项目。为此，一种提供更紧密集成的、拥有完整图形接口并且价格吸引人的工具——数据集市，就应运而生。

　　数据集市是一种更小、更集中的数据仓库，是为公司提供分析商业数据的一条廉价途径。数据集市是指具有特定应用的数据仓库，主要针对某个具有战略意义的应用或者具体部门级的应用，支持用户利用已有的数据获得重要的竞争优势或者找到进入新市场的具体解决方案。数据集市有两种，即独立的数据集市（independent data mart）和从属的数据集市（dependent data mart）。独立数据集市的数据直接来源于数据源，而从属数据集市的数据来源于中央的数据仓库。

数据集市不等于数据仓库，多个数据集市简单合并起来不能成为数据仓库。因为各数据集市之间对详细数据和历史数据的存储存在大量冗余；同一个问题在不同的数据集市的查询结果可能不一致，甚至相互矛盾；各数据集市之间以及与源数据库系统之间难以管理。

数据集市与数据仓库的差别是很大的。数据仓库是基于整个企业的数据模型建立的，它面向企业范围内的主题。而数据集市是按照某一特定部门的数据模型建立的。由于每个部门有自己特定的需求，因此，它们对数据集市的期望也不一样。另外，部门的主题与企业的主题之间可能存在关联，也可能不存在关联，因此，数据仓库中存储整个企业内非常详细的数据，而数据集市中数据的详细程度要低一些，包含概要和累加的数据要多一些。在数据组织上，数据集市的数据组织一般采用星形模型。大型数据仓库的数据组织采用第三范式。星形模型中有一个事实表和一组维表，事实表实际上是各个维交叉点上的值。例如，一个汽车厂在研究其销售情况时可以考虑汽车的型号、颜色、代理商等多种因素，这些因素就是维，而销售量就是事实。星形模型存取数据速度快，主要在于针对各个维做了大量的预处理，如按照维进行预先的统计、分类、排序等。例如，按照汽车的型号、颜色、代理商进行了预先的销售量统计后，做报表时速度会很快。

但星形模型也有缺点。当业务问题发生变化使原来的维不能满足要求时，需要增加新的维。由于事实表的主键由所有的维表的主键组成，这种维的变化带来的数据变化将是非常复杂、非常耗时的。而且星形模型的数据冗余量很大，不适合于大数据量的情况。

6.1.2 数据仓库的特点

6.1.2.1 数据仓库是面向主题的

与传统数据库面向应用进行数据组织的特点相对应，数据仓库中的数据是面向主题进行组织的。什么是主题呢？首先，主题是一个抽象的概念，是在较高层次上将企业信息系统中的数据综合、归类并进行分析利用的抽象。在逻辑意义上，它对应于企业中某一宏观分析领域所涉及的分析对象。主题是数据归类的标准，每一个主题基本对应一个宏观的分析领域。例如，保险公司的数据仓库的主题为：客户、政策、保险金、索赔等。基于应用的数据库的组织则完全不同，它的数据只是为处理具体应用而组织在一起的。保险公司按应用组织的数据库是：汽车保险、生命保险、健康保险、伤亡保险等。面向主题的数据组织方式，就是在较高层次上对分析对象的数据的一个完整、一致的描述，能完整、统一地刻画各个分析对象所涉及的企业的各项数据，以及数据之间的联系。所谓较高层次是相对面向应用的数据组织方式而言的，是指按照主题进行数据组织的方式具有更高的数据抽象级别。

需要指出一点，目前数据仓库仍是采用关系数据库技术来实现的，也就是说，数据仓库的数据最终也表现为关系。因此，要把握主题和面向主题的概念，需要将它们提高到一个更高的抽象层次上来理解，也就是要特别强调概念的逻辑意义。

为了更好地理解主题与面向主题的概念，说明面向主题的数据组织与传统的面向应用的数据组织方式的不同，在此引用一例。一家采用"会员制"经营方式的商场，按业务已建立起销售、采购、库存管理以及人事管理子系统。按照其业务处理要求，建立了各自的数据库模式：

采购子系统：
订单（订单号、供应商号、总金额、日期）
订单细则（订单号、商品号、类别、单价、数量）
供应商（供应商号、供应商名、地址、电话）
销售子系统：
顾客（顾客号、姓名、性别、年龄、文化程度、地址、电话）
销售（员工号、顾客号、商品号、数量、单价、日期）
库存管理子系统：
领料单（领料单号、领料人、商品号、数量、日期）
进料单（进料单号、订单号、进料人、收料人、日期）

库存（商品号、库房号、库存量、日期）
库房（库房号、仓库管理员、地点、库存商品描述）
人事管理子系统：
员工（员工号、姓名、性别、年龄、文化程度、部门号）
部门（部门号、部门名称、部门主管、电话）

以上述数据模式为例，我们可以看出，传统的面向应用的数据组织具有如下特点：

第一，面向应用进行数据组织，是指对企业中相关的组织、部门等进行详细调查，收集数据库的基础数据及其处理的过程。调查的重点是"数据"和"处理"，在进行数据组织时充分了解企业的部门组织结构，考虑到企业各部门的业务活动特点。

第二，面向应用进行数据组织应反映一个企业内数据的动态特征，即它要便于表达企业各部门内的数据流动情况以及部门间的数据输入输出关系，通俗地讲，是要表达每个部门的实际业务处理的数据流程，即从哪儿获取输入数据，在部门内进行什么样的数据处理，以及向什么地方输出数据。按照实际应用即业务处理流程来组织数据，其主要目的是通过进行联机事务处理来提高日常业务处理的速度与准确性等。

第三，面向应用的数据组织方式生成的各项数据库模式与企业中实际的业务处理流程中所涉及的单据或文档有很好的对应关系，这种对应关系使得数据库模式具有很强的操作性，因而可以较好地在这些数据库模式上建立起各项实际的应用处理。如库存管理中的领料单、进料单和库存等是实际管理中就存在的单据或报表，其各项内容也是相互对应的。在有些应用中，这种数据组织方式只是对企业业务活动所涉及的数据的存储介质的改变，即从纸介质到磁介质的转变。

第四，面向应用进行数据组织的方式并没有体现出提出数据库这一概念时的原始意图——把数据与处理分开，即要将数据从数据处理或应用中抽象出来，解放出来，组织成一个和具体的应用相独立的数据世界。所以说，实际中的数据库建设由于偏重对联机事务处理的支持，无论是在设计方法还是在使用上将数据应用逻辑与数据在一定程度上又重新捆绑在一起了，造成的后果是：使得本来是描述同一客观实体的数据由于与不同的应用逻辑捆绑在一起而变得不统一；使得本来是一个完整的客观实体的数据分散在不同的数据库模式中。

总的来说，面向应用来进行企业数据的组织，其抽象程度还不够高，没有完全实现数据与应用的分离。但是这种方式能较好地将数据库模式和企业的现实业务活动对应起来，从而具有很好的操作性，便于企业将原来的各项业务从手工处理的方式向计算机处理方式转变。所以在进行 OLTP 数据库系统的开发时，面向应用的数据组织方式也不失为一种有效的数据组织方式，它可以较好地支持联机事务处理。

那么，按照面向主题的方式，数据应该怎样来组织呢？数据的组织应该分为两个步骤：获取主题以及确定每个主题所应包含的数据内容。

前面提到，主题是对应某一分析领域的分析对象，所以主题的抽取，应该是按照分析的要求来确定的。这与按照数据处理或应用的要求来组织数据的主要不同在于同一部门关心的数据内容的不同。如在商场中，同样是商品采购，在 OLTP 数据库中，人们所关心的是怎样更方便、更快捷地进行"商品采购"这个业务处理；而在进行分析处理时，人们就应该关心同一商品的不同采购渠道。

(1) 在 OLTP 数据库中，在进行数据组织时要考虑如何更好地记录下每一笔采购业务的情况，如我们可以用采购管理子系统中组织的"订单"、"订单细则"以及"供应商"三个数据库模式，来清晰完整地描述一笔采购业务所涉及的数据内容，这就是面向应用来进行数据组织的方式。

(2) 在数据仓库中，由于主要是进行数据分析处理，那么商品采购时的分析活动主要是要了解各供应商的情况，显然"供应商"是采购分析时的分析对象，所以我们并不需要组织像"订单"和"订单细则"这样的数据库模式，因为它们包含的是纯操作型的数据。但是仅仅只用 OLTP 数据库的"供应商"中的数据又是不够的，因而要重新组织"供应商"这么一个主题。

概括各种分析领域的分析对象，我们可以综合得到其他的主题。仍以商场为例子，它所应有的主题包括：供应商、商品、顾客等。每个主题有着各自独立的逻辑内涵，对应着一个分析对象。这三个主题所应包含的内容列示如下：

商品：

商品固有信息：商品号、商品名、类别、颜色等

商品采购信息：商品号、供应商号、供应价、供应日期、供应量等

商品销售信息：商品号、顾客号、售价、销售日期、销售量等

商品库存信息：商品号、库房号、库存量、日期等

供应商：

供应商固有信息：供应商号、供应商名、地址、电话等

供应商品信息：供应商号、商品号、供应价、供应日期、供应量等

顾客：

顾客固有信息：顾客号、顾客名、性别、年龄、文化程度、住址、电话等

顾客购物信息：顾客号、商品号、售价、购买日期、购买量等

以"商品"主题为例，关于商品的各种信息已综合在"商品"这一个主题中，主要是两个方面的内容：第一，它包含了商品固有信息，如商品名称、商品类别以及型号、颜色等商品的描述信息；第二，"商品"主题也包含有商品流动的信息，如"商品"主题也描述了某商品采购信息、商品销售信息及商品库存信息等。比照商场原有数据库的数据模式，可以看到：首先，在从面向应用到面向主题的转变过程中，丢弃了原来不必要的、不适于分析的信息，如有关订单信息、领料单等内容就不再出现在主题中。其次，在原有的数据库模式中，关于商品的信息分散在各子系统中，如商品的采购信息在采购子系统中，商品的销售信息则在销售子系统中，商品

库存信息却又在库存管理子系统中,根本没有形成一个有关商品的完整一致的描述。面向主题的数据组织方式所强调的就是要形成关于商品的一致的信息集合,以便在此基础上针对"商品"这一分析对象进行分析处理。

值得注意的是,不同的主题之间也会有一些内容的重叠。这种重叠是逻辑上的重叠,而不是同一数据内容在物理上的重复存储;主题之间的重叠一般是在细节级上的重叠,因为不同主题中的综合方式是不同的。

总结起来,面向主题的数据组织方式是根据分析要求将数据组织成一个完备的分析领域,即主题域。主题域具有以下特性:

(1) 独立性。如针对商品进行的各种分析所要求的是"商品"主题域,这一主题域可以和其他的主题域有交叉部分,但它必须具有独立内涵,即要求有明确的界限,规定某项数据是否该属于"商品"主题。

(2) 完备性。就是要求对商品的任何一个分析处理要求,我们应该能在"商品"这一主题内找到相应的一切内容;如果对商品的某一分析处理要求涉及现存"商品"主题之外的数据,那么就应当将这些数据增加到"商品"主题中来,从而逐步完善"商品"主题。或许有人担心,要求主题的完备性会使主题包含有过多的数据项而显得过于庞大。这种担心是完全不必要的,因为主题只是一个逻辑上的概念,实现时,如果主题的数据项多了,可以采取各种划分策略来化大为小。

主题是一个在较高层次上对数据的抽象,这使得面向主题的数据组织可以独立于数据的处理逻辑,因而可以在这种数据环境上方便地开发新的分析型应用。同时,这种独立性也是建设企业全局数据库所要求的。所以,面向主题不仅是适用于分析型数据环境的数据组织方式,而且是适用于建设企业全局数据库的数据组织方式。

6.1.2.2 数据仓库是集成的

数据仓库的数据是从原有的分散的数据库数据中抽取来的。在前面我们已经看到,操作型数据与DSS分析型数据之间差别甚大。

第一，数据仓库的每一个主题所对应的源数据在原有的各分散数据库中有许多重复和不一致的地方，且来源于不同的联机系统的数据都和不同的应用逻辑捆绑在一起；第二，数据仓库中的综合数据不能从原有的数据库系统直接得到。

数据进入数据仓库之前，必须经过加工与集成。对不同的数据来源要统一数据结构和编码，统一原始数据中的所有矛盾之处，如字段的同名异义、异名同义、单位不统一、字长不一致等。总之，要将原始数据结构做一个从面向应用到面向主题的大转变，所要完成的工作有：

（1）要统一源数据中所有矛盾之处，如字段的同名异义、异名同义、单位不统一、字长不一致，等等。

（2）进行数据综合和计算。数据仓库中的数据综合工作可以在从原有数据库抽取数据时生成，但许多是在数据仓库内部生成的，即进入数据仓库以后进行综合生成的。

6.1.2.3 数据仓库是稳定的

数据仓库包括了大量的历史数据。数据经集成进入数据仓库后是极少或根本不更新的。数据仓库的数据主要供企业决策分析之用，所涉及的数据操作主要是数据查询，一般情况下并不进行修改操作。数据仓库的数据反映的是相当长一段时间内历史数据的内容，是不同时点的数据库快照的集合，以及基于这些快照进行统计、综合和重组的导出数据，而不是联机处理的数据。数据库中进行联机处理的数据经过集成输入到数据仓库中，一旦数据仓库存放的数据超过数据仓库的数据存储期限，这些数据将从当前的数据仓库中删去。因为数据仓库只进行数据查询操作，所以数据仓库管理系统 DWMS 相比 DBMS 而言要简单得多。DBMS 中许多技术难点，如完整性保护、并发控制等，在数据仓库的管理中几乎可以省去。但是，由于数据仓库的查询数据量往往很大，所以就对数据查询提出了更高的要求，它要求采用各种复杂的索引技术；同时由于数据仓库面向的是企业的高层管理者，他们会对数据查询的界面友好性和数据表示提出更高的要求。

6.1.2.4 数据仓库是随时间变化的

数据仓库中的数据不可更新是针对应用来说的，也就是说，数据仓库的用户进行分析处理时是不进行数据更新操作的。但并不是说，在从数据集成输入数据仓库开始到最终被删除的整个数据生存周期中，所有的数据仓库中的数据都是永远不变的。

数据仓库中的数据是随时间的变化而不断变化的，这个特征表现在以下三方面：

(1) 数据仓库随时间变化不断增加新的数据内容。数据仓库系统必须不断捕捉数据库中变化的数据并追加到数据仓库中去，也就是要不断地生成 OLTP 数据库的快照，经统一集成后增加到数据仓库中去；但对于每次的数据库快照确实是不再变化的，捕捉到新的变化数据，只不过又生成一个数据库的快照增加进去，而不会对原来的数据库快照进行修改。

(2) 数据仓库随时间变化不断删去旧的数据内容。数据仓库的数据也有存储期限，只要超过了这一期限，过期数据就要被删除。只是数据仓库内的数据时限要远远长于操作型环境中的数据时限。在操作型环境中一般只保存 60～90 天以内的数据，而在数据仓库中则需要保存较长时限的数据（如 5～10 年），以适应 DSS 进行趋势分析的要求。

(3) 数据仓库中包含有大量的综合数据，这些综合数据中很多跟时间有关，例如，数据经常按照时间段进行综合，或者隔一定的时间片进行抽样等。这些数据要随着时间的变化不断地进行重新综合。数据仓库内的数据时限在 5～10 年，因此，数据仓库数据的码键都包含时间项，以标明数据的历史时期，这适合 DSS 进行时间趋势分析。而数据库只包含当前数据，即存储某一时间的正确的有效数据。

6.1.2.5 数据仓库中的数据量很大

通常的数据仓库的数据量为 10 GB 级，相当于一般数据库 100 MB 的 100 倍，大型数据仓库是一个 TB（1 000 GB）级的数据量。

数据仓库中数据的比重为，索引和综合数据占 2/3，原始数据占 1/3。

6.1.2.6 数据仓库软硬件要求较高

(1) 需要一个巨大的硬件平台。

(2) 需要一个并行的数据库系统。

6.1.3 数据仓库的结构

数据仓库是在原有关系型数据库基础上发展形成的，但它的组织结构形式不同于数据库系统，从原有的业务数据库中获得的基本数据和综合数据被分成一些不同的层次（level）。一般数据仓库的组成结构如图 6-1 所示，包括当前细节数据（current detail data）、早期细节数据（older detail data）、轻度综合数据（lightly summarized data）、高度综合数据（highly summarized data）和元数据（meta data）。

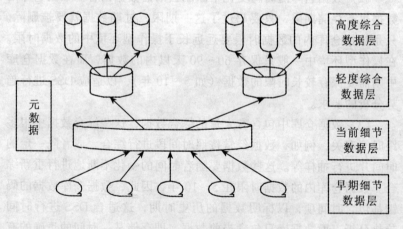

图 6-1 数据仓库结构图

当前细节数据是最近时期的业务数据，是数据仓库用户最感兴趣的部分，数据量大。随着时间的推移，当前细节数据按照数据仓库的时间控制机制转为历史细节数据，一般被转存于介质中，如磁带等。轻度综合数据是从当前细节数据中提取出来的，设计这层数据结构时会遇到"综合处理数据的时间段选取","综合数据包含哪些数据属性（attribute）和内容（content）"等问题。最高一层是高度综合数据层，这一层的数据十分精练，是一种准决策数据。

整个数据仓库的组织结构是由元数据来组织的。元数据是"关于数据的数据"，如传统数据库中的数据字典就是一种元数据。数据仓库的元数据不包含任何业务数据库中的实际数据信息。元数据在数据仓库中扮演了重要的角色，它被用于以下几种用途：① 定位数据仓库的目录作用；② 数据从业务环境向数据仓库环境传送时数据仓库的目录内容；③ 指导从当前细节数据到轻度综合数据，轻度综合数据到高度综合数据的综合算法的选择。元数据至少包括以下一些信息：数据结构（the structure of the data）、用于综合的算法（the algorithms used for summarization）、从业务环境到数据仓库的规划（the mapping from the operation to the data warehouse）。

数据仓库系统由数据仓库、数据仓库管理系统和分析工具集三部分组成。其结构形式如图 6-2 所示。

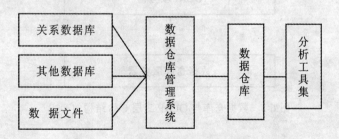

图 6-2　数据仓库系统的结构图

数据仓库的数据来源于多个数据源。源数据包括企业内部数据、市场调查报告以及各种文档之类的外部数据。

数据仓库管理系统由以下几部分组成：定义部件，用于定义和建立数据仓库系统；数据获取部件，把数据从源数据中提取出来，依定义部件的规则抽取、转化和装载数据进入数据仓库；管理部件，用于管理数据仓库的工作；信息目录部件，即元数据；DBMS部件，数据仓库的存储形式仍为关系型数据库，因此需要利用DBMS（数据库管理系统）。

分析工具集分两类工具：查询工具，主要有可视化工具和多维分析工具（OLAP工具）；数据开采工具。

现在流行的一种DSS体系结构是由数据仓库和OLAP服务器以三层C/S结构形式向用户提供决策支持。数据仓库采用服务器结构，客户端所做的工作有：客户交互、格式化查询、结果显示、报表生成等。服务器端完成各种辅助决策的SQL查询、复杂的计算和各类综合功能等。在客户与数据仓库服务器之间增加一个多维数据分析（OLAP）服务器（见图6-3）。

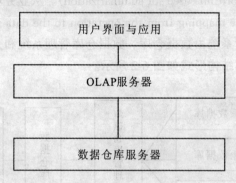

图6-3 数据仓库与OLAP三层C/S结构的DSS

OLAP服务器将加强和规范决策支持系统的服务工作，集中和简化了原客户和数据仓库服务器的部分工作，降低了系统数据传输量。这种结构形式工作效率更高。

6.2 数据仓库的数据组织

早期数据仓库的组织形式还是建立在关系式数据库系统的理论

和技术上,如简单堆积文件、转轮综合文件、简化直接文件、连续文件等组织形式,在组织方法和实现上都是通过对关系模型和表的操作来实现的。现在一般认为,用多维数据模型更适合于表示和开发数据仓库。下面介绍用多维数据模型进行数据仓库的数据组织。

6.2.1 多维表的数据组织

6.2.1.1 多维数据的概念

多维结构展现在用户面前的是一幅幅多维视图。

假定你是一个百货批发销售商,有一些因素将影响到你的销售,如商品、时间、商店或流通渠道等。对某一商品,你想知道哪个商店和哪段时间卖得最好或卖得最差;对某一商店,你想知道哪个商品在哪段时间的销售最好;在某一时间,你想知道哪个商店的哪种产品卖得最好或最差。因此,需要决策支持来帮助你制定销售政策。

这里,商店、时间和产品都是维。各个商店的集合是一维,时间的集合是一维,商品的集合是一维。维就是相同类数据的集合,也可理解为变量维。而每一个商店、每一段时间、每一种商品就是某一维的一个成员。每一个销售事实由一个特定的商店、一个特定的时间、一个特定的商品组成。

维有自己的固有属性:① 层次结构,对数据进行聚合分析时要用到;② 排序,在定义变量时要用到。这些属性对进行决策支持是非常有用的。

多维数据库(MDDB—Multi-Dimension Data Base)可以直观地表现现实世界中的"一对多"和"多对多"关系。例如,我们希望存放一张销售情况表,假设有三种产品(冰箱、彩电及空调),它们在三个地方(东北、西北和华北)销售。假如用关系数据库来组织这些数据,则以记录方式线性存储,若用多维数据库,则如表6-2所示。

表 6-2　　　　　　　　MDDB 数据组织例表

	东北	西北	华北
冰箱	50	60	100
彩电	40	70	80
空调	90	120	140

由以上可以看出，关系数据库采用关系表来表达某产品在某地区的销售情况，而多维数据库中的数据组织形式采用了二维矩阵的形式。显然，二维矩阵比关系表表达得更清晰且占用的存储少。

现在我们进一步讨论这两种表的差异。如果我们只是要查询像"冰箱在华北的销售量是多少"或"彩电在东北的销售量是多少"一类问题，以及其他只检索某一个数据列的问题，就不必把数据存入一个多维数组。但是如果查询像"冰箱的销售总量是多少"这类问题，它是涉及多个数据项求和的查询。在使用关系数据库的情况下，系统必须在大量的数据记录中选出产品名称为"冰箱"的记录，然后把它们的销售量加到一起，这时系统效率必定大大降低。由于关系数据库统计数据的方式是对记录进行扫描，而多维数据库对此类查询只要按行或列进行求和，因而具有极大的性能优势。

多维数据库（MDDB）的响应时间仍然要取决于查询过程中需要求和的数据单元的数目，在使用时，用户希望不管怎样查询，都得到一致的响应时间。为了获得一致的快速响应，决策分析人员所需的综合数据总是被预先统计出来，存放在数据库中。例如，我们可以在关系数据库的表中加上一行总和的记录，用来记录各地区和各产品的销售总额。这张关系表中，由于已经预先对产品在各地区的销售量进行了求和（综合），查询时就不用再进行计算了。如果所求的总和都已经被综合的话，只要读取单个记录就可以回答按产品（或按地区）求和的问题了。这样处理就可以得到快速一致的查询响应。当数据库不算太大时，这种综合效果较好，但当数据库太大时，预先计算这些总和就要花费很长时间。另外，"总和"项破坏了列定义的统一语义，查询时用户必须了解这种约定。

多维数据库（MDDB）的优势不仅在于多维概念表达清晰，占用存储少，更重要的是它有着高速的综合速度。在 MDDB 中，数据可以直接按行或列累加，并且由于 MDDB 中不像关系表里那样重复地出现产品和地区信息，因此其统计速度远远超过 RDBMS，数据库记录数越多，其效果越明显。

我们很容易理解一个两维表，如通常的电子表格。对于三维立方体，我们也容易理解。OLAP 通常将三维立方体的数据进行切片，显示三维的某一平面，图形很容易在屏幕上显示出来。若再增加一维，则图形很难想象，也不容易在屏幕上画出来。要突破三维的障碍，就必须理解逻辑维和物理维的差异。

OLAP 的多维分析视图就是冲破了物理的三维概念，采用了旋转、嵌套、切片、钻取和高维可视化技术在屏幕上展示多维视图的结构，使用户直观地理解和分析数据，得到决策支持。

在多维数据模型中还有两个重要的概念是维的层次与类。维的层次是指某个可以存在细节程度不同的多个描述方面。MDDB 中的维一般都包含着层次关系，可用一个树状层次图来表示。

如果一个多维数据库不支持维的层次关系，那么维的多个层次必须分别作为不同的维。这样做的弊端是增加了维的数目，而且，最后形成的数据库将会是一个非常稀疏的数据库，也就是说，许多数据单元将不包含数据。例如，一个省包含许多城市，而一个城市仅对应一个省。如果将城市作为一维，省作为另一维，就会形成无法接受的稀疏数据矩阵，那么，一个城市所对应的列中仅有一个是有意义的数据单元，而其他的数据单元都是无意义的。

支持层次关系的多维数据库就不存在这样的问题，但需要注意的是，要正确地安排维的层次级别。

有关维的层次信息需要存放在元数据中，这样，系统在进行各种综合查询时，就能通过元数据的信息区分不同的维层次，从而正确地执行查询。

简化多维数据库的另一种方法是使用维内元素的"类"的概念。类是指按一定的划分标准对维成员全集的一个分类划分。这里的划分标准常常是像"规格"、"颜色"等描述实体典型特征的属性,我们称之为类属性。用集合论的概念来讲,设维的全体维成员为一个全集,则类就是该全集的一个划分。划分是指全集的这样一些子集,这些子集互不相交,但其和等于全集。对应一个类属性,就有对维成员的一个划分,类属性不同,得到的划分也不同。

维的层次和类是不同的两个概念,它们的区别主要在于:①层次和类表达的意义不同,维层次表达的是维所描述的变量的不同综合层次,维成员的类表达的则是某一子集维成员的共同特征。②在层次和类上进行的分析动作不同。在维的层次上进行的分析主要有两种:从维的低层次到高层次的数据综合分析和从维的高层次到低层次的数据钻取分析。这两种分析都是跨越维层次的分析,表现在层次图中,按照维的层次关系进行的分析是对父子结点之间关系的分析,其分析路径就是层次图中从根到叶或者从叶到根的一条路径。

按照维成员的类进行的分析主要有两个目的:分类与归纳。首先选择某个类属性来对维成员的全集进行分类,然后再在分类的基础上归纳总结出类的共同特征(或一类区别于其他类的特征)。表现在层次图中,按照维成员的类进行的分析是对兄弟结点之间关系的分析,因而不可能跨越不同的维层次。

需要指出的是,在实际的数据分析应用中,往往是既要在维的层次关系上,又要在维成员的类上进行错综复杂的数据分析。这就要求将维的层次与类交叉、组合在一起,形成更为复杂的层次图。

6.2.1.2 多维表模型

数据仓库是以多维表型的维表——事实表结构形式组织的,共有三种形式:

(1) 星形模型

大多数的数据仓库都采用星形模型。星形模型由事实表(大表)以及多个维表(小表)所组成。事实表用于存放大量关于企业的事实数据（数量数据），通常都很大，且不规范。例如，多个时期的数据可能会出现在同一个表中。维表用于存放描述性数据，它是围绕事实表建立的较小的表。星形模型最适合于数据集市，但对大规模数据有一定的缺点。星形模型数据如图6-4所示。

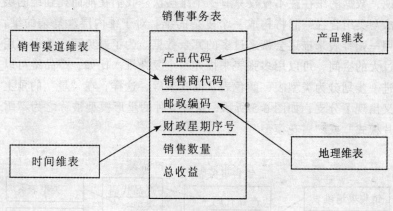

图6-4 星形模型数据例图

图6-4中的销售事务表为事实表，并包含了四个维表：产品维表、销售渠道维表、地理维表和时间维表。在销售事务表中存储着产品维表、销售渠道维表、地理维表和时间维表的主码"产品代码"、"销售商代码"、"邮政编码"和"财政星期序号"。这样，通过这四个维表的主码，就将事实表与维表连接在一起，形成了"星形模式"，完全用二维关系表示了数据的多维概念。建立了"星形模式"后，就可以在关系数据库中模拟数据的多维查询。

通过维表的主码，对事实表和若干个维表做连接操作，一次查询就可以得到数据的值以及对数据的多维描述（即对应的各维上的维成员）。该方式使用户及分析人员可以用商业名词（元数据名或标记）来描述一个需求，然后该需求被重新翻译成每一个维的代码或值。

（2）雪花模型

雪花模型是对星形模型的扩展。雪花模型对星形模型的维表作进一步层次化,原来的各维表可能被扩展为小的事实表,形成一些局部的"层次"区域。它的优点是最大限度地减少数据存储量,以及把较小的维表联合在一起来改善查询性能。

在实际的应用中,人们观察数据的角度是多层次的,也就是说,数据的维往往不仅仅只有一个维层次。我们在前面提到维的层次与类组合在一起将构成一个复杂的维。对于维内层次复杂的维,用一张维表来描述会带来过多的冗余数据。为了避免冗余数据占用过大的空间,可以用多张表来描述一个复杂维。比如,产品维可以进一步划分为类型表、颜色表、商标表等,这样,在"星"的角上又出现了分支,如图6-5所示,这种变种的星形模型被称之为"雪片模式"或"雪花模型"。

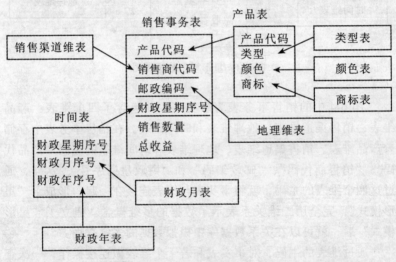

图6-5 雪花模型数据例图

雪花模型增加了用户必须处理的表的数量,增加了某些查询的复杂性。但这种方式可以使系统更进一步专业化和实用化,同时降低了系统的通用程度。前端工具将用户的需求转换为雪花模型的物理模式,完成对数据的查询。使用数据仓库的工具完成一些简单的二维或三维查询,既满足了用户对复杂的数据仓库查询的需求,又不用访问过多的数据。

(3) 星网模型

星网模型是将多个星形模型连接起来形成网状结构。多个星形模型通过相同的维,如时间维,连接多个事实表。

6.2.2 多维表设计

6.2.2.1 多维表的设计步骤

设计多维表的步骤如下:

(1) 确定决策分析需求。如分析销售额趋势,对比产品品牌和促销手段对销售的影响等。

(2) 从需求中识别出事实。如以销售数据为事实。

(3) 确定维。如确定对销售情况的维包括商店、地区、部门、城市、时间、产品等,如图 6-6 所示。

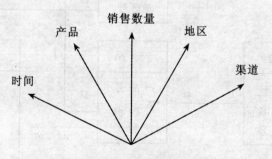

图 6-6 销售情况的多维数据

(4) 确定数据概括的水平。

(5) 设计事实表和维表。

(6) 确定数据需求。

(7) 按使用的 DBMS 和用户分析工具,证实设计方案的有效性。

(8) 随着需求变化修改设计方案。

6.2.2.2 多维表设计实例

下面通过例子说明如何从业务数据的实体关系（E-R）图变换成一个多维表。

(1) 业务数据的 E-R 图

商店销售产品问题的 E-R 图如图 6-7 所示。该图包括 6 个实体及每个实体的属性，连线上的数字表现实体之间的关系。

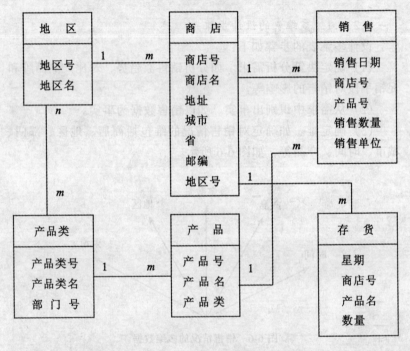

图 6-7　商店销售产品问题的实体关系（E-R）图

(2) E-R 图向多维表的转换

① 同类实体合并成一个维表。该问题的 E-R 图中，将产品和产品类两个实体合并成产品维（包括部门）；将地区和商店两个实体合并成地区维，忽略存货。在 E-R 图中不出现的时间，在多维模型中增加时间维。

② 连接多个不同类型实体的实体构成事实表。在 E-R 图中销售实体连接商店实体和产品实体两个不同类型的实体，销售实体构成事实表。E-R 图向多维表转换，如图 6-8 所示。

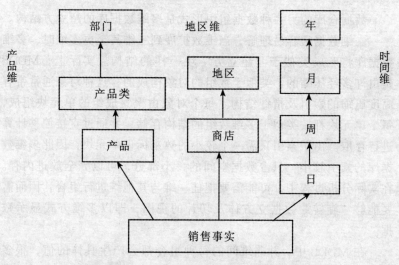

图 6-8　E-R 图向多维模型的转换

③ 形成星形模型

在多维模型中，用维关键字将它转换为星形模型（如图 6-9）。

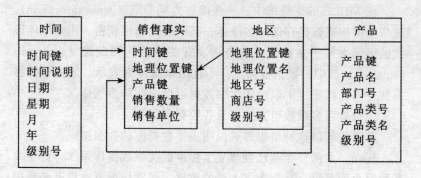

图 6-9　利用维关键字制定的星形模型

其中地区维综合了地区和商店两个实体，它们有一个层次的差别，即商店为1级，地区为2级。

6.2.3 多维数据库的数据组织

数据仓库的另一种数据组织形式是多维数据库的超立方结构。

二维数据很容易理解，当维数扩展到三维甚至更多维时，多维数据库将形成类似于"超立方"块一样的结构。实际上，MDDB是由许多经压缩的、类似于数组的对象构成的，这种对象通常带有高度压缩的索引及指针结构。每个对象由聚集成组的单元块组成，每个单元块都按类似于多维数组的结构存储，并通过直接偏移计算进行存取。由于索引只需一个较小的数来标识单元块，因此多维数据库的索引较小，只占数据空间的一小部分，可以完全放进内存。在实际分析过程中，可能需要把任一维与其他维进行组合，因而需要能够"旋转"数据立方体及切片的视图，即以多维方式显示数据。

在MDDB中，并非维间的每种组合都会产生具体的值，很多情况下，维间的组合没有具体值，是Null或者为零，而且，许多值在不同程度上重复存储。结果，数据仓库数据表现为稀疏矩阵。MDDB必须具有高效的稀疏数据处理能力，能略过零元、缺失和重复数据。

在MDDB的这些维中，一些维称为稠密维（dense dimension）。这些维可构成数据存储的多维体，其中的数据很稠密，用多维体形式组织起来便于多种形式的查询。有些维称为稀疏维（sparse dimension），其中的数据很稀疏，不宜用多维体来表示，因为那样将浪费空间。稀疏维中取出的浓缩数据可形成小的多维体。

多维体以多维数组方式记录各数据实际值。

下面我们以这种组织方式说明多维数据库的数据组织。

现在，大部分企业已经建立了标准的关系数据库系统，甚至关系数据仓库系统，且存入了大量的数据。通常情况下，没有必要把其中的数据全部再复制到MDDB中。从多维数据库里提取一个未经综合的数据,其速度与关系数据库差不多。大多 MDDB 厂商利用关系数据库或关系数据仓库保存数据的细节,只把各级统计结果保存在多维数据库中,当需要细节数据时,通过 MDDB 去访问它们。

用于分析的数据从关系数据库或关系数据仓库中抽取出来,被存放到多维数据库的超立方结构中。我们可以引用一个例子来说明这种组织结构。

某公司包含 6 个维的数据(见图 6-10):

销售方式　　　　　6 个成员
产品　　　　　　　1 500 个成员
销售地区　　　　　100 个成员
时间　　　　　　　17 个成员
项目　　　　　　　8 个成员
统计　　　　　　　50 个成员

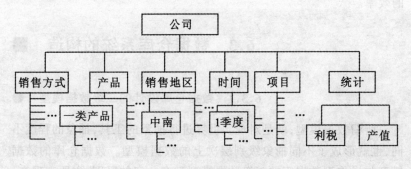

图 6-10　多维数据实例

如前所述,稠密维可构成数据存储的多维体。而稀疏维,我们可将其存储在类数据库表结构中,这个表中只记录那些组合存在的数据,并有一个索引指向相应的多维体。

在上面的例子中,时间、项目和统计是稠密维,它们构成了立方体(见图 6-11),其他的三维是稀疏维。

这种多维体以多维数组方式记录各维数据的具体值。

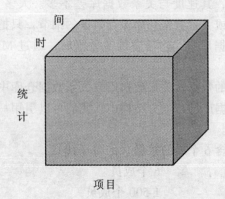

图 6-11 稠密维立方体

当使用多维数据库作为数据仓库的基本数据存储形式时,数据仓库最主要的特点是使用维为坐标的存储,它提高了多维分析操作的效率。

6.3 数据仓库系统的构造

6.3.1 数据仓库设计的三级数据模型

所谓数据模型,就是对现实世界进行抽象的工具,抽象的程度不同,也就形成了不同抽象级别层次上的数据模型。数据仓库的数据模型与操作型数据库的三级数据模型又有一定的区别,主要表现在:

① 在数据仓库的数据模型中不包含纯操作型的数据。

② 数据仓库的数据模型扩充了码结构,增加了时间属性作为码的一部分。

③ 数据仓库的数据模型中增加了一些导出数据。

可以看出,上述三点差别也就是操作型环境中的数据与数据仓库中的数据之间的差别,同样是数据仓库为面向数据分析处理所要求的。虽然存在着这样的差别,但在数据仓库设计中,仍然存在着三级数据模型,即概念模型、逻辑模型和物理模型。

(1) 概念模型

概念模型是主观与客观之间的桥梁,它是我们用于为一定的目标设计系统收集信息服务的一个概念性的工具。具体到计算机系统来说,概念模型是客观世界到机器世界的一个中间层次。人们首先将现实世界抽象为信息世界,然后将信息世界转化为机器世界,信息世界中的这一信息结构,即是我们所说的概念模型。

概念模型最常用的表示方法是 E-R 法(实体－关系法),这种方法用 E-R 图作为它的描述工具。E-R 图描述的是实体以及实体之间的联系,在 E-R 图中,长方形表示实体,在数据仓库中就表示主题,在框内写上主题名;椭圆形表示主题的属性,并用无向边把主题与其属性连接起来;用菱形表示主题之间的联系,菱形框内写上联系的名字。用无向边把菱形分别与有关的主题连接,在无向边旁标上联系的类型。若主题之间的联系也具有属性,则把属性和菱形也用无向边连接上。

由于 E-R 图具有良好的可操作性,形式简单且易于理解,便于与用户交流,对客观世界的描述能力也较强,在数据库设计方面更得到了广泛的应用。因为目前的数据仓库一般建立在关系数据库的基础之上,为了和原有数据库的概念模型相一致,采用 E-R 图作为数据仓库的概念模型仍然是较为适合的。

(2) 逻辑模型

在前面我们已经介绍过,目前数据仓库一般建立在关系数据库基础之上。因此,在数据仓库的设计中采用的逻辑模型就是关系模型。无论是主题还是主题之间的联系,都用关系来表示。由于关系模型概念简单、清晰,用户易懂、易用,有严格的数学基础和在此基础上发展的关系数据理论,关系模型简化了程序员的工作和数据仓库设计开发的工作,当前比较成熟的商品化数据库产品都是基于关系模型的,因此采用关系模型作为数据仓库的逻辑模型是合适的。

下面简单介绍关系模型的基本概念。

- 关系：一个二维表；
- 元组：表中的一行称为一个元组；
- 属性：表中的一列称为属性，给每一列起一个名称即属性名；
- 主码：表中的某个属性组，它们的值惟一地标识一个元组；
- 域：属性的取值范围；
- 分量：元组中的一个属性组；
- 关系模式：对关系的描述，可用关系名（属性名1，属性名2，……，属性名n）表示。

在数据仓库设计中的逻辑模型描述，就是数据仓库的每个主题对应的关系模式的描述。

(3) 物理模型

所谓数据仓库的物理模型就是逻辑模型在数据仓库中的实现，如物理存取方式、数据存储结构、数据存放位置以及存储分配，等等。物理模型是在逻辑模型的基础之上实现的，在进行物理模型设计实现时，所考虑的主要因素有：I/O存取时间、空间利用率和维护代价。

在进行数据仓库的物理模型设计时，考虑到数据仓库的数据量大但是操作单一的特点，可采取其他的一些提高数据仓库性能的技术，如合并表、建立数据序列、引入冗余、进一步细分数据、生成导出数据、建立广义索引等，其具体内容见6.3.3节。

(4) 高级模型、中级模型和低级模型

W.H.Inmon 在其论著 *Building the Data Warehouse* 中提出了数据仓库三级数据模型的另一种提法：高级模型、中级模型、低级模型。

高级模型，即 E-R 图（entity-relationship diagram）。高级模型对数据抽象程度最大，使用的主要表达工具也是 E-R 图。首先确定 E-R 图所要集成的范围，并由各方用户提供自己眼中的分 E-R 图，最后将各个分 E-R 图集成为整个单位的总 E-R 图。低级模型，即物理数据模型。高级模型和低级模型与上几节所讲的是相同的，这里不再重复。下面简单介绍中级模型 DIS。

第二层中级模型称为数据项（DIS—Data Item Set）。DIS 是 E-R 图的细分，可以大致认为 E-R 图中的每一个实体都与一个 DIS 相对应。每个 DIS 中的数据项分为四个组别：基本数据组、二级数据组、连接数据组以及类型数据组（见图 6-12）。

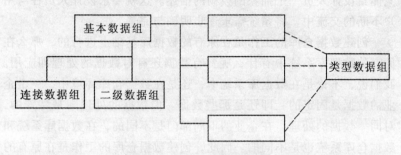

图 6-12　DIS 的基本结构

在这些数据组中，连接数据组主要用于本主题域与其他主题域之间的联系，体现 E-R 图中实体之间的"关系"。一般情况下，连接数据组往往是一个主题的公共码键，这样，就建立了两个主题之间的相互联系。

其余三种数据组划分的标准可以认为是基于不同程度的数据稳定性。其稳定性顺序是：基本数据组＞二级数据组＞类型数据组。假如有一个"顾客"主题，对于每一位具体的顾客而言，有关顾客的固定描述信息的数据项是基本不变的，如顾客号、顾客姓名、顾客性别等，所以它们可列入基本数据组。可以想见，主题的主码总是应包含在基本数据组中的。每个主题只存在一个基本数据组。顾客的住址、文化程度、电话号码等项虽然也基本稳定，但它存在改变的可能，因而可列入二级数据组。而顾客的购物记录则是变动频繁的数据项，所以列入类型数据组。这种划分的好处是：结构清晰，具有相似属性的数据被组织在一起；减少了冗余，如果将低频数据混杂在高频数据中一起存储，将产生大量冗余。

6.3.2 数据仓库设计方法与步骤

系统的设计一般采取系统生命周期法（SDLC—Systems Development Life Cycle）。而在分析型环境中，DSS分析员一般是企业的中上层管理人员，他们对决策分析的需求不能预先做出规范说明，只能给设计人员一个抽象的模糊的描述。这就要求设计人员在与用户不断的交流中，将系统需求逐步明确与完善。

创建数据仓库的工作是在原有的数据库基础上进行的，那么在原有的数据库系统中有什么呢？有数据还有对数据的处理即应用。我们说，不论是在数据库系统中，还是在数据仓库环境中，一个企业的数据是固定的，即还是那些数据。但数据的处理则是特殊的，对同一数据的处理，在企业的不同部门是不同的，在数据库系统和数据仓库系统也是不同的。因此，创建数据仓库的工作是在原有的数据库基础上进行的，这"基础"也只能是原有数据库中的数据，即从已经存在于操作型环境中的数据出发来进行数据仓库的建设工作，我们把这种从已有数据出发的数据仓库设计方法称为"数据驱动"的系统设计方法。下面从三个方面来看看"数据驱动"的系统设计方法的基本思路。

(1)"数据驱动"系统设计方法的思路就是利用以前所取得的工作成果来进行系统建设。要利用已有的工作成果，惟一的办法就是要能识别出当前系统设计与已做工作的"共同性"，即我们在进行数据仓库系统设计前，需要清楚地知道原有的数据库系统中已有什么，它们对当前系统设计有什么影响，等等。要尽可能地利用已有的数据、代码等，而不是什么都从头开始，这是"数据驱动"的系统设计方法的出发点，也是其目的所在。

(2)"数据驱动"的系统设计方法不再是面向应用，从应用需求出发，这些工作已经在数据库系统设计时完成了，其成果就是现有的数据库系统及其在数据库系统中的数据资源。数据仓库的设计是从这些已有的数据库系统出发，按照分析领域对数据及数据之间的联系重新考察，组织数据仓库中的主题。

(3)"数据驱动"的系统设计方法的中心是利用数据模型有效地识别原有的数据库中的数据和数据仓库中主题的数据的"共同性"。

值得注意的是,数据驱动系统设计方法的中心即数据模型与操作型数据环境的设计、数据仓库数据环境的设计、操作型数据处理应用的开发和设计,以及 DSS 应用的开发与设计都是相联系的。要理解这一点,首先就要理解为什么不去识别处理的"共同性",难道识别处理的"共同性"不重要吗,事实上,如果能识别处理的"共同性",对于利用已取得的工作成果是很重要的,如 DSS 处理例行化体现了识别处理的"共同性"的优点。但是,由于处理的变化比数据结构的变化要快得多,而且一个处理经常是由与其他处理相关的部分和自己特有的部分组成,这两个部分经常是非常紧密地捆绑在一起,是无法分开的,从而有很大的限制性。相比之下,数据具有更大的稳定性,对于不同应用的数据,总可以分出公用数据与独占数据两部分。识别数据的"共同性"之所以更具价值,还因为在识别数据的"共同性"的基础上,我们可以相应地得到一些处理的"共同性"。

前面已经说明了,数据仓库是面向主题的、集成的、不可更新的、随时间不断变化的,这些特点决定了数据仓库的系统设计不能采用同开发传统的 OLTP 一样的设计方法。数据仓库系统的原始需求不明确,且不断变化与增加,开发者不能确切了解到用户的明确而详细的需求,用户所能提供的无非是需求较大的部分需求,而不能较准确地预见到以后的需求。因此,采用原型法来进行数据仓库的开发是比较合适的。因为原型法的思想是从构建系统的简单的基本框架着手,再不断丰富与完善整个系统。但是,数据仓库的设计开发又不同于一般意义上的原型法,数据仓库的设计是数据驱动的。

数据仓库的系统设计是一个动态的反馈和循环的过程。一方面,数据仓库的数据内容、结构、粒度、分割以及其他物理设计根据用户所返回的信息不断地调整和完善,以提高系统的效率和性能；另一方面，通过不断地理解用户（确切地讲是领导）的分析需求，向用户提供更准确、更有用的决策信息。在数据库设计时，一个生命周期可以较明确地划分为需求分析、数据库设计、数据库实施及运行维护四个阶段。相比之下，数据仓库设计不具有像数据库设计那样可以明确划分的设计阶段。

尽管如此，数据仓库的设计并不是没有步骤可言，大体上可以分为以下几个步骤：

- 概念模型设计；
- 技术准备工作；
- 逻辑模型设计；
- 物理模型设计；
- 数据仓库生成；
- 数据仓库运行与维护。

下面我们就以这六个主要设计步骤为主线，介绍在各个设计步骤中的基本内容。

6.3.2.1 概念模型设计

进行概念模型设计所要完成的工作是：

(1) 界定系统边界

从某种意义上讲，界定系统边界的工作也可以看做是数据仓库系统设计的需求分析，因为它将决策者数据分析的需求用系统边界的定义形式反映出来。

(2) 确定主要的主题域及其内容

在这一步中，要确定系统所包含的主题域，然后对每个主题域的内容进行较明确的描述，描述的内容包括：主题域的公共码键；主题域之间的联系；充分代表主题的属性组。

概念模型设计的成果是：在原有的数据库的基础上建立了一个较为稳固的概念模型。

因为数据仓库是对原有数据库系统中的数据进行集成和重组而形成的数据集合，所以数据仓库的概念模型设计，首先要对原有数据库系统加以分析理解，看在原有的数据库系统中"有什么"、"怎样组织的"和"如何分布的"等，然后再来考虑应当如何建立数据仓库系统的概念模型。一方面，通过原有的数据库的设计文档以及在数据字典中的数据库关系模式，可以对企业现有的数据库中的内容有一个完整而清晰的认识；另一方面，数据仓库的概念模型是面向企业全局建立的，它为集成来自各个面向应用的数据提供了统一的概念视图。

概念模型的设计是在较高的抽象层次上的设计，因此建立概念模型时不用考虑技术条件的限制。

6.3.2.2 技术准备工作

这一阶段的工作包括技术评估与技术环境准备。

(1) 技术评估

进行技术评估，就是确定数据仓库的各项性能指标。一般情况下，需要在这一步确定的性能指标包括：管理大数据量数据的能力；进行灵活数据存取的能力；根据数据模型重组数据的能力；透明的数据发送和接收能力；周期性成批装载数据的能力；可设定完成时间的作业管理能力。

(2) 技术环境准备

一旦数据仓库的体系化结构模型大体建好后，下一步的工作就是确定我们应该怎样来装配这个体系化结构模型，主要是确定对软硬件配置的要求。我们主要考虑相关的问题，如预期在数据仓库上分析处理的数据量有多大，如何减少或减轻竞争性存取程序的冲突，数据仓库的数据量与通信量有多大等。

根据这些考虑，就可以确定各项软硬件的配备要求，当各项技术准备工作已就绪，就可以装载数据了。这些配备有：

- 直接存取设备（DASD—Direct Access Storage Device）；
- 网络；
- 管理直接存取设备的操作系统；
- 进出数据仓库的界面（主要是数据查询和分析工具）；
- 管理数据仓库的软件，目前即选用各种商用数据仓库管理系统及有关的解决方案软件，如果购买的 DWMS 产品不能满足数仓库应用的需要，还应考虑自己或请软件集成商开发有关模块等。

这一阶段的成果是：技术评估报告，软硬件配置方案，系统（软、硬件）总体设计方案。

管理数据仓库的技术要求与管理操作型环境中的数据与处理的技术要求区别很大，两者所考虑的方面也不同。所以在一般情况下总是将分析型数据与操作型数据分离开来，将分析型数据单独集中存放，也就是用数据仓库来存放。

6.3.2.3 逻辑模型设计

在这一步里进行的工作主要有：

(1) 分析主题域，确定当前要装载的主题

在概念模型设计中，我们确定了几个基本的主题域，但是，数据仓库的设计方法是一个逐步求精的过程，在进行设计时，一般是一次一个主题或一次若干个主题地逐步完成。所以，我们必须对概念模型设计步骤中确定的几个基本主题域进行分析，并选择首先要实施的主题域。选择第一个主题域所要考虑的是：它要足够大，以便使得该主题域能建设成为一个可应用的系统；它还要足够小，以便于开发和较快地实施。如果所选择的主题域很大并且很复杂，我们甚至可以针对它的一个有意义的子集来进行开发。在每一次的反馈过程中，都要进行主题域的分析。

(2) 确定粒度层次划分

数据仓库逻辑设计中要解决的一个重要问题是决定数据仓库的粒度划分层次，粒度层次划分适当与否直接影响到数据仓库中的数据量和所适合的查询类型。对数据仓库开发者来说，划分粒度是设计过程中最重要的问题之一。所谓粒度是指数据仓库中数据单元的详细程度和级别。数据越详细，粒度越小，级别就越低；数据综合度越高，粒度越大，级别就越高。在传统的操作型系统中，对数据的处理和操作都是在详细数据级别上的，即最低级的粒度。但是在数据仓库环境中主要是分析型处理，粒度的划分将直接影响数据仓库中的数据量以及所适合的查询类型，一般需要将数据划分为：详细数据、轻度总结、高度总结三级或更多级粒度。不同粒度级别的

数据用于不同类型的分析处理。粒度的划分是数据仓库设计工作的一项重要内容，粒度划分是否适当，是影响数据仓库性能的一个重要方面。

进行粒度划分，首先要确定所有在数据仓库中建立的表，然后估计每个表的大约行数。在这里只能估计一个上下限。需要明确的是，粒度划分的决定性因素并非总的数据量，而是总的行数。因为对数据的存取通常是通过存取索引来实现的，而索引是对应表的行来组织的，即在某一索引中每一行总有一个索引项，索引的大小只与表的总行数有关，而与表的数据量无关。

第一步是适当划分粒度，估算数据仓库中数据的行数和所需的DASD数。计算方法如下：

对每一已知表，计算一行所占字节数的最大值、最小值；对一年内，统计可能出现的数据行数的最大行数、最小行数；对五年内，统计可能出现的数据行数的最大行数、最小行数。

计算每个表的码所占的字节数（直到计算完所有表）：

一年产生的数据可能占用的最大空间＝最大值×一年内最大行数＋索引空间

一年产生的数据可能占用的最小空间＝最小值×一年内最小行数＋索引空间

五年产生的数据可能占用的最大空间＝最大值×五年内最大行数＋索引空间

五年产生的数据可能占用的最小空间＝最小值×五年内最小行数＋索引空间

第二步是根据估算出的数据行和DASD，决定是否要划分粒度；如果要，该如何划分粒度。一般情况下，如果数据行数在第一年内就在10万行左右，那么只是单一粒度（即只有细节数据）是不太合适的，应该考虑粒度的划分，如可以增加一个综合级别，如果数据行数超过了100万行，那么就要考虑采用多重粒度。数据行数在五年内如果预计将达到100万行，那么也不能仅有细节级的数据，必须选择粒度的划分，如果超过1000万行，就必须选择多重粒度。五年和一年的标准之所以不同，是因为五年内将有更多的数据仓库领域的专家，硬件的性能/价格比将会更好，将会有更强的软件工具，终端用户也会更熟练。

(3) 确定数据分割策略

数据分割是数据仓库设计中的一项重要内容，是提高数据仓库性能的一项重要技术。数据分割是指把逻辑上是统一整体的数据分割成较小的、可以独立管理的物理单元（称为分片）进行存储，以便于重构、重组和恢复，以提高创建索引和顺序扫描的效率。数据分割使数据仓库的开发人员和用户具有更大的灵活性。

在这一步里，要选择适当的数据分割的标准，一般要考虑以下几方面因素：数据量（而非记录行数）、数据分析处理的实际情况、简单易行以及粒度划分策略等。数据量的大小是决定是否进行数据分割和如何分割的主要因素；数据分析处理的要求是选择分割标准的一个主要依据，因为数据分割是跟数据分析处理的对象紧密联系的；还要考虑到所选择的数据分割标准应是自然的、易于实施的；同时也要考虑数据分割的标准与粒度划分层次是适应的。

数据仓库中数据分割的概念与数据库中的数据分片概念是相近的。数据库系统中的数据分片有水平分片、垂直分片、混合分片和导出分片多种方式。水平分片是指按一定的条件将一个关系按行分为若干不相交的子集，每个子集为关系的一个片段；垂直分片是指将关系按列分为若干子集，垂直分片的片段必须能够重构原来的全局关系。下面我们以水平分片为例进行说明。

分割同时也可以有效地支持数据综合。关于这一点，我们在下面结合具体的分割形式来进行讨论。在实际系统设计中，通常采用的分割形式是按时间对数据进行分割，即将在同一时段内的数据组织在一起，并在物理上也紧凑地存放在一起。例如，将商场的销售数据按季节进行分割，这样分割的理由是商场的经理们经常关心的问题是某商品在某个季节的销售情况，如果数据已经是按照季节分割存储好的，就可以大大减小数据检索的范围，从而达到减小物理I/O次数，提高系统性能的目的。按照时间进行数据分割还可以是以时点采样的形式进行，如商品的库存信息的分割，我们将周末的商品库存数据组织在一起，以代表一周的商品库存，实际上实现了样本数据库的粒度形式。

按时间进行数据分割是最普遍的，一是因为数据仓库在获取数据时一般是按时间顺序进行的，同一时间段的数据往往可以连续获得，因而按时间进行数据分割简单易行；二是因为数据仓库的数据综合常常在时间维上进行，如需要求得某商品某季节的销售总量等，按时间进行分割的数据便于进行这样的统计。另外，还可以按业务类型、地理分布等对数据进行分割。更多的情况下，数据分割采用的标准不是单一的，往往是多个标准的组合。因为数据仓库中的数据时间跨度较长，如果仅按地理或业务等标准来分割数据，每一分片上的数据量仍可能很大，所以经常可以将其他标准与时间标准组合使用，而时间几乎是分割标准的一个必然组合部分。

(4) 关系模式定义

数据仓库的每个主题都是由多个表来实现的，这些表之间依靠主题的公共码键联系在一起，形成一个完整的主题。在概念模型设计时，我们就确定了数据仓库的基本主题，并对每个主题的公共码键、基本内容等做了描述。在这一步里，需要对选定的当前实施的主题进行模式划分，形成多个表，并确定各个表的关系模式。

(5) 记录系统定义

数据仓库中的数据来源于多个已经存在的操作型系统及外部系统。一方面，各个系统的数据都是面向应用的，不能完整地描述企业中的主题域，另一方面，多个数据源的数据存在着许多不一致。因此要从数据仓库的概念模型出发，结合主题的多个表的关系模式，确定现有系统的哪些数据能较好地适应数据仓库的需要。这就要求选择最完整、最及时、最准确、最接近外部实体源的数据作为记录系统，同时，这些数据所在的表的关系模式最接近于构成主题的多个表的关系模式。记录系统的定义要记入数据仓库的元数据。

逻辑模型设计的成果是对每个当前要装载的主题的逻辑实现进行定义，内容记录在数据仓库的元数据中，包括：

- 适当的粒度划分；
- 合理的数据分割策略；
- 适当的表划分；
- 定义合适的数据来源等。

6.3.2.4 物理模型设计

这一步所做的工作是确定数据的存储结构，确定索引策略，确定数据存放位置，确定存储分配。

确定数据仓库实现的物理模型，要求设计人员必须要全面了解所选用的数据仓库和数据库管理系统，特别是存储结构和存取方法；了解数据环境、数据的使用频度、使用方式、数据规模以及响应时间要求等，这些是对时间和空间效率进行平衡和优化的重要依据；了解外部存储设备的特性，如分块原则、块大小的规定、设备的 I/O 特性等。

(1) 确定数据的存储结构

一个数据仓库系统或数据库管理系统往往都提供多种存储结构供设计人员选用，不同的存储结构有不同的实现方式，各有各的适用范围和优缺点，设计人员在选择合适的存储结构时应该权衡三个方面的主要因素：存取时间、存储空间利用率和维护代价。

(2) 确定索引策略

数据仓库的数据量很大，因而需要对数据的存取路径进行仔细的设计和选择。由于数据仓库的数据都是不常更新的，因而可以设计多种多样的索引结构来提高数据存取效率。在数据仓库中，设计人员可以考虑对各个数据存储建立专用的、复杂的索引，以获得最高的存取效率。因为在数据仓库中的数据是不常更新的，也就是说每个数据存储是稳定的，因而虽然建立专用的、复杂的索引有一定的代价，但一旦建立就几乎不需要再付出维护索引的代价。

(3) 确定数据存放位置

同一个主题的数据并不要求存放在相同的介质上，在物理设计时，我们常常要按数据的重要程度、使用频率以及对响应时间的要求进行分类，并将不同类的数据分别存储在不同的存储设备中。重要程度高、经常存取并对响应时间要求高的数据就存放在高速存储设备上，如硬盘；存取频率低或对存取响应时间要求低的数据则可以放在低速存储设备上，如磁盘或磁带。

数据存放位置的确定还要考虑到其他一些方法，如决定是否进行合并表，是否对一些经常性的应用建立数据序列，对常用的、不常修改的表或属性是否冗余存储。如果采用这些技术，就要记入元数据。

(4) 确定存储分配

许多数据库管理系统提供了一些存储分配的参数供设计者进行物理优化处理，如块的尺寸、缓冲区的大小和个数等，它们都要在物理设计时确定。这同创建数据库系统时的考虑是一样的。

6.3.2.5 数据仓库的生成

在这一步里所要做的工作是接口编程，数据装入。

这一步工作的成果是，数据已经装入到数据仓库中，可以在其上建立数据仓库的应用，即 DSS 应用。

(1) 设计接口

将操作型环境下的数据装载进入数据仓库环境，需要在两个不同环境的记录系统之间建立一个接口。乍一看，建立和设计这个接口，似乎只要编制一个抽取程序就可以了，事实上，在这一阶段的工作中，的确对数据进行了抽取，但抽取并不是全部的工作，这一接口还应具有以下的功能：

- 从面向应用和操作的环境中生成完整的数据；
- 数据的基于时间的转换；
- 数据的凝聚；
- 对现有记录系统的有效扫描，以便以后进行追加。

追加有以下几种方法：对操作型数据加时标、创建"delta"文件、使用系统日志或审计日志、修改程序代码、使用前映象或后映象文件。

当然，考虑这些因素的同时，还要考虑到物理设计的一些因素和技术条件限制，根据这些内容，严格地制定规格说明，然后根据规格说明，进行接口编程。

从操作型环境到数据仓库环境的数据接口编程的过程和一般的编程类似，它也包括伪代码开发、编码、编译、检错、测试等步骤。

(2) 数据装入

在这一步里所进行的就是运行接口程序，将数据装入到数据仓库中。主要的工作是：
- 确定数据装入的次序；
- 清除无效或错误数据；
- 数据"老化"；
- 数据粒度管理；
- 数据刷新等。

最初只使用一部分数据来生成第一个主题域，使得设计人员能够轻易且迅速地对已做工作进行调整，而且能够尽早地提交到下一步骤，即数据仓库的使用和维护。这样可以在经济上最快地得到回报，又能够通过最终用户的使用，尽早发现一些问题和新的需求，然后反馈给设计人员，设计人员继续对系统进行改进、扩展。

6.3.2.6 数据仓库的使用和维护

在这一步中所要做的工作有建立 DSS 应用，即使用数据仓库；理解需求，调整和完善系统，维护数据仓库。

(1) 建立 DSS 应用

建立企业的体系化环境，不仅包括建立起操作型和分析型的数据环境，还应包括在这一数据环境中建立起企业的各种应用。使用数据仓库，即开发 DSS 应用，与在操作型环境中的应用开发有着本质区别，开发 DSS 应用不同于联机事务处理的应用开发，其显著特点在于：
- DSS 应用开发是从数据出发的；
- DSS 应用的需求不能在开发初期明确了解；
- DSS 应用开发是一个不断循环的过程，是启发式的开发。

DSS 应用主要可分为两类：例行分析处理和启发式分析处理。

例行分析处理是指那些重复进行的分析处理，它通常是属于部门级的应用，如部门统计分析，报表分析等；而个人级的分析应用经常是随机性很大的，它是企业经营者受到某种信息启发而进行的一些即席的分析处理，所以我们称之为启发式的分析处理。

(2) 理解需求，调整和完善系统，维护数据仓库

数据仓库的开发采用的是逐步完善的原型法的开发方法，它要求尽快地让系统运行起来，尽早产生效益；要在系统运行或使用中，不断地理解需求，改善系统；不断地考虑新的需求，完善系统。

维护数据仓库的工作主要是管理日常数据装入（如前所述）的工作，包括刷新数据仓库的当前详细数据，将过时的数据转化成历史数据，清除不再使用的数据，管理元数据，等等；另外还包括如何利用接口定期从操作型环境向数据仓库追加数据，确定数据仓库数据刷新频率等。

6.3.3　数据仓库的性能问题

在建立数据仓库过程中的一个重要问题是如何提高系统的性能。因为数据仓库的数据量很大，分析处理时涉及的数据范围也较广，往往涉及大规模数据的查询。提高系统性能，主要是要提高系统的物理 I/O 性能，因为 I/O 瓶颈常成为影响系统性能的主要因素。在数据仓库的设计中，应尽量减少每次查询处理要求的 I/O 次数，并使每次 I/O 能返回尽量多的记录。事实上，由于数据仓库的数据极少甚至不再更新，数据仓库的物理设计可以有更多的方法和途径来提高系统性能，如前文提到的粒度划分和数据分割是数据仓库中提高系统性能的最重要的两种技术，下面介绍数据仓库物理设计中其他几种提高系统性能的技术。

(1) 合并表

在数据仓库中，往往存在一些例行的分析处理，它们要求的查询也是例行的，相对固定的。当某一例行的查询涉及固定的多个表的数据项时，就需要首先对这几个表进行连接操作，如果这几个表

的记录分散存放在几个物理块中,多个表的存取和连接操作的代价就会很大。为了节省 I/O 开销,可以把这些表的记录混合存放在一起,以降低表连接操作的代价。

例如,假设某学校的数据仓库中存有关于学生这一主题的学生表 S、学生选课表 SC(每学期选课及学习成绩)两个关系表,当每次查询都是要求某学生某一学期某一门功课的学习成绩时,就可以把学生表中学生的记录及选课表中该生的记录物理上存放在一起,当再次进行查询时,可节省大量的存取时间。

(2) 建立数据序列

在数据仓库环境中,经常按照某一固定的顺序访问并处理一组数据记录,但这些数据记录最初可能分布在不同的物理块中,我们要按所标序号的顺序对存在于多个页面上的 n 条记录进行处理,这将会向操作系统多次发出调页申请,由于在调入页面时,很可能将马上要用的页面从内存换出(比如使用"最近最多使用"调页淘汰算法时),那么在处理完当前记录后,又要将刚调出的页面重新调入,这样不断调页,直到处理完全部记录。在最坏的情况下,整个处理过程要求的调页次数需要 n 次之多,而每次调页都要求物理 I/O,显然这时的处理效率是不会高的,因为在调入某一页面时,并没有将页面中所有涉及的记录都拿到,因而造成了重复调页。

为了在一次调页中尽量将调入页中所要处理的所有记录一并拿到,并处理完,避免重复调页,减少系统的 I/O 开销,我们可以按照数据处理的顺序调整数据的存放位置,将数据严格按处理顺序存放到一个或几个连续的物理块中,形成所谓的数据序列,这样就可以在同一次调页中处理更多的记录,将物理 I/O 的次数降到最低。

(3) 引入冗余

我们多次强调,数据分析的处理数据范围是广泛的,通常要涉及不同表的多个属性,一些表的某些属性可能在许多查询分析中都要用到,由于数据仓库中的数据是不常更新或不需更新的,因此,可以将这些属性复制到多个主题中,以减少存取表的次数。

例如，在商场数据仓库系统中，"商品"主题中有一个保存商品固定信息的关系表，商品（商品号、商品名、类别，……），而在商品销售表或采购表中则只存商品号。但几乎没有人问"×××号商品的销售情况如何"这样的问题，而经常问"某品牌的冰箱的销售可好"或"今年什么类型的洗衣机最畅销"等。这类问题以商品的一些具体描述信息作为分析的限定条件，且涉及的有关销售数据量又很大，这样就不得不反复存取商品表，与大量的销售表记录进行连接或半连接操作。如果将商品表的一些特定属性加入到销售表或采购表中，即增加数据冗余，就可以省去这一步连接操作，减少访问的代价。

这种引入冗余的方法与前面所说的合并表方法是不同的。合并表是将两个或多个相关表的相关记录物理地存放在一起，但逻辑上仍是两个或多个表，即没有改变各表的关系模式；而且合并表只是对表记录存放策略的改进，并没有冗余的数据。而引入冗余的方法是对表的关系模式的改变，即同一项数据属性（主外码不算此类）存在于多个关系模式中，因而这样的关系模式不再是规范化的。如上例中，在商品销售表中可以加入商品名称、类别等属性，即在这些属性上的数据有多个拷贝，是真正意义上的冗余。

引入冗余后，需要维护数据各个拷贝间的一致性，即在这些数据上的修改操作将变得更为复杂，因而在操作型数据库中，引入冗余的方法并不可取，因为它破坏了关系模式的规范化；操作型环境中的数据是联机更新的，引入冗余势必要增加修改操作的代价。所幸在数据仓库中的数据是稳定的，几乎不更新的，适当地引入冗余也就成了提高系统性能的一种有效的方法。

(4) 表的物理分割

在6.3.2.3中我们提到的"分割"可以说是表的逻辑分割，即是将一个表模式按照一定的分割标准划分成两个或多个表模式。对于一个表的数据还可以进行物理分割。表的物理分割主要依据数据的存取频率和数据的稳定性来进行。每个主题中的各个属性的存取频率是不同的。可以将一张表按照各属性被存取的频率分成两个或多个表，将具有相似访问频率的数据组织在一起，使得每次访问的有效程度更高。

表的物理分割还可以依据表中的属性稳定性程度不同来划分。对同一表的属性进行稳定性分析，将更新频繁的属性划为一个表，其他的属性则划分为另一个表。进行这种分割，对于采用不定长存储方式的数据库将是十分有益的，这往往可以减少存储重整时牵涉的数据页面数据。

(5) 生成导出数据

如果事先在原始数据的基础上进行总结或计算，生成导出数据，就可以在应用中直接利用这些导出数据，这样既减少了I/O的次数，又免去了计算或汇总的步骤。它的另一个好处是在更高级别上建立了公用数据源，避免了不同用户进行重复计算可能产生的偏差。

(6) 建立广义索引

如果你是车间主任，你经常关心的是"当周哪位工人出勤最差，哪位出勤最好"？为了奖惩分明，你可能会在车间门口挂一块小黑板，将出勤最差的和最好的人的姓名写在上面，这两个人名可能每周都要变一次，但总是让人一眼就能知道"谁是当周出勤最差的人"或"谁是当周出勤最好的人"。同样的道理，如果你是主管商品销售的商场管理人员，你的上司也可能会经常问你类似的问题："这个月销售最差的10种商品是哪些?"同样，你也可以设计这么一块"黑板"，在上面标明当月销售最糟糕的10种商品的名称或者它们相关记录的存放地址。这样，当你的上司问起上面的问题时，你就可以马上回答他了。这块"黑板"就是我们所说的"广义索引"。

数据仓库的数据量巨大，所以要依靠各种各样的索引技术来提高涉及大数据量的查询速度。"广义索引"对于处理如上的最值问题时，其效果是非常明显的，也较易于实现。在从操作型环境中抽取数据并向数据仓库中装载的同时，我们就可以根据用户的需要建立许多这样的"广义索引"，每次数据仓库装载时，就重新生成这些"广义索引"的内容。这样我们并不需要为了建立"广义索引"而去扫描数据仓库。而且这些索引都非常小，开销也是相当小，但它给应用所带来的便利却是显而易见的。对于一些经常性的查询，利用一个规模小得多的"广义索引"总比去搜索一个很大的关系表方便得多。

但是，同时出现的问题就是随着数据仓库"年龄"的增长以及数据仓库随时间的变化，这种"广义索引"的数目也会成倍地增长，管理这些数目多、规模小、名目繁多的"广义索引"也就成为一件非常棘手的事情。这就需要我们在元数据中完整地定义说明这些"广义索引"。应用需要时，首先去查找元数据再去找相应的"广义索引"或表。

6.4 数据仓库的查询与决策分析

6.4.1 联机分析处理

6.4.1.1 OLAP 的概念

联机分析处理（OLAP—Online Analytical Processing）是 E. F. Codd 于 1993 年提出的。当时，Codd 认为联机事务处理（OLTP—Online Transaction Processing）不能满足终端用户对数据库查询分析的需要，SQL（结构化查询语言）对大数据库进行的简单网络查询及报告不能满足用户分析的需求，决策分析需要对关系数据库进行大量的计算才能得到结果。查询的结果并不能满足决策者所提出的问题。

因此，Codd 提出了多维数据库和多维分析的概念，即 OLAP 的概念，Codd 提出了 OLAP 的 12 条规则，即：

(1) 多维概念视图。因用户按多维角度来看待企业数据，故 OLAP 模型应当是多维的。

(2) 透明性。分析工具的应用对用户是透明的。

(3) 存取能力。OLAP 工具能将逻辑模式映射到物理数据存储,并可访问数据,给出一致的用户视图。

(4) 一致的报表性能。报表操作不应随维数增加而削弱。

(5) 客户/服务器体系结构。OLAP 服务器能适应各种客户通过客户/服务器方式使用。

(6) 维的等同性。每一维在其结构和操作功能上必须等价。

(7) 动态稀疏矩阵处理。当存在稀疏矩阵时,OLAP 服务器应能推知数据是如何分布的,以及怎样存储才能更有效。

(8) 多用户支持能力。OLAP 工具应提供并发访问(检索和修改)、完整性和安全性等功能。

(9) 非限定的跨维操作。在多维数据分析中,所有维的生成和处理都是平等的。OLAP 工具应能处理维间相关计算。

(10) 直观的数据操作。如果要在维间进行细剖操作,都应该通过直接操作来完成,而不需要使用菜单或跨用户界面进行多次操作。

(11) 灵活的报表生成。可以按任何想要的方式来操作、分析、综合和查看数据和制作报表。

(12) 不受限制的维和聚集层次。OLAP 服务器至少能在一个分析模型中协调 15 个维,每一维应能允许无限个用户定义的聚集层次即聚类。

对于 Codd 提出的 12 条准则,不同的看法有很多,也有人提出了一些其他定义和实现准则。OLAP 理事会给出的定义是:联机分析处理(OLAP)是一种软件技术,它使分析人员能够迅速、一致、交互地从各个方面观察信息,以达到深入理解数据的目的。这些信息是从原始数据转换过来的,按照用户的理解,它反映了企业真实的方方面面。

6.4.1.2 OLAP 与 OLTP

联机分析处理是以数据库或数据仓库为基础的,其最终数据来源与联机事务处理一样,均来自底层的数据库系统,但由于二者面对的用户不同,OLTP 面对的是具体操作人员和低层管理人员,OLAP 面对的是决策人员和高层管理人员,因而数据的特点与处理也明显不同。

OLTP 是操作人员和低层管理人员利用计算机网络对数据库中的数据进行查询、增、删、改操作,完成事务处理工作;以快速事务响应和频繁的数据修改为特征,用户利用数据库快速地处理具体业务。OLTP 应用时有频繁的写操作,所以数据库要提供数据锁、事务日志等机制。OLTP 应用要求多个查询并行,以便将每个查询的执行分布到一个处理器上。

OLAP 是决策人员和高层管理人员对数据仓库进行的信息分析处理。它是一项给数据分析人员以灵活、可用和及时的方式构造、处理和表示综合数据的技术。

OLTP 和 OLAP 是两类不同的应用,它们的各自特点见表 6-3 所示。

表 6-3 OLTP 与 OLAP 对比表

OLTP	OLAP
数据库数据	数据库或数据仓库数据
细节性数据	综合性数据
当前数据	历史数据
经常更新	不更新,但周期性刷新
一次处理的数据量小	一次处理的数据量大
对响应时间要求高	响应时间合理
用户数据量大	用户数据相对较少
面向操作人员,支持日常操作	面向决策人员,支持管理需要
面向应用,事务驱动	面向分析,分析驱动

6.4.1.3 OLAP 的数据组织

OLAP 的数据组织和数据仓库的数据组织相同。

(1)基于关系数据库的 OLAP(ROLAP)

ROLAP和数据仓库中的多维表的数据组织相同。在基于关系数据库的OLAP系统中，数据仓库的数据模型在定义完毕后，来自不同数据源的数据将装入数据仓库中，接着系统将根据数据模型的需要运行相应的综合程序，综合数据并创建索引以优化存取效率。最终用户的多维分析请求通过ROLAP引擎将动态翻译为SQL请求，然后由关系数据库处理SQL请求，查询结果经多维处理（即将以关系表形式存放的结果转换为多维视图）后返回给用户。

(2) 基于多维数据库的OLAP（MOLAP或MD-OLAP）

MOLAP和数据仓库中多维数据库的数据组织相同。在基于多维数据库的OLAP系统中，MOLAP将DB服务器层与应用逻辑层合二为一，DB或DW层负责数据存储、存取及检索；应用逻辑层负责所有OLAP需求的执行。来自不同事务处理系统的数据通过一系列批处理过程载入MDDB中，数据在填入MDDB的数组结构之后，MDDB将自动建立索引并进行预综合来提高查询性能。

(3) MOLAP和ROLAP的比较

这两种技术都满足了OLAP数据处理的一般过程：即数据装入、汇总、建索引和提供使用。但可以发现，MOLAP较ROLAP要简明一些。由于MDD（Multi-Dimension Database）中信息粒度很粗，索引少，通常可长驻内存，使查询性能好。MOLAP是基于多维数据的OLAP的存储，采用多维数据库（MDD）形式，是逻辑上的多维数组形式存储，表现为超立方结构。MOLAP的索引可以自动进行，并且可以根据元数据自动管理所有的索引及模式，这为应用开发人员设计物理数据模式和确定索引策略节省了不少时间和精力，不过这也丧失了一定的灵活性。由于MDD以数组方式存储，数组中值的修改可以不影响索引，这样能很好地适应读写应用，缺点是维结构的修改需要对整个数据库进行重新组织。相比而言，ROLAP的实现较为复杂，但灵活性较好，用户可以动态定义统计或计算方式。

ROLAP是基于关系的OLAP的存储，有一个很强的SQL生成器；对目标数据库能进行SQL优化；能通过元数据指导查询；有区分客户、服务器及中间件的能力。

MOLAP 和 ROLAP 的比较如表 6-4 所示。

表 6-4　　　　　　　MOLAP 与 ROLAP 对比表

MOLAP	ROLAP
固定维	可变维、可支持维数大
跨维计算	数据仓库的多维视图
行级计算	超大型数据库
读、写应用，适应性差	维数据变化速度快，适应性强
数据集市	数据仓库

6.4.1.4　OLAP 的多维数据分析

前文已经提到了 OLAP 的基本功能如切片和切块、钻取与旋转等，下面总结 OLAP 的多维数据分析功能。

(1) 切片和切块（slice and dice）

在多维数组的某一维上选定一维成员的动作称为切片，或者说选定多维数组的一个二维子集的动作称为切片。在多维数组的某一维上选定一区间的维成员的动作称为切块，或者说选定多维数组的一个三维子集的动作称为切块。在多维数据结构中，按二维进行切片，按三维进行切块，可得到所需要的分析数据。

(2) 钻取（drill）

钻取有向下（drill down）和向上（drill up）之分。钻取分别采用的是在 6.2.1 节中介绍的综合分析（上钻取）与钻取分析（下钻取）的方法。

(3) 旋转（pivoting）

旋转是改变一个报告或页面显示的方向。通过旋转可以得到不同视角的数据。旋转操作相当于平面数据的坐标轴旋转。

(4) 代理操作

"代理"是一些智能性代理,当系统处于某种特殊状态时提醒分析员,它包括三方面内容:示警报告,可定义一些条件,一旦条件满足,系统会提醒分析员去做分析,如每日报告或月报告订货完成等。时间报告,按日历和时钟提醒分析员。异常报告,当超出边界条件时提醒分析员,如销售情况已超出预定义阈值的上限或下限时提醒分析员。

(5) 计算能力

计算引擎用于完成特定需求的计算或某种复杂计算。

(6) 模型计算

模型计算,如优化计算、统计分析、趋势分析等,以提高决策分析能力。

6.4.2 数据仓库的查询与索引技术

当信息化的浪潮席卷全球的时候,世界各地的许多公司都花大力气建立自己的数据仓库和数据库,利用现代的信息技术来管理公司,以求在竞争日趋激烈的全球经济中保持竞争力,越来越多的关键性数据存入了数据仓库和数据库。目前,数据仓库和数据库的数据量正在变得越来越惊人。尽管超大容量的存储设备替我们保存了这许多宝贵的数据,但数据库技术的发展是否能满足数据量增长的要求呢?存放在数据库中的数据的利用率是否就很高了呢?回答是否定的,大量的数据被锁入计算机系统的迷宫中,数据库变成了数据监狱。由于数据仓库中惊人的数据量,数据仓库像数据库一样变成数据监狱的可能性大大增加。对于一个企业来说,仅拥有数据仓库,而没有高效的数据分析工具来利用其中的数据,就如同守着一座储量丰富的金矿,却不知道如何去采掘。

在当前这场信息革命之中,在激烈的竞争面前,迫切需要出现一种新的模式来处理这些浩如烟海的数据。这种需求的呼声不仅在于需要有强大的工具来收集和整理数据,更在于需要强大的数据分析工具来使用这些数据,使之转变成为对企业的决策有价值的信息资源。数据仓库的最终目标是尽可能让更多的公司管理者方便、有效和准确地使用数据仓库这一集成的决策支持环境。为实现这一目标,为用户服务的前端工具必须能被有效地集成到新的数据分析环境中去。因为在数据仓库的整个结构中,前端工具是最直观、最能让用户感受到数据仓库环境的部分。如果所选择的前端工具不能给最终用户提供灵活自主的信息访问权力和丰富的数据分析与报表功能,那么,数据仓库中的数据就不能得到充分利用。

(1) 数据仓库系统的结构

数据仓库系统(data warehouse system)以数据仓库为基础,通过查询工具和分析工具,完成对信息的提取,满足用户的各种需求。由此可得数据仓库体系结构如图 6-13 所示。

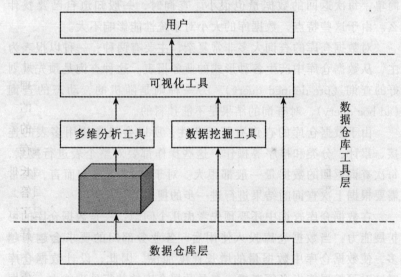

图 6-13 数据仓库体系结构

图中包括数据仓库层、工具层及它们之间的相互关系。数据仓库是大量集成化数据的集合,它的主体由关系数据库构成,但是某些层次的数据也可能由其他类型的数据(如多维数据)组成。各类分析工具与数据仓库的不同数据层连接。不同的用户可以从不同的数据层次,利用不同的分析工具来提取不同类型的信息。

数据仓库系统是多种技术的综合体，它由数据仓库（DW）、数据仓库管理系统（DWMS）、数据仓库工具三个部分组成。在整个系统中，数据仓库居于核心地位，是数据挖掘的基础；数据仓库管理系统负责管理整个系统的运转；数据仓库工具则是整个系统发挥作用的关键，只有通过高效的工具，数据仓库才能发挥数据宝库的作用。

(2) 数据仓库查询

数据仓库和数据库不同，它保存的是大量主题数据和历史数据，一般不做修改，因此，用户对数据仓库的工作主要是查询和分析。数据仓库的查询和数据库查询有很大区别。对数据库的查询很简单，每次返回的数据量也很小。查询时，一般知道自己要找什么。由于这些特点，数据库的大小对系统性能影响不大。

对数据仓库的查询大多非常复杂，主要有两种：一种以报表为主，从数据仓库中产生各种形式的业务报表。这种查询是预先规划好的查询（pre-defined query）。另一种则是随机的、动态的查询（ad-hoc query），对查询的结果是不能预料的。

由于数据仓库的查询有其复杂性，所以会经常使用多表的连接、累计、分类和排序等操作。这些操作都要对整个表进行搜索，每次查询返回的数据量一般都很大。对于 Ad-hoc 查询而言，经常需要根据上次查询的结果进行进一步的搜索。

在数据仓库查询中还要预先考虑几个问题：一是数据仓库的可扩展能力：当数据仓库投入使用后，各业务部门的要求会越来越多，使数据仓库中数据量的增长速度加快。因此，设计数据仓库时，对可扩展能力必须考虑。二是数据仓库的并行处理能力：数据仓库的并行处理能力是另一个必须考虑的问题。鉴于数据仓库查询的复杂性，每个查询必须占用很多的系统资源，如果并行处理能力不强，当多个用户同时发出查询请求时，响应时间可能长得不可容忍。为了更准确地分析市场发展规律，提高企业的竞争优势，数据仓库中要存储尽可能详细的数据，为决策提供更加可靠的信息。因为数据仓库的详细数据包含了许多有价值的信息，经过综合处理后,可能会丢失这些信息。

另外,同关系数据库具有结构化查询一样,多维数据库也需要一种能表达多维查询的语言。这就是多维查询语言——MDSQL。类似于关系型 SQL 语言,这种多维查询语言同英语很相似。可以预见的是,随着多维数据库研究与应用的不断发展,MDSQL 将会越来越趋向于成为一种通用的标准化语言。

(3) 索引技术

索引技术是数据仓库的基础技术,应能支持新索引的建立,产生的索引也应被有效地使用。

常用的索引技术有:① 位索引;② 多级索引;③ 将整个索引或索引的一部分存储在主存中;④ 压缩索引项;⑤ 建立选择索引和范围索引。

Sybase 公司推出的数据仓库 Sybase IQ,采用位索引(Bit-Wise)技术,它在处理复杂的查询时,比传统数据库索引 B-Tree(B-树)有了突破。

Bit-Wise 索引技术在存储数据的方式上与传统的关系数据库有所不同,它不是以"行记录"而是按"列"为单位存储数据,即对数据进行垂直分割。对于每一个记录的字段满足查询条件的真假值用"1"或"0"的方式表示,或者用该字段中不同取值(如多位二进制)来表示。一般 DSS 查询往往仅涉及大量数据记录中的少数列,因而不需要访问原始数据就能快速获得查询结果。显然,利用字段的不同取值能快速进行数据聚类,分组,求最大值、最小值及平均值等操作。

6.5 数据管理和可视化

6.5.1 数据可视化研究

6.5.1.1 可视化概念

计算机最早设计出来是为了用于科学计算,只能以二进制方式与人交互。随着计算机硬件与操作系统、人机界面软件的发展,人机交互方式越来越丰富多样。联机分析处理不仅包含获取、分析数据和信息,而且包含为用户表示数据的功能,人们越来越要求能与计算机进行更强的交互处理,即向计算机输入程序和数据后,能对计算过程进行干预和引导;对大量的输出数据能采用多种方式处理;能及时得到有关计算结果直观、形象的整体概念;能提高利用计算机管理和决策的效率。

美国国家科学基金会在1987年科学计算可视化会议上提出的概念认为,科学计算可视化(visualization in scientific computing)将图形和图像技术应用于科学计算,是一个全新的领域。科学计算可视化是指运用计算机图形学和图像处理技术,将科学计算过程中产生的数据及计算结果转换为图形或图像在屏幕上显示出来。"科学家们不仅需要分析由计算机得出的计算数据,而且需要了解在计算过程中数据的变化情况,而这些都需要借助于计算机图形学及图像处理技术。"

在第7章将介绍的数据开采中,也有一个数据开采可视化的研究课题。数据开采可视化是科学计算可视化的一个重要分支,D. A. Keim给出的定义为:数据开采可视化是指寻找和分析数据库,以找到潜在的有用信息的过程。更具体的定义为:数据开采可视化是一个过程,其目的是为了找到数据库的一个特定子集辅助决策。

6.5.1.2 可视化研究层次

可视化研究分为三个层次:事后处理、跟踪和驾驭。

(1)事后处理(post-processing)

这是指可视化过程在数据完成计算之后才开始,用户与数据源之间没有交互。其优点是可以重复显示。目前,这一层次上的可视化工作最为常见,实现相对简单,如流体力学、有限元计算结果、气象分析计算等的后置处理。

(2)跟踪(tracking)

这是指可视化过程与计算过程同时进行,随着计算的进行,计算的中间结果和最终结果可以及时地显示,对于查错和实时监视,具有一定的交互性,对计算中的错误也可及时发现,一旦出现异常可以终止计算过程。这一层次的可视化的用户使用效率高,等待时间少。另外,由于图像直接从数据中产生,某些情况下数据无需写入介质中,节约了存储容量和存取时间,但数据有可能仅在计算时才能得到。

(3) 驾驭(steering)

这是指数据计算与可视化并发进行,实时地观察到当前计算的状态,而且能对计算进行实时干预,如在网格计算中,增加或减少网格,修改网格中的参数等,并使计算继续下去。

这一层次的计算与可视化的全过程是充分交互的。为了实现较广泛范围的驾驭,必须使用工具箱(toolkit)。它包括:扩展的交互技术、支持大型数据集的交互技术、灵活的图像绘制功能、三维数据输入、公共单元的输出手段及动画功能、用户接口等。目前,这一层次上的可视化系统还不多见,最成熟的软件是驾驭模拟可视化系统。

6.5.2 可视化系统与方法

6.5.2.1 组成

可视化系统大致可由以下几部分组成:

(1) 数据的管理与过滤

这是对大量数据进行管理的部件,一般采用数据库系统,也可以采用文件系统。它们中的数据需要进行过滤、加工,以便建立模型。

(2) 提取几何图元,建立一个模型

这是可视化系统的主要部分,由不同类型的数据(点、线)构造成表面或体素模型。这一部件是构造、仿真、分析、提取模型的机制。

(3) 绘制

这是利用计算机图形学中的成果,进行图像生成、消隐、光照效应及部件绘制。

（4）显示和演放

为了取得有效的显示效果，这一部件将提供图片组合、文件标准、着色、旋转、放大、存储等功能。

6.5.2.2 功能需求

数值模拟过程与计算结果分析对可视化软件的功能要求可概括如下：

（1）能用图形方法显示数据中各类物理量的分布情况。

（2）能对画面进行缩放，使用户可随时对感兴趣的部分进行仔细分析。

（3）可交互地在三维空间改变观察点的位置，并实时地引起画面变化，从而使用户能观察到数据集的各个部分。

（4）可随时变更颜色与其索引之间的对应关系，并实时地反映在图形上。

（5）对三维数据可按任意角度进行切片，即可把复杂的三维问题简化成一系列二维平面来研究，以减少分析难度。

（6）要有画面叠加和对画面的透明控制能力。

（7）具有消隐和多光源光照效应的能力。

（8）有体素绘制能力。

（9）实现动态显示，一方面能连续地显示三维数据中不同位置切片上数据的情况，以便清晰地反映出整个数据的结构；另一方面能连续地显示不同时刻的数据，以分析它的非定常特性。

（10）实现驾驭式计算可视化。

6.5.2.3 可视化方法

可视化绘制（render）方法就是把隐藏于大容量数据集中的物理信息转化为有组织结构表示的视觉信号集合，如空间几何形状、颜色、亮度等。目前常用的可视化绘制方法有：几何法、色彩法、多媒体法和光学法。

（1）几何法

几何法就是用折线、曲线、网络线等几何线条表示数值的大小和规律性。为了使人们能观察清楚，并充分理解这些数据，可将这些数据从一个空间映射到另一个空间，如三维图形通过透视变换映射成二维图像空间。这种方法的优点是直观、准确，但反映的信息有局限性。其具体使用技术有：曲线技术、网络结构技术、粒子跟踪技术、拓扑结构分析技术等。应用实例如：等值线/等值面法表示地形、压力、温度、高度、速度、流线；矢量化/符号化法表示矢量、梯度、风力；纹影图/条纹干扰法表示变形、温度、磁力线变化等。

(2) 色彩法

色彩法就是用色彩或灰度来描述不同区域的数值的方法。由于人们对色彩的接受能力很强，可以根据人的视觉系统对彩色色度和亮度的敏感程度不同来描述数据特性，这种方法的主要优点是直观、形象、醒目，主要用于反映表面或截面上的信息。应用实例如：区域填充法表示云雨分布，医学CT图；阴影图法表示几何物体的几何特性等。

(3) 多媒体法

多媒体法就是通过图形、图像、声音、动画、视频等多种媒体共同表示数据集，如电影场景虚拟与制作。

(4) 光学法

光学法是将数据集映射到一个具有透明性、散射性或自发光性的微粒子系统，通过该系统在一定的光照环境下呈现各种不同的亮斑、颜色等照明特性，反映数据场的整体信息和内部信息，它可一次性地反映整个数据场的全部信息，特别是内部信息。

6.5.3　多维性与可视化

(1) 数据可视化

可视化技术的出现使决策支持应用对用户更有吸引力和更易于理解。数据可视化是涉及决策支持信息可视化的技术，它包含数字图像、GIS、GUI、多维性、表和图形、虚拟现实、3-D表示和动画。可视化软件可为用户提供大量数据、自引导的搜索和可视分析功能。通过应用可视分析技术，用户明确了问题，而这些问题可能是许多年以来他们用标准分析方法所没有发现的。同时还可以集成这些技术，以创建不同的信息表达形式。当需要的数据在数据仓库中，更好的情形是在多维服务器中时，则数据可视化比较容易实现。这里，我们将着重讨论多维性的表示。

(2) 多维性

表格具有二维性，如果需要表示三维或更多维，可使用二维表集或更复杂的表。在决策支持中，要努力使信息的表达更简单，并且使用户能容易和迅速地改变表的结构，以便信息表达的意义更明显（例如，通过改变行和列，或对行和列进行组合）。

(3) 多维性表示

用不同的分析和表示方式组织摘要数据的一种较新的方法是多维性表示。多维性表示的主要优点是数据可组织成管理者喜欢的方式，而不是系统分析者喜欢的方式；并且相同数据的不同表示可方便、迅速地组织起来。

在多维性表示中应考虑维数、度量和时间三个因素。维数的例子有产品、销售人员、市场份额、企业、地理位置、分发渠道、国家和行业等。度量的例子有货币、销售量、库存费用、实际与预测的比较等。时间的例子有日、周、月、季、年等。

管理者可能需要知道某销售人员在某地、某月对某一产品的销售情况。不管是什么数据库结构，如果数据组织在多维性数据库中，或者查询方法或相关的软件产品具有多维性的功能，则可由管理者自己得到上述问题的答案。在这种情况下，管理者可通过表和图形，浏览多维的和层次的数据，并进行快速的解释，如明显的变化情况或趋势等。

多维性的限制：① 多维数据库要比概要的关系数据库多占用约40%的空间。② 多维产品比标准的关系产品多50%的费用。③ 根据不同的数据容量和维数，数据库的负荷需消耗相应的系统资源和时间。④ 接口和维护比关系数据库更复杂。

多维性在EIS中应用特别广泛，具有多维性的工具还常与数据库查询系统和其他OLAP工具结合使用。

6.5.4 多媒体和超媒体

6.5.4.1 多媒体与多媒体 DSS

在 DSS 中使用多媒体技术可以使用户接口更丰富，因此多媒体技术应用的趋势不断增加。计算机系统采用了几种用于表达的多媒体技术，使多媒体成为信息处理和决策的集成部分。

多媒体数据库管理系统（MMDBMS）除了管理标准的文本和数字以外，还管理各种格式的数据，这些格式包括图像，如数字化的照片、地图或 PIC 类文件、超文本图片、录像片、声音和虚拟现实（多维图像）等。根据国外的调查，企业所有信息只有不足 15% 是数字化的，而企业的信息中至少 85% 是以文件、地图、照片、图像和录像片的形式存放在计算机以外。为了使企业在构造应用时能利用这些丰富的数据类型，数据库管理系统必须能管理这些类型的数据。

在 DSS 和 ES 中直接包含多媒体数据类型，用于支持数据库存储、检索和操纵的趋势正在不断增长，例如，基于 Windows 的专家系统 K-Vision 运行应用程序时，支持直接使用多媒体对象，这在诊断专家系统中特别有用。在这些应用中，图片、图表或录像剪辑可描述如何修复有故障的设备，还可使用声音，如用户用鼠标点击声音图标后，K-Vision 能直接播放声音。以同样方式，可设计多媒体 DSS 以处理需要应用多媒体数据支持决策人的决策问题。由于大多数数据库经销商正在提供多媒体功能以及向 Internet 和 Intranet 发送数据的 Web 链接功能，将来的 DSS 多媒体技术会得到更多的应用。

6.5.4.2 超媒体

超媒体（hypermedia）描述包含多种类型的媒体文件，并允许通过信息相关来链接信息，超媒体可包含多层信息，并有下列一些特点：

（1）基于菜单的自然语言接口为用户运行系统和查询提供简单和透明的方式。

(2) 面向对象的数据库允许并行存取和操纵其数据结构。
(3) 关系查询接口可有效地支持复杂查询。
(4) 利用超媒体,用户能链接不同类型的信息。
(5) 媒体编辑器提供观察和编辑文本、图形、图像和声音的方式。

通过在超媒体系统中增加控制结构,有可能增强 DSS 应用,这对于特定信息的搜索是特别有效的。

6.5.4.3 多媒体、超媒体、Web 与面向对象的方法

随着面向对象方法的发展,在数据库及 DBMS 中应用面向对象的方法以及管理对象的趋势不断增长,这些对象可以是各种多媒体数据类型,也包含超媒体文件。可将各种 GUI 图标特征化为与用户交互的标准目标,描述目标的程序细节被封装或对用户隐藏,用户看到的所有东西是显示在屏幕上的,如按钮或校核框。在 GUI 中对象特征的标准化对系统设计者是有益的,特别是对于创建可重用的代码和对象库。面向对象的语言已发展为能处理更复杂对象的编程语言。

由于许多数据库软件支持向 Web 浏览器传送数据,所以大量的多媒体、超媒体和面向对象的应用可通过 Internet 和 Intranet 发布。网络带宽正在增加,这样可通过流动(streaming)方法,为 Internet 提供生动的声音和视频信息。

7 数据挖掘

7.1 数据挖掘的概念

7.1.1 知识发现和数据挖掘

知识发现由众多学科，诸如人工智能、机器学习、模式识别、统计学、数据库和知识库、数据可视化等相互交叉、融合所形成，是一个新兴的而且具有广阔应用前景的领域。知识发现（KDD—Knowledge Discovery in Database）的研究是从20世纪80年代末开始的。目前国际上对知识发现的研究和开发进展很快。关于数据库中知识发现的国际会议已经召开了三届，第三届是1997年8月在美国的加州举行的。第一本关于知识发现的国际学术杂志 *Data Mining and Knowledge Discovery* 于1997年3月创刊。众多领域的知识发现系统和工具也不断投入市场。

知识发现的研究始于从数据库中（从未加工的数据中）发现有用的模式（或知识的矿块）这一理念，并先后有着不同的术语，诸如数据挖掘、知识提取、信息发现、信息获取、数据模式处理、数据考古学以及数据库中的知识发现。其中数据挖掘（DM—Data Mining）术语多为统计学家、数据分析学家及管理信息系统采用；而数据库中的知识发现术语则是在1989年召开的第一届KDD专题讨论会上被首次采用，用于表示在数据中发现知识的广泛进程，并强调特殊数据挖掘方法的"高层"应用。它强调了知识是数据发现的最终产品,并很快在人工智能和机器学习领域得到广泛应用。

长期以来,在知识发现领域,"知识发现"与"数据挖掘"这两个术语的范畴和使用界限一直不很清晰。直到 KDD′96 国际会议上知识发现研究领域的知名学者 Fayyad、Piatetsky-Shapiro 和 Smyth 就这两个术语的关系作了如下阐述:KDD 是指从数据库中发现知识的全部过程,而 Data Mining 则是此全部过程中的一个特定步骤。数据挖掘是应用算法从数据中提取模式,并不包括 KDD 进程的其他步骤。

KDD 过程定义(Fayyad,Piatetsky-Shapiror 和 Smyth,1996):从大量数据中提取出可信的、新颖的、有用的并能被人理解的模式的高级处理过程。

"模式"可以看成是知识的雏形,经过验证、完善后形成知识。

KDD 过程图如图 7-1 所示。

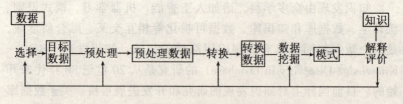

图 7-1 KDD 过程图

从图中可见,KDD 过程是由多个步骤相互连接起来,反复进行人机交互的过程。具体说明如下:

(1)学习某个应用领域。包括应用中的预先知识和目标。

(2)建立一个目标数据集。选择一个数据集或在多数据集的子集上聚焦。

(3)数据清理和预处理。去除噪声或无关数据,去除空白数据域,考虑时间顺序和数据的变化等。

(4)数据转换。找到数据的特征进行编码,减少有效变量的数目,如年龄,10 年为一级,一般为 10 级。

(5) 选定数据挖掘算法。根据数据挖掘的目的,用 KDD 过程中的准则选择某一个特定数据挖掘算法(如汇总、聚类、分类、回归等),用于搜索数据中的模式,它可以是近似的。

(6) 数据挖掘。通过数据挖掘方法产生一个特定的感兴趣的模式或一个特定的数据集。

(7) 解释。解释某个发现的模式,去掉多余的不切题意的模式,转换某个有用的模式为知识。

(8) 评价知识。将这些知识放到实际系统中,查看这些知识的作用,或者证明这些知识。用预先可信的知识检查和解决知识中可能的矛盾。

以上处理步骤往往需要经过多次的反复,不断提高学习效果。

因此,数据挖掘的广义概念为:数据挖掘是从存放在数据库、数据仓库或其他信息库中的大量数据中挖掘有趣知识的过程。

数据挖掘涉及多学科技术的集成,包括数据库技术、统计学、机器学习、高性能计算、模式识别、神经网络、数据可视化、信息检索、图像与信号处理和空间数据分析等。通过数据挖掘,可以从数据库提取有趣的知识、规律或高层信息,并可以从不同角度观察或浏览。发现的知识可以用于决策、过程控制、信息管理、查询处理等。因此,数据挖掘被信息产业界认为是数据库系统研究中最重要的前沿之一,也是信息产业最有前途的交叉学科。

7.1.2 典型的 DM 体系结构

典型的数据挖掘系统具有以下主要成分(见图 7-2)。

数据库、数据仓库。这是一个或一组数据库、数据仓库、电子表格或其他类型的信息库。可以在数据库上进行数据清理和集成。

数据库或数据仓库服务器。根据用户的数据挖掘请求,数据库或数据仓库服务器负责提取相关数据。

知识库。用于存放领域知识,用来指导搜索,或评估结果模式的兴趣度。这种知识可能包括概念的分层知识,用于将属性或属性值组织成不同的抽象层,用户确信方面的知识也可以包含在内。使

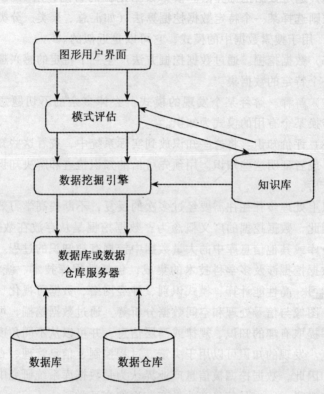

图 7-2 典型的数据挖掘系统结构

用这种知识,可以根据其非期望性评估模式的兴趣度。领域知识的其他例子有兴趣度限制(或阈值)和元数据(例如,描述来自多个异种数据源的数据)。

数据挖掘引擎。这是数据挖掘系统的基本部分,由一组功能模块组成,用于进行特征化、关联、分类、聚类分析以及演变和偏差分析等操作。

模式评估。通常,此部分使用兴趣度度量,并与数据挖掘模块交互,以便将搜索聚焦在有趣的模式上。它可以使用兴趣度阈值过滤发现的模式。模式评估模块也可以与挖掘模块集成在一起,这依赖于所用的数据挖掘方法的实现,对于有效的数据挖掘,建议尽可能深地将模式评估推进到挖掘过程之中,以便将搜索限制在有兴趣的模式上。

图形用户界面。本模块在用户和数据挖掘系统之间通信,允许用户与系统交互,指定数据挖掘查询或任务,提供信息、帮助搜索聚焦,根据数据挖掘的中间结果进行探索式数据挖掘。此外,本模块还允许用户浏览数据库和数据仓库模式或数据结构,评估挖掘的模式,以不同的形式使模式可视化。

从数据仓库的观点,数据挖掘可以看做是联机分析处理(OLAP)的高级阶段。然而,通过结合更高级的数据理解技术,数据挖掘比数据仓库的汇总型分析处理走得更远。

尽管市场上已有许多"数据挖掘系统",但是并非所有的都能进行真正的数据挖掘。不能处理大量数据的数据分析系统,最多只能称做是机器学习系统、统计数据分析工具或实验系统原型。一个系统如果只能够进行数据或信息检索,包括在大型数据库找出聚集值或回答演绎查询,它应当被归类为数据库系统,或信息检索系统,或演绎数据库系统。

7.2 数据挖掘的对象与任务

原则上讲,数据挖掘可以在任何类型的信息存储上进行。这包括关系数据库、数据仓库、事务数据库、高级数据库系统、展开文件和WWW。高级数据库系统包括面向对象数据库、对象-关系数据库和面向特殊应用的数据库,如空间数据库、时间序列数据库、文本数据库和多媒体数据库。挖掘的挑战和技术可能因存储系统的差异而不同。

数据挖掘的任务主要有六项:关联分析、时序模式、聚类、分类、偏差检测和预测。

(1) 关联分析

关联分析是从数据库中发现知识的一类重要方法。若两个或多个数据项的取值重复出现且概率很高时,它就存在某种关联,可以建立起这些数据项的关联规则。

例如,买面包的顾客有90%的人还买牛奶,这是一条关联规则。若商店将面包和牛奶放在一起销售,将会提高它们的销量。

在大型数据库中,这种关联规则是很多的,需要进行筛选,一般用"支持度"和"可信度"两个阈值来淘汰那些无用的关联规则。

支持度表示该规则所代表的事例(元组)占全部事例(元组)的百分比。如买面包又买牛奶的顾客占全部顾客的百分比。

可信度表示该规则所代表的事例占满足前提条件事例的百分比。如买面包又买牛奶的顾客占买面包顾客的90%,可信度为90%。

(2) 时序模式

通过时间序列搜索出重复发生概率较高的模式。这里强调时间序列的影响。例如,在所有购买了激光打印机的人中,半年后,80%的人再购买新硒鼓,20%的人用旧硒鼓装碳粉;在所有购买了彩色电视机的人中,有60%的人再购买VCD产品。

在时序模式中,需要找出在某个最小时间内出现比率一直高于某一最小百分比(阈值)的规则。这些规则会随着形式的变化做适当的调整。

时序模式中,一个有重要影响的方法是"相似时序"。用相似时序的方法,要按时间顺序查看时间事件数据库,从中找出另一个或多个相似的时序事件。例如,在零售市场上,找到另一个有相似销售的部门;在股市中找到有相似波动的股票。

(3) 聚类

数据库中的数据可以划分为一系列有意义的子集,即类。在同一类别中,个体之间的距离较小,而不同类别的个体之间的距离偏大。聚类增强了人们对客观现实的认识,即通过聚类建立宏观概念。例如,鸡、鸭、鹅等都属于家禽。

对数据子集进行聚类的方法包括,统计分析方法、机器学习方法、神经网络方法等。

在统计分析方法中,聚类分析是基于距离的,如欧氏距离、海明距离等。这种聚类分析方法是一种基于全局比较的聚类,它需要考察所有的个体才能决定类的划分。

在机器学习方法中,聚类是无导师的学习。在这里,距离是根据概念的描述来确定的,故聚类也称概念聚类。当聚类对象动态增加时,概念聚类则称为概念形成。

在神经网络中,自组织神经网络方法用于聚类。如 ART 模型、Kohonen 模型等,这是一种无监督学习方法。当给定距离阈值后,各样本按阈值进行聚类。

(4) 分类

分类是数据挖掘中应用得最多的任务。分类是找出一个类别的概念描述,它代表了这类数据的整体信息,即该类的内涵描述,一般用规则或决策树模式表示。该模式能把数据库中的元组映射到某个给定的类别中。

一个类的内涵描述分为:特征描述和辨别性描述。

特征描述是对类中对象共同特征的描述;辨别性描述是对两个或多个类之间区别的描述。特征描述允许不同类中具有共同特征,而辨别性描述对于不同类不能有相同的特征。辨别性描述用得较多。

分类是利用训练样本集(已知数据库元组和类别所组成的样本)通过有关算法而求得分类规则。

建立分类决策树,典型的有 ID3,C4.5,IBLE 等方法。建立分类规则的方法,典型的有 AQ 方法、粗集方法、遗传分类器等。

目前,分类方法的研究成果较多,判别方法的好坏可从三个方面进行:① 预测准确度(对非样本数据的判别准确度);② 计算复杂度(方法实现时对时间和空间的复杂度);③ 模式的简洁度(在同样效果情况下,希望决策树小或规则少)。

在数据库中,往往存在噪声数据(错误数据)、缺损值、疏密不均匀等问题,它们对分类算法获取的知识将产生坏的影响。

(5) 偏差检测

数据库中的数据存在很多异常情况,从数据分析中发现这些异常情况也是很重要的,以引起人们更多的注意。

偏差包括很多有用的知识,如:分类中的反常实例;模式的例外;观察结果对模型预测的偏差;量值随时间的变化。

偏差检测的基本方法是寻找观察结果与参照之间的差别。观察结果常常是某一个域值或多个域值的汇总。参照是给定模型的预测、外界提供的标准或另一个观察结果。

(6) 预测

预测是利用历史数据找出变化规律,建立模型,并用此模型来预测未来数据的种类、特征等。

典型的方法是回归分析,即利用大量的历史数据,以时间为变量建立线性或非线性回归方程。预测时,只要输入任意的时间值,通过回归方程就可求出该时间的状态。

近年发展起来的神经网络方法,如 BP 模型,实现了非线性样本的学习,能进行非线性函数的判别。

用分类也能进行预测,但分类一般用于离散数值,而回归预测用于连续数值。神经网络方法预测既可用于连续数值,也可用于离散数值。

7.3 数据挖掘的方法与技术

数据挖掘方法由人工智能、机器学习的方法发展而来,结合传统的统计分析方法、模糊数学方法以及科学计算可视化技术,以数据库为研究对象,形成了数据挖掘方法和技术。

数据挖掘方法和技术可以分为六大类。

7.3.1 归纳学习方法

归纳学习方法是目前数据挖掘方法的重点研究方向,研究成果较多。从采用的技术上看,分为两大类:信息论方法(即决策树方法）和集合论方法。每类方法中又包含多个具体方法。

7.3.1.1 信息论方法

信息论方法是利用信息论的原理建立决策树。由于该方法最后获得的知识表示形式是决策树，故一般文献中称它为决策树方法。该类方法的实用效果好，影响较大。

信息论方法中较有特色的方法有：

（1）ID3方法。Quinlan研制的ID3方法是利用信息论中互信息（信息增益）寻找数据库中具有最大信息量的字段，建立决策树的一个结点，再根据字段的不同取值建立树的分支，再由每个分支的数据子集重复建立树的下层结点和分支的过程，这样，就建立了决策树。利用这种方法时，数据库愈大，效果愈好。ID3方法在国际上影响很大。继ID3方法以后，又陆续开发了ID4、ID5、C4.5等方法。

（2）IBLE方法。利用信息论中的信道容量，寻找数据库中信息量从大到小的多个字段的取值建立决策规则树的一个结点，将该结点中指定字段取值的权值之和与两个阈值进行比较，建立左、中、右三个分支，在各分支子集中重复建立树结点和分支，最终形成决策规则树。IBLE方法比ID3方法在识别率上提高了十个百分点。

7.3.1.2 集合论方法

集合论方法是开展研究较早的方法。近年来，由于粗集理论的发展使集合论方法得到了迅速的发展。这类方法包括：覆盖正例排斥反例的方法（如AQ系列方法）、概念树方法和粗集（rough set）方法。

（1）覆盖正例排斥反例方法。它是利用覆盖所有正例，排斥所有反例的思想来寻找规则的。比较典型的有Michalski的AQ系列方法。

AQ系列的核心算法是在正例集中任选一个种子，与反例集中的元素逐个比较，对字段取值构成的选择子相容则舍去，相斥则保留。按此思想循环所有正例种子，最终将得到正例集的规则（选择子的合取式)。

(2) 概念树方法。将数据库中记录的属性字段按归类方式进行合并后建立起来的层次结构称为概念树。如"城市"概念树的最下层是具体市名或县名（如长沙、南京等），它的直接上层是省名（湖南、江苏等），省名的直接上层是国家行政区（华南、华东等），再上层是国名。

利用概念树提升的方法可以大大浓缩数据库中的记录。对多个属性字段的概念树提升，得到高度概括的知识基表，再将它转换成规则。

(3) 粗集方法。在数据库中将行元素看成对象，列元素是属性（分为条件属性和决策属性）。等价关系 R 定义为不同对象在某个（或几个）属性上取值相同，这些满足等价关系的对象组成的集合称为该等价关系 R 的等价类。条件属性上的等价类 E 与决策属性上的等价类 Y 之间有三种情况：(a) 下近似，Y 包含 E；(b) 上近似，Y 和 E 的交非空；(c) 无关，Y 和 E 的交为空。对下近似建立确定性规则，对上近似建立不确定性规则（含可信度），对无关情况不存在规则。

7.3.2 仿生物技术

仿生物技术典型的方法主要包括神经网络方法和遗传算法。这两类方法已经形成了独立的研究体系。它们在数据挖掘中也发挥了巨大的作用，我们将它们归并为仿生物技术类。

7.3.2.1 神经网络方法

它模拟了人脑神经元结构，以 MP 模型和 Hebb 学习规则为基础，建立了三大类多种神经网络模型。

(1) 前馈式网络。以感知机、BP 反向传播模型、函数型网络为代表，可用于预测、模式识别等方面。

(2) 反馈式网络。以 Hopfield 的离散模型和连续模型为代表，分别用于联想记忆和优化计算。

(3) 自组织网络。以 ART 模型、Kohonen 模型为代表，可用于聚类。

神经网络的知识体现在网络连结的权值上，是一个分布式矩阵结构。神经网络的学习体现在神经网络权值的逐步计算上（包括反复迭代计算或者是累加计算）。

7.3.2.2 遗传算法

这是模拟生物进化过程的算法。它由三个基本算子组成：

(1) 繁殖（选择）。从一个旧种群（父代）选择出生命力强的个体产生新种群（后代）的过程。

(2) 交叉（重组）。选择两个不同个体（染色体）的部分（基因）进行交换，形成新个体。

(3) 变异（突变）。对某些个体的某些基因进行变异（1 变 0，0 变 1）。

这种遗传算法起到了筛选、产生优良后代的作用。这些后代需要满足适应值，经过若干代的遗传，将得到满足要求的后代（问题的解）。遗传算法已在优化计算和分类机器学习方面显示了显著的效果。

7.3.3 公式发现

在工程和科学数据库（由实验数据组成）中对若干数据项（变量）进行一定的数学运算，求得相应的数学公式。

(1) 物理定律发现系统 BACON

BACON 发现系统完成了物理学中大量定律的重新发现。它的基本思想是对数据项进行初等数学运算（加、减、乘、除等）形成组合数据项，它的值若为常数时，我们就得到了组合数据项等于常数的公式。

(2) 经验公式发现系统 FDD

基本思想是若对两个数据项交替取初等函数后与另一数据项的线性组合为直线，就找到了数据项（变量）的初等函数的线性组合公式。该系统所发现的公式比 BACON 系统发现的公式更宽些。

7.3.4 统计分析方法

利用统计学原理对数据库中的数据进行分析,主要分析方法如下:

常用统计:求大量数据中的最大值、最小值、总和、平均值等。

相关分析:求相关系数,度量变量间的相关程度。

回归分析:求回归方程(线性或非线性),表示变量间的数量关系。

差异分析:从样本统计量的值得出差异,确定总体参数之间是否存在差异(假设检验)。

聚类分析:直接比较样本中各样本之间的距离,将距离较近的归为一类,而将距离较远的分在不同类中。

判别分析:建立一个或多个判别函数,并确定一个判别标准,对未知对象利用判别函数将它划归为某一个类别。

7.3.5 模糊数学方法

利用模糊集合理论对实际问题进行模糊评判、模糊决策、模糊模式识别和模糊聚类分析。

由于模糊性是客观的存在,而且系统的复杂性愈高,精确化能力便愈低,这就意味着模糊性愈强。这是 Zadeh 总结出的互克性原理。

以上提到的模糊方法都取得了较好的效果。

7.3.6 可视化技术

可视化数据分析技术拓宽了传统的图表功能,使用户对数据的剖析更清楚。例如,把数据库中多维的数据变成多种图形,这对于揭示数据中的状况、数据的内在本质以及数据的规律性起到了很强的作用。

7.4 Web 数据挖掘

7.4.1 Web 数据挖掘的分类

在逻辑上，我们可以把 Web 看做是位于物理网络之上的一个有向图 $G = (N, E)$，其中节点集 N 对应于 Web 上的所有文档，而有向边集 E 则对应于节点之间的超链。对节点集做进一步的划分，$N = \{N_1, N_{n1}\}$。所有的非叶节点 N_{n1} 是 HTML 文档，其中除了包括文本以外，还包含了标记以指定文档的属性和内部结构，或者嵌入了超链接以表示文档间的结构关系。叶节点 N_1 可以是 HTML 文档，也可以是其他格式的文档，例如 PostScript 等文本文件，以及图形、音频等媒体文件。N 中每个节点都有一个 URL，其中包含了关于节点所位于的 Web 站点和目录路径的结构信息。如图 7-3 所示。

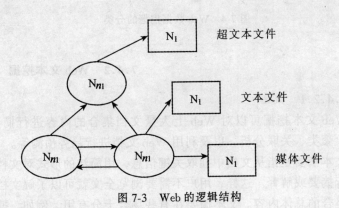

图 7-3 Web 的逻辑结构

Web 上信息的多样性，决定了 Web 数据挖掘的多样性。按照处理对象的不同，将 Web 数据挖掘分为两大类：内容挖掘和结构挖掘。前者指的是从 Web 文档的内容信息中抽取知识，而后者指的是从 Web 文档的结构信息中推导知识。Web 内容挖掘又分为对文本文档（包括 text，HTML 等格式）和对多媒体文档（包括 image，audio，video 等媒体类型）的挖掘。Web 结构挖掘不仅仅局限于文档之间的超链结构，还包括文档内部的结构、文档 URL 中的目录路径结构等，如图 7-4 所示。（在本章中，我们仅对 Web 上的文本挖掘和结构挖掘加以讨论，下文中提及的"文档"指的是文本文档，不包括多媒体文档。）

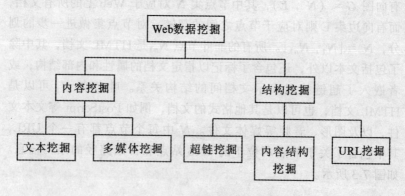

图 7-4　Web 数据挖掘的分类

7.4.2　Web 文本挖掘

7.4.2.1　概述

Web 文本挖掘可以对 Web 上大量文档集合的内容进行摘要、分类、聚类、关联分析，以及利用 Web 文档进行趋势预测等。

文本摘要是指从文档中抽取关键信息，用简洁的形式对文档内容进行摘要或解释。这样，用户不需要浏览全文就可以了解文档或文档集合的总体内容。文本摘要在有些场合十分有用，例如，搜索引擎在向用户返回查询结果时，通常需要给出文档的摘要。目前，绝大部分搜索引擎采用的方法是简单的截取文档的前几行。

文本分类是指按照预先定义的主题类别，为文档集合中的每个文档确定所属的类别，这样，用户不但能够方便地浏览文档，而且可以通过限制搜索范围来使文档的查找更为容易。目前，Yahoo！

通过人工方式对 Web 上的文档进行分类，这大大限制了索引的页面数目（Yahoo! 索引的覆盖范围远远小于 Alta-vista 等搜索引擎）。利用文本分类技术可以对大量文档进行快速、有效的自动分类。目前，文本分类的算法有很多种，比较常用的有 TFIDF 和 Naive Bayes 等方法。

文本聚类与分类的不同之处在于，聚类没有预先定义好的主题类别，它的目标是将文档集分成若干类，要求同一类内文档内容的相似度尽可能大，而不同类间的相似度尽可能地小。Hearst 等人的研究已经证明了"聚类假设"，即与用户查询相关的文档通常会聚类在一起，而远离那些与用户查询不相关的文档。因此，我们可以利用文本聚类技术将搜索引擎的检索结果划分为若干个类，用户只需要考虑那些相关的类，这大大缩小了所需要的浏览结果数量。目前有多种文本聚类算法，大致可以分为两种类型：以 G-HAC 等算法为代表的层次凝聚法，以 k-means 等算法为代表的平面划分法。

关联分析是指从文档集合中找出不同词语之间的关系。Brin 提出了一种从大量文档中发现一对词语出现模式的算法，并用来在 Web 上寻找作者和书名的出现模式，从而发现了数千本在 Amazon 网站上找不到的新书籍。另外，也有人以 Web 上的电影介绍作为测试文档，通过使用 OEM 模型从这些半结构化的页面中抽取词语项，进而得到一些关于电影名称、导演、演员、编剧的出现模式。

分布分析与趋势预测是指通过对 Web 文档的分析和挖掘，得到特定数据在某个历史时刻的情况或将来的取值趋势。Feldman 等人使用多种分析模式对路透社的两万多篇新闻进行了分析和挖掘，得到主题、国家、组织、人、股票交易之间的相对分布，揭示了一些有趣的趋势。Wvthrich 等人通过分析 Web 上出版的权威性经济文章，对每天的股票市场指数进行预测，取得了良好的效果。

需要说明的是，Web 上的文本挖掘和通常的文本挖掘的功能和方法比较类似，但是，Web 文档中的标记，例如〈Title〉、〈Heading〉等蕴含了额外的信息，我们可以利用这些信息来提高 Web 文本挖掘的性能。

7.4.2.2 Web 文本的特征表示

与数据库中的结构数据相比，Web 文档具有有限的结构，或者根本就没有结构。即使具有一些结构，也是着重于格式，而非文档内容。不同类型文档的结构也不一致。此外，文档的内容是人类所使用的自然语言，计算机很难处理其语义。文本信息源的这些特殊性使得现有的数据发现技术无法直接应用于其上。我们需要对文本进行预处理，抽取代表其特征的元数据，这些特征可以用结构化的形式保存，作为文档的中间表示形式。

文本特征指的是关于文本的元数据，分为描述性特征，如文本的名称、日期、大小、类型等；语义性特征，如文本的作者、机构、标题、内容等。描述性特征易于获得，而语义性特征则较难获得。W3C 近来制定的 XML、RDF 等规范提供了对 Web 文档资源进行描述的语言和框架。在此基础上，我们可以从半结构化的 Web 文档中抽取作者、机构等特征。

对于内容这个难以表示的特征，我们首先要找到一种能够被计算机所处理的表示方法。向量空间模型（VSM）是近年来应用最多且效果较好的方法之一。在该模型中，文档空间被看做是由一组正交词条向量所组成的向量空间，每个文档表示为其中的一个范例特征向量 $V(d) = (t_1, w_1(d); \cdots; t_i, w_i(d); \cdots; t_n, w_n(d))$，其中 t_i 为词条项，$w_i(d)$ 为 t_i 在 d 中的权值。可以将 d 中出现的所有单词作为 t_i，也可以要求 t_i 是 d 中出现的所有短语，从而提高内容特征表示的准确性。$w_i(d)$ 一般被定义为 t_i 在 d 中出现频率为 tf_i 的函数，即 $w_i(d) = \psi(tf_i(d))$。常用的 ψ 有布尔函数、平方根函数、对数函数和 TFIDF 函数。

7.4.2.3 文本分类

分类工具将文档分配到已经存在的类别（有时也叫做"主题"）中，类别可被用来匹配文件集。智能文本挖掘器可以通过将文档分配到相应类别中来整理它们。但是分类并不能代替一个管理员所做的手工分类，它只是提供了一个花费较少的可选择方法。分类的应用包括：

(1) 整理内部互联网的文本。预计一个管理员整理一个目录至少要花25美元，很显然，用这种方法来整理一个内部互联网里上百万的文本是不切实际的。通过使用自动分类的方法，可以将文本分配到一个结构体系中，这样用浏览的方法或者限定文本查找范围的方法就更容易找到它们。

(2) 将文本分配到文件夹中。分类可以让我们用更灵敏的方法将文本归档。比如，它可以通过暗示应该考虑哪个文件夹的方法来帮助一个要发E-mail到一堆文件夹的人。

尽管智能文本挖掘器使用自动工具使得文本分类更快，耗费更少，然而，分类体系的命名却需要多加小心。智能文本挖掘器中的这个工作比其他系统中的耗费要小多了。在智能文本挖掘器中，类别是由文本样品来定义的。所有类别的分析，特别是选择每个类的特征词和词组，都是自动完成的（在以前的系统中这些必须由手工完成）。这个"训练"阶段产生了一个随后被用于分类新文本的特殊用表。智能文本挖掘器的分类器给每个分类的文本返回分类名称表。一个文本可以分配到多个分类中。如果相似度较低的话，一般来说，这个文本就先放在一边，由一个分类人员来做最后决定。如果这个文本的主题和以前的分类都不匹配的话，这样做是很必要的；如果这些发生得很频繁的话，就表明应该定义一个新分类了。我们所要做的是为一个新分类积累一套例子，然后重新执行花费最多几个小时的训练程序。

如果已定义的一套分类确实与后来的文本匹配的话，则表明智能文本挖掘器的分类器与分类人员的分类已经很接近了。

工具包里的分类器提取被分类文本的特征，然后将这些特征和经过训练阶段从样本文档中提取的每个分类的一套特征相比较。这种方法保证了简洁的列表和快速的处理速度。根据智能文本挖掘器所使用的不同特征，可以分为两种分类器。① 语言特征分类器。这种分类器的分类基础是一些特殊语言特征，是由智能文本挖掘器的特征提取部分从英文文本中提取出来的。它们的优势在于低歧义性和专业性。② N元语法分类器。N元语法分类器使用字母组合和短语作为分类的特征,它可以从任何语言的文档中提取这些特征。除了通过文本的主题来对文本进行分类外,它还可以被用于确定文本的语言(语言确定工具是这种分类器的一种特殊应用),或者文本的代码页。

文本分类是一种典型的有教师的机器学习问题,一般分为训练和分类两个阶段,具体过程如下:

(1) 训练阶段

① 定义类别集合 $C = \{c_1, \cdots, c_i, \cdots, c_m\}$,这些类别可以是层次式的,也可以是并列式的;

② 给出训练文档集合 $S = \{s_1, \cdots, s_j, \cdots, s_n\}$,每个训练文档 s_j 被标上所属的类别标志 c_i;

③ 统计 S 中所有文档的特征矢量 $V(s_j)$,确定代表 C 中每个类别的特征矢量 $V(c_i)$。

(2) 分类阶段

① 对于测试文档集合 $T = \{d_1, \cdots, d_k, \cdots, d_r\}$ 中的每个待分类文档 d_k,计算其特征矢量 $V(d_k)$ 与每个 $V(c_i)$ 之间的相似度 $\text{sim}(d_k, c_i)$;

② 选取相似度最大的一个类似 $\arg\max_{c_i \in C} \text{sim}(d_k, c_i)$ 作为 d_k 的类别。

在计算 $\text{sim}(d_k, c_i)$ 时,有多种方法可供选择。最简单的方法是仅考虑两个特征矢量中所包含的词条的重叠程度,即:$\text{sim}(d_k, c_i) = \dfrac{n_L(d_k, c_i)}{n_Y(d_k, c_i)}$,其中,$n_L(d_k, c_i)$ 是 $V(d_k)$ 和 $V(c_i)$ 具有的相同词条数目,$n_Y(d_k, c_i)$ 是 $V(d_k)$ 和 $V(c_i)$ 具有的所有词条数目;最常用的方法是考虑两个特征矢量之间的夹角余弦,即 $\text{sim}(d_k, c_i) = \dfrac{V(d_k) \cdot V(c_i)}{|V(d_k)| \cdot |V(c_i)|}$。

支持向量机(SVM)是一种建立在统计学习理论基础上的机器学习方法。通过学习算法,SVM 可以自动寻找那些对分类有较好区分能力的支持向量,由此构造出的分类器可以最大化类与类的间隔,因而有较好的推广性能和较高的分类准确率。SVM 已被用于孤立的手写体识别、语音识别、人脸识别。但是,对网页(文本)分类这样的大规模的数据集而言,训练例子往往很多,SVM 需要的训练时间太长,因而不可接受。有一些方法使用启发式规则来简化计算,但必须满足某些限制条件,否则,并不能减少计算复杂度。

无监督聚类(UC)是一种较简单的聚类方法。在给定聚类半径后,分别对每类网页进行聚类并获得若干聚类中心,然后利用中心来分类:即对任意网页,计算其与各类中心的距离;找到最近的中心后,该中心所对应的类就是网页的所属类。该方法的特点是分类速度快但准确率低。

将 SVM 与 UC 方法结合起来,既可以保证较快的训练速度,又有较高的分类准确率。这正是我们所要探讨的问题。我们的做法是:在训练阶段,用 UC 方法聚类后,对每一个正的聚类中心,根据中心周围的反例极有可能是支持向量这一特点,仅选取部分反例交给 SVM 学习,这样便大大加快了 SVM 的训练速度。在识别阶段,分别计算待识别的网页同正例中心与反例中心的最短距离,若距离差较大,就直接用 UC 分类,否则用 SVM 进行分类。

为了用 UC 算法解决两类分类问题,首先将类 α 的正例集 $\boldsymbol{\Omega}^+$ 和反例集 $\boldsymbol{\Omega}^-$ 分别作为 UC 算法的输入。寻找它们各自的中心。其中:

$$\boldsymbol{\Omega}^+ = \{x_i \mid (x_i, y_i) \in E, y_i = 1\}$$
$$\boldsymbol{\Omega}^- = \{x_i \mid (x_i, y_i) \in E, y_i = -1\}$$

令 $\boldsymbol{\Omega}^+$ 的中心为 $O_1^+, O_2^+, \cdots, O_u^+$,$\boldsymbol{\Omega}^-$ 的中心为 $O_1^-, O_2^-, O_3^-, \cdots, O_v^-$。接着计算网页 x 到所有正例中心、反例中心的距离。并令:

$$d_x^+ = \min_{i=1}^{u} d(x, O_i^+),$$

$$d_x^- = \min_{i=1}^{v} d(x, O_i^-)$$

这里 $d(x,y)$ 是网页 x 与 y 的距离。最终,我们用如下规则决策:

若 $d_x^+ < d_x^-$,则 $x \in \alpha$,否则 $x \notin \alpha$。

很明显,聚类半径 r 越大,聚类总数就越少。这将导致用 UC 算法分类时在训练阶段和识别阶段的高效率。但就准确率而言,实验证明,UC 方法要明显低于 SVM 方法。

从以上讨论可见,单独使用 SVM 或 UC 并不能以低时间耗费获取高准确率。ISUC 算法则将二者结合起来,有可能以较低的训练代价获得较高的分类准确性。

在训练阶段,首先给定聚类半径 r,然后用 UC 发现正例集和反例集的中心。接着挑选部分训练例子交给 SVM 学习。其原则是:训练集包含全部正例和与正例中心接近的部分反例。选择这部分反例是由于它们有更高的可能性被选为支持向量。见图 7-5 所示。

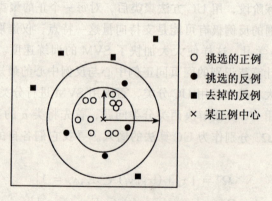

图 7-5 选择部分训练例子参加 SVM 的学习

严格地说,对于一个给定的切割半径 R ($R > r$),SVM 的训练集可缩小为:

$$\Omega^+ \cup \left\{ x \mid x \in \Omega^- \cap x \in \bigcup_{i=1}^{k} B_R(O_i^+) \right\}$$

其中,$B_R(O_i^+)$ 是以 O_i^+ 为圆心、R 为半径的球。图 7-5 仅以一个正例中心为例说明。

设某正例中心为×,则以切割半径 R 为半径的圆中的反例可分为两部分。一部分是在内圆中(半径为 r),这部分反例尽管很少(由于与正例中心较近),但由于它们与正例混杂,所以极有可能成为支持向量;另一部分在圆环中,它们的反例相对较多,与正例接近程度高,也有可能成为支持向量。而在以 R 为半径的圆外,由于它们距正例中心较远,成为支持向量的可能性很小,因此没有必要将它们交给 SVM 去训练。这将大大减少训练集的规模和训练时间。

在测试阶段(或者说识别阶段),对于任意给定的向量 x 与决策阈值ε,若 $\left|d_x^+ - x_x^-\right| > \varepsilon$,则表明 x 离最接近正反例中心的距离差较大,这时我们直接用 UC 方法对 x 分类。具有相当把握,而且分类效率较高。否则,再调用 SVM 做决策,充分利用其在两类边界处具有高区分能力的特点。由此可见,决策阈值ε是决定采用哪种方法进行分类的关键。试验表明,该方法的分类准确率要高于现有的方法。

在向量空间模型中,将文本表示成向量后,由向量在空间中的位置决定其所属类。特征项间存在着各种关系,如同义关系、上下位关系等。大多数方法中根本不考虑特征项间的相互关系,从而导致了向量间的距离度量不准确(欧氏距离或余弦距离),分类正确率较低。例如,在一篇文章中多次出现词汇"电脑",而在另一篇文章中出现"计算机"。这两篇文章所对应的特征项由于在这两维上的距离较大,而多个相同含义的不同特征项可能导致将这两篇文章分到两类中,即有可能由量的积累导致质的飞跃。针对这个问题,采用静态词典的方式是不够的,而且也牵涉到了词的语义消歧问题。我们拟采用以下两种策略:

第一,在类别内部进行词间语义相关度的挖掘。在类别内挖掘词的语义相关度的原因是:在类别的限制下可以有效地减少词的歧义。在挖掘中,用支持度去除噪声,用可信度来判断关联规则的信任程度。词对应于项(item),文档对应于交易(transaction),一类文档对应于交易集(transaction set)。

与词"案件"所构成的关联规则中可信度大于 0.5 的其他词有：犯罪、打死、纠纷、当事人、人民法院、被捕者、法律、规定、刑事、案、合同、动乱、反革命、检察院、民主、事实、法官、暗杀、暴力。

第二，定义一个新的距离度量，涉及新向量与类别向量的特征拟合度 MatchDegree、新向量到类别向量的距离（依赖于特征间的语义关联度）Dnc、类别向量到新向量的距离 Dcn 以及类别中关键属性的决定作用 Sup_{W_i, F_j}。

其中关键属性对该类别起决定作用，它的出现可以决定该文档的类别。如若出现了"篮球"、"足球"，就可以决定该文档属于体育类。令 W_i 是一个词，F_j 是一个文档，C 是某个类别，则：

$$Sup_{W_i, C} = \frac{\sum_j Sup_{W_i, F_j}}{\max_{W_i, C}(Sup_{W_i, F_j})}$$

$$Sup_{W_i, F_j} = \frac{freq(W_i)}{\max_{W_i in F_j}(freq(W_i))}$$

定义距离度量为：

$$Distance = \alpha \cdot MatchDegree + \beta \cdot Dnc + \gamma \cdot \log(Dcn) + \eta \cdot Sup_{W_i, F_j}$$

其中，η 可取最大，β 次之，α、γ 较小。

7.4.2.4 文本聚类

聚类是一个将文本集分组的全自动处理过程。每个组里的文本在一定方面互相接近。如果把文本内容作为聚类的基础，不同的组则与文本集不同的主题相对应。所以聚类是一个发现文本集包含内容的方法。为了帮助确定一个组的主题，聚类工具定义了一个在文件组中常见的单词词汇表。

聚类也可以根据文件属性的组合来进行，例如，它们的长度、耗费和日期等。在数字方面的智能性聚类工具可以适用于这种问题。

文本数据挖掘在聚类方面的一个例子是对顾客的 E-mail 进行

分析，找出是否存在一些共同忽略的地方。聚类时，将一个文本集分为几个子集，每个子集里的文本都较相近，有些共同的特征。聚类可以用于：① 提供对一个大的文本集内容的概括；② 识别隐藏的共同点；③ 使找到相近或相关的浏览程序简单化。

聚类也可以用于一个文本子集。特别地，文本数据挖掘搜索器可以使用聚类发掘搜索结果表的结构。类是通过相关数据发现的一些组，类里的文本和其他组相比更为相近。因此，关于类分析的目标是找到这样一些类的集合，类之间的相似度最小，而类内部的相似性最大。对这个问题一般来说没有特别好的解决方法，智能文本数据挖掘器提供了建立在健壮算法上的工具，可以用于相关应用。在此，仅对基于概念的文本聚类作一介绍。

普通的文本聚类算法是建立在词频的基础上。而采用基于概念的文本聚类是出于以下考虑：人们在表达相同概念时，使用的词汇具有很大的不同，如个人的喜好，有人愿意用"电脑"一词，而其他人喜欢用"计算机"一词；也可能因文章修辞的缘故，用词要求比较简洁经常出现同义替换的现象，以避免单调重复；或者词汇表达的概念层次有所不同。因此，仅仅依靠特征词的重复而产生的频率信息是完全不够的。虽然选用的词汇可能不同，但表述的概念却是一致的。如果将特征项映射至概念级，无疑将有助于加强同一类别文本的聚合能力。

(1) 概念映射

输入文本经过分词处理和停用词处理后，获取文本的特征项信息，这里主要获得文本的项集特征向量，经过概念映射后，得到概念集特征向量，具体算法如下：

设文本 T 的项集特征向量 $\boldsymbol{p}_i = ((t_1, d_1, f_1), (t_2, d_2, f_2), \cdots, (t_m, d_m, f_m))$。其中 t_i 为特征项，d_i 为分词时从词典中获取的 t_i 的概念码，f_i 为 t_i 的频率。

概念词典是层次结构的语义组织，不同的层次表明其抽象的程度不同。层次越高，概括性越强，包含的下位概念可能越多。下位概念往往是上位概念的属性、特征、部分或说明；上位概念常常是下位概念的抽象、概括或整体表示。因此,在概念映射中将特征项映射至概念体系的哪个层次上是值得关注的。映射的层次太高,则容易造成主题过于笼统,失去层次划分的意义。

定义概念映射 $\Phi(P,\lambda):P \xrightarrow{\Phi} Q$。其中 P 为项集特征向量,Q 为概念集特征向量。

$Q=((c_1,g_1),(c_2,g_2),\cdots,(c_i,g_i))$,$c_i$ 是 λ 层的概念节点的代码,g_i 是 c_i 的概念密度。

(2) 概念密度

$g(c)=\sum_{t\in S}f(t)/K^{d-1}$。它表示概念 c 在文本中的集聚程度。其中集合 S 是项集特征向量 P 中概念 c 的所有下位概念的项的集合。t 是属于集合 S 的特征项,$f(t)$ 是 t 的频率,d 是 t 的概念节点到概念 c 的最短路径长度,K 是常数($K>1$)。

(3) 概念消歧

在分词和概念标注中会出现未登录词、没有概念标注的词和一词具有多个概念标注的情况。对于前两种情况利用如下算法确定其概念标注。在含有词 ω 的段落中,统计共现词频函数 $f_\omega(t)=l$,l 为 ω 与 t 共同出现的句子数。获取频数最大者 t 的概念节点为 c,将 ω 的概念标注定义为 c 的子节点,c 为其父节点。

对于第三种情况,假设词典中 ω 有 m 个概念标注 $c_1,c_2,\cdots,c_m$,在含有词 ω 的段落中,统计共现概念函数 $h_\omega(c_i)=\frac{1}{D}\sum_{t\in T}f(c,t)$,$D$ 为 c_i 的子节点数,T 是一棵以 c_i 为顶点的子树,$f(c,t)$ 是 t 在段落中的频率。取共现概念函数最大者 c 为 ω 的概念标注。

经过如上处理,获得各段的概念集特征向量。采用这种方法可以增强相似文本之间的相似程度,而且在某种程度上减少向量中各个分量间的依赖情况,即"斜交"现象,降低了向量的维数。因此,可以提高向量空间模型应用的效率。

(4) 基于概念的文本聚类

假定文本集为 D，共分为 n 类。采用示例文本集作为各类的表示，$D = D'YD''$，其中 D' 是训练文本集，D'' 是待分类的文本。该聚类方法的基本思想是将待分类的文本与每个类别的文本重心相比较，以确定与之最相似的类别。这里文本重心按如下计算：

假设第 k 类的文本重心为 $W = (\omega_1, \omega_2, \cdots, \omega_m)$，$L$ 代表其训练集文本数，训练集 $D_i = \{T_1, T_2, \cdots, T_L\}$，其中 $T_i = (\omega_{i1}, \omega_{i2}, \cdots, \omega_{im})$，$\omega_{ij}$ 是概念密度，它表明概念在文本中的集聚程度。则有 $\omega_i = \frac{1}{L}\sum_{p=1}^{L}\sum_{q=1}^{m}\omega_{pq}, j = 1, 2, \cdots, m$。设待分类文本为 $T = (a_1, a_2, \cdots, a_m)$，计算相似程度 $\text{sim}(T, W) = \frac{1}{\|T\|}\frac{1}{\|W\|}\sum_{j=1}^{m}a_j\omega_j$，取最大者的类别为其所属，这里不允许兼类。

选择重心方法的主要目的在于这种算法的响应速度快，计算简便。由于采用概念密度作为权重，减少了分量之间的依赖关系，与单纯的词频相比精度较高。

7.4.2.5 基于文本挖掘的汉语词性自动标注研究

从目前的研究上看，这方面的研究基本上采用了基于概率统计和基于规则两种技术路线。其中，CLAWS 算法是基于概率统计的方法。具体做法是：首先对部分英文语料手工标注词性标记，然后对标注好的语料进行统计，得到标记与标记同现的频率，最终产生一个同现概率矩阵。在词性标注时，先取一个两端为非兼类词而中间为若干兼类词的片断（SPAN）。在 SPAN 中，词对应的词性标记的组合可以被视为多条路径。根据概率矩阵计算每条路径的概率，并选择概率最大的路径上的词性标记作为兼类词的标记，从而实现了对兼类词的标注。

一些系统对于汉语词性标注问题采用了 CLAWS 算法的思想，同时结合了每个词的各个词性标记具有不同概率的特点，取得了较好的标注效果。这种统计方法在训练语料规模足够大的情况下（所要求的训练集规模应该与词性标记集的大小有关），由于计算量成指数增长，一般采用 bi-gram（二元语法，即仅计算相邻标记的概率),这使其正确率受到一定的影响。基于规则的方法通过考虑上下文中的词及标记对兼类词的影响决定兼类词的词性,常常作为基于概率统计方法的补充。将统计方法和规则方法相结合被认为是解决词性标注问题的最佳手段。

目前,规则的获得一般靠人工整理集成。但这存在以下两个方面的问题。一是从规则的应用范围上看,靠人工的方法只可能产生一些共性规则,不可能产生数量较多的针对个别情况的个性规则。而个性规则尽管应用范围小,但也是保证正确率的重要手段。二是人工方法产生规则的准确率有待验证。因此,在统计方法正确率不易再提高的前提下,能否自动高效地获取规则是实现汉语词性标注中的关键问题。

利用文本数据挖掘来研究词及词性的模式序列对词性的影响,是非常有新意的研究。这与人在根据上下文对词性的判断方法是一致的,即不但根据上下文中的词、词性,而且可根据二者的组合来判断某词的词性。在统计语料规模较大的情况下,给定最小支持度及最小可信度后,首先发现大于最小支持度的常用模式集,然后生成关联规则。而若此规则的可信度大于最小可信度,则得到词性规则。只要最小可信度定义得足够高,获得的规则就可以用于处理兼类词的情况。这样获得的规则能够真正作为概率方法的补充,从而较好地解决汉语词性标注问题。但由于这种规则的条件依赖于词与词性的各种组合,同时又在文本数据中进行挖掘,这使得其挖掘过程比一般在数据库中的数据挖掘过程复杂得多。

7.4.3 Web 链接结构挖掘

挖掘 Web 链接结构的目的是识别权威 Web 页面。什么是"权威(authoritative)Web 页面"呢?假设要搜索某一给定话题的 Web 页面,例如金融投资方面的页面。这时我们除了希望得到与之相关的 Web 页面外,还希望所检索到的页面具有高质量,或针对该话题具有权威性,这样的页面就称之为权威页面。

搜索引擎如何能够自动找出话题的权威 Web 页面呢?页面的

权威性（authority）隐藏在 Web 页面链接中。Web 不仅由页面组成，而且还包含了从一个页面指向另一个页面的超链接。超链接包含了大量的人类潜在的注释，它有助于自动推断出权威性概念。当一个 Web 页面的作者建立指向另一个页面的指针时，就可以看做是作者对另一页面的认可。把一个页面的来自不同作者的注解收集起来，就可以用来反映该页面的重要性，并可以很自然地用于权威 Web 页面的发现。因此，大量的 Web 链接信息提供了丰富的关于 Web 内容相关性、质量和结构方面的信息，这对 Web 挖掘来说是可以利用的一个重要资源。

这一思想激发了一些权威 Web 页面挖掘的研究工作。在 20 世纪 70 年代，信息检索的研究者提出了使用杂志论文引用情况对研究论文质量进行评估的方法。然而，与杂志的引用率不同，Web 链接结构具有特殊的特征：

首先，不是每一个超链接都代表对我们寻找的认可。有些链接是为了其他目的而创建的，如为了导航或为了付费广告。总体上，若大部分超链接具有认可性质，就可以用于权威判断。

其次，基于商业或竞争的考虑，很少有 Web 页面会指向其竞争领域的权威页面。例如，可口可乐不会链接到其竞争对手百事可乐的 Web 页面。

再次，权威页面很少具有特别的描述。如 Yahoo！主页面不会明确给出"Web 搜索引擎"之类的自描述信息。

由于 Web 链接结构存在这些局限性，人们提出了另外一种重要的 Web 页面，称为 hub。一个 hub 是指一个或多个 Web 页面，它提供了指向权威页面的链接集合。hub 页面本身可能并不突出，或者说可能没有几个链接指向它们。但是，hub 页面却提供了指向就某个公共话题而言最为突出的站点链接。此类页面可以是主页上的推荐链接列表，例如，一门课程主页上的推荐参考文献站点，或商业站点上的专业装配站点。hub 页面起到了隐含说明某话题权威页面的作用。通常，好的 hub 指向许多好的权威页面；好的权威页面是指由许多好的 hub 所指向的页。这种 hub 与权威页面之间的相互作用，可用于权威页面的挖掘和高质量 Web 结构和资源的自动发现。

那么，如何利用 hub 页去找出权威页？算法 HITS（Hyperlink-Induced Topic Search）是利用 hub 的搜索算法，其内容如下：

首先，HITS 由查询词得到一个初始结果集，比如，由基于索引的搜索引擎得到 200 个页面。这些页面构成了根集（root set）。由于这些页面中的许多页面是假定与搜索内容相关的，因此它们中应包含指向最权威页面的指针。因此，根集可进一步扩展为基本集（base set），它包含了所有由根集中的页所指向的页，以及所有指向根集页的页。可以为基本集设定一个上限，如 1 000～5 000（页），用于指明扩展的一个尺度。

其次，开始权重传播（weight-propagation）阶段。这是一个递归过程，用于决定 hub 与权威权重的值。值得一提的是，由于具有相同 Web 域（即在 URL 中具有相同一级域名）的两个页面之间的链接，经常是起导航的功能，因此对权威没有贡献，此类链接可以从权重传播分析中去除。

我们可以先为基本集中的每一页面赋予一个非负的权威权重 a_p 和非负的 hub 权重 h_p，并将所有的 a 和 h 值初始为同一个常数。权重被规范处理，保证不变性，如所有权重的平方和为 1。hub 与权威的权重可按如下公式计算：

$$a_p = \sum_{(q满足q \rightarrow p)} h_q \quad (7\text{-}1)$$

$$h_p = \sum_{(q满足q \rightarrow p)} a_q \quad (7\text{-}2)$$

等式 7-1 反映出：若一个页面由很多好的 hub 所指，则其权威权重会相应增加（即权重增加为所有指向它的页面的现有 hub 权重之和）。

等式 7-2 反映出：若一个页面指向许多好的权威页，则 hub 权重也会相应增加（即权重增加为该页面链接的所有页面的权威权重之和）。

这两个等式可以按如下的矩阵形式重写。用 $\{1, 2, \cdots, n\}$

表示页面,并定义邻接矩阵 A 为 $n \times n$ 矩阵,其中若页面 i 链接到页面 j,则 $A(i,j)$ 设为 1,否则设为 0。同样,定义权威权重向量 $a = (a_1, a_2, \cdots, a_n)$,hub 权重向量 $h = (h_1, h_2, \cdots, h_n)$。这样就有:

$$h = A \cdot a \tag{7-3}$$

$$a = A^T \cdot h \tag{7-4}$$

其中 A^T 是矩阵 A 的转置。对等式 7-3、7-4 进行 k 次展开,得到:

$$h = A \cdot a = AA^T h = (AA^T)h = (AA^T)^2 h = \cdots = (AA^T)^k h \tag{7-5}$$

$$a = A^T \cdot h = A^T A a = (A^T A)a = (A^T A)^2 a = \cdots = (A^T A)^k a \tag{7-6}$$

根据线性代数,当规范化后,两迭代序列分别趋于特征向量 AA^T 和 $A^T A$。这也证明了权威和 hub 权重是彼此链接页面的本质特征,它们与权重的初始设置无关。

最后,HITS 算法输出一组具有较大 hub 权重的页面和具有较大权威权重的页面。许多实验表明,HITS 对许多查询具有非常良好的搜索结果。

虽然基于链接的算法可以带来很好的结果,但由于这种方法忽略了文本内容,也遇到了一些困难。例如,当 hub 页包含多个话题的内容时,HITS 有时会发生偏差。这一问题可以按如下的方法加以克服,即将等式 7-1 和 7-2 置换为相应权重的和,降低同一站点内多链接的权重,使用 anchor 文本(Web 页面中与超链接相连的文字)调整参与权威计算的链接的权重,将大的 hub 页面分裂为小的单元。

基于 HITS 算法的系统包括 Clever,Google 也基于了同样的原理。这些系统由于纳入了 Web 链接和文本内容信息,查询效果明显优于基于词类索引引擎产生的结果,如 AltaVista 和基于人工的本体论生成的结果,如 Yahoo!。

7.4.4　Web 用户兴趣的挖掘

由于用户兴趣的广泛性与易变性，靠静态的表达来描述往往效果不佳。所以，准确、动态地描述用户的兴趣就成为网上信息检索的关键。它既可以协助计算机准确定位用户的需要，而且也可以成为实现主动信息服务的先决条件。

本小节介绍一种用户不直接编辑兴趣描述文件的动态兴趣学习方法。该方法首先用较少的人机交互，即询问用户对一定数量文章的标题是否感兴趣。然后采用信息论的观点，对关键词进行分类。词 W_{ij} 的类别及特征程度由下式来确定：

$$\text{DEGREE}(P(title_i, W_{ij}), P(title_i)) = \\ P(title_i, W_{ij}) \log \frac{P(title_i, W_{ij})}{P(title_i)} - \\ (1 - P(title_i, W_{ij})) \log \frac{(1 - P(title_i, W_{ij}))}{(1 - P(title_i))}$$

其中，$P(title_i)$ 是用户对 $title_i$ 感兴趣的概率，$P(title_i, W_{ij})$ 为当 $title_i$ 的第 j 个词为 W_{ij} 时用户感兴趣的概率。令 C_i 为用户对 $\{title_i\}$ 集感兴趣标题的总数，C_u 为用户对 $\{title_i\}$ 集无兴趣标题的总数。令 C_{ji} 为词 W_{ij} 出现在 $\{title_i\}$ 集时的积极特征词总数，C_{ju} 为词 W_{ij} 出现在 $\{title_i\}$ 集时的消极特征词总数，Q 为稀疏度因子。则

$$P(title_i, W_{ij}) = \frac{QC_{ji}}{C_{ji} + C_{ju}}$$

$$P(title_i) = \frac{C_i}{C_i + C_u}$$

DEGREE 既符合特征词的分类要求，同时，其值也反映了特征词对用户兴趣的影响度。当词 W_{ij} 为积极、消极、无用特征词时，DEGREE 的值分别为正、负、近似零。可通过兴趣学习算法自动获得个性化的兴趣描述文件，从而服务于用户的相关信息检索，并基本保证符合用户的兴趣。随着用户兴趣的改变，也可快速地学习

以适应用户的新需求。

在训练阶段,用信息论的观点对关键词分类并表示其特征程度(关键词分三类:积极特征词、消极特征词、零特征词),然后定义标题的特征程度,并对各类特征词进行统计。在测试阶段,应用兴趣描述文件动态获取用户的兴趣并将用户感兴趣的网页提供给用户。这种方法的优点是避免了用户描述其兴趣的困难。用户很难描述兴趣,但可以判断一篇文章是否是他所需要的。集合中内容的选择可以人为地控制,从而保证了质量。同时可以自动完成用户兴趣文件的构造,不干涉用户的隐私权。

另一种方法是可以根据用户的书签文件以及每次检索输入的关键词、用户的反应来动态地更新用户的兴趣。通过分析用户行为的意图,获取用户感兴趣的相关信息及其感兴趣的感性程度,譬如,用户的停留时间,访问次数,保存、编辑、修改等动作。同时用户输入的关键词也可作为积极特征词来动态地更新兴趣文件。另外,还要进行词的聚类以避免偶然的情形。

8 智能决策支持系统

8.1 常规计算与人工智能计算

人工智能（AI）是一门研究如何利用一种机器（例如计算机）来模拟人的大脑，从事推理、解题、识别、设计和学习等思维活动的学科。现在，人工智能中的专家系统（ES）和人工神经元网络（ANN）已经成为两个最热门的研究领域。

8.1.1 常规计算

常规计算机程序是基于算法的。算法是清楚定义的、一步一步求解问题的过程。它可以是数学公式或产生解的过程，并使用数据（如数字、字符和词组）求解问题。算法可转变为计算机程序（指令或命令的序列清单），它精确地告诉计算机应进行什么操作。表8-1概括了传统的计算机处理数据的方式，该方式限于十分结构化的、定量的应用。

表 8-1　　　　常规计算机处理数据的方式

处　理	操　作
计算	进行数学运算，如加、减、乘、除运算或求平方根运算；求解公式

续表

处理	操作
逻辑运算	逻辑运算,例如"与"、"或"、"非"
存储	在文件中记住事实和数字
检索	根据需要,在文件中搜寻数据
翻译	将数据从一种形式转变为另一种形式
排序	检验数据,并按要求的次序或格式排列
编辑	修改、增加和删除数据,改变数据的顺序
制定结构化决策	根据内部和外部条件,得到简单结论
监控	观察外部或内部事件,如果满足一定的条件,则采取行动
控制	操作外部设备

8.1.2 人工智能计算

AI软件是基于符号表示和符号处理的。在AI中,符号是用于表示目标、过程及其关系的字符、数组和数字。目标可以是人、想法、概念、事件和事实的陈述。用符号可以描述事实、概念及其关系的知识库,然后用各种符号处理方法产生所求解问题的建议解。

构造知识库以后,必须研究利用知识库求解问题的方法。AI软件利用知识库进行推理的基本技术是搜索和模式匹配。已知初始信息,应用AI搜索知识库,寻找特定的条件和模式,寻找满足求解问题的匹配准则集,计算机不断地仔细搜索,直到找到与其所具有的知识相匹配的最好答案。

即使AI问题求解不直接采用算法过程,但在搜索的过程中仍需使用算法。AI本质上是特定的计算机编程方法,虽然AI系统有某些不同特点(见表8-2),但它仍然是一个基于计算机的信息系统。

表 8-2　人工智能与常规计算机程序的比较

方　面	人工智能	常规计算机程序
处理	主要是符号的	主要是算法的
输入的特点	可以是不完全的	必须是完全的
搜索	大多是启发式的	算法
解释	提供	通常不提供
主要关注	知识	数据、信息
结构	知识和控制分开	控制与信息（数据）集成
输出的特点	可以是不完全的	必须是正确的
维护和修改	由于模块性，较容易	通常比较困难
硬件	主要是工作站和个人计算机	所有类型
推理功能	有限的，但在改进	无

8.2　专家系统

8.2.1　专家系统的定义与特点

专家系统的目的在于能使计算机具有人类专家那样的解决问题的能力。它作为 AI 领域中最活跃而且也是最有效的一个分支，在具体的领域得到了广泛的应用。

所谓"专家系统"，其实是一类程序系统，从功能上可以把专家系统定义为"具有大量专门知识，并能运用这些知识解决特定领域中实际问题的计算机系统"。也就是说，专家系统是利用大量专家知识，运用知识推理的方法来解决各个特定领域中的实际问题。它使计算机专家系统这样的软件达到人类专家解决问题的水平。

从结构上讲，还可把专家系统定义为"由一个专门领域的知识库,以及一个能获取和运用知识的机构构成的解题程序系统"。这里从结构上强调了其中存放知识的知识库与运用知识的机构之间的独立性。专家系统的这两个基本部分分离的体制使得专家系统区别于一些以前实现的下棋程序之类的系统。

正如 E.A.Feigenbaum 说的,"专家知识是专家能力的关键"或"知识就是力量",一个专家系统的优劣在很大程度上取决于它所具有的"专家知识"的多少和"专家水平"的高低。

专家系统需要大量的知识,这些知识属于规律性知识,可以用来解决千变万化的实际问题。它使计算机应用得到了更大的推广。

计算机的应用发展可概括为:数值计算(算法)→数据处理(数据库处理)→知识处理(推理)三个阶段。

数值计算、数据处理是知识处理的特定情况,知识处理则是它们的发展。知识处理的特点包括:

(1) 知识包括事实和规则(状态转变过程);
(2) 适合于符号处理;
(3) 推理过程是不固定形式的;
(4) 能得出未知的事实。

8.2.2 专家系统的结构原理

专家系统可以概括为:知识库 + 推理机,其结构如图 8-1 所示。

其中,知识获取是指把专家的知识按一定的知识表示形式输入到专家系统的知识库中的过程。专家一般不具备计算机知识,需要知识工程师将专家的知识翻译和整理成专家系统需要的知识;而人机接口将用户的咨询和专家系统推出的建议和结论进行人机间的翻译和转换。

专家系统的知识库主要存储专家的知识,尤其是专家的经验知识。它有两个主要问题:

(1) 知识的表示形式。目前较常用的有产生式规则形式、谓词逻辑、模糊逻辑、框架、语义网络、过程性知识、剧本等。

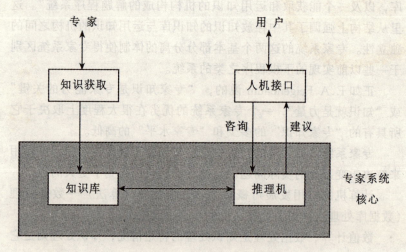

图 8-1 专家系统结构

(2) 知识的精确程度。可以分为,精确知识(原理性)——公式、公理,以及不精确知识(经验性)——可信度、概率、证据理论、模糊数学。

推理机协调控制整个系统,采用一定的策略,利用知识库中的合适知识解决疑难问题。

不同的知识表示形式的推理各有不同:
- 产生式规则:假言推理 p,p→q,aq;
- 谓词逻辑:合一算法和归结原理;
- 模糊逻辑:模糊合成运算;
- 框架:语义推理;
- 语义网络:继承和语义推理;
- 过程性知识:算法;
- 剧本:对情节的解释。

其中的产生式规则推理,还有一个重要的问题就是搜索。更明确地说:推理机=搜索+匹配(假言推理)。推理过程中,是一边搜索一边匹配。匹配需要找事实——来自于规则库中的别的规则,或是来自向用户提问。在匹配时会出现成功或不成功。对于不成功的将引起搜索中的回溯和由一个分支向另一个分支的转移。可见，在搜索过程中包含了回溯。推理中的搜索和匹配过程如果进行跟踪和显示，就形成了向用户说明的解释机制。好的解释机制不显示那些对于失败路径的跟踪。

8.2.3 专家系统与决策支持系统

决策支持系统问世以来，经历了上升和徘徊的过程，而 20 世纪 80 年代人工智能技术的蓬勃发展，为它注入了新鲜血液，使之重新产生了活力。将人工智能技术用于管理决策是一项开拓性的工作。国内外目前已经有许多关于知识库支持的决策支持系统的研究，一般是用领域专家知识来选择和组合模型，完成问题的推理和运行，并为用户提供智能的交互式接口。

人工智能技术作为计算机应用的前沿，在近十年里取得了惊人的进展，呈现出光明的前景，其中最诱人的成果是专家系统的实用化。专家系统是一组智能的计算机程序，它具有人类领域的权威性知识，用于解决现实中的困难问题。当今世界上已有上千个专家系统应用于医学诊断、探矿、军事调度、质谱分析、计算机配置、辅助教育等各领域，并且已经开始涉足财政分析、计划管理、工程评估、法律咨询等管理决策领域。可以预言，专家系统参与解决管理科学中半结构和非结构化问题是辅助决策的未来。

决策支持系统（DSS）和专家系统（ES）处于不同的学科范畴，有着不同的解决问题方法，前者运用的是数据和模型，后者运用的是知识和推理。在管理科学应用领域内一个是方兴未艾，一个是后起之秀，各有特色。但是，两者的互相结合和互相渗透，将会把计算机用于决策支持技术推向一个新的高度。

决策的正确性将关系到经营效果和事业成功，决策理论、决策方法和决策工具的科学化和现代化都是其正确性的重要保证。人工智能能为 DSS 提供有效的理论和方法。例如，知识的表示和建模，推理、演绎和问题求解以及各种搜索技术等，再加上功能很强的人工智能语言，都为 IDSS 的发展走向更加实用的阶段提供了强有力的理论和方法支持。

8.3　智能决策支持系统概念与结构

20 世纪 30 年代和 40 年代数理逻辑的发展和关于计算的新概念，是人工智能早期发展的两个主要动力。Charch 和 Turing 提出数字并不是计算的基本方面，而仅仅是描述计算机内部状态的一种形式。对逻辑演绎的数学形式化使人们形成了计算和智能相联系的概念，再加上控制论等有智能趋向学科的出现，导致 20 世纪 50 年代正式提出了人工智能的概念。随后，人们通过编写各种程序来模拟人的智能行为，期望通过逻辑推理实现通用问题的求解，这些研究在某些方面已取得较大成功（如下棋），但更多尝试的结果并不令人满意。这样，人工智能研究在 20 世纪 60 年代曾一度转入低潮。后来，人们从失败中总结经验教训，逐渐认识到人类的智能是结合一定领域的知识来表现的，也就是说，要使计算机具有智能行为，首先必须使它存储大量的知识。因此，人工智能研究者就把注意力放在了一些特定的领域里，总结这些领域里的专门知识，将这些知识存入计算机，再由计算机利用这些知识进行推理。人工智能研究重点的这种转移是一个思想上的突破，这种突破可简单地用一句话来说明：要使一个程序具有智能，必须将大量的、高性能的、具体的、关于某个问题领域的知识提供给这个程序。智能决策支持系统的开发和研究，正是这种向基于知识的方法转变的结果之一。

现已提出的 IDSS 系统结构可归纳为以下三种类型：

(1) 第Ⅰ种类型：DSS + 知识库 + 文本库

该种系统结构主要由 R.K.Belew 和姚卿达等人提出。其系统结构与传统 DSS 相比增加了知识库和文本库，用以存储领域知识及与问题有关的原始资料。Ⅰ型四库系统结构见图 8-2 所示。

(2) 第Ⅱ种类型：DSS + 问题求解单元 + 知识库

该系统与传统 DSS 相比增加了一个知识库和问题求解单元，

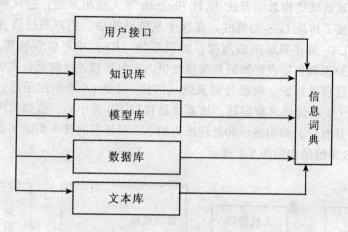

图 8-2　Ⅰ型四库系统结构

问题求解单元的作用在于：① 根据决策提出的问题信息，构造面向此问题的求解步骤；② 总控对各个库的调用。Ⅱ型 IDSS 系统结构如图 8-3 所示。

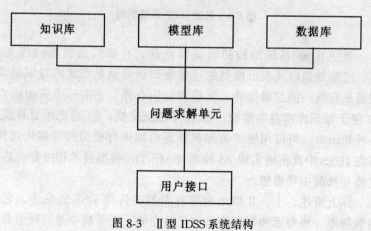

图 8-3　Ⅱ型 IDSS 系统结构

（3）第Ⅲ种类型：LPK 系统结构

该系统结构最初是由 R.H.Bonczek 等人提出来的,它从概念上突破了传统 DSS 的模式。在这个系统结构中,用户通过语言系统(LS)陈述要解决的问题;知识系统(KS)中存放领域知识,这些知识既包括表层知识和深层知识,也包括描述性知识和表示模型的过程性知识;问题处理系统(PPS)接受 LS 表达的问题,利用 KS 中的知识求解问题。该系统结构以 KS 为中心,而如何构造一个具有广义知识表示和处理能力的 KS 则是它的技术关键。Ⅲ型 IDSS 系统结构如图 8-4 所示。

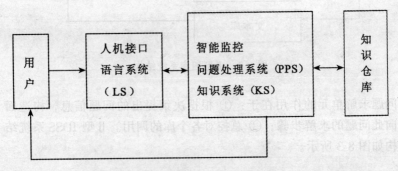

图 8-4 Ⅲ型 IDSS 系统结构

Ⅲ型 IDSS 系统结构的明显特点是,它将问题领域的相关事实、经验知识以及表示模型的过程性知识看做是广义的知识模式,因而具有统一的逻辑结构,可组成知识仓库。它有三个突出优点:① 便于知识库本身的维护;② 便于信息交换;③ 当把模型看成是一种知识时,可以用统一的知识推理机制进行模型的智能化选择,可在 IDSS 中真正地实现 AI 技术与 MS/OR 模型技术相结合,达到优势互补的主导思想。

综上所述,Ⅰ、Ⅱ型结构带有明显的传统 DSS 的痕迹,它们的数据库、模型库和知识库是相互独立的,在系统中是一种组合关系,由于它们各自内部的逻辑结构不同,因此,信息交换相当困难,不利于以紧耦合方式协同工作。图 8-5 显示了这类系统的工作方式。

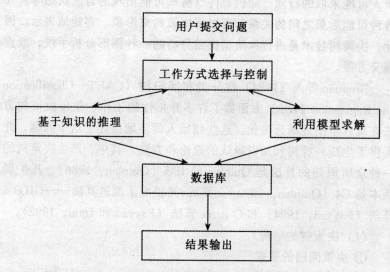

图 8-5 Ⅰ、Ⅱ型 IDSS 工作方式

Ⅲ型系统结构从概念上更接近 IDSS 的系统目标，它的数据库、模型库及知识库以紧耦合方式协同工作。但是，Ⅲ型结构中 KS 以何种方式进行知识表示还是值得研究的问题，基于知识的 DSS 中的 PPS 和 LS 也是很少深入讨论的。因此，Ⅲ型 IDSS 结构从总体上代表了 IDSS 的主流趋势，但其包含的关键技术仍在不断完善中。

8.4 智能决策支持系统实现技术

8.4.1 智能决策支持相关技术

8.4.1.1 决策树

决策树是一种帮助人们分析、解决决策问题的常用方法。它通过分析可以采取的决策方案及其可能出现的状态（结果）来比较各决策方案的好坏，从而做出正确的判断。决策问题的结构，包括决策人可能采取的行动、随机要件（将来可能出现的自然状态等）和各种可能后果之间的关系都可以用决策树来形象、直观地表示。因此，决策树技术是进行风险型决策分析的一种图形分析手段，既直观又方便。

Breiman 等人（1984）在分类和回归树（CART—Classification and Regression Trees）方面做了许多开拓性的工作，使得决策树方法在统计学中逐渐合法化。这些创始人简洁地描述了这个问题，并提供了生成一棵树和加以确认的理论和方法。其中，产生决策树的一种众所周知的算法是 Quinlan 的 ID3（Quinlan，1986），其扩展版本是 C4（Quinlan，1990）。其后，又提出了改进算法——GID3 x 算法（Fayyad，1994）和 O-Btree 算法（Fayyad 和 Irani，1992）。

(1) 决策树的结构

① 决策问题的要素

一是行动集（行动空间）$A = \{a_1, a_2, \cdots, a_n\}$。其中，$a_i$（$i = 1, 2, \cdots, n$）是所有可能的行动，决策者必须从中选择一个行动，也只能采取一种行动。

二是状态集（参数空间）$\boldsymbol{H} = \{\theta_1, \theta_2, \cdots, \theta_m\}$。其中，$\theta_j$（$j = 1, 2, \cdots, m$）是所有可能出现的重要的自然或环境状态。

三是后果集（后果空间）$C = \{c_{11}, c_{12}, \cdots, c_{1n}, c_{21}, c_{22}, \cdots, c_{2n}, \cdots, c_{m1}, c_{m2}, \cdots, c_{mn}\}$。后果函数 f 是笛卡儿积空间 $\boldsymbol{H} \times A$ 到后果空间的一个映射，即 $f: \boldsymbol{H} \times A \rightarrow C$ 或者 $c = f(\theta, a)$。

四是进行试验所可能获得的观察集（测度空间）$X = \{x_1, x_2, \cdots, x_l\}$。

② 传统的决策树

下面以一个生产问题为例子，简要地介绍决策树的结构，见图 8-6 所示。

决策树由结点和分支构成。决策树的结点主要有：

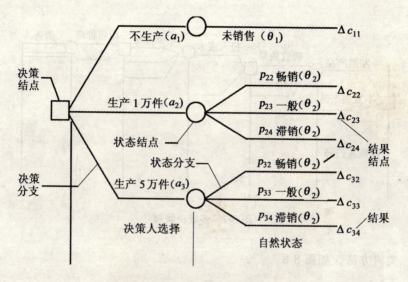

图 8-6 生产问题的决策树

- 决策结点,用小方框"□"表示;
- 状态结点,用小圆圈"○"表示;
- 结果结点,用三角形"△"表示。

分支是连接结点间的线段:从决策结点出发的是决策分支,表示决策人可能采取的行动 a_i;从状态结点出发的是状态分支,通常状态分支上标有状态要件的名称 θ_j 以及该要件发生的概率(表示具有某种不确定性)。在"树梢"处的结果结点右侧标有结果及其评价。

决策树也可以用来表示很复杂的决策问题。如图 8-6 所示的生产问题,若做更为细致的考虑,则包含了图 8-7 的一系列决策过程。

③ 决策树模型的改进

在实际问题中,状态的描述往往是很复杂的,如评价天气的好坏,必须用多属性来刻画它。而一个正确决策的选择,其首要条件是要对目前的状态有正确的分类。对于多属性的分类,可用规则来推导(即满足某条件则属于某状态),也可用更有效的方法——分

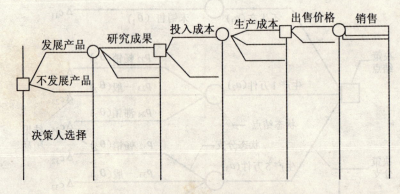

图 8-7 多级决策树

类树方法,如图 8-8。

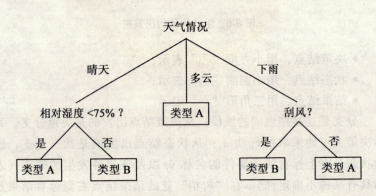

图 8-8 天气情况分类树

这样做的优点主要是:

a. 简洁明了。与规则表示相比,以树的形式表示分类知识使决策者更容易理解和检查。

b. 上下文相关性。在不同的决策环境中,各个决策值不一定同样有效。如上例中只有天气情况是晴天时,才要测试湿度。这种上下文的改变能力不仅增强了该形式的表达能力,也提高了准确性。同时在使用时,只有当需要时才寻找某个属性的取值。因此这种形式特别适合于对话方式,常被作为智能系统的有效组成部分。

基于以上的讨论,对传统的决策树进行必要的扩充,即用状态模块代替原来的状态结点,从而给出决策树模型的定义如下:

决策树是由决策模块和状态模块交替组成的一种树结构。其中,决策模块如图8-9(a)所示,各决策分支表示在该决策点下可采取的各个决策方案;状态模块如图8-9(b)所示,表示由多属性值所刻画的各个状态。决策模块和状态模块之间的连线表示在该决策下可能出现该状态。

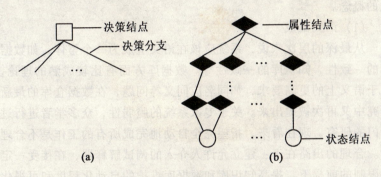

图 8-9 决策树模型

(2) 用决策树进行分析

决策人从决策树的根部(最初的决策点)出发向前直到"树梢",当决策人遇到决策点时,他必须从该点出发的树枝(分支)中选择一枝(支)继续向前;当遇到状态点时,决策人无法控制沿哪一支继续向前,而必须由状态要件决定。

由此可知,用决策树进行决策分析的基本步骤是:

① 构成决策问题,根据决策问题绘制树形图;

② 确定各种决策可能的后果并设定各种后果发生的概率;

③ 评价和比较决策,依据一定的评价准则选择决策者最满意的决策。

采用决策树技术进行分析，要采用逆推法或回溯法，即从结果结点出发，用评价函数反向计算各结点的"价值"，然后根据"价值最大"的评价准则来比较各个决策的优劣。一般是计算各个结点的收益期望值。例如，对于图 8-6 中的例子，决策"生产 5 万件"所对应的状态结点的收益期望值 $E = c_{32} \times \theta_2 + c_{33} \times \theta_3 + c_{34} \times \theta_4$。

8.4.1.2 集成技术

IDSS 的多样性和多变性的要求，以及在此基础上的柔性要求，导致了 IDSS 集成方面的特殊困难。

集成的基本目标是使系统成为一个整体，它是一个有多层次含义的概念。

(1) 语义集成

从最深的层次来说，系统应该在语义上成为一个整体，如数据库的一致性，知识库的一致性等。数据库方面有比较成熟的理论，至于语义上的更高要求，如同名应同义等问题，在数据仓库的最新研究中又再次被提出来。关于专家系统的脆弱性，众多学者进行过专门的研究，现在看来，指望完全自动地完成所有的工作是不合理的。合理的出路在于：建立允许人介入的调试解释器，在接受一定的限制的前提下，提高知识库和数据库维护的自动化程度和可视化程度。

(2) 机制集成

在较高的一个层次上，系统应该以某种软件内在机制上的一致性达成集成，这种一致性既指内在机制上的，也指比较外在形式上的。这种一致化程度越高，系统集成就越平滑，系统也越容易成为一个有机的整体。20 世纪 80 年代后兴起的面向对象技术为这一层次的集成提供了一个很好的概念框架。

(3) 接口集成

最高层的集成思路是在系统互不相同的子系统之间制定某种协议，建立接口。这样的集成在复杂系统中，是不可避免的一种形式。其优点是不用考虑子系统的内部特点，可以集成差异很大的软件系统，缺点是集成效率不高。如果集成接口之间缺乏统一的规范,将导致系统复杂度提高,且柔性较差。

传统的软件集成主要研究最后一种接口集成方法,主要有三种集成方式。

① 基于数据共享的方式,通过使用一个公共数据库来实现,如图 8-10 所示。

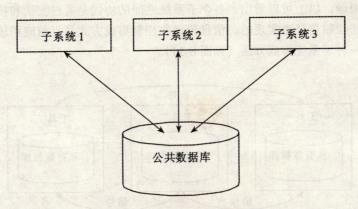

图 8-10 基于数据共享的集成方式

这一方法的优点一是可以对所有数据进行集中式的控制和操作;二是各子系统之间可以共享一种表示形式一致的数据格式。

尽管这一方法可以提供子系统间的一种高层次的控制和协调,但是在这种方法中,系统各子系统间的开销也是很大的。造成这一后果的主要原因,一是数据库技术用于这一方面的性能较差,因此必须建立复杂的软件系统来操作这一公共数据库。二是必须为在子系统之间通信的数据定义统一的语法和语义形式(例如,公共数据模式等)。这两点不仅增加了系统的开销,而且使系统的复杂度也大为增加。

② 控制集成方式(control integration)是目前较新的一种接口式子系统集成方式。在这一实现方式中,软件开发环境被看成是由一组服务组成的,这些服务由不同的子系统提供。环境中的子系统通过控制信号(control signals)而不是共享数据结构与其他子系统

进行通信。接受到这些控制信号的子系统就可以知道自己应该做什么了。例如，当编辑子系统声明源文件已有改动，建立子系统在接受到这一控制消息之后，就可能会启动一个新的建立过程。而且一个子系统也可以通过直接发送控制信号给另一个子系统，以让另一子系统执行具体的任务，如建立子系统可以请求编译器对源文件进行编译。以上可以看出：各个子系统之间的协同是通过发送和接收这些控制信号来实现的。信息传递的控制集成方式是目前应用较多的一种子系统集成方法（如图 8-11）。

图 8-11　使用信号传递的控制集成

在消息传递方式中，集成环境中的子系统通过传递消息来与其他子系统进行通信和申请其他子系统的服务。为了在子系统之间进行有效的通信，必须建立合适的通信机制和一定的协议。

在实现机制上，这样的系统是通过一个消息服务器（message server）来实现的。消息服务器负责在各个子系统之间传播和分配消息。这些消息的内容包括：消息发送主标识、消息发送的对象或范围以及具体的消息内容等。当然，作为消息服务器，它对每条具体消息的语义是一无所知的。在通信的协议上，要求各个子系统发送的消息符合一定的语法和语义定义。

③ 用统一语言直接集成系统。以前的 IDSS 的集成一般都是上述两种接口式的。在图 8-10 中，各子系统被分成多个相当独立的子系统，为了强调集成性，人们也进行了如图 8-11 所示的改进。

但是，这毕竟还属于接口集成，所以整个系统的灵活性还是很差的。比如，我们希望以一个调度模型去调度多个知识库，而在一个产生式知识库中调用一个框架型知识库，其中还要运行多个线性规划模型。这就有一系列复杂的接口问题要处理，而且即使我们分别为它们设计好了接口，组织这样的系统仍然会有许多困难，即使组织起来了，将来的修改也会很麻烦。单纯以接口方式进行集成，为了组织上的便利，一般总是以某一库为中心，如以数据库为中心，或是以模型库为中心。无论哪种方案，都会有相应的局限性。

不仅是各部分的衔接比较困难，对于二次开发用户，要熟悉如此不同的各部分，并进行有效维护也同样十分困难。更为重要的是，在辅助决策过程中，知识处理、模型调度、方法运算及超媒体访问实际上是一个有机的整体。在传统模式下，开发者必须仔细考虑它们合理的分割形式，并将它们分别置于不同的子系统中。毫无疑问，如果各子系统（库）之间的接口有较大的开销，而且在各部分衔接中有诸多限制，开发者在设计一个辅助决策系统时就需要进行更多的权衡，其系统也有了更多的局限性。

有没有可能统一地表示系统的各部分呢？利用目前的计算机语言显然难以做到这一点，一般的计算机语言如 PASCAL 和 C 语言，有较好的数值计算能力和模型调度能力。但是作为对辅助决策的支持，它们缺乏必要的动态可修改性和灵活性，同时对数据库访问和知识处理的能力也明显不足。知识处理语言有很好的知识处理能力，但数值计算等方面的功能和效率则较差。

由此看来，设计一种新方式，提供一种一致支持知识、模型、数据等的广谱语言，统一地（无论是内部实现机制还是外部语言形式）表示智能决策支持系统中的各部分，可以为 IDSS 的集成提供一种彻底、有效的解决方案（这一方案实际上是机制集成的一种发展）。但要做到这一点必须解决以下问题：

● 是否可以为知识、模型和数据找到一种统一的内在机理。

● 知识和模型都有一个运行的问题，它们的运行方式怎样统一，怎样控制整个系统的运行。

- 知识处理和模型调度都有一个动态可修改性的要求,这样的灵活性,对于辅助决策支持系统是必要的,怎样保证这一点。
- 系统内部有一种统一的机理,那么它与异系统在需要时怎样衔接呢,能在多大程度上遵守这种统一性呢?
- 知识、模型和数据与一般的过程不同,都有一个持久性的要求,怎样统一地实现。

在本章结尾介绍了以统一语言进行 IDSS 综合集成的方案,其核心是建立一致性的内在机制,使系统达到平滑地无缝衔接。在此基础上,综合接口集成技术同时强调为接口建立统一的规范,以保证满足系统的柔性要求。

近年来,随着软件系统的日益复杂和综合,集成已成为一个基本的问题。无论是在机制一级还是在接口一级都提出了许多技术,这些技术也完全可以直接应用于 IDSS 的集成中,或为 IDSS 的集成所借鉴。比如,面向对象技术,COM(Component Object Model)和 ActiveX,CORBA,ODBC,C/S 到 B/S 到多层结构等。

8.4.1.3 数据仓库与数据挖掘相结合的决策支持

数据仓库和数据挖掘是作为两种独立的信息技术出现的。

数据仓库是一种数据组织和存储技术,从数据库技术发展而来,且为决策服务。它能把原来面向各个具体应用的数据库或数据文件转换、集成、重新组织成为便于分析的信息,以统一的形式存储在某种特定的环境中,并定期(或不定期)地利用时间机制和综合机制对数据进行汇总,使用户能更方便地从全局的观点来处理、浏览数据。

而数据挖掘是一系列方法和技术,根据用户的需要,对数据库或数据仓库中的大量数据进行分析,发现其中所隐含的有用信息,从而获得知识。这样可以对原来晦涩难懂的数据有更好的理解,还可以把新加入的数据划分到"合适的位置"。

因此,这两者都可以完成对决策过程的支持,相互间又有一定的内在联系。

从广义上说,任何能支持决策的技术都可以成为决策支持技术。因此，完全可以将数据仓库和数据挖掘这两种技术集成到一个系统中，从而更有效地提高系统的决策支持能力，如图 8-12 所示。

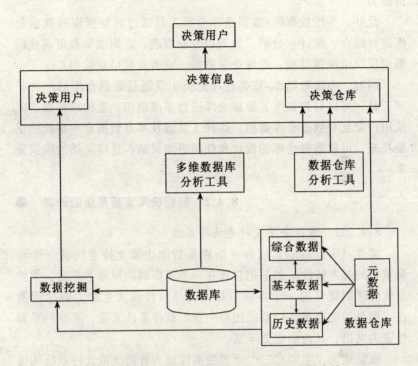

图 8-12　数据仓库与数据挖掘相结合用于决策支持

原来面向各个具体应用的业务数据源中的基本数据，经过提取、转换和重组进入数据仓库，然后根据需要由元数据的综合机制生成综合数据，随着时间的推移又由元数据的时间机制生成历史数据。这样，决策所需的数据源就准备好了。

数据挖掘工具则对数据库和数据仓库中的数据使用一系列方法进行挖掘，分析大量数据，从中识别和抽取隐含的、潜在的有用信息（即知识），如这些数据的共同特征或长期趋势等，并充分利用这些知识辅助决策。这样，决策支持的效率和能力都大大提高了。

数据仓库和数据挖掘结合起来构成了一种新的决策支持结构，将决策数据与决策知识合起来成为决策信息，进一步提高了决策支持能力。

此外，多维数据库/数据仓库分析工具通过对数据库和数据仓库进行综合、统计、分析，然后以专业报表、查询结果和可视化的形式反映给决策过程，形成决策数据，或者直接呈现给用户。

同时，多维数据库/数据仓库分析工具还是数据仓库的一种扩展工具，可以对数据库、数据仓库进行多维组织、重构或扩展，完成用户交互和数据仓库重组。这种工具或技术是数据仓库系统的重要补充，可使数据仓库的设计和使用更加灵活，适应灵活的决策要求。

8.4.2 智能决策支持系统的开发

8.4.2.1 智能决策支持系统的柔性

柔性（flexibility）或称灵活性是智能决策支持系统的一个非常重要的基本特性。如果把它放在一个更广阔的视角上来看，柔性是软件区别硬件的一个本质特征，也是软件强大生命力的原因所在。但是智能决策支持系统比起一般的软件系统来说，柔性的重要性更为突出，其内涵也更丰富。

概括地说，主要有三个原因使柔性成为智能决策支持系统的突出特点：其一，由于智能决策支持系统强调支持而不是代替决策，要求系统能多层次地向决策者开放，决策者不仅能和系统进行一般的交互对话，而且能够控制和改变它的运行流程，甚至改变系统的运行逻辑；其二，智能决策支持系统是面向决策管理的，而管理决策领域又是一个多变的领域，外部条件在变，内部组织在变，管理方式在变，这一切都会要求智能决策支持系统进行相应的改变；其三，由于管理决策是一个特别需要广泛联系的领域，智能决策支持系统往往需要和多种不同的系统交流信息。

（1）智能决策支持系统柔性的外部表现

① 易修改性。智能决策支持系统面临经常性的修改需要。

在开发阶段,和一些软件系统不同,智能决策支持系统的开发过程不仅需要和管理决策人员进行交流以了解他们的需要,而且开发系统本身不断需要管理模式进行一定的调整。由于开发者对管理决策专业领域知识的有限性,以及管理人员对计算机了解的限制,这样的交流往往是很困难的,难免要有多次反复。另外,系统开发实施过程中对管理模式提出的修改要求更是涉及管理水平、人员素质、权益分配、外部环境、可操作性等复杂因素。这样,开发阶段经常性的修改、调整和磨合就是不可避免的。

另外,智能决策支持系统实际上是运行和开发难以截然分开的系统,运行阶段仍是一个不断完善、不断实用化的过程。成功系统的标志正是对这样一个不断完善过程的支持。

② 适应性。智能决策支持系统往往被需求类似的不同用户所采用,或者同一用户其内外环境也常常会改变,系统应尽可能不修改或少修改而满足这样的要求。

③ 求解灵活性。智能决策支持系统的一个特点就是系统具有灵活的解题环境,允许而且要求用户干预求解过程。系统解题空间广阔,支持用户在所提供的求解模型中灵活地选择和组织求解方案。比如,用户可以利用一个调度模型选择一个合适的知识库进行正向推理,再将其结果提交给一个回归模型进行预测。要实现这一点,需要系统在集成和结构组织等方面提供恰当的支持。

④ 可扩充性。这可以看做是系统运行后易修改性的一个更高的要求。随着软硬件和决策技术的进步,智能决策支持系统应能支持系统在基本的方面进行平滑的扩充。

这里讨论的柔性在很大程度上是相互关联的。易修改性、适应性和可扩充性都反映了外界环境改变时系统调整自身的能力。易修改性是指系统进行一定修改的方便性;适应性是外界环境改变时系统不修改的可能性;可扩充性是指软件进行发展的可能性。要使系统具有这些外在柔性表现,最终对智能决策支持系统的内在组织提出了相应的要求。

(2) 智能决策支持系统的柔性特征

① 运行柔性。智能决策支持系统的运行求解过程和一般的软件系统相比，要求有更好的"弹性"。首先，系统要支持多种问题求解方式，包括知识处理的方法、数学建模的方法、数据挖掘方法等；其次，系统要支持灵活地组织这些求解方法；再次，这样的运行过程应允许用户进行干预；最后，系统的运行逻辑应具有某种程度的动态可修改性。

② 结构柔性。数据的多样性和运行方式的多样性是智能决策支持系统的特征，多样的数据组织和运行方式被组织在同一系统框架中，而这种结构又总是面临多变的要求，这就要求系统在结构上具有灵活的特点。多年来，"集成"一直是智能决策支持系统的研究重点，其要解决的主要问题，正是建立一种这样的组织结构。

③ 界面柔性。智能决策支持系统不仅强调交互而且强调交互的灵活性。由于决策系统灵活多变的特点，用户不仅需要界面的丰富多样，而且需要界面具有某种可组织性，无需编程就可以定义输入、输出的形式。

④ 开放性。智能决策支持系统不仅要求人机界面灵活多样，对于另一种"界面"——智能决策支持系统和其他软件系统的嵌接，也有类似的要求。

上述智能决策支持系统的柔性特征，是一个智能决策支持系统设计中面临的基本方面，可以看出，多样性和多变性是这一切的出发点。如何使智能决策支持系统具有上述理想的特点呢？这是一个很有挑战性的问题，从纯技术上讲，这也是组织智能决策支持系统的基本难点所在。

在本章的后面，将结合目前较新的研究，对智能决策支持系统及其开发环境提出一种新的设计和集成方案，这一方案的基本思想之一就是充分采用面向对象技术，全面解决智能决策支持系统的柔性要求。

8.4.2.2 智能决策支持系统开发环境

顾名思义，智能决策支持系统开发环境是指支持智能决策支持系统开发的软件系统。也有些地方称为智能决策支持系统生成工具或生成器。

今天支持软件开发的系统一般不再像早年的编译器那样只是一些分离的工具软件,而是表现为集成的软件环境。如支持C++开发的Borland C++、Visual C++和Watcom C++等;支持数据库开发的PowerBuilder、Delphi和Developer 2000等。这些开发环境是相当通用的(比较而言,PowerBuilder等数据库开发工具比C++开发工具要专门些),而智能决策支持系统开发环境则是相当专门的。

由于智能决策支持系统具有相当的特殊性,而这些特殊性在很大程度上是依赖于开发环境的,所以智能决策支持系统开发环境与其他通用开发系统不同。一个最重要的特点就是智能决策支持系统的开发环境、运行环境和智能决策支持系统更为密切相关。对于设计独特的决策支持系统而言,直接在一般的操作系统上运行就不能达到前述的柔性要求,必须为其设计特殊的运行环境。由于智能决策支持系统的动态柔性要求,这样的运行环境自然应该具有一定的开发要求,也就是说,智能决策支持系统应与其开发环境融为一体。

一个典型的智能决策支持系统开发环境结构如图8-13所示。

8.4.2.3 环境的基本设计

(1) 为研制的系统确定基本目标

① 开放性和可扩充性。对于成功的软件而言,开放性和可扩充性是软件生命的最重要的要素。

② 效率和灵活性。灵活性是重要的,对于像IDSS这样的系统更是如此。允许用户进行动态的修改和操作是必要的,但效率仍是相对的必须保证的另一方面,有必要探索新的编译运行机制,尽可能好地解决这两方面的矛盾。

③ 高效集成性。系统内部应该紧密集成,各部分的衔接平滑紧凑,用户应该感到面对的是一个系统,而不是一堆杂乱系统的拼合,故有必要探索一种集成方式,以达到这些目标。

④ 用户友好性。良好的交互性是软件生命的又一个基本方面,

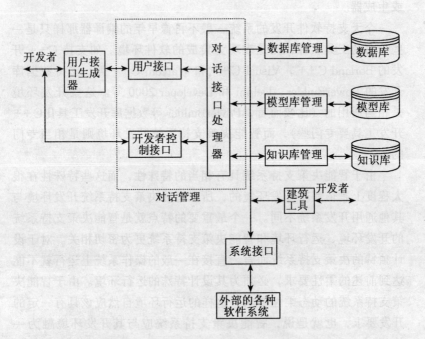

图 8-13 智能决策支持系统开发环境结构图

系统应建立全汉化的窗口界面支持,整个设计应贯穿交互友好的基本要求。

⑤ 持久性。面向对象的程序特性应该包括持久性,而在 IDSS 中,持久性都是必要的,如推理结论的保持,各种运行中间状态、结论数据的记录,都有必要在环境语言一级引进持久性机制。

⑥ 可移植性。

(2) 基于目标,确定设计思想及技术路线

① 环境外部形式

首先,环境表现为一个集成式用户工作台,环境具有多窗口界面,允许用户在环境中编写、生成、调试、运行和解释完整的智能决策支持系统。这种会话式构造设施用窗口菜单驱动。多窗口系统按 X-Windows 标准构造,支持汉字、图形和图像。同时,环境还

应提供一系列决策方面的模型软件包、应用程序接口（API）和决策支持方面可独立专用的软件工具。

② 环境的面向对象特性

面向对象在环境中的体现是多方面的：

(a) 整个系统的设计采用面向对象的思想，原型开发，逐步扩展，确立合理的类体系，建立统一的规范。

(b) 系统的实现采用面向对象的方法，系统的开发语言采用C++，用面向对象的方法进行编写。充分保证软件的重用性，减少程序规模，提高可维护性。

(c) 作为一个具有支持用户二次开发环境的系统，提供用户的环境语言和环境机制也是面向对象的，以保证用户开发时的良好特性。上述两方面的面向对象特性又是密切相关的，用面向对象的C++实现内部机制，以提供给用户一个面向对象的使用形式（如环境语言等）是非常自然的。事实上，内部存在着一定的对应关系。

③ 环境的开放性和可扩展性设计

环境是一个具有良好可扩展性的开放式软件系统，它通过下列四个方面实现开放性和可扩展性：

(a) 建立基于面向对象思想的统一的规范。面向对象的程序设计思想虽然已被越来越多地采用，但不少系统中的类体系和对象设计缺乏统一规范，内部不免驳杂混乱，不能体现面向对象思想所带来的软件重用性、可扩展性和可维护性方面的优点。因而，首先要为系统内部确立一个统一的规范。

(b) 系统核心采用面向对象思想，建立一个具有充分可扩展性的类体系，对系统核心的任何功能上的新要求，可通过扩展这个类体系进行。事实上，目前系统本身的开发过程，正是通过这种原型的类体系不断扩展得到的。

(c) 用户可在不触动环境核心的基础上，扩展环境语言，增加环境推理机制，甚至改变所生成系统的结构形式（如调度、通信）。这一切通过系统建立的预定义对象（元）来进行，这有点类似于C语言中的预定义函数。

(d) 环境建立基于 Client/Server 思想的消息机制，作为系统内部相对独立的各部分的接口形式，同时也采用这一机制和其他系统衔接。这样的消息完全采用字节流形式，实际上，任何采用系统规范的消息都能被系统接受。

④ 效率和灵活性设计

效率和灵活性是有一定的矛盾的，C 语言具有很高的效率，但不可能进行任何动态修改，其灵活性很差。像 LISP 这样的语言一般采用解释方式运行，程序在运行过程中具有很好的动态可修改性，但效率就比较低。因此有必要探索新的编译运行机制来解决这一矛盾。

受 OPS/5 中 Rete 推理网和人工神经网的启发，可设计并引入一种对象网结构来表示程序的静态结构，通过对环境语言源程序的编译，最终建立这样的对象网（元网），这一对象网不仅表现为程序的静态结构，同时也表达了程序运行的动态关系。程序的运行实际上就是这样的对象网的激发和激发的传递。由于这样的对象网在编译后已建立完毕，所以在运行时仍然是很高效的；另一方面，对象网在编译后仍可通过系统命令或可视化工具进行动态修改。对象网中对运行状态的记录，以映象的形式存储于永久存储器中，为实现持久性提供了一个良好的基础。

⑤ 持久性设计

持久性设计离不开建立一定的内存映象。由于选定的开发平台以及不少操作系统都没有面向用户的内存映象机制，所以本节介绍用 C++ 语言设计实现一层自动存储管理机制。因此，要建立上述对象（元）网，均要向这一自动存储管理机制申请空间。自动存储管理机制有两个基本功能：一是负责内外存的映象以实现持久性；一是在内存不足时，对元网进行内外存的滚进滚出，以实现运行空间的虚拟存储。为有效完成上述功能，还需设计一整套维护机制。

8.4.3 基于统一语言的 IDSS 开发环境

环境语言是开发环境中的一个最基本的组成部分。在 IDSS 中建立有效的环境语言系统显得尤其困难和重要。传统上，由于 IDSS 涉及的技术领域众多，往往需要提供多种环境语言，如知识的表示和处理语言，模型的定义和操作语言，数据库语言，等等。多种不一致的环境语言，给系统带来的问题是多方面的。首先，环境集成困难，各部分之间都要建立复杂的接口，以完成数据传递和转换；其次，各部分的不一致性加大了程序的规模、复杂性和程序维护的难度，还降低了程序的可靠性。另外，不相同的语言、多种语法，也增加了用户学习的难度，降低了用户二次开发的效率。

为了达成前面提出的基本目标，如前所述，提出了体现面向对象的统一规范——Knonit（广义知识元）。在此基础上，提出了一种知识、模型、数据和超媒体的统一的广义表示语言（也称为 Knonit）。这种广义表示语言的统一性表现在：统一的语法形式，统一的内部结构，统一的编译方法，统一的运行机制。环境语言的良好特性，不仅使系统能达成紧密的高效集成的目标，而且也使系统有效地达成其他的一些目标（如开放性、可扩展性、效率和灵活性等）。

下面我们来讨论广义知识元的概念和 Knonit 语言的基本设计，关于 Knonit 在知识处理、模型实现、数据表示、超媒体信息等方面的应用参见其他各相应子系统的文档。

8.4.3.1 广义知识元的概念

广义知识元的概念最初源于我们对知识表示的分析。知识表示通常有如下要求：

（1）表示能力。知识表示应能充分表示问题处理所需的各种知识。

（2）推理效率。具有实用性的较高的推理速度。

（3）结构性。具有良好的模块化结构以便于维护。

常见的知识表示有框架方式、语义网络方式和产生式方式。语义网络可以认为是框架的一种特殊形式。在这些表示方式中，框架适合于表示关系复杂、层次较多的静态性知识，而产生式规则适合于表示动态的推理关系。纯产生式的系统一般只用做开发小型系统，更大的系统一般要结合这两者。结合的形式主要有两类：一类是规则寓于框架中，如Kee，以框架为基础，用规则来体现一种触发、推理关系；一类是以规则为基础，框架结构寓于规则中，使规则有更强的模块化表示复杂知识的能力，如OPS5。

知识表示中这些多种多样的形式，抽象地讲，无非是要表示知识的静态结构关系和动态相关关系，动态的关系也反映出一种静态的结构。更进一步地，不仅知识表示如此，模型、数据都是如此。完全有理由用一种统一的观点来看待它们。

基于此，引入了广义知识元的概念。

定义：广义知识元（Knonit，简称元）是由元名和一组属元构成。其每个属元也是广义知识元。属元组可以为空，这样的广义知识元我们称为原子元，是在广义知识元层次上不能再分或不准备再分的元。相应地，不是原子元的广义知识元称为构造元。

框架、规则和知识库都可以表达为元，模型是元，整数、记录乃至于数据库也都可以表达为元。一个过程也可以是一个元（原子元）。

应该指出，"元"的概念就是一种对象的概念，而且是一种主动式对象或智能体（agent）的概念。不过它有如下所述的一套特定的规范。属元分白属元和黑属元（相应于一般对象概念中的消息和封装于对象中的状态）。

从继承性考虑，元可以由元派生而来。

8.4.3.2 广义知识元之间的关系

元之间组成一个多层次、多关联的复杂网络，称为元网或Knonit网，元既反映一种静态的结构，也反映一种动态的关系。元之间的联系大多数（但不是全部）也是通过元刻画的。这样的复杂网络，在概念上是完全分布式的。

元之间有三种基本关系：

(1) 构成关系，某元是由另一些元构成的；

(2) 派生关系，某元是由另一元派生的，继承其特性；

(3) 触发关系，某元被激活，导致它按某种方式去激活相应的元。

元的最基本构成成分是原子元，原子元分两大类：

（1）多反应原子元，随着激发条件的不同或原子元内部状态的不同，原子元的反应也不同；

（2）恒一反应原子元，不管怎样，原子元都给出相同的反应。

前者一般为过程，后者一般为常数。

从概念上讲，元是动态的，即任何元均可动态地改变（包括结构）；元又是主动的，即元不是被动地等待被激活，而是主动感受元网上的各种刺激，改变自己，激活别的元。

以广义知识元和元网的观点来看，任何一个软件系统，如智能决策支持系统，都是一个广义知识元构成的网，系统的运行（推理、评价、模型访问和学习等）都是网的激发和修改，甚至用户也可以作为网上的一个特殊的"广义知识元"。

知识元之间激发（发消息），不仅在主动性上和过程调用上不同，在方式上也是不同的。

从激发的相应方式上看，有两种：

（1）双向激发：○↔○

（2）单向激发：○→○

从激发链的延续性来分，可分为：

（1）传递性激发：→○→

（2）终结性激发：→○

有意义的终结性激发应该都导致某种程序的外部事件。大致上有两种：一是激发被暂时冻存（如写盘等），一是发生向外的某种反应（如控制设备运作、显示、打印等）。这种激发实际上有相当大的一部分是给人看的（在智能决策支持系统中更是如此），如果将用户也看做是系统中的一个广义知识元，那么这种激发就是激发人的。

8.4.3.3 广义知识元语言 Knonit 的基本语法

基于元的概念，提出了 Knonit 语言。基于实用性和实现上的考虑，需要对这种 Knonit 语言进行必要的限制。

下面是 Knonit 语法的基本部分：
- 元　　定义元｜重定义元｜非定义元
- 定义元　　样板定义元｜实例定义元
- 重定义元　　引用元 :: 定义元
- 非定义元　　双目元｜表达式元
- 样板定义元　　定义名|父元表：白体　黑体
- 实例定义元　　定义名|父元表｜定义名父元表{参数表}
- 定义名　　元名
- 白体　　NULL｜(元体)
- 黑体　　NULL｜{元体}
- 父元表　　父元｜父元表：父元
- 父元　　全元名｜全元名　整数
- 元体　　元｜元体,元
- 全元名　　元名　路径名
- 引用元　　全元名｜全元名（参数表）
- 路径名　　NULL｜路径名　元名
- 参数表　　非定义元｜非定义元,参数表
- 元名　　标识符｜& 标识符
- 值元　　整数｜浮点数｜字符串
- 访问元　　引用元｜值元｜(表达式元)
- 双目运算符　　+｜-｜*｜/｜>｜<｜>=｜<=｜==｜!=｜AND｜OR
- 单目运算符　　!｜NOT
- 表达式元　　访问元｜单目运算符 访问元｜表达式元 双目运算符 访问元
- 双目元　　双目操作项 双目操作符 双目操作项｜双目元 双目操作符 双目操作项
- 双目操作项　　定义元｜重定义元｜表达式元
- 双目操作符　　->｜=

从这里可以看出，Knonit 语言非常"小"，是核心基础，其强有力的功能依赖于多种"型"和大量的预定义元。更有意义的是，

Knonit 作为一种开放式语言，它将支持用户增加预定义元，增加"型"，从而使语言可以不断扩充功能，更符合用户的需要。

Knonit 中的归属指示列，用来指示该知识元是哪些知识元的属元，这样可避免书写中过深的嵌套，还可对构造元进行内容扩展。

Knonit 中有父元和子元的概念，父元的派生元称为该元的子元，父元可以有多个。和大多数面向对象语言不同，Knonit 中没有一般的"类"的概念，在 Knonit 中，所有的元都可以像一般对象的实例那样使用。不过基于实现上的考虑，把 Knonit 中的元分为可以派生子元的样板元和不能派生子元的实例元。

样板元除能像一般实例元那样使用外，还可以动态地（即在运行中，有一定限制地）改变自己的结构。这为 Knonit 丰富的表达能力和灵活性提供了基础。

8.4.3.4 Knonit 中的型

Knonit 中有型的概念。型反映了根本性的结构组织方式和广义推理方式。由于型可以扩充，实际上就意味着 Knonit 可能会有相当不同的结构组织方式和广义推理方式。当然，这样的型应该符合一定的规范，即加入型在机制上符合广义知识元的抽象含义，语言形式上符合 Knonit 的语法。用户在加入型时，只需为该型编写构造机制和推理机制即可。加入后的知识元网仍为一有机整体，并且其核心部分不受任何影响。

目前，在 Knonit 中预定义的型有：整数元（INT）；浮点数元（FLOAT）；字符元（CHAR）；字符串元（STRING）；一般元（GEN）；结构元（STRU）；规则元（RULE）；模型元（MODEL）；过程元（PROC）。

一般元（GEN）是构造元，是元网完备的基本成分，也是一个标准的组织形式，为其他构造元提供了一个实现上的规范和参照物。

8.4.3.5 Knonit 中的广义推理

我们把 Knonit 的运行（广义推理），看做是由知识元构成的知识网上的复杂的激发过程。

每一元都有一兴奋水平，达到一定兴奋水平的元将按照它的自身特性去激发相应的元，这种激发可能会改变元自身的兴奋水平。

这样的广义推理能涵盖传统的规则、框架及其上下文的推理，也可用这样的触发式广义推理实现模型的操作，甚至传统的过程性运算。

由于 Knonit 元概念上的主动性和并发性，这个复杂元网的多个不同的部分有可能同时处于一种活跃和兴奋中。其分布式的含义不仅能提高效率，而且也更符合自然的触发关系。

在目前的计算机结构上，我们只可能把一定规模的元分配到一个处理机上。分配在不同的处理机上的元，以专门的通信机制构成激发关系。分配在同一个处理机上的元，实现起来概念上就不那么自然，较好的方式是用一个抽象广义推理机在这一处理机的元网上"航行"，用激发"热点"的转移来实现局部元网上的激发机制。每一个元都有自身的推理机制（和它的型对应），元网推理机航行至每一元上时由相应的具体推理机完成激发。

8.4.3.6 Knonit 的面向对象特性

Knonit 中的元，从面向对象的角度看就是对象，Knonit 语言也具有一般的面向对象的特性。不过作为一种知识、模型和数据的统一表示语言，Knonit 又具有它的特殊性。

(1) 彻底的面向对象观点

Knonit 不仅用对象来看待它要表达的事物，同时它也用对象来看待自己。

无论是具体的事物，还是抽象的概念，甚至作用其上的操作，在 Knonit 中都表达为元。这样统一的观点，在实现上、表达能力上和表达灵活性上都有很大的优越性。

(2) 复杂网络

从 Knonit 的定义我们可以看出：Knonit 中的元之间有着复杂的关系。从类型上分有三类：

● 性质上的继承关系　子元继承父元，父元可以有多个。

- 结构上的构成关系　属元构成主元，一个主元可以有多个属元。
- 激发机制上的引用关系　一个元可以通过引用链和引用网中相对可见的元。

(3) 数据抽象和操作抽象

一般的面向对象语言，往往实现了操作抽象而没有实现数据抽象，如 C++ 就没有数据多态性。在 Knonit 中，由于用一种统一的观点来看待数据和操作，即使原子元也有明确的"自我意识"，能正确地操作自己。

(4) 并发性

Knonit 概念上是面向分布式的，对并发性的支持是自然的。有相当多的研究者都认为，应该把并发性作为面向对象语言的一个基本特性。不过，目前由于条件的限制，尽管已进行了这方面的设计，但尚未去实现 Knonit 的并发性。

(5) 持久性

Knonit 语言是一个具有持久性的语言，这是它作为一个统一的知识、模型和数据的表示语言所必需的。

8.4.3.7　Knonit 的开放性

提出 Knonit 的一个基本出发点就是发展的观点。因此，设计 Knonit 应具有多个层次的可扩展性、可衔接性。

(1) 增加预定义元

预定义元一般可由开发者按一个简单规范，用 C++ 实现，系统能很自然地把它们衔接起来。这样，通过增加系统的预定义元，可以大大增强 Knonit 的功能，尤其是可以弥补 Knonit 在表达过程性操作时的不足。

(2) 增加"型"

Knonit 提供工具支持用户加入或修改"型"，这是一种很基本的扩展方式。通过型的增加，系统可以增加 Knonit 的构造方式和广义推理方式。

(3) 扩展 Knonit 的词法和语法

Knonit 允许用户在 Knonit 概念框架下对 Knonit 的语法进行向上兼容的扩展。为了实现这一点，在编译器的构造中采取了具有很好灵活性的处理方法。

（4）基于 Client/Server 的消息机制

设计者将基于 Client/Server 的消息机制引入元之间的通信中，对于相对独立的元网各部分，则采用字节流的消息进行通信，不同于一般 Client/Server 的是，这里的客户和服务器是相互的。

8.4.3.8 基于 Knonit 的 IDSS 开发环境的组织结构

图 8-14 显示了基于 Knonit 的 IDSS 的总体构成。

图 8-14 基于 Knonit 的 IDSS 开发环境的组织结构

整个图表示 IDSS 开发环境，右上部较小的框表示基于这个开发环境开发的 IDSS，图的下部表示 IDSS 的基础，这一基础由三层组成：

(1) IDSS 开发环境的基础

① C++ 语言成分

C++ 语言是该 IDSS 开发环境底层基础，不仅环境本身是用 C++ 编写，而且用户自定义的方法，或者对环境和 Knonit 语言的扩充，均可在一定的规范下通过编写 C++ 程序来实现。

② 型元

型元则是 Knonit 最基本的语法成分和构造基础。"型元"类似于一般语言中的类型概念，所不同的是这里的型元是对象，而且可在规范下进行扩充。

对型元的增加、修改将改变和扩展 Knonit 语言以及基于它的 IDSS 开发环境。

③ 预定义元

Knonit 在比较小的语法定义的基础上，提供了大量可扩充的预定义元。类似于 C 语言中大量的预定义函数和 C++ 中系统提供的类库中的预定义类。开发者通过修改和增加预定义元，可以非常方便地修改和增加 Knonit 的功能。当然，这样修改的一般要求是向上兼容的。

由于把知识、模型和数据统一成一个表达形式，所以虽然上面单列了知识处理系统和模型处理系统，但实际上这两部分的主要差别在于不同的广义推理（运行）方式上，而它们的建立和增删都由系统统一管理。同样地，数据库系统部分也主要处理系统的查询请求。

除了这三层基础外，还有以 C++ 类的形式，提供了 Knonit 的一系列机制：元的构成机制，元的广义推理（激发）机制，自动存储管理机制，通信机制一致性维护机制等。

(2) IDSS 开发环境的其他组成部分

① 元编译器

对 Knonit 的文本源程序进行词法、语法分析。由于 Knonit 语言的开放性，该词法、语法分析具有良好的适应性，对于 Knonit 规范下的词法、语法扩充，只需对程序按规范进行少量修改即可。

② 元构造器

元编译器完成词法、语法分析后，产生一个中间文件，构造器继续对此中间文件进行处理最后产生元网。由于 Knonit 的可扩充性，该构造器的结构是插接式的，各种不同的型元在实现时提供自身的构造函数，系统的总构造器用一种统一的构造步骤组合各个型元的构造结果，并将预定义元也用类似的方式构造入整个元网。这样的一种结构，极有利于 Knonit 进行各种可能的修改和扩充。

③ 可视化编辑器（元编辑器）

由于元网的复杂性，组成编译构造完成的元网需要给用户一个直观的展示，类似于 C++ 中的类浏览器，元编辑器也可供开发者浏览元网中的继承关系，进一步，元编辑器还可以浏览元的派生关系、元的构造关系和引用关系。作为一个编辑器，元编辑器不仅可以浏览，而且可以支持用户直接对元网进行修改。

④ 知识处理系统

知识处理是 IDSS 的一个重要部分，设计者将知识处理的构造方式和广义推理方式以预定义元的形式集成于系统的底层。另外，考虑到知识处理的特殊性，环境专门向用户提供了知识处理的交互控制平台。

环境支持产生式规则和框架正逆向推理、产生式规则和框架的互相调用以及知识处理和模型的互相调用。

⑤ 模型处理系统

模型处理是 IDSS 另一个基本部分。同样地，环境也将模型的构造方式和广义推理方式以预定义元的形式集成于系统的底层，并提供模型运行的交互控制平台。模型表示和处理是决策支持系统构造中的难点。对模型方面的一些基本技术难点，如模型的表示和存取、模型库的组织、模型如何调用数据库中的数据、如何控制模型的运行、如何能实现多个模型的组合运行等。模型系统不仅能运行单个模型、复合模型，而且可以和知识系统互相嵌套，组成综合处理系统。所有的这些衔接基于统一的语言，自然无缝。

⑥ 数据库系统

在本环境中需要以面向对象的方式存储信息，如地图、超媒体、军事数据等。由于 Knonit 的面向对象特性和持久性，在一定意义上，已具备面向对象的数据存储能力。但作为一个数据库系统，数据的查询是更为困难和重要的另一方面。设计者在 Knonit 上设计了一种对象查询语言，以对元网内信息进行查询。

除此以外，为了充分利用被广泛采用的关系数据库，同时为环境和异构系统衔接提供一个基本样式。设计者还在商业化关系数据库系统的基础上建立了一层面向对象的机制，以面向对象的方式进行数据的存储和查询。

知识库或模型库中的查询请求，均以消息的形式向数据库系统发出。

由于环境支持的消息也在 Knonit 形式下，采用统一机制实现，因而对数据库的访问自然、无缝。

⑦ 超媒体系统

决策支持，除了需向用户提供大量数据以及模型运算、知识推理外，即时有效地提供各种文字和多媒体信息也是必不可少的。因而，在今天的 IDSS 系统中，超媒体系统应该是一个很有意义的组成部分。Knonit 语言的面向对象思想，以及它的持久性和网状的结构形式，都和超媒体系统有着自然的一致性。

设计者扩展 Knonit 的预定义元，建立与超媒体相应的触发方式和构造方式，并和界面交互操作相结合，就建立了超媒体系统。与一般超媒体系统不同的是，由于环境内部的紧密集成，超媒体系统和知识处理、模型运行能自然衔接起来。用户在浏览超媒体系统需要的地方时，系统也可进行广义推理，以提供进一步的信息。

⑧ 元网管理核心

如前所述，Knonit 语言具有持久性，这种持久性是通过一层自动存储管理机制来实现的。这层自动存储管理机制建立在操作系统的内存管理和文件管理的基础上，为环境开辟了一个持久性虚拟存储空间（下面简称"空间（space）"）。为了有效地管理，空间又被划分为不同的"域（area）"，如数据域、知识域、模型域等，载入其中的是相对独立的"系统（system）"，如行军规划系统、炮击战损系统等。

这一空间可以被打开或关闭（或称卸下），环境运行时可选择（或创建）一个空间作为它的持久性背景。环境的元网就在这一持久性空间上展开。

元网的管理核心实际上也就是环境的管理核心。它有如下基本部分：a. 当前空间登记；b. 当前域登记；c. 当前系统登记；d. 型元管理器。

Knonit中规定，开发者可以对型元进行检索、修改、增加和删除。当然这些操作都是在C++语言一级进行的。

● 预定义元管理器

如果说型元是 Knonit 的骨架，那么预定义元就是它的血肉。大量预定义元需要进行分类管理。预定义元管理器有类似于型元管理的机制。预定义数量大，用户又有可能进行较多的修改，所以设计预定义分级载入，首先载入系统核心预定义元，其次载入知识处理、模型处理等预定义元，最后留一个过程专门供用户载入自定义的预定义元。

● 消息元管理器

类似于预定义元，环境对各种消息进行管理。前已有述，环境中相对独立的部分（称元网中的活力网）互相之间用消息衔接，各活力网能接受的消息由它的消息元管理器登记管理。

● 持久性虚拟空间管理器

建立一个自动存储管理机制来实现持久性和运行空间的虚拟存储。为了维护和管理这一空间，在核心下专门设一管理器，并向用户提供交互式维护控制平台。

⑨ 局部元网构造机

整个系统是面向分布运行的。但其基础是运行于单机上的子元网。所谓局部构造机正是构造这样的子元网（或系统）的构造器。如前所述，环境的构造机本身就是插接式的，局部构造机和环境的总构造机的区别是很有限的，主要是两方面：一是特定领域系统不需要环境提供的所有机制，所以对总构造机进行"减法"；其次，领域系统有一些特殊的要求，要扩充型或预定义元，所以要对环境提供的构造机进行"加法"。

⑩ 局部元网推理机

局部元网推理机是进行 Knonit 的广义推理（激发）的系统单元。它是建立于广义推理机制的基础之上的。Knonit 中的不同的型有自己的推理方式，也就是说，建立于其上的元都有自己的广义推理方式。"航行"于特定系统（子元网）上的局部推理机，就是指某种系统的广义推理机（如产生式规则正向推理机、复合模型广义推理机）。

9 群体决策支持系统

9.1 群体决策理论与方法

9.1.1 群体决策的概念、意义和背景

随着决策技术不断深入地被开发和利用，传统的面向单个人的决策支持系统逐渐暴露其局限性，因为在实际的生产、生活中，决策往往并不只由单一的决策者来做出，而是一个涉及多个决策者多个目标的、复杂的行为过程。这主要由管理和组织的需求所决定。其一，在知识爆炸的现代社会中，仅凭单个人的专业知识做出决策难免会造成偏颇和失误，只有发挥团体的力量，集中多个人的才智，才能完全应付复杂的决策环境；其二，时间已成为越来越重要的竞争资源，这迫使决策者只能将任务分解成子任务并行解决，以提高效率；其三，人们影响和把握自我的愿望和能力在不断增强，使得人们希望能够参与和自身利益相关的决策，这种参与性管理模式使得人们的自主需求得到满足，也使得决策结果能够被更好地理解和接受。正是由于这些原因，使得群体决策成为决策活动中的一种越来越重要的存在形式。

所谓群体决策，是指多个决策人在共同的决策环境中，彼此间进行通信和协作，依赖一定的决策方法，产生和评估决策方案，并最终形成决策的过程。群体决策活动的存在是有一定的前提条件

的，即：

（1）客观存在的群体。群体决策与一般决策的最大区别就在于存在一个三人以上的决策成员群体，他们由于各种原因被召集到一起，且都与决策问题有一定的关联，每个人都以自身的知识、感觉、态度、动机和个性影响决策行为和决策结果。

（2）需要决策的共同问题。决策问题是决策活动产生的动力和原因，也是每一步决策活动所围绕的轴心。在群体决策中，决策问题可能是由个人或是群体中的某个小集团拟定的，但是必须是所有决策成员所共同关心的。存在需要决策的共同问题是决策成员愿意彼此协同工作的前提。

（3）支持群体决策的机制。群体决策不能是许多人在一起各持己见，争论不休，因此必须存在某种大家都认同的协作机制来限定彼此的行为。例如，可以先由各个决策成员独立工作产生各自的意见，然后再由某些成员汇总，或是由集体讨论，最终形成决策结果。群体决策的支持机制应尽可能地提供一种友好的交流环境，避免直接矛盾和冲突。如果通过计算机人机交互系统来辅助这种支持机制的执行，则这样的人机交互系统就被称为群体决策支持系统（GDSS—Group Decision Support System）。在下一节中，我们将对群体决策支持系统进行详细的介绍。

如果从系统论的观点作进一步的分析，可以将群体决策表示成为一个包含成员要素、对象要素、方法要素、方案要素和协同规则要素的五元组系统，即：

$$GDS = \{M, O, W, S, C\}$$

其中，GDS（Group Decision Support）表示群体决策；M 表示成员要素，即决策的主体；O 表示对象要素，即决策的环境、要解决的问题和要达到的目标；W 表示方法要素，即决策理论、采用的方法和手段；S 表示方案要素，包括决策过程中产生的所有可能的决策方案；C 表示协同规则要素，即决策过程中的控制方法和协作机制。

在具体的群体决策过程中，决策成员往往有不同的分工和职权,在某些环节中权重可能不相同。决策目标可能是单一的,也可能是多个且相互矛盾的,需要决策者比较权衡,以达到一个最佳态势。决策方法可以有多种,除了传统的人工会议和手工方式外,还可以借助先进的电子手段和网络技术,如电子会议、计算机分布式协同工作方式等。决策方案是决策者共同工作的成果,并处于不断的完善和更新中。协同规则是协调其他四个要素的动态要素,依赖它群体决策的各要素才能有机地联系起来,有条不紊地进行工作。协同规则一般包括决策成员所共同遵守的规章、条例等。

9.1.2 群体决策的类型

群体决策与传统个人决策的最大区别在于:它需要在复杂的人员组织关系中完成决策。在不同的社会环境中,为了满足不同人群的需求,群体决策也表现成为不同的形态。根据不同的组织关系,群体决策可以分为三种类型:

(1) 合作型群体决策

合作型群体是社会经济活动中具有重要意义的一类群体组织方式,这一类型的群体通常具有以下三个特点:

① 群体有产出。群体的产出是群体赖以存在的利益基础,这种产出应该使群体和群体中的个体同时受益。在群体产出的同时,个体也有产出。个体不应被视为被动的接受者,其兴趣偏好以及情绪的波动都是群体产出的影响因素。

② 群体成员间有相互交流、支持的要求。群体成员间需要通过交互和支持来突破个人能力、精力的限制,利用组织活动完成个人所不能完成的任务。

③ 群体有持续发展的要求。群体发展是指群体持续稳定的发展,使群体的所有成员都长期受益,它可以是群体的一般发展要求,也可以是群体的终极利益目标。群体的发展是群体产出、个体产出和群体成员间相互交流支持的前提,而群体的发展又依赖于个体在产出和交互过程中的感受和相互理解程度。

在合作型群体决策中,决策成员的根本利益是一致的,因而也具有统一的总体目标。为了实现这个目标,决策成员以友好合作的态度共同工作,遵循统一的组织原则,彼此间相互信赖,共同承担责任。合作型群体决策中的决策成员仅仅代表不同的机构或不同的分工,不同成员之间虽然也会存在分歧和矛盾,但这往往是由每个成员所具有的不同信息含量和不同偏好造成的,可以通过一定的技术或管理手段协调解决。由于具有相同的利益基础,决策成员也更愿意解决矛盾,达成统一。合作型群体决策的过程更符合公平、公开的原则,也是群体决策的一种主要类型,通常存在于团体组织的内部,如企业管理决策等。

(2) 非合作型群体决策

与合作型群体决策不同,非合作型群体决策中的决策成员代表着各自的集团利益,他们是基于某种共同的需要或为了讨论共同涉及的问题而临时结合在一起的群体。决策成员各自具有自己所希望达成的目标,不同成员的目标往往是相互矛盾的,因此决策成员彼此间的关系是对手或争论者,存在冲突和竞争。在非合作型群体决策中,冲突和竞争是主要的表现特征,即使某一集团做出让步或牺牲而使矛盾缓和或暂时消除,也是为了满足更重要的集团利益,为了获得最终让自己满意的决策结果。因此非合作型群体决策中的矛盾往往是无法用技术因素或组织手段进行调和的,其最终决策结果也只能是在各个集团的利益中达到一个彼此都能接受的最佳平衡。非合作型群体决策也是一类应用广泛的决策形式,例如,世界经济贸易联合组织中的决策、国际事务磋商、企业联盟中的决策等。

(3) 影响型群体决策

在某些特定决策中,可能会有一个最高决策者进行最终的决策并对决策行为负责,但是他的决策并不是孤立的行为,而是处于某种群体决策环境中,因为他的决策受到包围他的其他决策参与者的复杂的影响。这些决策参与者可能并不是真正的决策者,但是可以对决策结果表示赞同和反对,也可以间接地影响决策,是实质上的决策成员。这正是这类决策区别于传统的个人决策的地方,我们称这类决策为影响型群体决策,决策中包括主决策成员和影响决策成员。影响型群体决策有两种存在形式：一种是在群体环境中，对某个问题委托某个主决策成员全权负责，如军事决策；另一种形式是将一个问题委托给多个决策成员并行处理。

群体决策的分类不是绝对的，事实上，我们很难严格界定某一决策行为究竟是属于哪一种类型，现实的情况是，一个群体决策过程是多个群体决策类型的混合体，例如，合作型群体决策中存在有非合作型群体决策的成分，非合作型群体决策中的某几个成员在某种特定的条件下具有合作关系，或者在合作型群体决策的某一个步骤中将决策任务交由多个决策成员处理，并提出各自的决策方案，可以被看成是影响型群体决策的第二种形式。一般情况下，群体决策支持系统对合作型群体决策的支持程度最高，但是，一个好的群体决策支持系统也必须考虑从信息交流等方面对非合作型群体决策和影响型群体决策活动提供支持。

9.1.3　群体决策过程及其建模 ●

9.1.3.1　群体决策过程

群体决策的基本过程与一般决策过程大致相同，也分为信息收集、方案设计、方案选择、执行反馈等几个阶段，但是由于群体决策中融入了成员间的组织关系，因此在实际的实施过程中将更为复杂。下面将从多个决策成员的角度考虑群体决策的实施过程。

群体决策的过程如图9-1所示。

(1) 发现共同问题

前面说过，群体决策的前提之一就是某一群体认识到共同问题的存在，所谓问题就是现实情况和人们理想情况之间的差距。在群体决策中，不同的决策成员对问题的理解可能并不完全相同，因此需要通过决策支持技术对环境信息进行收集、分析和评价，使决策成员对问题的内涵和外延达到相同的充分的理解。在非合作型群体决策中，由于利益不同，决策成员关心的问题也常常不同，因此需要通过共同协商、归纳总结等方法，发现各个决策成员共同关注并愿意决策的问题。在群体决策支持系统中，发现问题阶段是人与群

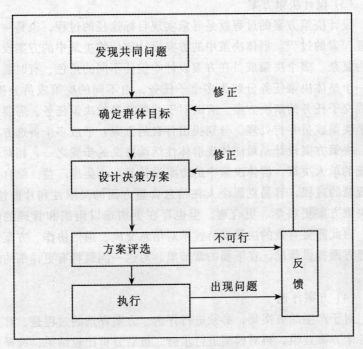

图 9-1 群体决策过程

体决策支持系统的交界点。

(2) 确定群体目标

对于发现的问题,人们总希望最大可能地进行解决,这种解决问题的程度以及解决后可能产生的结果就是决策目标。对应于群体决策中的多问题,目标也不是单一的。在合作型群体决策中,决策成员的目标从根本上是统一的,但往往也包含了多个方面,如企业在生产决策中,需要对生产发展、环境保护、设备改造等多方面进行利弊权衡。在非合作型群体决策中,决策成员均有各自的基本目标,而且这些目标还可能相互冲突,因此决策的总目标是尽可能平衡地满足这些基本目标或者调和目标间的矛盾。确定群体目标的过程需要应用信息收集技术、分析预测技术等决策支持技术。

(3) 设计决策方案

设计决策方案的过程就是寻求实现目标途径的过程,也是一个反复探索的过程。群体决策中的方案设计比传统决策中的方案设计更为复杂,多个决策成员在方案设计中担任不同的角色,有时需要将一个整体决策任务分解为多个子任务,由不同的决策成员分担,并提交子任务的解决方案。有时对于一些重要的决策任务,需要由多个决策成员并行处理,分别提出各自的方案,形成多个备选方案集。决策方案设计是最能体现群体性活动意义的步骤之一,相对于传统的单人决策,群体决策中的方案设计是一个集思广益,综合多人智慧的过程,容易克服个人在信息含量方面的局限性和片面性,使决策方案更科学、更合理。但也存在更加难以组织和管理的问题,因此需要有效的决策支持技术对信息交流、通信协作、方案管理等方面提供帮助。在下面的章节里,对这一问题将有更详细的叙述。

(4) 方案评选

对于产生的方案集,必须进行评选。方案评选的过程是,首先对各个方案建模,再对模型进行求解,最后分析比较结果,选择最优方案。群体决策中的方案评选是多人活动过程,每个成员都有各自的评选方法和标准,对方案的选择结果也可能会存在分歧,因此必须按照某种原则确定最终方案,确定的方式可能是主决策者裁定,也可能是民主投票或加权表决等。

(5) 执行、反馈

在确定了最终的决策方案后,需要从多方面由多个成员对其进行检验。同时群体决策应该是一个封闭的循环过程,即使在投入实施后,还要随时反馈执行结果,及时发现问题,以便修正。对于决策过程中的经验总结,应该记录下来,以便下次决策时使用。这些也可以通过现代化的决策支持技术辅助完成。

9.1.3.2 群体决策过程的数学模型

在 9.1.1 小节中曾经介绍了群体决策的五要素:成员要素、对象要素、方法要素、方案要素和协同规则要素。如果要利用现代技术尤其是计算机技术进行群体决策支持,必须更深入地了解群体决策过程中诸要素的相互关系,因此,本节将描述群体决策过程的数学模型,并在此基础上进一步分析五要素间的关系。

假设群体决策中一个决策成员对某个问题的某一步决策行为为 $E_{i,m,n}$,则整个群体决策过程 GD 可以表示为:

$$GD = \sum_{i=1}^{I} \sum_{m=1}^{M} \sum_{n=1}^{N} E_{i,m,n}$$

其中,i 表示决策问题的序号,I 表示总的决策问题数;m 表示决策成员编号,M 表示决策成员总数;n 表示决策步序号,N 表示决策步的总数。

在此数学模型中,将群体决策过程表述为问题、成员和决策步的三维综合。问题和成员分别代表了五要素中的问题要素和成员要素,而决策步中则融合了方法要素、方案要素和协同要素。在成员和成员、问题和问题、决策步和决策步之间以及成员、问题、决策步三者之间都存在着紧密的关系,下面进一步讨论这些关系。

(1) 问题 - 问题关系

决策问题往往是复杂的和难以解决的,若要对其求解,必须利用分析归纳法,将总的决策问题依据某种逻辑规律分解成若干单一的、容易解决的子问题,再对每个子问题分别进行求解,最后进行归纳综合,得到总的结果。这里的问题 - 问题关系,是指新的子问题和现有有解问题集的关系。对于子问题 q 和有解问题集 Q,总有 $q \in Q$ 或 $q \notin Q$。当 $q \in Q$ 时,表示新产生的子问题已存在利用现有模型和方法求解的方案。当 $q \notin Q$ 时,表示利用现有的模型和方法无法对新问题求解,必须建立新的模型或利用新的方法。

(2) 成员 - 成员关系

在群体决策中,每一个决策成员都不是孤立的,而是彼此关联、相互影响的。成员 - 成员关系是群体决策活动过程中所特有的,而且是最重要的关系。它决定了群体决策活动的进行方式,直接影响决策结果的产生。成员 - 成员关系有很多种,即使是相同的两个成员,在群体决策活动的不同阶段也可能具有不同的关系。一一般来说，成员－成员关系有下面几种：
- 顺序关系，即一个成员的活动必须以其他某个成员的活动为前提，记为">"。例如，"信息收集成员>计划成员"。
- 并列关系，即成员与成员的活动是并行的，记为"//"。
- 互斥关系，即成员与成员的活动不能同时进行，记为"¬"。
- 加权综合关系，不同的成员具有不同的权值，表示其意见的重要程度。设成员数为 n，成员的权值为 W_i，则有：

$$\sum_{i=1}^{n} W_i = 1$$

(3) 决策步－决策步关系

决策步是对决策行为的分解。通常对每个可以解决的子问题，都对应着一系列具体的决策步。如果将决策步 i 与决策步 j 的关系用 R_{ij} 来表示，则有：

$$R_{ij} = \begin{cases} 1 \\ 0 \end{cases}$$

当 $R_{ij}=1$ 时，表示决策步 j 要以决策步 i 为前提，或是决策步 i 的后继步，或是以决策步 i 的输出作为其输入；如果 $R_{ij}=0$，则表示决策步 j 与决策步 i 没有直接关系。

(4) 成员－问题关系

成员－问题关系是群体决策过程中分配决策任务的基础，如果用 MQR_{ij} 表示成员 i 与问题 j 的关系，则有：

$$MQR_{ij} = \begin{cases} 1 \\ 0 \end{cases}$$

其中，当 $MQR_{ij}=1$ 时，表示成员 i 参与问题 j 的解决过程，或是与问题 j 紧密相关，如果 $MQR_{ij}=0$，则表示成员 i 与问题 j 不直接相关。

对于有解问题集中的每一个问题，都存在一个与之对应的确定的成员－问题关系表，在解决这类问题时，直接根据该表分配任务即可。而对于有解问题集之外的新问题，则必须扩充一组新的成员－问题关系。

(5) 成员－决策步关系和问题－决策步关系

成员－决策步关系描述了不同的成员在不同的决策步中的参与状态。而问题－决策步关系则描述了解决某个问题时所应包含的一系列决策行为步骤。这两种关系的表示方法都与成员－问题关系的表示方法大致相同，因此不再赘述。

综上所述，群体决策是一类复杂的决策行为过程，如何利用现代通信技术和计算机技术对这样一个复杂的系统工程进行支持，是在下面的章节中要讨论的重点内容。

9.1.4 群技术

拥有各种类型和能力成员的群体能够获得更多的观点、方案和技能，有助于决策品质的提升，尤其有助于解决复杂与不确定的决策问题，但这必须以群体活动过程能够以正确和适当的方式进行运作为前提。理论上，群体活动的综合绩效应该高于个人绩效之和，但是研究表明，实际进行的群体活动往往达不到这样的效果。影响群体绩效的因素有很多，如所使用的任务策略、参与、运作规则、协调、弹性、沟通、控制、冲突、共识等，其中尤为重要的一点是，群体活动的运作过程需要被妥善地管理，群体成员间需要完整地共享彼此的信息、独特见解等。为了解决这个问题，许多专家和学者提出了增强群体成员间的交互、改善群体决策效能的方法和技术，这些方法和技术被称为群技术。

典型的群技术包括如下几种：

9.1.4.1 名义群体法（NGT—Nominal Group Technique）

名义群体法是最早的支持群体工作的管理方法之一，如参加传统会议一样，群体成员必须出席，但他们要进行独立思考，具体步骤如下：

(1) 在进行任何讨论之前，每个成员独立地写下他对问题的看法和意见。

(2) 经过思考后，每个成员将自己的想法提交给群体，然后逐个地向大家说明自己的意见，直到每个人的想法都表达出来并记录下来为止，成员的意见通常记录在一张活动挂图或公共黑板上，在此之前不进行任何讨论。

（3）群体开始有顺序地发表讨论意见，以便弄清每一个想法，并做出评价。

（4）每一个群体成员独立地把各种想法排出优先次序，将自己认为最优的决策排在最先。排序结果提交给群体。

（5）群体再次进行讨论，决定最后的排序结果，排序最高的想法即为最后的决策。

这种方法的优点是有利于产生大量高质量的决策信息，缺点是容易受到一些不良因素的影响。如参与者不愿发言、固执己见或会议组织较差等。

9.1.4.2 步阶法

步阶法与名义群体法的步骤大致相同，不同之处是，在每一轮新的讨论开始时都新增加一名成员，该成员在事先不知道原先讨论结果的情况下发表自己的看法，以此来避免群体成员不愿意发表与他人不同观点的缺陷。

9.1.4.3 德尔菲法（delphi method）

德尔菲法也是一种早期应用较多的群体技术。相对于名义群体法，它更复杂，更耗时，但是它不需要群体成员面对面在一起进行讨论，也不用群体成员知道别的参与者是谁，因此可以有助于消除群体成员之间当面交互时可能产生的不良效果。该方法的执行步骤是：

（1）根据问题仔细设计一系列问卷，发放给各成员。

（2）每个成员匿名地、独立地完成第一组问卷，提出可能的解决方案以及支持其方案的论述和假设。

（3）第一组问卷全部被提交给协调者，由他集中进行编辑、整理和复制。

（4）协调者将第一组问卷的副本发放给每个群体成员，并同时给出第二轮问卷，请成员再次提出他们的方案。这时，第一轮问卷的结果往往会激发出新的方案或者改变某些成员的原有观点。

(5) 重复进行上述意见征询和反馈的过程，使意见不断变得更集中，直到群体取得大体一致的意见或各成员再也无法提出新的方案为止。

德尔菲法避免了召集各成员所花费的成本，但是过程耗时太多，不适应于快速决策。

9.1.4.4 头脑风暴法（brainstorming）

头脑风暴法是一种思想产生过程，目的是克服阻碍，产生创造性方案。它鼓励群体成员提出任何种类的方案设计思想，同时禁止对方案进行批评。

在典型的头脑风暴会议中，群体成员围桌而坐，群体领导者以一种明确的方式向所有参与者阐明问题。然后成员在一定的时间内"自由"地发挥想像力和创造力，提出尽可能多的方案，不允许任何人对他人的方案提出任何批评，所有方案都被当场记录下来，留待稍后再进行讨论和分析。

9.1.4.5 辩证询问法（DI—Dialectical Inquiry）

辩证询问法的执行步骤是：

(1) 将群体成员分为两组；

(2) 由其中一组的成员根据资料和信息提出基本假设，再根据假设推导出解决方案；

(3) 由另一组成员推导出与前一组完全相反的假设与方案；

(4) 再由两组成员进行辩论，直到两组都同意某一组的假设和方案为止。

9.1.4.6 魔鬼辩护法（DA—Devil's Advocacy）

魔鬼辩护法的执行步骤为：

(1) 将群体成员分为两组。

(2) 由其中一组的成员根据资料和信息提出基本假设，并根据假设推导出解决方案。

(3) 由另一组成员对前一组的假设与方案进行批评，并具体陈述反对的地方以及反对的理由。

(4) 前一组根据另一组的意见重新判断，修订已有的假设和方案,然后再提交给另一组做批判,直到两组都同意某一组的假设和方案为止。

另外,还有一些常用的群体决策技术,如一致性方法(consensus approach)、一致性映射(consensus mapping)、建设性讨论(developmental discussion)、多属性分析(multi-attribute utility analysis)、围绕领导过程法(process centered leadership)、社会评价分析法(social judgment analysis)等。

上述这些群技术可以被归结为两大类,一类是面向过程(process-oriented)的群技术,另一类是面向任务(task-oriented)的群技术。

面向过程的群技术主要是为群体决策提供特定的策略。这些技术贯穿任务讨论的始终,用于克服导致群体决策不良绩效的社会及心理压力因素,确保每位成员的意见都能充分地表述出来并被其他成员了解。这类群技术可以帮助群体聚焦任务目标,使用明确而详细的决策指标和事实信息,有助于形成有效的任务行为。面向过程的群体技术包括:名义群体法、步阶法、德尔菲法、头脑风暴法等,它们的特点都是尽量避免群体成员因害怕产生冲突而带来的不良影响。

面向任务的群技术主要是帮助群体分析问题以及整合各成员间不同的意见,与面向过程的群技术相反,它更强调群体中面对面的深入的互动以及群体成员有效的、广泛的、平等的参与行为。这类群技术有助于改善群体成员间的沟通及其关系,消除少数人支配现象。上面的辩证询问法和魔鬼辩护法就是属于这种类型的群技术,它们的基本思想都是将群体中的认知冲突表面化、正式化,是利用冲突而非压抑冲突。这类方法对于解决复杂的动态决策问题有很好的效果。

总之,面向过程的群技术和面向任务的群技术分别从两个不同的角度改善了群体决策行为,为群体决策绩效水平的提高提供了必要的技术手段。

9.2 群体决策支持系统概念、功能和结构

9.2.1 群体决策支持系统的概念和特点

9.2.1.1 群体决策支持系统的概念

群体决策是一个涉及不同成员、时间、地点、通信方式及合作技术的复杂的系统工程。为了高效和正确地做出群体决策，仅仅利用传统的手工作业和面对面会议的方式是不够的。决策者们迫切需要有好的支持系统来辅助他们进行群体决策。正因为如此，以计算机技术和现代通信技术为基础的群体决策支持系统应运而生。

群体决策支持系统概念的出现最早可追溯到20世纪70年代，但是直到80年代初期，才涌现出一些利用计算机技术支持群体行为过程的探索性研究。在1987年，Tang X. Bui 发表了专著 *A Group Decision Support System for Cooperative Multiple Criteria Group Decision Making*，这一专著对群体决策支持系统的研究起到了先导的作用。90年代以后，群体决策支持系统的研究和应用取得了可喜的进展，许多大学和研究机构，如美国亚利桑那（Arizona）大学、明尼苏达（Minnesota）大学、佐治亚（Georgia）大学、印第安纳（Indiana）大学等都先后建立了自己的群体决策支持系统实验室，从群体决策支持系统对群体成员的协同支持程度、群体决策支持系统对群体决策成员决策的影响等多方面进行研究，而一些大型企业和组织，如波音、IBM 等，已将群体决策支持系统投入使用，并取得了较好的成效。

对于群体决策支持系统的概念和理论，曾有过两种具代表性的思想。一种是以 DeSanctis 为代表的社会科学的方法，它基于人们在群体中工作的、社会的和认知的理论来确定最有效的支持工具，认为群体决策支持系统是辅助联合工作群体解决非结构化问题的交互式计算机系统；另一种是以 Huber 为代表的工程的方法，它是研究人们如何在会议中交互，并开发改进群体交互效果和效率的工

具,将群体决策支持系统定义为向参加决策会议的群体提供支持的系统,主要功能是支持群体信息检索、信息分享和信息使用。应该说这两种思想从不同的角度对群体决策支持系统进行了描述,各具优势和不足。虽然迄今为止对群体决策支持系统的概念还没有一个统一的定义,但通过综合上述两种观点,可以认为群体决策支持系统是一个将软件、硬件设备、组织件和群体成员融合为一体的人机交互系统,它为具有共同责任,但知识、经验不同的群体成员求解结构化和非结构化问题提供支持,其目标是消除群体的通信障碍,提供结构化决策分析技术,改善群体决策过程,指导群体讨论的内容、时间和模式,以提高决策的效率和质量。与一般决策支持系统一样,群体决策支持系统强调发挥决策人员的经验、判断力和创造力,它并不能代替决策人员做出决策,而只能通过技术手段使决策过程更加可靠,决策结果更为正确。

9.2.1.2 群体决策支持系统的特点

(1) 群体性

群体决策支持系统的最大特点就是支持群体成员的协同工作,在群体决策支持系统控制下的决策过程,应该充分体现群体活动的各个要素与方法,包括等级、体制、约束条件、分工合作、信息沟通等。而且,群体决策支持系统对群体活动的支持应该是超越时空限制的,即使群体决策成员处在不同的时间和地点,也都可以通过群体决策支持系统实现决策行为。

(2) 支持性

群体决策支持系统的另一个重要特点就是对群体决策行为各个方面的支持,如对信息交流的支持、对改善群体决策过程的支持、对群体协同工作的支持、对非结构化问题求解的支持、对控制有害冲突的支持,等等。群体决策支持系统所提供的支持从技术上可以分为三个层次:

第一层次的群体决策支持系统主要提供过程支持,主要目的是减少或消除通信障碍,通过改进信息来改善决策过程。主要的支持项目有:

- 群体成员之间的电子信息交流。
- 连接各群体成员终端的网络、协助者和数据库。
- 为所有群体成员提供信息的公共的屏幕或中央大屏幕。
- 匿名投票、匿名表决和无记名意见。
* 投票统计、显示概要信息和投票结果。
- 电子会议。

第二层次的群体决策支持系统主要提供决策技术支持，其目的是使决策过程结构化，通过提供建模支持和决策分析方法支持来减少群体决策中的不确定性和"噪音"，改善决策结果。如财务模型、概率评估模型、资源分配模型和社会判断模型等。

第三层次的群体决策支持系统提供次序规则支持，它融合了第一层次和第二层次的技术，加入了控制群体决策过程的次序规则，由计算机根据规则启发、指导信息通信和决策行为，包括控制决策行为时间、决策内容、信息交流形式等。

(3) 集成性

群体决策支持系统是一类为特殊用途而设计的信息系统。它集成了多门学科知识和多项科学技术，主要包括：计算机技术（多用户系统技术、多媒体技术、数据库技术等），通信技术（电子信息交换技术、局域网技术、Internet技术等），决策支持技术（包括决策过程控制、分析与预测技术、决策模型技术、决策室技术等）以及组织行为学知识（包括群体行为模式、团队管理、冲突处理方法、谈判方法等）。

(4) 开放性

群体决策支持系统在技术层次上要高于一般的信息管理系统，系统设计更为复杂，而且很难一步到位，需要随时补充、修改和完善。因此群体决策支持系统的开发一般采用原型法，整个开发过程是一个不断反复的迭代过程，这就要求群体决策支持系统应该被设计成为开放式的、易扩充的系统。

(5) 交互性

群体决策支持系统是用来辅助人进行决策的，因此它强调人的因素，为了使决策成员能够在最友好、最自然的环境中工作，群体决策支持系统必须提供充分的交互支持，除了人机交互，还包括人人交互和人景交互。群体中某个决策成员提出的问题、方案、评价等都能够通过群体决策支持系统迅速地传递给其他成员，通过计算机多媒体技术，甚至还能将决策成员的语言、表情、行为等反映出来，使其他成员如身临其境一般。

(6) 智能性

群体决策支持系统应具有一定的自学习能力和自适应能力。如果在群体决策支持系统中运用自然语言理解、知识推理等人工智能技术，则群体决策支持系统将发展成为智能群体决策支持系统（IGDSS—Intelligent GDSS），这是群体决策支持系统的更高层次，也是今后群体决策支持系统的发展方向。

9.2.2 群体决策支持系统的功能和类型

9.2.2.1 群体决策支持系统的功能

设计群体决策支持系统的主要目的是为了加快决策行为的进程，改进决策结果的质量，提高群体工作的效益，同时减少群体工作时的不良作用。美国亚利桑那大学的实验研究显示：群体小组利用群体决策支持系统进行决策行为时，每个成员的时间成本可节省50%以上。为了实现这一目的，群体决策支持系统至少应包含以下主要功能：

(1) 成员管理

成员管理指对决策成员的基本状况、兴趣偏好、层次权限以及动态信息的描述与控制。在9.1.3小节中所介绍的决策过程中的成员－成员关系、成员－问题关系和成员－决策步关系都应该在群体决策支持系统的成员管理功能中有所反映。

成员管理包括三个主要部分：成员档案管理、成员活动管理和成员权限管理。

成员档案管理是指对决策成员的静态信息的描述和控制，包括成员的简历、单位、部门、职务、学历、技术职称、知识偏好等，这些信息以数据文件的形式存储于群体决策支持系统中,为选择决策活动参与人员提供依据。

成员活动管理指对决策成员参与决策活动情况的管理,包括决策问题或决策步骤中的参与成员的计划、实际参与情况的记录以及参与人员的临时变更等。可以看出,成员活动管理是对成员－问题关系和成员－决策步关系的具体反映。

成员权限管理指对决策成员的身份、地位、级别及层次关系的记录和控制。决策成员依据其不同的权限发挥作用,不能做逾越权限的活动。但权限并不是一成不变的,在不同的决策问题或步骤中,同一决策成员可能具有不同的权限。成员权限管理是成员－成员关系的反映,它有利于协调决策者间的工作关系,使决策活动依序进行。

(2) 任务管理

任务管理是指对决策问题和决策目标的管理,支持对决策问题和决策目标的描述、修改和存储,任务管理中最重要的功能是问题库的建立和管理。问题库的作用有两点,一是便于决策成员检索和存取与自己相关的决策问题,二是便于今后对类似问题的快速求解。

(3) 信息支持

信息支持是指群体决策支持系统向决策群体提供各种信息交流渠道,使他们能够方便、快速、准确地获取和共享所需的组织内部和外部信息。信息支持功能主要包括四个方面:

● 信息检索和信息访问。包括从数据库中选择数据,从其他群体成员中获得信息及通过网络手段搜索外部信息。

● 信息共享。利用中央大屏幕为决策群体显示公共信息。

● 信息交流。利用现代计算机技术和通信手段消除时空界限和人为交流的障碍,向决策群体提供快速、方便的进行信息交流的渠道和工具,为充分协商问题建立良好的环境。通过群体决策支持系统的信息交流功能,决策成员可以提出和公布各种有关的问题,同时也可以收集群体成员对这些问题的解答和决策意见。

- 信息记录和信息存储。群体决策支持系统可以自动地或有选择地进行信息记录，同时以数据文件或数据库的形式提供信息的存储手段，以利于今后的分析。

(4) 交互支持

交互支持是指群体决策支持系统为决策群体提供文本、语音、图像、动画和视频等多种交互手段以及各种操作工具。对于同一个决策任务，群体决策支持系统可以支持多种不同的输入输出方式，同时，群体决策支持系统还应支持多个决策成员并行地进行交互操作。

(5) 统计计算

统计计算功能是指群体决策支持系统提供计算器、电子表格等工具，帮助决策群体对决策期间产生的数字信息进行整理、总结、分析和计算。包括对投票结果的统计、数学模型参数的数值计算、决策方案评估指标的计算以及报表分析等。

(6) 模型支持

模型支持是群体决策支持系统最重要的功能之一，强有力的模型支持能够提高决策者对决策问题的理解、表达和分析能力。群体决策支持系统的模型支持包括模型库的建立和维护、模型的增删和修改、单个模型的运行和多个模型的组合运算，等等。在群体决策环境中，由于各个决策成员处理问题的方式不同，对模型的选择和运行方式也可能有所不同，因此群体决策支持系统应采用适合群体作业的模型支持方式，对同一个决策问题为不同的决策成员提供不同的决策参数和决策模型。

(7) 方案管理

方案管理是指对决策方案的描述、修改、评估和存储。方案管理需要以方案集和评价指标集为基础，决策成员针对自己相关的决策任务产生决策方案，并将其存入方案集中，随时供自己和其他决策成员进行修改和评估。

(8) 决策控制

决策控制支持是指对决策过程和决策策略的控制和调度。良好的控制机制能够协调各决策成员，各功能模块以及各终端显示设备间的关系，使群体决策活动有条不紊地进行，从而改善决策的质量和效果，提高决策群体成员的满意程度和置信度。群体决策支持系统中的决策控制支持主要包括：

- 引导和提示群体决策成员，按所要求的顺序步骤进行决策操作。
- 帮助群体选择适当的个体交互技术，以控制信息的交换模式、时间和内容。
- 支持多个决策成员的并行操作控制。
- 促进群体达成一致，如果群体决策无法得出一致的结果，则提示讨论个体决策差异或要求重新定义问题。
- 当发现各决策成员对决策意见高度一致时，提醒决策主持者确保决策意见的可信度。
- 防止消极的群体行为对群体决策效果发生不良影响。
- 保证决策是在安全的环境下进行的，使决策过程不受非正常活动的干扰。
- 既要保证正常的交流和沟通，又要为各成员的决策数据和决策行为提供保密措施，支持匿名操作，以解除群体决策人员决策时的心理压力。

以上群体决策支持系统的各个功能，实质上是对群体决策活动中的五个要素从不同的角度提供了支持：成员管理是对成员要素的支持；任务管理是对对象要素的支持；信息支持、交互支持和统计计算是对方法要素的支持；模型支持和方案管理是对方案要素的支持；决策控制是对控制要素的支持。由此可以看出，群体决策支持系统是辅助群体决策活动的有效工具。

9.2.2.2 群体决策支持系统的类型

根据群体信息交互的时间特性，群体决策支持系统可以分为同步和异步两种；根据群体信息交互的空间特性，群体决策支持系统又可分为集中式和分布式两种；将二者进行组合，则可形成同步-集中，同步-分布，异步-集中和异步-分布四种情况，与此相对应也就形成了四种类型的群体决策支持系统。

(1) 决策室

决策室是一种支持群体决策活动的特殊的电子会议室，在会议室中装备了各种硬件和软件工具，硬件工具包括相互连接的服务器、终端显示设备、电子大屏幕以及投影设备等。软件工具包括数据库、决策分析和计算模型、绘图程序包、表决工具等。通过这些工具，决策成员在各自终端，可以查询服务器上的数据库，调用计算模型，或将自己的决策方案显示在公共屏幕上。决策室环境下的决策过程一般都具有一定的时间限制，而且决策成员都被集中在会议室中，可以进行面对面的交互。因此决策室是同步－集中式群体决策支持系统。

(2) 工程室

工程室与决策室不同的地方在于，它提供更强的信息检索和信息共享功能。决策成员可以随时访问工作室，查询决策活动的进度，输入自己的意见。在工程室决策环境下，决策群体基本上都位于同一地点，但由于各种原因不能同时参与决策，而且决策活动的持续时间一般都较长。因此工程室是异步－集中式的群体决策支持系统。

(3) 远程会议

远程会议是指将两个或两个以上的决策室通过视频和通信系统连接在一起，利用电视会议支持群体决策活动。决策成员在地理上可以是分散的，但是他们可以通过电视会议同时参与决策。因此远程会议是同步－分布式的群体决策支持系统。

(4) 远程决策

远程决策是指利用远距离通信设备将各决策辅助工具连接在一起，使地理上分散的群体成员通过远程"决策站"之间的持续通信，参与持续时间不定的问题求解和决策活动。在远程决策环境下，如果某个决策成员要发起群体决策，则他需要把决策问题通过网络通信系统通知给其他成员，每个成员通过本地工作站或终端接收和发送信息，参与决策操作，关注决策进程和决策结果。由于在远程决策环境中决策成员无法进行面对面的交互，因此群体决策支持系统必须为决策群体提供更为强大的交流和沟通手段,例如,电子邮件系统、语音信箱、可视电话等。可以看出,远程决策是异步-分布式的群体决策支持系统,它所支持的决策活动可以超越时空的限制,因此这种类型的群体决策支持系统必须借助电子网络作为通信媒介,当决策群体的地理位置相对较近时,可采用局域网;当决策群体的地理位置相对较远时,可采用城域网和广域网。近年来,随着Internet和Intranet技术的飞速发展,基于这两种技术的远程决策已经成为群体决策支持系统的发展方向,我们将这两种远程决策统称为基于网络的决策支持系统,在第10章中还将对其进行详细讨论。

9.2.3 群体决策支持系统的组成和结构

9.2.3.1 群体决策支持系统的组成

群体决策支持系统的基本组成包括四个部分。

(1) 人

"人"指参与决策活动的所有成员。由于决策活动有些是单独进行的,有些是集体进行的,因此决策成员也可以被大致分为两种角色,一种是负责全局性活动和最终裁决的决策主持者,一种是在各自的分工范围内进行活动的一般决策成员,如信息成员、计划成员、执行成员等。一个群体决策支持系统的决策群体中至少包含一名决策主持者和若干名一般决策成员。

(2) 硬件平台

硬件平台包括计算机、网络通信设备、多媒体设备、图形设备、打印设备等。群体决策支持系统的硬件平台一般都采用分布式结构,以适应多人活动的需要。

(3) 软件系统

软件系统是群体决策支持系统的核心,它驻留在分布式的硬件平台上,提供决策支持工具。群体决策支持系统软件系统由四个不同层次的部分组成。

- 基础平台。包括操作系统、数据库工具软件、网络软件、算法语言、开发工具等。它是群体决策支持系统软件系统的基础。
- 基础库。包括数据库、模型库、知识库、图形库、问题库等一系列群体决策支持系统的支持库。问题库存放决策问题和由此产生的决策目标；模型库存放支持技术决策的各种模型和方法；数据库和图形库分别存放决策所需的信息、数据和图形。
- 控制软件。包括各种库的管理系统、通信系统以及决策控制系统等。库管理系统用做库的操作和维护工具；通信系统则建立在通信软件的基础上，实现各个分布节点间的格式转换、消息传播和信息共享；决策控制系统实现系统的启动、响应和状态监视，并根据执行规则，调度和指挥决策过程。
- 交互平台。包括图形交互系统、语音交互系统、实时信息交互系统、命令解释执行系统等，主要通过人机界面实现对决策成员的引导，提供操作手段，是人与群体决策支持系统的接口。

(4) 规程

规程是对群体决策行为的限定规则和协调策略。规则包括静态和动态两部分，静态部分包括规则、条例以及决策环境的相关定义等；动态部分则包括决策活动的执行计划、条件和章程等。

9.2.3.2 群体决策支持系统的系统结构

典型的群体决策支持系统结构如图9-2所示。

可以看出，群体决策支持系统的系统结构是常规决策支持系统的扩展，扩展的内容包括：

(1) 用户接口呈分布式，设置了多个终端和I/O设备，提供多维的信息交互手段。

(2) 增加了决策控制系统，具有协调群体行为的能力，如安排会议议程等。

(3) 增加了通信系统，方便决策参与者之间进行交流。

(4) 模型库的功能加强，增加了投票、排序、分类评估等功能，为实现达成一致的决策提供了方便。

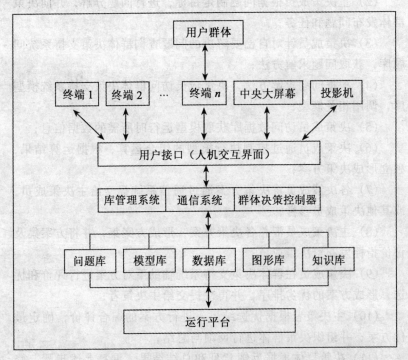

图 9-2 群体决策支持系统的一般结构

9.3 群体决策支持系统的实现

9.3.1 群体决策支持系统的运作过程

群体决策支持系统的运作过程就是群体决策支持系统对决策活动的支持过程,是决策结果的产生过程。它既需要决策群体的紧密合作,又需要群体决策支持系统各功能模块的协调运作。群体决策支持系统的运作过程主要包括以下步骤:

(1) 群体决策控制器初始化各个功能模块,确保系统工作状态正常,网络通信畅通;

(2) 主决策成员根据问题制定目标，进行问题分解，并向决策群体发布问题和任务；

(3) 决策成员针对自己要解决的问题查询群体决策支持系统问题库，获取问题求解方法；

(4) 根据问题求解方法，决策成员访问群体决策支持系统模型库，调用相关模型；

(5) 决策成员访问数据库获取模型运行时所需的数据信息；

(6) 决策成员通过控制执行模型的组合运算，根据运算结果，独立形成决策方案；

(7) 各决策成员将决策方案通过通信系统提交给主决策成员，或其他决策成员参考；

(8) 主决策成员汇总各决策方案，形成方案集，并将方案集及评价指标发布给决策成员；

(9) 决策成员在群体决策支持系统辅助下对方案进行评价和优选，形成方案的优劣排序，并再次提交给主决策者；

(10) 主决策者根据优选结果，进行方案的综合评价，确定最优方案，并组织决策群体进行反馈与总结；

(11) 决策群体根据反馈意见和总结结果，重复上述步骤，修改决策结果，直至决策到达最大的有效性和满意程度。

9.3.2 群体决策支持系统技术

群体决策支持系统技术包括硬件技术、软件技术、通信技术和群体决策支持技术等几个方面，其中群体决策支持技术是群体决策支持系统的核心技术，也是本节要讨论的重点。

群体决策支持技术是对传统的个人决策支持技术的补充和发展，主要目的是加强对群体活动和群体交互的支持。下面将重点讨论群体决策支持系统中几项与群体行为相关的关键技术。

9.3.2.1 信息收集技术

决策离不开信息，正确的决策观点的形成是建立在充分的信息收集的基础之上的。尤其是在群体决策过程中，决策成员各自面临不同的信息源,成员之间需要进行正式与非正式的信息交流,而这种信息交流的充分程度是影响群体决策质量的重要因素之一。在群体决策支持系统的环境中,信息收集不仅仅只是一种个体行为,而是一种群体行为。群体决策支持系统成员个体既可以通过信息服务器获取个体所需信息,也可以通过信息分享、知识分享或主体间的通信交流等协调手段,更合理地分配任务与资源,提高群体问题求解的能力,使群体信息能力高于个体信息能力之和。

信息收集包括信息获取与信息交换两类行为。

信息获取指个体决策成员因缺乏信息而向系统提出请求,由其他决策成员或系统管理人员响应请求,提供所需信息。信息获取是数据从信息源到目的源的单向传递过程,主要包括请求查询、信息定位、信息传递、撤销查询等活动。

信息交换指个体成员之间相互提供信息,是数据在成员节点间的双向传递。信息交换包括通信请求、通信建立、信息传递、通信撤销等活动。

在群体决策过程中,决策成员在信息收集方面的主要活动包括:

(1) 决策成员应了解所需信息的存储位置,以及通过信息服务器获取信息的方法。

(2) 决策成员需要并将不同信息源中的相关的信息片段进行提炼和组合,由于信息片段可能比较分散,而且数据格式各不相同,因此这项工作非常困难和耗时。

(3) 决策成员需要准确地表述自己的查询请求,避免因不当的请求而造成信息浪费。这项工作对于非专业领域人员比较困难。

(4) 负责信息管理的决策成员需要及时对信息进行维护、更新以及实现对信息安全性和保密性的支持等。

为了支持决策成员在信息收集方面的活动,群体决策支持系统应该为群体决策过程提供尽量完备的信息源,同时提供快捷、方便、丰富的信息获取及交换工具,从而帮助决策群体快速进入状态,将注意力集中于对决策问题的分析。

群体决策支持系统的信息收集过程是一个重复迭代的过程。这是因为群体决策活动本身就是一个反复递进的过程。根据 Simon 的有限性理论，任何决策都是在信息不完善的情况下制定的，但是决策过程中信息的显现程度越高，决策结果的有效性就越大，而信息的显现程度正是由信息收集活动决定的。显然一次实现全部信息的收集是不可能的，需要不断地进行新的信息收集。这些信息形式多样，不仅包括明确记录于载体的显式信息，也包括由决策成员感知到的或在交流中获取的隐式信息。另外，群体决策成员的信息收集者、收集媒体、收集时机等也是多种多样，这些都决定了群体决策支持系统中的信息收集是一个不断进化的过程。

群体决策支持系统的每一次信息收集过程都可以分为三个阶段：前期信息收集、中期信息收集和后期信息收集。

（1）前期信息收集一般在决策过程的开始阶段，主要由决策主持者与高层管理者商讨，进行前期信息的收集和准备工作，包括规范决策议题范围、定义决策环境背景、确定群体决策支持系统设置、明确行为规程等初始信息。部分信息将作为原始背景信息提供给全体决策成员。

（2）中期信息收集主要指在决策进行过程中，当决策成员发现缺乏信息或对某些信息感到不明确，可以通过向群体决策支持系统提出信息需求，通过信息服务器查询信息或者通过与其他成员之间的信息交流来进行信息收集。

（3）后期信息收集是指在每一次决策迭代行为结束后，决策成员为总结和反思决策过程或决策结果而触发的信息查询或信息交流。

可以看出，群体决策支持系统支持的信息收集过程是一种自学习的行为过程，通过获取新知识，细化现存知识，不断完善自身的信息和知识体系，以便在以后采用更好的求解策略。对于群体决策支持系统信息收集过程的实现，采用基于智能 Agent 的信息采集技术是一种比较好的选择，本书将在第 11 章对智能 Agent 技术及其在决策支持系统中的应用做更为详细的介绍。

9.3.2.2 决策任务分配技术

决策任务分配是指在决策问题确定之后,通过进一步的分析归纳和分解,制定出相关的各项决策目标,并将其发布给不同决策成员实现的活动过程。决策任务分配包括两个步骤:问题分解和任务分发。

问题分解是指由决策主持者或高层决策成员对决策问题进行初步分析,综合考虑决策问题所涉及的诸多复杂因素,按照层次关系和隶属关系将其分解成若干子问题,确定每个子问题所对应的任务目标和指标评价体系,并在此基础上形成任务层次结构图。问题分解本身就是一项决策,要获得合理的任务目标分解方案必须经过大量的调查、分析、归纳和总结,是一项反复推理的活动过程。

虽然问题分解主要依赖的是人的创造性思维活动,但也需要群体决策支持系统的支持。群体决策支持系统应保证各种可能需要的决策技术的可用性,并尽量以灵活的方式提供给决策成员使用,这些技术包括:

- 提供对决策问题和任务的多种描述和存储方式;
- 支持决策者对问题库、模型库和方案库的实时查询;
- 保留历史行为记录;
- 辅助作图和报告的生成;
- 提供必要的决策活动提示。

在决策问题被分解成为任务目标之后,需要将这些任务分发给适当的决策成员来完成。任务分发的主要步骤如下:

步骤一:检查该任务要解决的问题是否存在于问题库中。

步骤二:如果问题库中存在相关问题,则从问题库中调出相应问题的问题-成员关系表,确定需要发布任务的成员;如果问题库中没有该问题,则补充该问题,并由主决策者根据问题类型决定各任务的执行成员。

步骤三:确定任务发布的内容,即根据各决策成员的职能和关系,确定其任务的具体内容、条件限制和完成时间等。

步骤四:利用通信机制发布任务,发布形式有三种:广播式、部分广播式和点对点式。

任务分发的过程主要依赖群体决策支持系统的决策控制机制和通信机制来完成,如果群体决策支持系统具有处理分发规则的能力,则可以由群体决策支持系统自动来完成这项工作,决策成员只需要对其进行监督和审查。

9.3.2.3 个体偏好公布技术

进行群体决策的原因是因为一个合作良好的群体的能力可远远超出同样数目的个体能力的总和,但是我们并不能因此而忽视个体的偏好在群体行为中的影响。所谓个体偏好,是指不同的成员个体具有不同的兴趣、爱好、情感、收益、价值观及伦理观等。当决策成员的个体偏好与群体利益不一致时,往往会导致个体对群体的抵触情绪,造成群体成员间缺乏相互的理解与信任,削弱群体的增效能力,使决策群体无法达成最有效的共赢策略决策。因此,好的群体决策支持系统除了提供决策分析辅助工具和沟通媒介外,还应该深入发掘个体思维的过程控制结构,通过个体偏好的描述与公布技术,使决策成员感受到被重视、理解和信任,从深层的情感上实现沟通,通过对自我感性认识的强化而进一步挖掘被感性压抑的理性认识。对于非结构化或半结构化任务而言,群体决策支持系统个体偏好表示决策成员决策行为的价值取向;对于结构化任务而言,群体决策支持系统个体偏好表示决策成员对多个可选决策方案的优劣进行排序。

个体偏好的产生过程是个体对其所能感受到的全部信息的综合思维过程,是情感、逻辑、信息、希望和创造性等诸多因素相互作用、交叉耦合的结果。显然,这种由思维信息的演化而导致的偏好的产生过程是非结构化的,但是,为了使群体决策支持系统对其进行支持,必须将个体偏好用结构化语言表示出来。为了实现这一目的,先要对思维信息进行结构化分类。Debono 提出了一种横向思维方法,其主要思想是使个体在一个时间里只关注影响思维的诸多因素中的一个,使个体能够正确地认识和描述自己的偏好。Debono 用六种不同的颜色形象地描述了思维信息的六个方面,它们分别是：
- 白色（W）：代表中性和客观，只关心客观的事实和数字；
- 黑色（D）：代表忧郁和否定；
- 黄色（Y）：代表积极向上的肯定；
- 绿色（G）：代表创造性和新观念；
- 红色（R）：代表感情方面的看法；
- 蓝色（B）：代表综合、冷静、理智的判断。

这六个方面基本包含了人类思维信息的全部内容，对这六个方面的回答就是对个体偏好的各个方面的描述。群体决策支持系统也可根据这六个方面来定义决策成员的个体偏好集。表 9-1 表示利用形式化语言定义的成员个体偏好。

表 9-1　成员个体偏好的形式化语言定义

P（W）	[事实|数据] 是 […] [总|经常|有时|偶尔|从不] 是 […]	表示不提供任何解释和意见，只给出客观事实
P（D）	[…] 是 [错误的|不符合以往的经验]	逻辑和理性地排斥情感，从否定的角度看问题
P（Y）	[…] 是 [正确的|符合以往的经验]	肯定和建设性地看待问题
P（G）		创造性思维结果和想象的描述，不是对已有想法的收获，不受语法的限制
P（R）	[喜欢|不喜欢|讨厌|…] […] 我 [预感到|感到吉利|感到不吉利]	表达情感和基于感觉的复杂判断，由于表述的是纯粹的心理感觉，因此不必为其提供证明或逻辑基础
P（B）	结论是 […]	提出决策结果

表中的形式化语言有利于决策成员客观地公布自己的个体偏好，避免因主观色彩而产生对成员的误导。

9.3.2.4 决策方案判决技术

在群体决策中，对于一个决策问题，一般会产生多个决策方案，群体决策支持系统对这些决策方案汇总，形成决策方案集，再将方案集发布给各决策成员，由决策成员根据自己的偏好对决策方案的优劣进行排序，这种排序过程被称为方案判决。

方案判决活动必须遵守一致性原则。所谓一致性原则，是指每个决策在决策活动的全过程中必须保证判决的一致性。例如，对于一个决策问题有三个决策方案：S_1、S_2、S_3，如果某个决策者的判决为 $S_1 > S_2$，$S_2 > S_3$，$S_3 > S_1$（$>$表示优于），则该判决是一个矛盾的判决，不符合一致性原则。

方案判决的结果可以用判决矩阵来表示。假设决策成员根据 n 个评价指标来判断方案的优劣，且定义：

当 $a_{ij} = 1$ 时，表示 $S > S_j$，即方案 i 优于方案 j

当 $a_{ij} = 0$ 时，表示 $S \sim S_j$，即方案 i 与方案 j 相当

当 $a_{ij} = -1$ 时，表示 $S < S_j$，即方案 i 次于方案 j

则根据决策成员的比较结果，可以构造一个判决矩阵：

$$R = (a_{ij})_{n \times n}$$

显然，R 满足：$a_{ij} = 0$（$i = j \leqslant n$），且 $a_{ij} = -a_{ji}$（$1 \leqslant i$，$j \leqslant n$），即 R 是一个对称矩阵。

对于判决决策，可以用下面的规则来判断它是否符合一致性原则：

(1) 若 $a_{ij} = 1$，$a_{jk} = 1$，则必有 $a_{ik} = 1$；

(2) 若 $a_{ij} = 1$，$a_{jk} = 0$，则必有 $a_{ik} = 1$；

(3) 若 $a_{ij} = 0$，$a_{jk} = 0$，则必有 $a_{ik} = -1$。

判决决策形成后，决策成员根据矩阵中的值和各个指标的权重，得出对决策方案的优劣排序。排序的结果提交给群体决策支持系统，便于群体决策支持系统进行集体综合评价。

9.3.2.5 集体综合评价技术

集体综合评价指群体决策支持系统根据决策成员提供的决策方案的优劣排序,依照一定的原则,综合各方意见,选择出有效性最大、满意程度最高的最优方案。

集体综合评价的前提条件是:有 M 个决策成员,N 个备选方案,且每个决策成员都已按照自己的观点,对所有的备选方案进行了独立排序,定义了各个方案的优先级。

集体综合评价的方法有两种:差值法和加权法。

(1) 差值法

设决策成员 i ($1 \leqslant i \leqslant M$) 对 N 个决策方案的优劣排序结果为:$r_i = (r_{i1}, r_{i2}, r_{i3}, \cdots, r_{iN})$,则 M 个决策成员对决策方案 S_j 的排序序号集合为:

$$a_j = (r_{1j}, r_{2j}, r_{3j}, \cdots, r_{Mj})$$

若对于某一个方案 S^*,有 $a^* = (1, 1, 1, \cdots, 1)_{1 \times M}$,则表明所有成员都认为该方案是最优的,则该方案为最理想的决策方案,但在实际决策中,这种情况一般不可能存在。为了选出最优方案,可以通过比较各个方案和理想方案间的总体差值来确定。方案 S_j 对 S^* 的总体差值是所有决策成员对该方案的排序序号的总和与理想方案的序号总和的差值。计算方法为:

$$d_j = \sum_{i=1}^{M}(r_{ij} - 1)$$
$$= \sum_{i=1}^{M} r_{ij} - M$$

决策方案最后的集体评价结果根据 d_j 的大小来确定,d_j 值最小的方案最接近理想方案,也就是本次决策的最优方案。

(2) 加权法

加权法认为不同的决策成员在评价决策方案时的重要程度不同。假设 M 个决策成员的权值是:

$$w = (w_1, w_2, w_3, \cdots, w_M)$$

其中，$0 \leqslant w_i \leqslant 1$，且 $\sum_{i=1}^{M} w_i = 1$ $(1 \leqslant i \leqslant M)$，则方案 S_j 的综合加权分为：

$$v_j = \sum_{i=1}^{M} w_i \cdot r_{ij} \quad (1 \leqslant j \leqslant N)$$

方案 S_j 的评价系数为：

$$t_j = \frac{v_j}{\sum_{j=1}^{M} v_j}$$

根据决策方案的评价系数，就可以对所有方案进行优劣排序，其中评价系数最高的方案即为最优方案。

9.3.2.6 消除认知偏差技术

群体决策支持系统对决策过程只提供辅助作用，决策成员的经验、智慧、判断和主观能动性等人为因素仍然是决策活动的主导因素。由于人类认知能力的限制，人们在决策思维过程中不可避免地会产生各种各样的认知偏差和判断错误，这些偏差必然会影响决策结果的有效性。因此，消除认知偏差也是设计群体决策支持系统时需要考虑的重要方面。

(1) 消除信息获取中的认知偏差

由于每个人的经历、经验和知识结构不同，造成人们对同样的信息的敏感程度不同。决策成员在处理问题或做出决策时，受到自己习惯的影响，不自觉地关注自己所熟悉的（尤其是成功使用过的）信息，或是忽略那些他们认为不必考虑的信息而使思维过程简单化。无论是特别关注还是无心的忽略，都会造成判断结果与实际情况的偏离，这种由于习惯而造成的认识和处理问题的偏差被称为"惯性"偏差。另外，信息的具体程度、表达方式、传递次序都会影响决策成员对它的获取。

为了消除这些偏差，群体决策支持系统应该尽可能全面地为决策群体提供与决策问题相关的所有知识，同时根据不同决策成员的背景知识和个体偏好，提示他们参考特定的知识领域。为了避免信息表达与传递方式的影响，GDSS可以为每个决策成员提供不同形式的个性化的信息。

(2) 消除决策判断中的认知偏差

决策活动离不开判断，而决策问题的不确定性决定了决策活动中的大部分判断都不存在绝对的对与错，这就只能利用概率来表述判断结果。为了应付复杂的局面和对象，人们往往采用各种简化规则来帮助形成判断，这些规则也被称为启发式。常用的启发式有三种：代表性、可取性和锚定效应。

代表性启发式是指人们在决策中根据某种信息本身在某一类别中的代表性，判断该信息属于特定类别的概率，而忽视基准概率。使用代表性启发式，决策成员容易忽略事件后果的基础比率或先验概率，不注意样本的大小和取样方式等，从而产生偏离规范统计的判断结果。另外，人们在概率判断时常常对随机事件缺乏正确的理解，认为由随机过程中的某一串事件可以代表整个随机过程的基本特征，这是对代表性含义的扩大，也会导致偏误。

可取性启发式是指人们在决策中认为容易想象或回忆的事件具有更高的发生概率。即信息的可取性越大，概率就越高。在采用可取性启发式时，决策成员对与事件概率的判断常常会偏离事件本身的客观概率。主要的认知偏差包括：容易高估低概率事件的出现，而低估高概率事件的出现；认为某一暂未出现的事件很可能在最近的将来就要出现；高估对他们有利事件的出现概率，低估对他们不利事件的真实概率。

锚定效应启发式是指决策者在做概率估计时，先设定一个初始概率值，然后通过补充信息来对其进行修改和变动而最终求得估计值。这种启发式造成的认知偏差在于，决策成员在决策过程中即使获得了新的信息，也难以准确地修正对于事件的最初估计，其判断被锚定于事件的初始值上。

对于决策成员运用启发式所产生的各种认知偏差，群体决策支持系统应该采取一定的方式进行避免。针对代表性启发式所带来的偏差，群体决策支持系统可以提供与事件相关的基础比率及样本信息,并对随机事件的性质加以介绍,帮助决策者正确理解随机事件的性质;针对可取性启发式带来的偏差,系统可以利用数据库和历史记录把在一段时间内发生的与事件相关的全部其他事件罗列出来,以供决策成员参考,防止主观臆断;针对锚定效应启发式带来的偏差,系统可以为决策成员提供充足的信息资料,帮助他们确定恰当的初始值,并给决策成员提供充足的时间进行调整。

(3) 消除反馈和总结中的认知偏差

反馈和总结发生在决策的主体工作完成之后,这时的决策成员面临的是如何正确地认识决策结果,以及将来如何进行新的决策。在此阶段中,由于人们主观认识的影响,往往倾向于把成功归于自己的能力和努力,而把失败归咎于客观条件,容易根据事后的结果去倒推事先的看法,似乎自己对许多事都是先知先觉的。另外,由于人们在回忆发生过的事件时,往往会低估了问题当初的复杂性和难度,以至于不能回想到结果的细节,使反馈、总结工作不全面、不准确。

针对反馈和总结阶段的认知偏差,群体决策支持系统应该在决策结果产生后记录和呈现决策过程前后的所有活动、参考的全部信息以及使用的所有方法,以此来帮助决策成员避免各种错觉,形成对决策结果和决策行为的正确评估。

上面所介绍的群体决策支持技术一般被集成在群体决策支持系统的模型库或决策控制模块中。

9.3.3 群体决策支持系统构造

群体决策支持系统的构造是指对群体决策支持系统各功能模块的设计与实现。根据 9.2.3 小节中所介绍的群体决策支持系统的系统结构,可以认为,群体决策支持系统的构造主要包括各类库的建设和各功能模块的系统集成。群体决策支持系统的构造与传统决策支持系统的构造关系紧密,许多方法都是传统决策支持系统构造方法的发展和延伸,主要是融合了与群体行为相关的组织方法。由于本书的前面部分已对传统决策支持系统的构造进行了详细地介绍,因此，在这里我们只重点介绍各功能模块中与群体决策行为相关的构造技术和实现方法，最后还要讨论一下群体决策支持系统的成功因素。

9.3.3.1 问题库及其管理系统

群体决策支持系统问题库中存放的都是已具有求解方法的问题。对于任何给定的问题，如果它与问题库中的已知问题类型相同或相似，则认为该问题是结构化问题，可以利用群体决策支持系统中现有的模型和方法进行解答。反之，如果给定问题与已知问题不具有似然性，则认为该问题是非结构化问题，需要创建新的模型或探索新的方法。显然，群体决策支持系统问题库中的问题元素越多，类型越丰富，群体决策支持系统对问题求解的支持能力就越强。

建立群体决策支持系统问题库需要决策者、管理者、领域专家、应用开发人员的共同合作，不仅要对在决策过程中出现过的问题进行全面的收集和系统的分类，还要具有一定的前瞻性，对今后可能遇到的问题提前进行处理。另外，对于群体决策支持系统运作过程中出现的新问题和新的求解方法，要随时添加到问题库中，不断增强群体决策支持系统的支持能力。

群体决策支持系统问题库是面向所有决策成员的，因此它应该被集中于服务器上。为了实现对求解问题的迅速查询，群体决策支持系统问题库中的问题元素应该按照不同的类型分层组织。分类的方式可以有多种，如果想便于决策成员求解问题，可以按照面向不同成员角色的方式组织问题。例如，将主决策成员与一般决策成员所面临的问题分开放置，主决策成员一般不进行具体问题的求解，而是实现对决策的启动、决策任务的发布和决策方案的综合评价等活动。因此，主决策成员问题库中的问题也主要面向这几项活动，问题求解所用的模型包括问题分解、方案评价等。

群体决策支持系统问题库中的问题可以用下面的逻辑结构来表示：

Question：

```
    id;           //问题标识;
    class;        //问题类型;
    object-pointer;   //目标集指针;
    description;  //问题名称与算法的自然语言描述;
    model-pointer;   //问题求解所需模型库的指针;
    date;         //问题生成时间;
}
```

问题库中还可以建立问题索引字典,字典的结构可以根据问题的类型以树状层次结构进行组织,同时提供问题类型的快速索引指针,这样既方便了问题的查询,又可以为问题分解提供支持。

问题库应该具有相应的管理系统,为决策者提供问题的插入、修改、删除、字典维护等功能。

9.3.3.2 模型库及其管理系统

模型是对系统本质属性的抽象和描述,它揭示了系统的主要功能、运行规律和实现方法。在群体决策支持系统中,对求解决策问题进行支持的最重要的技术手段就是建立和运行模型。模型库是群体决策支持系统区别于其他信息管理系统的主要标志,模型的多少和模型求解的准确度直接影响决策支持的能力。

模型库的建立需要决策者对以往决策中的实践经验进行总结,需要领域专家对与决策相关的各学科知识进行抽象,还需要开发人员将这些理论与实践转化为计算机可编译执行的程序。

模型库中的模型都是具有基本功能的独立模块,并不与某个具体的求解过程相连,在实现问题求解时,这些基本模块可以进行灵活的组合,产生新的功能模型,这种动态组织模型的方式极大地提高了模型库的支持能力。

为了便于组合使用,模型库中的模型应该按照不同的类型分层组织。首先对决策问题的环境、目标和约束条件等进行分析,抽象和概括出若干常用的基础模型,根据它们所针对的不同决策问题分为几个大类,再将这些大类按照不同的技术方法和处理方式细分为若干小类。一个大类可以由多个小类动态组合而成,一个小类也可以被多个大类调用。这种组织方式增强了模型的整体性、独立性和灵活性。而用于解决具体决策问题的模型对象则由这些类实例化而形成。

这种用类和对象表示模型的方法具有许多优势：利用类的封装机制将模型的数据和方法结合起来；利用类的继承性可以从基础模型类中构造出新的模型类；利用多态性和重载机制可以实现模型与方法的一对多关系，增强了模型设计的灵活性。

模型的表示方式一般有三种：程序表示、数据表示和自然语言算法表示。模型的逻辑结构表示如下：

Model：
　　{
　　id；　//　模型标识；
　　name；　//　模型名称；
　　class；　//　模型所在大类；
　　subclass；　//　模型所在小类；
　　input-var-table；　//　输入参数表；
　　output-var-table；　//　输出参数表；
　　DB-pointer；　//　数据库数据指针；
　　description；　//　模型算法描述；
　　PG-pointer；　//　模型对应的程序指针；
　　}

模型库中还应该建立模型的索引，即字典文件。如果将不同类型模型的索引放入不同的字典文件中，则将形成多个字典文件。

模型库需要供决策成员随时调用，且不同的决策成员所用到的模型也各不相同，因此模型库可以不必集中于服务器，而是分布在各个工作站节点上，决策成员不必向服务器发送请求即可使用模型。

模型库管理系统的功能包括：

(1) 模型的构建。包括新模型的生成、模型连接和调试、字典更新等。

(2) 模型的存取。包括对模型的装入、修改、删除、检索等。

(3) 模型的运行。包括单模型运行和多模型组运行等。

模型库管理系统的结构如图 9-3 所示。

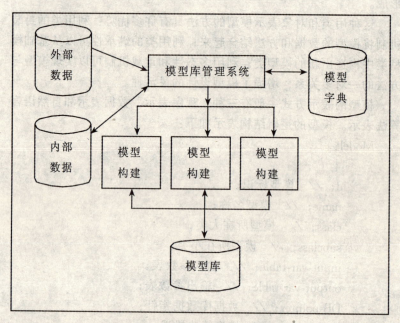

图 9-3 模型库管理系统的结构

9.3.3.3 数据库及其管理系统

群体决策支持系统数据库中存放了群体决策过程中所需要的所有数据和信息，包括控制信息、管理信息、决策方案拟定所需的数据和信息以及各种动态信息。群体决策支持系统数据库的主要特点有：

(1) 面向群体决策过程的组织和管理；
(2) 与模型相结合；
(3) 数据信息量大、信息源较多且分散；
(4) 需要满足多个用户的共享；
(5) 具有安全和保密机制。

群体决策支持系统数据库又可以分为多个子库，用于存放各种不同类型的数据。数据信息大致可分为两类：一类是用于群体决策过程控制和管理的数据,另一类是用于决策方案拟定过程中的需要数据。由此也可以得到两大类数据子库:决策过程控制数据库和决策方案拟定数据库。其中,决策过程控制数据库中又包含了成员档案库、成员关系库、过程关系库、成员动态交互信息库、系统日志库等。决策方案拟定数据库中包含了方案目录库、方案库、评价规则库、综合选优规则库、成员决策信息库等。

群体决策支持系统数据库中的数据庞大而繁杂,因此,必须为每个库中的数据都建立相应的数据字典,以便于数据的快速检索。

对于如此纷繁复杂的数据信息,群体决策支持系统数据库可以采用分布与集中相结合的组织方式。将共享数据集中于服务器上,为决策群体公用;将专用数据分布在各个工作站节点上,为特殊成员使用。

针对群体决策过程中信息量大且异构等特点,群体决策支持系统数据库管理系统除了完成一般的插入、删除、修改、检索数据和数据库维护等功能外,还应该提供数据格式转换、数据整合、消除信息冗余等功能。

群体决策支持系统数据库管理系统的结构如图 9-4 所示。

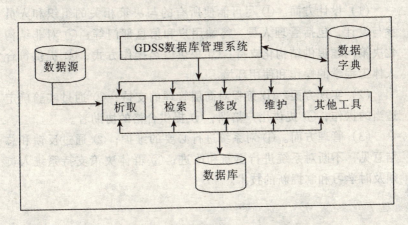

图 9-4 群体决策支持系统数据库管理系统的结构

9.3.3.4 系统集成

群体决策支持系统的集成是指将群体决策支持系统的各个功能模块按照一定的原则和方式组织起来，使它们相互协同，共同完成决策支持。群体决策支持系统的集成方法可以有两种。

(1) 面向问题的集成方法

首先总结过去群体决策过程中遇到过的问题，同时尽可能全面地预测一些新的决策问题，建立问题库；再根据问题的性质，确定求解方法，建立模型，将各个问题的模型分类组织，形成模型库；然后根据模型所需的数据与控制问题、求解时所需的信息建立数据库。

(2) 面向数据流的集成方法

从对数据的分析入手，从已有的信息中提炼和总结有关数据，构成群体决策支持系统数据库；再根据这些数据所面向的问题求解方向，建立对应的处理模型；最后通过模型反映的决策需求导出问题，并在此过程中建立模型库和数据库。

9.3.3.5 群体决策支持系统的成功因素

群体决策支持系统成功的关键因素可分为三个方面：

(1) 设计方面。① 尽可能使所有的与决策相关的组织和人员参与设计，包括管理人员、终端用户和信息部门等；② 对非结构化决策问题提供结构化支持；③ 提供匿名操作方式；④ 提供符合人体工程学的操作和使用环境。

(2) 实现方面。① 确保对高层管理的支持；② 通过实验确定适当的操作；③ 提供用户培训；④ 提供合格的协助者。

(3) 管理方面。① 对系统进行必要的维护；② 通过反馈和总结意见，不断对系统进行更新和改进；③ 群体决策支持系统人员须及时学习和掌握新的技术。

10 基于网络的决策支持系统

10.1 基于网络的决策支持系统概述

10.1.1 基于网络的决策支持系统的概念

随着社会经济的不断发展,决策者和管理者将会面临越来越多的大型的复杂结构的决策问题,这些决策问题的共同特点是:

(1) 决策问题大部分是带有不确定因素的半结构化问题和非结构化问题,涉及到多个领域的专业知识;

(2) 决策过程以大量的集成数据作为基础,这些集成数据的来源是组织内部和外部的各种信息数据,而这些数据往往又分布于异构的数据平台中;

(3) 决策过程需要多名不同领域的专家和知识工程师的参与,而他们通常位于不同的地点,难以集中在一起;

(4) 决策及其相关的一切活动主要是以协作支持的方式进行的,对决策支持系统的主动性和协调性提出了更高的要求;

(5) 决策问题的复杂性要求决策支持系统具有更强的知识表达和知识综合能力,能对数据、模型、知识和接口进行集成;

(6) 决策结果的产生要求快速、准确,要求决策支持系统能够具有适应环境的无规则变化和具有解决突发问题的能力。

解决这样的决策问题,过去那种面对面的、集中会议式的决策方式已经无法胜任。尤其是对于跨国公司、跨地区组织来说，要将分散在各地的决策成员集中起来，不但费时费力，而且成本高昂。因此，通过先进的通信手段组织跨时间、跨地区的决策活动成为决策支持系统的研究热点。

目前计算机网络技术作为一种新的交互媒体和信息交流工具，已在全世界范围内如火如荼地发展起来，应用范围不断扩展。许多企业和组织都已建立自己的企业内部网 Intranet。全球互联网 Internet 更是将世界各地的局域网彼此联系起来，形成四通八达的信息交流干道。网络技术大大缩短了人们的时空距离，也为分布式决策支持系统的实现提供了技术基础。

以计算机网络通信技术为信息交互基础的决策支持系统称为基于网络的决策支持系统。它的基本思路是：组织各地的领域专家，通过网络连接的工作平台和分布式数据库为其供应各种格式的数据和信息，提供符合其逻辑思维和主导角色的个性化工具，支持彼此间的通信合作，从而使他们能够远程地为决策问题提供正确及时的决策意见。根据不同的网络技术基础，基于网络的决策支持系统可以分为基于 Internet 和基于 Intranet 两种类型，基于 Intranet 的决策支持系统适用于组织内部决策，而基于 Internet 的决策支持系统则适于支持组织之间的决策并提供存取组织外部信息的手段，这两种技术也可以综合应用，满足企业多方面的决策需求。目前世界上已经成功开发并获得应用的系统有：Tcbworks、LotusDomino/Notes、BrainWeb、InterAction 等。

基于网络的决策支持系统较之一般的决策支持系统的优势在于：

- 能给决策者提供一种有效的通信协调和信息共享的机制。
- 以成熟的网络技术为平台环境，可以集成各种已有的信息支持工具。
- 利用 TCP/IP 和 Web 等标准化的网络技术，可以方便、灵活地集成各种信息资源。
- 支持规模庞大的信息库和数据库，能有效适应复杂的决策环境，通过 Intranet 可以对企业内部分布式的数据库进行快速、简捷的数据操作，通过 Internet 可以迅速访问企业外部的 Web 数据库资源。因而，数据管理工作对用户来说是透明的，用户无需了解各种数据库系统的技术背景。

- 支持模型的共享。模型可存储在不同地点的服务器上，系统通过服务器来交换企业内部各种模型。另外，系统还可以连接上外部的决策网，决策网是通过分布式全球网络提供模型服务的一个电子环境或市场，它将模型和决策软件作为服务而非产品提供给用户，这样，用户通过决策网可以使用全世界范围内的广泛的模型资源。
- 采用分布式设计，将系统划分为若干子系统，每个子系统针对专门的领域，既可以提高系统的整体问题求解能力，又可以方便系统的扩充和维护。
- 提供更好的人机交互支持，利用超链接、超媒体、网络导航等网络特有的交互手段可以帮助用户迅速定位所需的资料。另外，Web 浏览器具有平台无关性，利用其作为客户端访问窗口，可以使用户拥有统一的界面，不会因界面的差异造成决策的差异。

目前针对基于网络的决策支持系统的主要研究工作包括以下几个方面：

- 网络环境下模型和数据的组织和分布方式；
- 网络数据的安全性；
- 决策成员的协同与合作；
- 决策任务的表达、分解和分配；
- 决策结果的综合评价；
- 各库的管理策略。

可以看出，基于网络的决策支持系统与群体决策支持系统关系密切，基于网络的决策支持系统采用的也是群体作业方式，许多群体决策支持系统中的理论与方法，对于它同样适用。可以说基于网络的决策支持系统是网络通信技术与群体决策支持系统相结合的产物，是支持异步-分布式决策的一类高级群体决策支持系统。在本章下面的内容里，将重点讨论基于网络的决策支持系统的功能结构,网络环境下的合作技术及其网络通信机制。

10.1.2 基于网络的决策支持系统的功能结构

基于 Intranet 的决策支持系统一般采用的是 C/S 结构,即系统由客户端(client)和服务器(server)两部分组成。客户端应用程序负责人机交互、模型计算、数值处理以及通信控制等功能,服务器端应用程序则负责数据、信息、模型的存储、管理和维护。当决策者需要信息和数据时,通过客户端向服务器端发送查询请求,服务器端接受请求并返回所需数据。C/S 结构的优点是可以为不同决策成员提供不同的客户端决策工具,且由于决策计算大部分在本地机器上完成,因而使用起来方便快速,网络负担较轻。缺点是设计复杂,客户端之间的通信控制困难。

基于 Internet 的决策支持系统一般采用的是 B/S 结构,即系统由浏览器和服务器两部分组成。在 B/S 模式中,交互界面全部是浏览器中呈现的 Web 页面,决策者根据 Web 页面信息,从浏览器端向服务器提交决策支持的服务请求,服务器端负责对请求进行处理,并将处理结果通过 Internet 返回决策者的浏览器端。这种结构模式的优点是:采用统一的 Web 页面作为界面,并以已有的互联网协议和技术为依托,容易设计和实现,结构灵活,开放性和可扩充性好。缺点是服务器除了要负责数据的检索和存取外,还要负责决策计算等工作,负担较重;网络通信流量较大。

上述两种结构各有优劣,为了满足大型企业和组织多方面的决策需求,许多基于网络的决策支持系统采用了扩展的三层结构模式,它同时基于 Internet 和 Intranet 两种网络技术,是 C/S 和 B/S 两种结构的综合。基于网络的决策支持系统的三层结构模式如图 10-1 所示。

这三层结构模式是:

(1) 表示层

表示层是决策者与决策支持系统之间信息交互的窗口,它面向用户进行前端界面处理,完成对分布式信息数据的检索、过滤和分

10 基于网络的决策支持系统

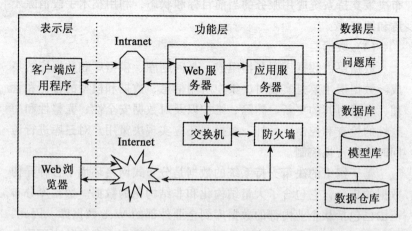

图 10-1 基于网络的决策支持系统的三层结构

类,调用辅助决策的应用服务。功能强大的表示层有助于形成一种相互激发、优势互补、共同寻求问题求解方法的良好的人机交互环境。表示层既可以是客户端应用程序,也可以是远程浏览器窗口。

(2) 功能层

功能层包括 Web 服务器和应用服务器,用于实现网络通信控制和决策应用服务。Web 服务器是决策支持系统的网络服务支持平台,负责实现远端的 Web 请求处理和路由控制,使决策者能够通过 TCP/IP 等标准化网络协议访问决策支持系统应用服务。应用服务器是决策支持系统的核心部分,它为决策者提供了一种集成服务环境,负责处理各种应用服务请求,执行决策支持程序和业务处理程序。应用服务器主要有以下几个部分组成:

① 知识规则库。存储各种协调策略和规则。

② DSS 业务服务。面向决策者的决策支持服务程序以及各项辅助决策工具、数据挖掘工具等。

③ 协调控制器。运用知识规则库中的协调策略和规则,调节和规范决策支持系统各主体之间的交互行为,实现对群体会议的日程安排,控制讨论、汇总、投票、选举等事件进程,及时监控和公

布决策支持系统应用服务的当前目标和状态，利用技术手段消除矛盾和冲突。

(3) 数据层

数据层由数据库服务器组成，是问题库、模型库和数据库的集成。数据层主要是实现对决策中所用信息、数据和模型的存储和管理，完成对其的更新、删除、维护以及对数据安全性、完整性和一致性的检查和控制。另外，数据层还应实现决策用户对三库进行访问时的保密性控制。

基于网络的决策支持系统的数据是分布式网络环境下各种异构数据的集合，它包含了大量结构化和非结构化的数据。数据库分布范围也包括从企业内部的数据库到企业外部的 Web 数据库。因此，数据层还有一个需要完成的重要功能，就是让用户和各种应用服务能够以统一的方式透明地访问各种分布式的异构数据源。具体的解决方案是：利用数据仓库组织数据，为用户访问提供一致的全局数据视图。

首先，基于网络的决策支持系统利用网络将散布在各地的数据库连接起来，实现方便的数据通信。然后由数据仓库的集成单元定期地通过网络通信干线收集分布在网络各处的最新相关数据，并对数据进行清洗、过滤、分类和重组。最后按主题存放在数据仓库中，形成面向主题的、集成的、持久的数据集合，这些数据集合可以被功能层中的数据挖掘工具和联机分析处理工具调用，为决策过程提供数据支持。这样，由数据层中的数据库和数据仓库，以及功能层中的数据分析工具，可以形成基于网络的决策支持系统的三层数据组织模型，如图 10-2 所示。

如图所示，该数据组织模型中主要包含有三个主体：

第一，分布式数据库以及管理系统。它是决策支持系统中的数据基础，通过通信网络联结，所有输入系统的有效数据都将首先被存放于数据库中。

第二，数据仓库及其管理系统。数据仓库管理系统负责各个数据库中的信息集成和格式转换，完成数据仓库的建立和维护工作。

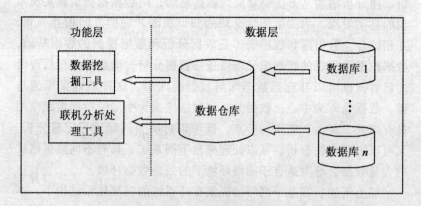

图 10-2　基于网络的决策支持系统的数据组织模型

第三，联机分析处理和数据挖掘工具。数据挖掘和联机分析处理都是以数据仓库为基础，用于完成对决策问题中的各种查询、数据分析和知识分析等任务的工具。联机分析处理是一种自上而下、逐步深入的分析工具，在用户提出问题或假设之后，它针对问题，对联机数据进行快速、稳定、一致和交互式的访问，提取与此问题相关的详细信息，通过对大量数据进行多层次、多阶段的分析处理，归纳出数据的内在本质，并将分析结果以一种比较直观的方式呈现给用户。数据挖掘是一种自动化的知识分析过程，它可以对已有数据进行分析、归纳和推理，从中抽取有价值的新信息，寻找数据间的潜在关联，发现被忽略的要素。这对于预测趋势和支持决策是十分有用的。在用户发出决策请求命令后，数据挖掘工具触发数据仓库管理系统，从数据仓库中获取与任务相关的数据，生成辅助模式和关系，并结合模型库、知识库共同完成这些模式和关系的分析、挖掘与评价，将一些被认为用户可能感兴趣的数据提供给用户，还可以将新发现的知识和规则加入到知识库中，用于新的知识发现和决策支持。

在基于网络的决策支持系统的数据组织模型中，用数据库和数据仓库存储和组织数据；用联机分析处理工具进行数据的多维分析，使分析活动从方法驱动变为数据驱动；用数据挖掘工具实现知识的自动发现，为决策提供全局的知识视图。它们之间相互补充，互相结合。数据库和数据仓库是数据分析和数据挖掘的数据基础，数据挖掘中发现的新知识又可以指导数据分析，而数据分析后得出的新数据也可以补充到数据库与数据仓库中。这种以数据库为基础，数据仓库为中心，数据分析和数据挖掘为手段的数据组织模型具有高效、灵活、实用的特点，既可以对决策问题进行定量分析，又可以进行定性分析，可以处理来自不同系统、具有不同数据格式的大量数据，非常适合于网络环境下的信息数据环境。

综上所述，在基于网络的决策支持系统的三层体系结构下，本地决策者通过客户端应用程序访问决策支持系统应用服务；远程决策用户则根据 Web 页面信息，通过 Internet 从浏览器端向 Web 服务器发送服务请求（一般为 http 请求），Web 服务器解析请求并进行必要的处理，再将请求提交给应用服务器，应用服务器根据请求执行相应的决策支持系统应用服务进程，在应用服务运行期间，可能会查询或调用数据和模型，应用服务完成处理后，再通过 Web 服务器将结果通过网络返回给决策者。在这三层结构模式中，客户端、浏览器、功能层与数据层中的服务器都可以有一个到多个，形成一种多点到多点的结构模式，数据库和应用程序组建可以分布在不同的计算机上，这些计算机可以是本地的，也可以是远程的，这样的系统更具有灵活性、合理性和可扩展性。

10.1.3 基于网络的决策支持系统中的群件

所谓群件（groupware）是一种群体使用的计算机系统，支持各个群体成员从事共同的任务目标并提供共享环境的界面。群件产品有很多类型，可以作为独立的软件包或在集成系统中使用。我们这里所讨论的群件是以网络为平台，支持决策支持系统协同合作的群体工作系统。主要包括：电子邮件与消息系统、屏幕共享和视频电话会议。

10.1.3.1 电子邮件与消息系统

电子邮件与消息系统是网络中应用最广的多人信息交流方式。主要的服务内容有：电子邮件、电子公告牌、新闻组、邮寄清单等。

(1) 电子邮件

电子邮件又称 E-mail，网络上的任何成员都可以使用 E-mail 给其他人发送信息，信息传送后将进入接收者的电子信箱，接收者只要连接到网络，就可以查看和收取邮件，还可以回复邮件或将邮件转发给其他人。电子邮件的优势在于它可以在很短的时间内将消息发送给距离很远的用户，可以使一人同时向多人传递消息。邮件中可以包含文本、多媒体、软件等多种格式的内容。电子邮件的缺点是无法进行面对面的交流，而且邮件在传送过程中容易丢失，安全和保密程度不高。

(2) 电子公告板

电子公告板（BBS）是网络上的另一种电子信息服务系统，它提供一块公共的电子白板，每个成员都可以随时阅读上面的公告信息，也可以发布信息，对别人的观点提出自己的看法。如果需要的话，还可以邀请某个人单独聊天，谈话内容不被其他人看到。电子公告板打破了时空界限，是一种支持多人讨论的有效的信息交流工具。另外，在 BBS 上，参与者的身份可以是保密的，消除了其他交流形式中人为因素造成的障碍，有利于营造一种公平、公开的讨论氛围。

(3) 新闻组

新闻组（usenet new）是网络上各种专题讨论组的总称，也被称为新闻论坛。每个讨论组都围绕着某个主题展开讨论，而新闻根据这些主题或地理位置组织为层次结构。某个新闻组的成员可以读取其他成员发来的所有信件；也可以回复某个人或所有成员。新闻组主机上存储着各个成员发送来的各种信息，并且周期性地转发给其他的新闻组主机，直至传遍整个网络。虽然新闻组采用多对多的电子邮件方式作为通信手段，但是信息并不是发送到各个成员的电子邮箱中，而是由各个成员通过新闻阅读器来访问新闻组主机，阅读讨论内容，发表意见，决定加入或退出新闻组。

新闻组在决策支持系统中是很有用的，决策成员可以将决策情况提供给组中其他成员讨论，寻求关于决策方案的建议。

(4) 邮件列表

邮件列表（mailing list）也是一种基于电子邮件的讨论方式，它可以以 E-mail 的形式向特定的用户群发送内容相同的邮件，当某个成员在邮件列表服务器上贴出信息后，该信息可以被立即传送到所有其他邮件列表的订阅者。邮件列表的最大特点是发送量大、效率高。

10.1.3.2 屏幕共享

屏幕共享建立在图形用户界面（GUI）的基础之上。GUI 的概念最早由苹果公司提出，并很快得到了业界认同。现在图形用户界面已成为各类操作系统显示计算机信息的主要方式，屏幕显示信息本身成为一种新的信息源。屏幕共享的目的就是使远端客户机的屏幕或虚拟终端上重现出主机屏幕的界面显示内容，使远端用户犹如坐在主机前面一样。

通过屏幕共享，合作工作的决策成员可以从不同的地点，通过不同的终端处理同一个文件。该文件一般显示在各个成员的客户机屏幕上，每个成员都可以发表意见和修改文件，修改过的文件再根据需要发送给其他成员，这样，每个成员都可以在自己的屏幕上看到更新后的文件。这种屏幕共享功能有利于加快决策进程和矛盾冲突的解决。

10.1.3.3 视频电话会议

视频电话会议（video teleconference）是传统电话会议的扩展。传统电话会议的缺陷在于决策成员只能通过语音进行交谈，不能进行面对面的通话，不能通过计算机屏幕共同进行工作，而视频电话会议可以有效地克服这些缺陷。在视频电话会议中，一个决策成员可以通过计算机终端和大屏幕看到一个或几个位于其他地点的决策成员，利用计算机宽带网络技术和多媒体技术，视频会议系统可以表现数据、声音、图像、图形和动画,决策成员可以进行"面对面"的讨论,观察对方的行为,共享图形和表格。

视频电话会议系统的另一项重要服务是对视频邮件(video mail),简称 V-mail 的支持。视频邮件将图像和声音以邮件的形式发送给决策成员,并能存储在文件服务器上,图像和声音的内容可以从视频会议的内容中创建。利用视频邮件,使无法实时参与会议的决策成员也可以真实地了解会议过程,使视频会议系统真正支持异时异地的群体决策行为。

10.1.3.4 工作流系统

工作流(wrrkflow)是针对工作中具有固定程序的常规活动而提出的一个概念。通过将工作活动分解成不同的任务、角色、规则和过程来进行执行和监控,达到提高生产组织水平和工作效率的目的。为了实现不同工作流产品之间的互操作,国际工作流管理联盟(WfMC—Workflow Management Coalition)在工作流管理系统的相关术语、体系结构及应用编程接口等方面制定了一系列标准。根据 WfMC 的定义,工作流是一类能够完全或者部分自动执行的业务过程,根据一系列过程规则,文档、信息或任务能够在不同的执行者之间传递和执行。一个工作流包括一组活动及它们的相互顺序关系,还包括过程及活动的启动和终止条件,以及对每个活动的描述。

工作流管理系统是指运行在一个或多个工作流引擎上,支持工作流自动化运行功能的软件系统,它的主要功能有:

(1)定义工作流,包括具体的活动、规则等,这些定义可以同时被人以及计算机系统"理解"。

(2)遵循定义创建和运行实际的工作流。

(3)监察、控制工作流的运行状态,例如任务、工作量与进度的检查与平衡等。

(4)为终端用户提供跟踪、路径选择、文件影像以及其他改进企业过程的功能。

一个普通的工作流管理系统结构如图 10-3 所示。

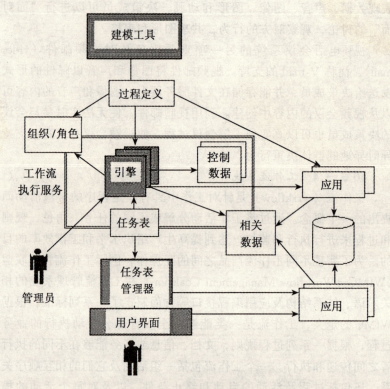

图 10-3　工作流系统结构

需要强调的是，工作流管理系统并不是企业的业务系统，而是为企业的业务系统运行提供一个软件支撑环境，也可以被称为业务操作系统（BOS—Business Operating System）。在工作流管理系统的支撑下，通过集成具体的业务应用软件以及通过工作流执行人员的交互操作，才能完成对企业经营过程运行的支持。工作流管理系统可以用来定义与执行不同覆盖范围、不同时间跨度的业务过程，这完全取决于实际的应用需求。按照经营过程以及组成活动的复杂程度的不同，工作流管理系统可以采取许多种实施方式。在不同的实施方式中，所应用的信息技术、通信技术和支撑系统结构会有很大的差别。

根据所实现的业务过程,工作流管理系统可分为四类:

(1) 管理型工作流(administrative workflow)

这类工作流中的活动可以预定义并且有一套简单的任务协调规则。

(2) 设定型工作流(ad hoc workflow)

它与管理型工作流相似,但一般用来处理异常或发生机会比较小的情况,有时甚至是只出现一次的情况,这与参与的用户有关。

(3) 协作型工作流(collaborative workflow)

它参与者和协作的次数较多。在一个步骤上可能反复发生几次直到得到某种结果,甚至可能返回到前一阶段。

(4) 生产型工作流(production workflow)

它是实现重要的业务过程的工作流,特别是与业务组织的功能直接相关的工作流。与管理型工作流相比,生产型工作流一般应用于大规模、复杂的和异构的环境,整个过程会涉及许多人和不同的组织。

10.2 基于网络的决策支持系统的通信机制

10.2.1 网络技术和网络协议模型

要使基于网络的决策支持系统正确有效地运作,离不开强有力的通信机制。广义上讲,这里的通信是指所有利用技术实现的信息交互,既包括网络系统本身的通信功能,也包括决策支持系统各应用服务进程间的协作通信。因此,本节将分别从网络协议模型和任务协调模型这两个方面介绍基于网络的决策支持系统的通信机制,本小节先介绍基于网络的决策支持系统中的网络技术和网络协议模型。

(1) Internet 技术

Internet 是覆盖全球的信息基础设施之一。它连接了数百个国家和地区的计算机网络,包括各政府部门、研究机构、大学、医院以及各企业组织的内部网。加入 Internet 的用户可以访问世界各地的 PC 机、数据库以及局域网等，能够以低廉的费用迅速地获取其他组织的数据，进行全球的通信与合作。

Internet 起源于 1969 年美国国防部组织的 ARPANet（Advanced Research Project Agency Network）的项目，该项目的目的是为了给美国国防部高级研究计划局 ARPA 提供一个快速、方便的计算机通信网络，在该网络中采用了分组交换技术和层次结构的网络体系结构模型。ARPANET 即是后来 Internet 的雏形。20 世纪 80 年代，TCP/IP 协议成为正式的 ARPANET 的网络协议标准，越来越多的局域网、主机和用户加入到 ARPANET 中，网络的范围也从美国逐步扩展到加拿大、欧洲与其他许多国家和地区，最终形成了全球范围内的大型互联网络 Internet。随后 Internet 以指数级的速度迅速发展，到 1996 年年底，Internet 用户已经超过了 6 000 万，连入的国家和地区达 170 多个。在中国，Internet 的发展也非常迅猛，从 1987 年到 1999 年，我国已形成了以中国公用计算机网（ChinaNet）、中国联通互联网（UNINET）、中国金桥信息网（CHINAGBN）、中国教育与科研网（CERNET）以及中科院的中国科技网（CSTnet）五大网络为主干的 Internet 体系结构，网络用户逐年增多。据中国互联网络信息中心（CNNIC）发布的第 13 次中国互联网络发展状况分析报告表明，截止到 2003 年 12 月 31 日，我国的上网计算机总数已达 3 089 万台，上网用户总人数为 7 950 万人。Internet 对中国的建设和发展，对我国的改革开放和四化建设将起到很大的促进作用。

如今的 Internet 已不仅仅只是一个通信网络的代名词，而是一个覆盖全球的庞大的信息与资源服务库。它把人们带入了一个崭新的电子信息化的时代，改变着人们的生活方式和企业、公司的管理与经营模式。人们利用电子邮件代替大量的长途电话和传真，采用电子文本格式保存和发送账单与票据，利用 Internet 进行广告宣传、市场调查、商品展览。在网络技术较发达的地区，无纸办公、电子交易、网络购物已成为新兴的主流商务模式。

Internet 上的资源包括计算中心图书目录库、公共软件程序库、科学试验数据库、电子文本库、地址目录库、网络信息中心、网络服务器，等等。Internet 提供的应用服务包括：网页浏览、电子邮件、文件传送、远程登录、电子新闻、信息查询、交互通信、使用超级计算机等。到 20 世纪 90 年代初期，WWW（World Wide Web）系统逐渐成为 Internet 中最主要的信息服务方式，它通过 Internet 中的 WWW 服务器，建立一系列信息页，并将各种类型的信息资源，如图像、文本、数据、视频和音频等嵌入或连接到信息页中，使用户能够在 Internet 上浏览、查询和共享 WWW 服务器上所有站点超媒体信息。另外，将 Web 技术与数据库管理系统（DBMS）相结合而产生的 Web 数据库技术也是 Internet 上越来越重要的应用方向。Web 数据库，既充分发挥了数据库系统高效的数据存储和管理能力，又可以以统一的 Web 浏览器为客户端平台，使用户可以在 Web 浏览器上方便地检索数据库的内容。Web 数据库也是基于网络的决策支持系统所采用的基础技术之一。

(2) Intranet 技术

Intranet 是一种企业内部网络，主要以联系企业内部各部门、促进企业内部的交流与沟通为目的。同时它也可以是 Internet 的组成部分。大部分的 Intranet 都与 Internet 相连，既可以向外公布企业的简介、新闻、产品目录、服务项目等宣传信息，也可以让企业内部人员利用 Internet 获取外部的市场和物资信息。

Intranet 采用的仍然是 Internet 软硬件配置以及 TCP/IP 协议，但它是相对独立且具有专门服务对象的网络，它与 Internet 连接时必须使用防火墙进行隔离。防火墙（Firewall）是在两个网络之间实施相应的访问控制的系统。在 Intranet 内部的信息可以分为两类：一类是企业内部的保密信息，不允许外部用户访问；一类是向社会公众公开的企业宣传信息，希望广大用户尽可能多地访问。为了保障信息的安全性，防火墙将截获所有输出信息的通信任务，只有经过授权的业务才被允许通过。另外，防火墙还要负责防止外部的不安全信息的侵入。

在 Intranet 环境中，无论企业组织有多么庞大，地理位置有多么分散，它所包含的信息资源和数据都是基于整个企业的，而且具有较好的集成性和一致性，因此它可以为决策支持系统提供最全面、真实、可靠的依据。

(3) 网络协议模型

无论是 Internet，还是 Intranet，采用的都是 TCP/IP 网络协议参考模型，因此，该模型也是基于网络的决策支持系统的通信机制的基本模型。

TCP/IP 参考模型是一种利用层次结构思想研究网络体系的模型方法。它的主要特点有：采用开放式的协议标准，独立于特定的计算机硬件与软件；采用统一的网络地址分配方案；提供标准化的高层协议和多种可靠的用户服务。

TCP/IP 参考模型一般可分为四个层次：主机－网络层、互联层、传输层和应用层。其中主机－网络层负责在通信实体间建立可靠的数据链路；互联层用于实现路由控制、拥塞控制以及网络互联等功能，主要采用的是网际协议，即 IP 协议；传输层用于向用户提供可靠的端到端的服务，屏蔽下层数据通信的细节，主要采用的是传输控制协议，即 TCP 协议；应用层主要包括决策支持系统的通信协调控制器和客户端软件的通信部件，负责完成进程之间的通信，满足用户的需要。

在基于网络的决策支持系统利用 TCP/IP 实现所需的网络通信控制时，可以在四层参考模型的基础上进行扩展。即保持其他三层不变，在应用层与传输层之间增加 DSS 传输层。设置 DSS 传输层的目的是为了在传输层的基础上进一步分类处理各种与决策相关的通信请求，为应用层组件提供专门基于决策的通信服务。

基于网络的决策支持系统中的每一个节点都具有这五个层次，在不同的节点中的应用进程需要进行通信时，需要按照协议，由上一层调用下一层提供的服务，逐层贯通，直至实现对等层间的通信。通信协议模型和通信模式如图 10-4 所示。

10 基于网络的决策支持系统

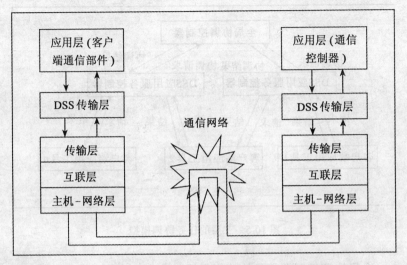

图 10-4 决策支持系统的通信模型和通信模式

10.2.2 任务协调模型

在基于网络的决策支持系统中,既存在多个用户向同一个应用服务提出请求的情况,也存在多个应用服务同时被请求的情况。因此,在实现基于网络的决策支持系统的任务协调时,不仅要考虑同一个应用服务内部的协调,还要考虑多个应用服务间的协调。

在 10.1.2 小节中,我们曾经介绍了基于网络的决策支持系统的三层结构模式,其中,功能层用于实现网络通信控制和决策应用服务,因此对于多个任务的协调,也主要在功能层中完成。

功能层中的任务协调又可以分为两个层次:一个是全局协调控制器,负责控制多个应用服务请求间的协调;另一个是 DSS 应用服务控制器,负责控制应用服务内部的协调。如果再加上表示层中的客户端应用工具,就可以构成一个三层的任务协调模型,如图 10-5 所示。

(1) 全局协调控制器

411

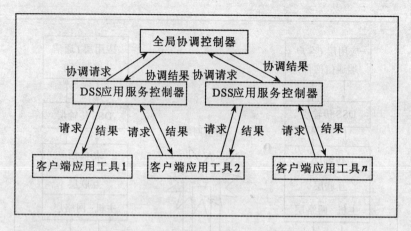

图 10-5 三层的任务协调模型

全局协调控制器的具体功能包括：

(a) 实现各个应用服务间的协调工作，进行消息传递路径的选择，控制响应事件的发生顺序。

(b) 对应用服务进行集中管理，用户可以通过全局视图及时了解应用服务的增加和删除。

(c) 统一管理所有系统用户，设置访问权限，控制用户的登录和注销。

(2) DSS 应用服务控制器

DSS 应用服务控制器的具体功能包括：

(a) 提供与具体应用相关的功能服务和应用内部协调，控制多个客户的并发请求，将多个并发操作按一定规则转变为顺序操作。

(b) 进行版本控制，实现多个版本的标识、存储、更新和查询。

(c) 维护数据的一致性和操作的一致性，保证为各个用户提供一致的数据信息，同时消除多个用户对同一个共享对象进行操作时可能引发的冲突。

(3) 客户端应用工具

客户端应用工具的主要功能是为用户提供访问应用服务的界面

和操作工具。

在上述的任务协调模型下,当用户申请访问某项应用服务时,首先由全局协调控制器检查其权限,如果合法,则通知应用服务控制器,由应用服务控制器决定是否响应该请求,如果响应,则将根据请求调用相应的服务,执行完毕后,通知全局协调控制器,再由全局协调控制器把此执行结果反馈给相关用户。

10.3 电子商务中的决策支持

10.3.1 电子商务概述

广义的电子商务是指利用计算机网络技术进行的全部商务活动,包括产品生产、内部管理、物资调配、公司间合作、客户联系、电子交易等各个方面。这些商务活动既可以发生于公司内部,又可以发生在公司与公司、公司与客户之间。既然需要提供整个商务活动的全过程,电子商务也必然离不开决策的制定,事实上,电子商务运作过程中各个环节都可以体现决策支持技术的应用,许多电子商务系统自身就集成了强大的决策支持功能。本节将主要介绍电子商务的基本理论以及决策支持技术在电子商务中的应用。

电子商务的发展具有其必然性。传统的商业以手工处理信息为主,通过纸本文字进行交换信息,但是商业运作规模的不断扩大,需要处理和交换的信息量也急剧增长,处理过程越来越复杂。在这种情况下,手工操作方式不但劳动量大,费用开支多,而且也增加了出错机会。因此必须采用一种更加便利和先进的方式来快速交流和处理商业往来业务。另一方面,计算机技术的发展和广泛应用以及网络通信技术的不断完善使全球社会迈入了信息自动化处理的新时代,也为电子商务的发展提供了技术可能。

其实电子商务并不是一个新概念,早在几十年前主机系统出现时就已经诞生了。但是它的战略作用却是逐渐被全球各国所认识的。20 世纪 70 年代,美国银行家协会(American Bankers Association）提出了无纸金融信息传递的行业标准，美国运输数据协调委员会（TDCC—Transportation Data Coordinating Committee）也发表了第一个电子数据交换（EDI）标准，开始了美国信息的电子数据交换。80年代末期，随着越来越多的国家和行业的加入，联合国公布了EDI运作标准UN/EDIFACT（United Nations Rules for Electronic Data Interchange for Administration, Commerce and Transport），后来又由国际标准化组织正式接受为国际标准——IDO9735。这样EDI也得到广泛地使用和认可。但是EDI只是一种为满足企业间交流需要而发展起来的先进技术手段，必须遵照统一标准，并不适合于大众的使用，而且由于当时的网络还没有得到充分发展，因此很多商务活动的电子化还只能是人们的想法。直到90年代，随着WWW、Internet、Intranet等网络技术的不断发展，个人电脑互联性的增强和能力的不断提高，这些想法才逐渐成熟，以网络为平台的电子商务技术日益蓬勃，成为一种崭新的企业经营方式。

对电子商务概念的科学理解应包括以下几个基本方面：
- 电子商务是一种以信息为基础的商业构想的实现，其目的是用来增强贸易伙伴之间的商业关系，要实现企业乃至全社会的高效率、低成本的贸易活动。
- 电子商务渗透到贸易活动的各个阶段，内容非常广泛，包括信息交换、客户服务、销售、电子支付、运输、组建虚拟企业等。
- 电子商务是贸易活动的自动化和电子化，它利用各种电子工具和电子技术从事商务活动。其中，电子工具是指计算机硬件和网络基础设施；电子技术是指处理、传递、交换数据的众多技术的集合。
- 电子商务的参与者包括消费者、销售商、供货商、企业员工、金融及政府等各种机构或个人。

根据企业电子商务的运作程度可将其划分为三个层次：
初级层次是在企业的传统商务活动中的一部分引入电子化的信息处理与交换系统，代替企业内部或对外的部分传统的手工的信息存储和传递方式。企业可以通过建立自己的内部网来实现信息处理、信息存储和共享；建立企业门户网站来宣传企业产品，树立企业形象。互联网让企业拥有一个既属于自己又面向社会大众的信息传播媒体，供企业开展各种营销活动和市场调研活动。初级层次的电子商务在初级层次投资成本低，效率高，易于操作，而且不涉及复杂的法律和技术问题，但是不具备为企业提供电子交易的有效条件。

中级层次是指企业利用计算机网络信息传递履行商务合同的部分义务，典型的如在线销售，与合作伙伴约定文件或单据的传输等。中级层次的电子商务的实施程度更深，信息复杂程度低，操作程序简单，但在进行与交易成立的实质条件或履行与商务合同义务相关的操作时，还必须有一定的人工干预。这一层次的电子商务涉及一些复杂的技术问题和法律问题，需要社会各界为其提供良好的商务环境。

高级层次是指用计算机网络的信息处理和信息传输代替企业商务活动的全部程序，实现企业内部办公自动化和外部交易的电子化之间的连接，最大程度消除人工干预，这是电子商务发展的理想阶段。在高级层次下，企业不再只是利用网络实现某一运作环节和过程，而是已经融入了互联网的市场环境中，形成适应这一环境的新的企业组织、运作和管理模式。在这种模式下，企业依靠网络与原料供应商、制造商、消费者建立密切的联系，根据消费需求，充分利用网络伙伴的生产能力，实现产品设计、制造及销售服务的全过程。高级阶段电子商务的实现不仅依赖于电子技术的进一步发展，还依赖于全社会的电子商务意识，以及电子商务运作环境的改善。

电子商务的主要应用类型有四种：

(1) 企业对企业（Business to Business）：即企业与企业之间的电子交易，如通过专有的网络进行的 EDI 交易。

(2) 企业对消费者（Business to Consumer）：主要是电子零售业务，也包括企业与客户间的网络交流途径，使顾客拥有更多的选择和更具个性化的服务。

(3) 企业对政府机构（Business to Government）：包括企业与政

府机构之间所有的事务交易处理。例如，政府在网上公布供所有的公司参与的采购信息；通过电子交换的方式处理企业的报关和纳税业务等。

（4）消费者对政府机构（Consumer to Government）：政府机构为提高工作效率和服务质量，效仿商业服务模式，将个人纳税、社会福利保险等政府工作通过网络来进行。

10.3.2　电子商务中的决策支持技术

作为一种商务运行模式，电子商务的许多方面都离不开对决策问题的处理和对决策行为的支持，许多决策支持技术在电子商务系统中都可以得到应用和扩展。本小节将以市场营销、物流配送、协商洽谈三个方面为例，介绍决策支持技术在电子商务中的应用。

10.3.2.1　电子商务中的市场营销决策支持系统

电子商务中的营销活动所面临的已不再是传统的平面市场，而是一个不受地域空间约束的三维市场，包括种种虚拟的经济实体，如虚拟商店、虚拟银行、虚拟市场等，这些既为消费者提供了更为便捷的消费手段，也为企业提供了新的商业契机。电子商务中的市场营销活动具有一些传统营销活动中不具备的优势和特点，主要包括：

（1）基于电子化的协同环境。市场商务通过电子化的渠道完成物流、资金流和信息流的流动。产品需求通过电子形式与企业网络实现无缝连接。

（2）降低成本，提高效益。通过网上虚拟商店实现电子交易，代替了设立实际的销售店面，可以大大降低企业的经营成本，提高经济效益。

（3）变被动销售为主动销售。电子商务将传统的消费者被动接受销售商推销的方式改变为由消费者主导的行销方式，消费者通过网络参与产品的决策，变被动销售为主动销售。

（4）交易方便、快捷、透明。电子交易不受时空的限制，可随时进行。交易信息可以通过网络在瞬间完成各地的传递、处理和反馈，交易速度大大加快。交易过程的电子自动化还可以避免人为因素的不良影响。

(5) 更有效的客户服务。消费者可以在网上查询产品信息、订单处理信息，跟踪发货情况，并可以随时通过企业电子邮件、电子论坛进行咨询和讨论，并获得及时的答复。

电子商务环境中的市场营销已经突破了传统市场营销中的观念和方式，市场环境更为复杂多变，影响市场营销的因素增多。在这种情况下，企业开展市场营销需要收集更为广泛的数据信息，采用更为先进的技术。建立电子商务中的市场营销决策支持系统正是为了满足这种需要，它的设计目的是支持特定营销问题中的统计分析、预测及决策的制定，帮助企业选择质量和效果最好的市场营销方案。市场营销决策支持系统的主要功能包括以下几个方面：

(1) 利润目标的预测与决策

决策企业的利润是反映和衡量企业经营成果的综合指标，而一切生产经营活动又是从利润目标的分析与预测开始进行的。利润目标是对企业今后一段时间生产经营活动所要达到的利润的估计值，它关系到企业今后的销售收入与产品目标成本。正确的利润目标决策是企业制定正确的产品生产目标和促销策略的基础。因此，利润目标的预测与决策是市场营销决策支持系统的主要支持问题。电子商务环境中利润目标的决策还需要考虑电子化技术所带来的成本和收入的变化趋势。

(2) 销售量和销售额的预测与决策

分析和预测企业在电子商务环境中能够完成的销售量和销售额，估算在保本情况下的最低销售量和销售额。在进行销售量和销售额的预测与决策时还需要分析网络购物、电子交易等新的销售途径对这两项的影响，以制定针对新市场的正确的销售目标。

(3) 产品价格决策

定价决策是企业市场营销决策中一个复杂而重要的组成部分，它关系着市场对产品的接受程度和消费群的大小。产品价格的制定需要考虑产品成本的补偿和企业利润的获取，还要考虑消费者的心理承受力和与同行业其他企业间的利益冲突。在电子商务环境中，利用互联网络的互动性，消费者可以在软件的引导下与企业就产品价格问题进行协商，技术简单，实施容易。经营者也可根据消费者的反馈信息及时调整定价策略，使其最符合市场导向。

(4) 促销决策

促销活动是企业宣传自身产品的必不可少的活动，好的促销策略可以有效地树立企业形象，增加产品被市场熟悉和认同的程度，是扩大销售量的常用手段。传统的促销方式主要是通过广告宣传和人员推销，而电子商务环境中的促销则主要是网上宣传、网络广告、网上促销活动等。不但成本低廉，而且可以利用文字、图像、视频、音频等多媒体技术，形象而充分地向消费者展示产品的功能和服务内容。在制定促销策略时，必须考虑各种传统的和新型的促销方式的综合应用，以利用最小的成本达到最好的促销效果。

综合考虑电子商务环境下市场营销的特点，针对要支持的决策问题，市场营销决策支持系统应具备以下一些基本特征：

第一，具有较好的实用性，针对预定的具体工作任务，提供充分的支持功能，如信息服务、科学计算、决策咨询，提高营销决策的有效性。

第二，能够支持突发性的决策任务，适应市场环境复杂多变的特性。

第三，提供友好、统一的人机交互界面，强调人的创造性和能动性在决策过程中的作用，为其提供充分的控制权。

第四，突出模型的针对性和实用性，支持定性模型的使用。同时，注重各模块间的协调和集成工作能力，满足复杂决策的需要。

10.3.2.2 电子商务中的物流决策支持系统

物流是实现电子商务流程的重要环节和基本保证，它负责对商品的仓储和运输进行管理，将商品适时、适地、适量地提供给消费者或用户，最大限度地体现用户的自主权。对物流的决策问题包括对商品的库存数量、库存地点、送货计划、配送运输等方面的方案选择。正确的物流决策对于企业降低成本费用，增强竞争实力，提供优质服务，提高企业效益等方面有着重要的意义。

电子商务中的物流决策支持系统需要支持的决策问题包括：
- 位置决策，即物流中各项设施所处位置的确定，包括生产设施、库存点和货源的位置。
- 生产决策，即确定物资在各设施间的流动路径和物资的分配方案。
- 库存决策，即确定库存的方式、数量和管理方法。
- 运输决策，即确定运输的方式、设备、路径和物资的数量。

鉴于电子商务环境下的物流决策问题针对性较强、数据量大、种类繁多且关系复杂的特点，物流决策支持系统的设计原则应该是采用优化技术自动生成若干物流决策方案，并提供给决策者进行选择或修改。

电子商务中的物流决策支持系统的主要功能包括：

(1) 提供优化技术

针对现代物流运输节点多，交通网络复杂的特点，物流决策支持系统综合利用运筹学、组合数学、计算机图形学等领域知识，对运输流程进行模拟，并采用自动优化技术产生路由、车次方面问题的调配方案。其中，路由优化是指在现有的交通运输网络中寻找各个配送点之间的最短路径；车次优化是指考察最短路径中车次的运行情况、确定其链接关系及优劣次序。通过自动优化技术，物流决策支持系统可以迅速产生若干物流配送网络的方案。

(2) 生成物流计划

根据生成的物流配送网络方案和相关的商务信息，物流决策支持系统在决策者的控制和监督下生成物流配送计划，包括各种物资的运输方式、路径、数量、时间和中转地，等等。

(3) 模型和参数的选择与设置

根据决策对象的运行环境选择优化模型和模型参数，如最小时限模型、最低成本模型等。

(4) 方案评价

提供对系统优化结果的评价，允许用户选择所需要的评价模型和评价参数（如时间、成本等），增加评价的可靠性和灵活性。

(5) 通信

提供与电子商务系统的其他模块进行通信的接口，以便获取更多的企业商务信息供决策使用。同时还要建立与其他相关的物流配送中心系统的联系，达到资源和信息的共享。

10.3.2.3 电子商务中的谈判支持系统

电子商务的出现和 Internet 的发展改变了以往的企业间协商洽谈方式。整个商贸磋商的过程完全可以在网络和软件系统的支持下完成。电子商务中的谈判支持系统正是一种允许各企业代表通过网络实现跨地域谈判的支持系统。

谈判支持系统可以以电子商务网络为平台，设置谈判服务器，各客户端通过 Web 浏览器连接服务器，使用谈判问题分析工具和谈判信息交流工具。在应用了多媒体技术和宽带网络技术的谈判支持系统中，还可以利用视频会议、语音信箱等手段，为谈判者提供如面对面般的交互环境。

电子商务中的谈判支持系统除了包含一般决策支持系统中所需要的模型库、数据库、知识库及其管理模块外，还包括以下几个主要的功能模块：

(1) 问题处理模块

主要负责谈判问题的识别、问题的描述和谈判方需求偏好的分析。

(2) 图形表示模块

将谈判中的数据、信息以及谈判结果等，用表格、曲线和立方图等形式反馈给用户，并进行解释说明和提供必要的提示。

(3) 通信模块

负责实现各谈判方与谈判服务器之间的通信。为谈判者提供多种信息交互手段，如电子邮件、电子公告板、视频电话会议等。

(4) 过程控制模块

对谈判过程进行综合测评、分析与控制。

(5) 冲突分析模块

利用模型对谈判中的冲突问题进行分析和求解,并进行方案的评选。

(6) 数据查询和分析模块

提供必要的数据信息查询工具和统计分析工具,帮助谈判者及时查询相关的商务信息和企业信息,根据统计分析结果做出判断。如果该谈判支持系统属于电子商务系统的子系统,则还可以通过与其他电子商务系统的模块接口,查询更多的信息和数据。

(7) 电子合同管理模块

负责电子合同的生成和存储,实现在统一平台上的电子合同与电子单据的交换。

综上所述,决策支持系统是电子商务系统中不可或缺的部分,它使电子商务系统能够实现商务方案的提出、设计、实施及其相关应用的完整过程,成为一种真正意义上的商务活动运作平台。

10.3.3 商务智能

商务智能(BI—Business Intelligence)是近年来流行于信息技术行业的又一新的"知本"术语。随着以电子商务为特征的新经济逐步走向成熟,企业需要处理的数据量也越来越多,所拥有的数据库的规模、范围和深度不断扩大,已经从点(单台机器)、线(局域网)发展到面(网络),甚至到因特网全球信息系统。这些巨大规模的数据可能来自企业与客户间的交易记录,也可能来自企业内部的管理或生产系统,或者是从其他途径搜集到的市场信息、协作伙伴和竞争对手的信息等。能否最大限度地使用这些信息资源来管理和影响企业决策流程,将决定企业是否能够拥有最大程度的竞争优势。

举例来说,在客户问题上,企业需要对下列问题做出正确的决策:

● 哪一类顾客能给企业带来最大的利润,企业应该怎样加强和这类顾客的联系?

● 怎样才能提高顾客的整体满意程度?

- 哪一类产品与服务结合得最成功,而它所面向的客户群又是哪些?

在企业所拥有的信息资源中往往已经具备了回答上述问题的数据积累,但是从这些数据中发现规律并回答以上问题却是很困难的事,这也是企业决策者所急切盼望解决的。目前大多数企业只利用了数据资源中的很少的一部分,而且往往只进行统计汇总等一些表层应用,而余下的数据资源则随着时间的增长,成为一座含金量很高,但是却无人开采的矿山。商务智能(BI)正是为解决这类问题应运而生的新技术,它可以通过对数据的分析,给企业提供战略性决策的依据,提高企业的战略竞争能力。

10.3.3.1 什么是商务智能

"电子商务智能(e-BI)"这一术语由法国著名的软件公司Business Objects 于 1998 年提出,它对电子商务和因特网的智能交互行为进行描述。电子商务智能可以在企业内部网络、企业外部网络和电子商务环境中帮助用户获得信息、分析信息和共享信息。Business Objects 是目前世界主要的电子商务智能解决方案的提供者之一。除了 BO 公司,目前各大数据库公司如:Oracle、Sybase、Informix 等都对电子商务智能技术的发展和应用提供积极的支持。

商务智能是指一种在计算机软硬件、网络、通信、决策等多种技术条件成熟的基础上实现的海量信息数据处理技术,是一种基于大量信息基础上的提炼和重新整合的过程,这个过程与知识共享和知识创造紧密结合,完成了从信息到知识的转变,最终为商家提供巨大的利润。

从技术角度看,商务智能是以企业中的数据仓库为基础,经由联机分析处理工具、数据挖掘工具加上决策人员的专业知识,从根本上帮助公司把运营数据转化成为高价值的可以获取的信息(或者知识),并且在恰当的时候通过恰当的方式把恰当的信息传递给恰当的人的过程。

从数据分析的角度看,商务智能是为了解决商业活动中遇到的各种问题,利用各种信息系统进行的高质量和有价值的信息收集、分析、处理过程,其基本功能包括个性化的信息分析、预测和辅助决策。

从应用的角度看,商务智能帮助用户对商业数据进行在线分析处理和数据分析,帮助解决商业问题,预测发展趋势,辅助决策,对客户进行分类,挖掘潜在客户等,以便更好地实现商业目的。

10.3.3.2 商务智能的功能和应用

商务智能的基本功能是让企业内部的员工以及企业外部的客户、供应商和合作伙伴实现对信息或知识的访问、分析和共享。具体应用包括:

(1) 客户分析

根据客户历年来的大量消费记录以及客户的档案资料,对客户进行分类,并分析每类客户的消费能力、消费习惯、消费周期、需求倾向、信誉度等,确定哪类顾客会给企业带来最大的利润,哪类顾客仅给企业带来最少的利润同时又要求最多的回报,然后针对不同类型的客户给予不同的服务及优惠。

(2) 市场营销策略分析

利用数据仓库技术实现市场营销策略在模型上的仿真,其仿真结果将提示所制定的市场营销策略是否合适,企业可以据此调整和优化市场营销策略,使其获得最大的成功。

(3) 经营成本与收入分析

对各种类型的经济活动进行成本核算,比较可能的业务收入与各种费用之间的收支差额,分析经济活动的曲线,得到相应的改进措施和办法,从而降低成本,减少开支,提高收入。

(4) 欺诈行为分析和预防

利用联机分析和数据挖掘技术,总结各种骗费、欠费行为的内在规律,在数据仓库的基础上建立一套欺骗行为和欠费行为规则库,就可以及时预警各种骗费、欠费,尽量减少企业损失。

(5) 预测发展趋势

在分析和挖掘现有信息数据的基础上,发现市场发展规律,跟踪发展动态,预测发展趋势,为企业制定有效的发展战略提供依据。

决策支持系统

由商务智能的应用功能可以看出,它为决策者解决商业过程中存在的问题提供了良好的技术手段,主要表现在:

- 有助于提高企业的运作效率;
- 有助于建立有利的客户关系;
- 有助于提高产品的竞争力;
- 有助于帮助企业从现有的"知本"中提炼更多的价值,让知识共享和知识创造真正成为现实;
- 有助于丰富决策所需依据,提升决策效率;
- 有助于帮助管理者及时预见问题,提前获得机遇;
- 有助于建立企业内部的合作关系,改善管理能力。

10.3.3.3 商务智能系统的应用流程

商务智能是一种提高企业生存能力的方法或过程,典型的商务智能包含明确需求、信息收集、数据采样、清除转换、分析提炼、信息归档、信息发送、使用反馈等几个主要流程。由于决策者的反馈数据将再次流入商务智能环境中,因此这个过程也被称为 BI 循环。如图 10-6 所示。

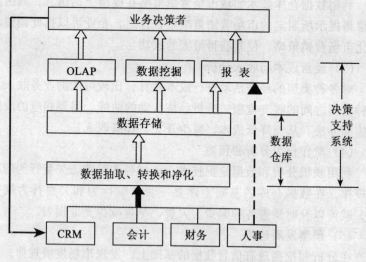

图 10-6 BI 循环

(1) 外部数据通过运行环境（ERP、CRM、SCM 等）流入 BI 循环（包含有关客户、供应商、竞争对手、产品以及企业本身的信息）。

(2) 进入数据仓库/数据集市部分——对加入数据仓库的数据进行净化和转换，纠正错误的数据和统一格式，使其满足数据仓库应当具有的数据格式和质量标准；将其存储在中央存储库中（充当中央存储库的可以是关系型数据库或者多维数据库），数据的抽取、净化、转换和存储是 BI 循环的核心组成部分。

(3) 进入 DSS 部分——DSS 从数据仓库/数据集市中检索数据并将所得结果提交给业务决策者。DSS 满足了从简单报表经由 OLAP 扩展到数据挖掘范围内的各种需要。

(4) BI 将 DSS 发现所得的信息以及决策者自身的反馈信息再次带入运作环境中，根据情况变化，表达新的需求，提高商务智能流程内在质量。

从商务智能的循环流程可以看出，数据仓库、联机分析处理和数据挖掘是其主要的技术支柱。

(1) 数据仓库是商务智能的基础。数据仓库是一个可以更好地支持企业或组织进行决策分析处理的数据集合，相对于传统的面向事务处理的数据库，它具有面向主题、集成、相对稳定、随时间不断变化四个特性。数据仓库的关键技术包括数据的抽取、清洗、转换、加载和维护。

(2) 联机分析处理（OLAP）是以海量数据为基础的复杂分析技术。它支持各级管理决策人员从不同的角度，快速灵活地对数据仓库中的数据进行复杂查询和多维分析处理，并且能以直观易懂的形式将查询和分析结果展现给决策人员。OLAP 使用的逻辑数据模型为多维数据模型。常用的 OLAP 多维分析操作有上卷、下钻、切片、切块、旋转等。

(3) 数据挖掘是从海量数据中，提取隐含的、人们事先不知道的但又可能有用的信息和知识的过程。数据挖掘的数据有多种来源，包括数据仓库、数据库或其他数据源。所有的数据都需要再次进行选择，具体的选择方式与任务相关。挖掘的结果需要进行评价才能最终成为有用的信息，按照评价结果的不同，数据可能需要反馈到不同的阶段重新进行分析计算。数据挖掘的常用方法包括关联分析、分类和预测、聚类、检测离群点、趋势和演变分析等。

10.3.3.4 商务智能系统的组成结构

一个典型的商务智能系统通常由以下几部分组成：

(1) 商务智能应用。这些应用是许多针对不同行业或应用领域，经过裁剪的完整的商务智能解决方案软件包，包括了从基本查询和报表工具到先进的预测分析再到信息挖掘工具的各类工具。所有工具都支持 GUI 客户界面。有许多在 Web 界面上也可以使用。这些工具大多都能处理来自于数据库或数据仓库的产品的结构信息，有的也能对文件系统、多媒体甚至邮件或 Web 服务器上的复杂的和非结构化的信息进行处理。

(2) 商务智能门户。是一个为自助访问任何企业信息提供的动态 Web 入口。

(3) 访问工具。包括应用接口和中间件服务器，使得客户工具能够访问和处理数据库及数据仓库中的业务信息。数据库中间件允许客户透明地访问后台各种异构的数据库服务器，Web 服务器中间件允许 Web 客户连接到数据库中。

(4) 数据存储和数据源。商务智能一般采用多层信息存储模式，包括操作层数据、数据仓库、数据集市和元数据层。

- 最底层是操作层数据，指正在进行的商业运作的各种业务数据，包括各种业务处理系统（CRM、ERP、SCM）的数据、历史性数据、外部数据以及来自现有数据仓库环境中的业务数据。

- 再上一层是数据仓库，数据仓库收集、组织数据，并使数据适于分析处理，这种类型的数据称为"信息化数据"。

- 然后是数据集市，数据集市是公司数据的一个子集，这些数据对特定的商业单位、部门或一组用户来说，是很有价值的。这个子集包含了从交易处理系统或企业的数据仓库中获取的历史性数据、总结性数据或尽可能多的各种数据。数据集市是由用户的功能定义的，而不是由数据集市的大小决定的。

• 最后是元数据层，元数据在数据仓库和数据集市的上层，元数据是关于数据的数据，是以概念、主题、集团或层次等形式建立的信息结构，并且记录数据对象的位置。

(5) 数据集成工具。系统的数据集成平台可以将企业各个业务系统面向应用的数据重新按照面向统计分析的方式进行组织、抽取、转换和装载，解决数据存在的不一致、不完整等影响统计分析的情况。

(6) 安全及管理。包括商务智能的安全性和验证、备份和恢复、监控和调整、操作和调度、审计和计算等。

(7) 商务智能基础设施。指商务智能运行的各种软、硬件平台和网络环境。

商务智能系统的结构图如图10-7所示。

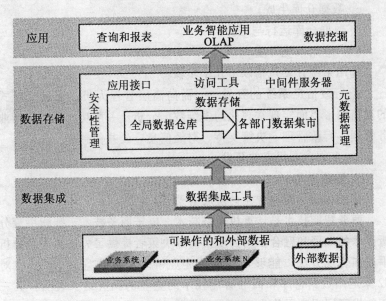

图10-7 智能商务系统结构图

10.3.3.5 商务智能的实施方法

商务智能的实施方法一般包括以下几个步骤：

(1) 前期准备工作

a. 调查研究工作——了解国内外在这方面的建设经验，与厂家、集成商或同行业的管理人员、技术人员交流；同时在全行业范围内进行业务调查，特别是对应用的现状进行总结。

b. 总体方案的确定，技术选型。

(2) 数据模型分析与设计

具体可以分为以下几个步骤：

a. 概念模型设计；

b. 技术准备分析；

c. 逻辑模型设计；

d. 物理模型设计；

e. 数据仓库生成；

f. 数据仓库运行与维护。

(3) 应用系统开发

应用系统开发包括以下几个步骤：

a. 行政信息系统的开发——面向高层管理人员，通过交互式的视窗图形界面实现常规化的多维数据分析。一般功能框架包括业务管理、行政管理、决策支持、财经信息、公共信息等。

b. 多维动态报表的开发。

c. 数据采集。

10.3.3.6 商务智能的发展前景

商务智能技术是计算机网络技术、电子商务技术、智能决策分析技术的发展和融合，它为现代商务决策者提供了先进的信息分析手段和表现方法，能够切实地为企业带来经济效益。IDC公司对62家运用数据仓库和商务智能技术的企业的调查结果表明：其三年的投资回报率平均为401%。其中，90%以上的企业三年投资回报率超过40%，50%的企业超过160%，25%的企业超过600%；收回投资的平均时间为2~3年。由此可见，商务智能将成为现代企业中最宝贵的经营资产。

　　目前，欧美发达国家已经在电信、金融、证券、税务、制造业和零售业等行业实现了商务智能的应用，并取得了成功。我国国内这方面的应用虽然才刚刚起步，但发展较快，根据 IDC 的调查，目前商务智能解决方案在中国的市场价值约为 4.38 亿美元，增幅达 41%，超出业界平均水平 3 倍。另外，有大量操作型数据积累的企业都出现了迫切的应用需求，由此可以预计，商务智能在中国将会拥有广阔的应用前景。

11 决策支持系统的应用与发展

11.1 主管信息系统

11.1.1 主管信息系统的概念与特点

主管（executive）是指企业或组织机构的高层管理人员，可以是一个行政长官，一个总经理或是一个对企业决策具有权力的法人。相关研究表明：大部分的决策支持系统的主要服务对象都是专业人员和中层管理人员，高层管理人员并不直接参与使用决策支持系统。由于主管人员工作内容与方式都不同于普通的工作人员，所以一般的信息管理系统和决策支持系统都不能很好地对其予以支持。为了满足主管人员特殊的要求，需要建立一种新的系统——主管信息系统。

主管信息系统是集中满足高层管理人员战略信息需求的系统。这里的主管信息系统是广义的信息系统，它既能满足主管人员的信息需求，又能满足其决策需求。它把领导决策所需要的各种信息，经过汇总处理，用各种直观的形式显示；同时支持专家系统、人工智能或基于规则的决策支持系统，提供各种优化工具。可以说，它同时集成了信息管理系统和决策支持系统的主要功能并予以扩展。

11.1.1.1 主管信息系统的具体功能

（1）按照首长的要求，及时和精确地访问和处理信息。

(2) 集成和存储广泛的内部和外部信息源的数据。

(3) 支持电子通信,提供联机信息服务,包括电子邮件、传真、计算机会议和字符处理。

(4) 抽取、过滤、压缩和跟踪关键数据。

(5) 提供在线状态存取、趋势预测、例外报告和深入挖掘数据等决策支持手段。

(6) 提供数据分析工具,包括多维分析工具、电子报表、查询语言等。

(7) 提供各种提高个人工作效率的工具,如电子日历、电子备忘录等。

(8) 提供访问历史数据和历史行为记录的功能。

(9) 提供友好的用户界面,可以显示表达图形、表格以及文本信息。

(10) 利用超媒体工具提供信息导航,使主管人员方便快速地在大量数据中进行检索。

11.1.1.2 主管信息系统的主要特点

(1) 由主管人员直接使用,不需要中间人。

(2) 有效增强主管的工作能力。包括提高主管的工作效率,改进其对企业进行计划、组织和控制的效果,增强主管的管理决策行为的有效性,帮助其识别更大范围的发展趋势。

(3) 围绕关键成功因素组织系统。关键成功因素是指为达到组织目标必须考虑的因素,主要包括三个方面:组织因素、企业因素和环境因素。

(4) 信息数量增大、信息质量提高。主管信息系统为主管人员提供的信息和数据包括:运行数据、企业数据、外部环境数据、竞争信息以及其他附加信息等。信息和数据更为简洁,有效性更好,相关程度更高。

(5) 访问和获取信息的手段更快捷、更方便。

(6) 信息和数据的表示与分析更加灵活、丰富。

(7) 要求对信息和数据提供更高的安全性与保密性。

11.1.2 主管的作用及其信息需求

11.1.2.1 主管的作用及其工作特点
(1) 主管的作用

主管人员在企业或组织中的作用无疑是举足轻重的。根据Mintzberg的研究，主管人员的作用主要体现在人际关系、信息交流、决策过程这三个方面。这里我们重点关注与主管信息系统紧密相关的后两个方面。

主管人员在信息交流中起到的作用有三种类型：① 监督者。搜集信息，发现问题和机会。② 传播者。将外界信息向企业内部进行传播以及控制企业内部部门间的信息传递。③ 发言者。向上级汇报企业的情况，或者与其他企业和单位分享信息。

主管人员在决策过程中起到的作用有四种类型：① 企业家。主动开创和设计企业运营模式，进行重大的变革。② 救火员。被迫对面临的压力和问题进行反应和处理。③ 资源分配者。控制企业的治理结构和运行机制，保证资源分配方案的协调和统一。④ 谈判人。作为企业代表和有关方面就与企业发展相关的问题进行谈判。

根据主管人员在信息交流和决策过程中的作用，可以看出其从事的决策活动主要包括创新性决策、方案选择决策、事件处理决策三种，对这些活动的支持是设计主管信息系统的重点。

无论主管人员完成的是哪一种类型的决策活动，其决策过程都可以分为两个阶段：第一阶段对问题和机会进行识别；第二阶段针对问题和机会决定采取的策略。第一阶段的工作需要使用到大量的信息，而这些信息可能分布在各处，包括各个职能部门产生的关于财务、市场、生产和人事等内部信息，以及来源于Internet和联机数据库、报纸、新闻、企业出版物、政府报告等方面的外部信息。因此需要对环境扫描以发现相关的有用信息，扫描过程可由主管本人、专职信息人员完成。对于某些新闻、报告或Web网站信息还可以由智能软件自动完成。然后再对收集到的信息进行评价，并做定量或定性的分析。接着，由主管对信息进行解释或是对问题进行判断。如果主管认为存在问题，则由主管或群体针对问题做相应的决策。在这期间，主管、各级管理者和其他雇员之间可能发生大量的信息交流。

(2) 主管的工作特点

通过对主管人员决策工作的分析可以得出其活动过程具有以下主要特点：

① 主管人员的工作活动涉及大量的情势判断和综合评价，而所获得的决策信息又是高度模糊的，因而，其判断评估过程更多的是依赖直觉推理，它取决于主管的个人经历、价值取向、决策能力、情绪、意向和其他不可控制因素的影响。

② 主管人员的工作过程是非结构化的。由于不同的主管人员或同一主管在不同的时间、地点处理同一类问题时，其基本偏好、信息获取手段、信息获取可能性和信息采集成本是不同的，因此对主管的一般工作过程很难进行结构化建模。

③ 主管更多的是负责构造性和创新性的活动，如总体战略观念的制定，而这些活动又是以大量的、详细的推理论证过程为前提的。实际工作中，主管人员本身不可能有足够的时间和精力完成所有的基础工作，这就要求主管信息系统以支持主管人员的构造性和创新性活动为主要目标，而将细致复杂的解析性工作交给其他专用系统完成。

④ 主管人员所处的工作环境是一种复杂多变的综合情境，对主管人员的行为可能会产生各种有利的或不利的影响，影响因素可能来自企业外部，也可能是企业自身的文化、历史、现状等，甚至还可能是个人因素。因此主管信息系统必须考虑相关情境因素的影响，并尽可能地消除不利影响。

⑤ 主管的工作活动和对判断的形成不是一蹴而就的，总要经历一段不断修正和补充的过程。因此，主管信息系统应当充分支持对工作过程的表示和处理，并允许主管人员不断修正业已得到的结论。

11.1.2.2 主管的信息需求

主管信息系统的设计目标在于协助主管人员完成对信息的搜集和处理，支持其进行各种决策活动。通过上面对主管人员决策工作特点的分析，可以看出，主管信息系统中的所需信息很大程度上是一种模糊的、隐含的、直觉的、主观的软信息，这些信息的来源渠道可能是非正式的，甚至可能是主管人员的想象、意图、观点和信念。这些信息的形式有以下几种类型：

(1) 断定、推测、估计和预测。以断定、推测、预测和估计的形式存在的信息可用于计划的制定。这些信息可以靠人工输入，也可以由系统根据历史数据或数据挖掘自动产生。

(2) 解释、判断、评价和翻译。解释、判断、评价和翻译等信息可帮助主管人员了解企业内、外部发生的情况。

(3) 新闻报告、企业趋势和外部的调查数据。新闻报告可以是文本的，还可以是视频的。Internet 和 WWW 技术使得获取此类外部信息的途径更加便捷。通过智能软件甚至可以自动地搜寻和过滤相关的信息。

(4) 调度计划和正式的计划。

(5) 观点、感觉和意见。

(6) 谣言、闲谈和传闻。

这些软信息构成了主管人员主要的信息需求。许多主管信息系统都尽可能地增加其提供和处理软信息的能力，以增加系统对主管人员的使用价值。

11.1.3 主管信息系统与决策支持系统的比较和集成 ●

11.1.3.1 主管信息系统与决策支持系统的比较

主管信息系统（EIS）是决策支持应用领域的一部分，它也为支持高层管理决策过程的某些任务而设计，但是它与一般的决策支持系统又有许多差别，主要表现在以下几个方面：

(1) EIS 的主要目的是帮助高层管理者发现问题，而 DSS 的目的是针对某个问题或机会找到解决途径和行动方案。

(2) EIS 的服务对象是高级主管人员，而 DSS 的用户对象是分析员、专业人员和一般管理者。

(3) DSS 中包含问题求解子系统，而在 EIS 中则没有。

(4) DSS 一般采用自适应的过程进行开发，而 EIS 则可以不通过自适应的过程开发。

(5) DSS 是基于模型的，模型库是其核心，模型类型丰富；而 EIS 不是基于模型的，它只提供有限的内置模型。

(6) DSS 支持决策建模，具有可扩展性，而 EIS 可能不具有建模功能，且不可扩展。

(7) EIS 的主要功能集中于状态获取和数据挖掘，而 DSS 则集中于分析和决策支持。

(8) EIS 注重的是主管使用信息的方便性，而 DSS 注重的是产生结果的有效性。

(9) EIS 主要应用于企业环境扫描、性能评价、问题和机会识别等领域，而 DSS 则应用于管理决策的多个领域。

(10) EIS 的决策支持方式主要是间接支持，支持的对象主要是高层的和非结构化的决策；而 DSS 支持半结构化的和非结构化的决策和专门的决策。

(11) EIS 的运作基本上是结构化的、自动的跟踪系统，它不断地运转以跟踪企业内外部重要领域中发生的管理情况；而 DSS 则是非结构化的，对于不同的问题需要采取不同的运作方式。

(12) EIS 对用户的个性化支持较好，可以按各个主管的决策方式定制，提供多种输出方式供选择；而 DSS 则允许个人的判断和某些对话方式的选择。

(13) EIS 需要对信息进行过滤和压缩，尤其是对关键数据要进行跟踪和挖掘，及时获取任何信息的支持细节；在 DSS 中，则较少有或不需要这类信息处理。

(14) EIS 应具有强大的数据库管理和访问功能，能够联机访问多个数据库；而 DSS 则应具有大型的计算能力，支持建模语言和仿真。

另外，主管信息系统在设计原则上也有很多不同于决策支持系统的地方，例如，EIS必须提供快速和非技术的方式，反映企业的动态特性，如帮助主管了解事件在何处发生或为什么发生，以便指导行动的变化；主管信息系统必须能进一步为出现在主管信息系统屏幕上的任何信息提供更为详尽的相关信息或专业人员的解释。

11.1.3.2 主管信息系统与决策支持系统的集成

尽管主管信息系统与一般的决策支持系统有许多不同之处，但是主管信息系统无法避免地要用到决策支持技术，这是由其特定的用户——主管人员决定的。虽然低层和中层管理者将预先确定策略或计划的方案，但是仍需要高层主管决断和形成这些策略或计划。而且在高层主管所面临的问题中，有很多是模糊的和不确定的，需要决策支持工具帮助其进行分析研究。因此决策支持功能在主管信息系统中是必不可少的。

前面介绍过主管信息系统的决策活动过程可以分为两个阶段。在第一阶段，主管对问题进行识别，这时可能需要利用决策支持系统中的模型与工具对信息和数据进行分析，尤其是对非结构化数据的分析；在第二阶段，主管需要针对问题制定策略，可能需要下层管理人员提出备选的计划或方案，再进行综合评估，选择最优。这一过程类似于一般的决策支持过程，可以利用决策支持系统产品（如群件等）辅助完成。

主管信息系统中提供决策支持功能的方式有两种：

（1）内置的决策支持工具。即在主管信息系统内部包含的专用的决策分析软件和工具。这种方式提供的决策支持程度一般都较低，包括少量的计算工具和模型。

（2）与决策支持系统产品集成。即主管信息系统提供决策支持系统工具接口，使之能够方便地与主机服务器或工作站上已有的决策支持系统工具集成。这种方式比较灵活，易于实现，决策支持程度也较高，而且可以根据需要，利用决策支持系统的模型与工具，设计专门满足主管人员需求的决策支持服务。

主管信息系统和决策支持系统的集成方式有多种，其中之一是利用主管信息系统的输出数据启动决策支持系统应用。当主管人员需要利用决策支持系统模型和工具进行分析时，就通过接口将主管信息系统中的数据输出到决策支持系统产品中，这样决策支持系统的运行是由主管信息系统触发的，分析完成后还可以将结果及相关说明返回主管信息系统，以便进一步研究和利用。

主管信息系统与决策支持系统集成的目的是为了提供满足主管人员需求的决策支持功能，因此也必须适应主管人员决策活动过程的特点（见 11.3.2 节）。为此主管信息系统在集成或涉及决策支持功能时应该符合以下原则：

(1) 决策结论逐步精确化

决策结论逐步精确化包含两方面的含义：一是指决策目标在决策过程中逐步得以精确描述，二是指决策结论在主管与系统的反复交互中逐步确定。这就要求系统应当采用非精确的描述方法与主管人员进行交互，产生与主管人员形象思维活动尽可能相近的求解框架，在对求解框架的可行性进行论证时，系统应该提供尽可能精确的求解，帮助主管完成由形象思维向精确求解模型的转化。

(2) 决策过程的层次化和直观化

由于主管决策过程受到直觉判断和定性思维的影响，其决策过程往往是自上而下逐步求精的，因此决定了决策过程具有层次性和渐进性的特点。系统应该提供主管人员与系统进行动态交互的手段，协助主管人员逐步完成问题描述的结构化。首先系统与用户在比较抽象的层次上进行交互，在形成了抽象推理框架之后再交由系统生成精确的求解方案，实现对主管人员决策动态过程的支持。

(3) 推演过程柔性化

系统在实现推演过程时，应当考虑尽量做到柔性化以适应用户需求。即一方面帮助用户选用多种不同的推演框架和推演途径，另一方面允许用户对不同推演层次分别进行考察。

(4) 多重认知情景比较

主管人员在处理决策问题时是具有一定的认知局限性的，主要原因有两个方面：主管人员个人固有的认知能力不够和情境因素的限制。对于后者，可以利用技术得到部分解决。在对案例进行分析比较时，系统应尽可能多地提交相似案例中出现的情境因素，再由用户根据情境因素确认案例的适用性，这样有助于消除认知的不充分。同时，通过促使用户与类似情境下众多案例的反复交互，有助于提高用户对此类情境的认知能力。

(5) 支持主管人员的直觉判断

通过对主管人员的认知框架、决策方案框架和决策方案评估分层次处理，获知高层管理者的意图、观点和信念，逐步形成问题求解框架。

11.2 基于 Agent 的决策支持系统

11.2.1 智能 Agent 技术概述

11.2.1.1 Agent 的概念和特点

Agent 最初是分布式人工智能领域中的一个概念，它的提出可以源于 20 世纪 70 年代，其标志为 Hewitt 的 Agent 模型。到了 80 年代中期，计算机硬件技术、软件技术、人工智能技术、并行计算和分布处理技术的发展为 Agent 和多 Agent 系统的研究奠定了基础，Agent 技术也受到了越来越多的关注，研究者们从各自的应用需要出发，赋予 Agent 不同的含义，尝试利用 Agent 技术的优点帮助解决各自的问题。随着研究的深入，人们逐渐意识到 Agent 在创建智能系统、模拟智能行为中有着广阔的应用前景。到了 90 年代，Agent 本身的理论、结构及实现语言成为众多学者集中研究的对象，并取得了不少的成果。如今，Agent 以及基于 Agent 的系统技术已经成为分布式人工智能乃至整个计算机领域中的研究热点。

智能 Agent 也可以被称为"软件代理"或"智能软件机器人"。"如果一个实体可以用信念、承诺、义务、意图等精神状态进行描述，那么该实体可视为一个 Agent"（Shoham, 1993）。这一定义从利用 Agent 模拟人的行为这一目的出发，认为 Agent 可以从类似于人的精神状态的角度进行描述,这一定义也被称之为 Agent 的强定义。目前被大多数研究者认同和接受的是 Wooldridge 提出的关于 Agent 的弱定义,即认为 Agent 是一个具有自治性、社会性、反应性和能动性的软件实体,它能以主动服务的方式代表用户或其他程序主体,并完成某组预先定义的工作或服务。

一般来说,一个完整的智能 Agent 应该由下面这些基本成分组成:

- 所有者。指有权使用该智能 Agent 的用户、程序或其他 Agent。
- 作者。智能 Agent 的开发者或产生者。智能 Agent 可以由人来开发创建,也可以先由程序自动产生模板,再由具体用户将它个性化。
- 目标。关于智能 Agent 成功运行后所得结果的描述。
- 主题。主题描述了任务目标各项属性的细节。这些属性包括智能 Agent 的范围,任务以及可能被调用的资源等。
- 创建时间和持续时间。
- 环境支持信息。

尽管关于智能 Agent 的定义还没有惟一确定的结论,但是为业界所公认的是:智能 Agent 具有一些其他软件实体所不具备的能力和特点。其中最主要的特点有:①自治性(autonomy),指 Agent 可以在没有人或其他 Agent 直接干预的情况下运作,并且对自身的行为和内部状态有某种控制能力;②反应性(reactivity),指 Agent 可以观察或感知其所处的环境,并在一定的响应时间内对环境变化作出反应;③能动性(pro-activity),指 Agent 不但能对环境变化作出反应,而且能够以目标为导向,主动采取行动;④社会性(social ability),指 Agent 可以与其他 Agent、人或软件程序进行交互,共同合作,处理复杂的任务。

除了上面的四个基本特点外,智能 Agent 还可能具有另外一些特点:①学习性,指某些 Agent 可在与用户和其他 Agent 的交互中观察对方的行为,根据学习到的知识和积累的经验预测对方的动向。②单一性,指 Agent 一般都被设计为完成一项单一的任务。③

重复性，指 Agent 一般会自动反复执行被预先设定的工作过程。④可移动性，指 Agent 可以在多个不同架构的系统或平台间移动。

11.2.1.2 智能 Agent 的类型和技术层次

依据不同的划分标准，可以将 Agent 分为不同的类型。根据 Franklin 和 Graesser 的理论，具有自治特性的 Agent 可以被分为生物 Agent、机器人 Agent 和计算 Agent 三类；计算 Agent 又可分为软件 Agent 和人工生命 Agent 两类；而软件 Agent 又可分为特殊任务 Agent、环境 Agent 和病毒。

根据 Agent 的能力和智能水平，可以对 Agent 进行技术层次上的划分，划分的标准主要包含三个方面的因素。

(1) 代理程度

代理程度是指 Agent 自主运行能力的高低以及被赋予权限的多少。最低一级的代理程度是指 Agent 只是在部分方面替代了用户，基本上没有什么交互。较高一级的代理程度是指 Agent 在数据、应用、服务等方面与其他的实体进行了交互。最高一级的代理程度则是指 Agent 可以与其他的 Agent 实体共同合作或进行协商。

(2) 智能程度

智能程度是指 Agent 所能完成的推理和学习行为的程度，它代表了 Agent 接受用户的目标和执行委托任务的能力。智能程度的最低标准是 Agent 能够表示和记录用户的兴趣偏好，并且具有对用户偏好进行操作的推导引擎。较高的标准是 Agent 包含了一个用户模型，或是能够理解用户的行为动向并依次为目标的推导执行计划。更高的标准是 Agent 系统可以学习和适应周围的环境，环境中既包含用户的目标，又包含可获得的资源。这种 Agent 系统可以发现新的关系或是独立于用户的新概念，并且提前对其进行探索以满足用户需要。

(3) 可移动程度

可移动程度是 Agent 自身在网络中迁移的能力。有一些 Agent 是静态的，它们驻留在客户机或服务器上。具有较高可移动性的 Agent 是一些可移动脚本，它们可在一台机器上产生，并迁移到环境更好、更安全的其他机器上执行。它们是先移动后执行,不携带任何静态数据。更高一级的移动 Agent 是可移动对象,它们可以携带静态数据,并且可以在执行中途进行迁移,它们移动的目的是获取更多的信任权、服务和数据。

上述三个标准形成了评判 Agent 技术层次的三维空间,例如,对于网络 Agent 技术我们可以将其分为四个层次类型,由低到高分别是:

层次一:Agent 在用户直接命令的指导下检索文档,例如 Web 浏览器。

层次二:Agent 由用户启动,提供查找相关网页的搜索工具,例如,网络搜索引擎。

层次三:Agent 保留了用户框架,时刻监视 Internet 信息的变化,并且将找到的与用户相关的信息通知给用户。

层次四:Agent 具有对用户框架进行学习和演算的部件,帮助那些不能明确指定检索任务,或是不能提供合适的查询语句的用户完成信息的获取。

11.2.1.3 智能 Agent 的结构

智能 Agent 必须拥有一定的知识和数据,具有学习的技能、交互的技能以及其他一些如合作、通信、命令、控制等能力。图 11-1 显示了 Agent 的基本功能结构。

图中:

(1) 界面。Agent 与用户或其他 Agent 进行交互的接口。

(2) Agent 执行程序。控制 Agent 的执行操作。

(3) 知识库。存储允许 Agent 进行推理和学习的案例或规则。

(4) 消息库。存储消息并实现对消息的管理,如存入、删除、读取和修改等。

(5) 操作库。存储 Agent 的操作规则,即如何根据不同事件的知识和消息改变 Agent 的状态。

(6) 操作约束。包括 Agent 某一状态下的操作限制,包括在某些条件下可以执行的、必须执行的和不能执行的操作。

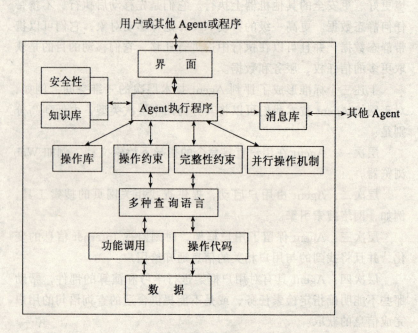

图 11-1 Agent 的基本功能结构

(7) 完整性约束。包括对数据完整性的检查和维护,消除操作对数据完整性的破坏。

(8) 并行操作机制。对同时进行的操作行为进行控制,防止并发行为间的冲突。

(9) 查询语言。Agent 需要适应各种不同运行环境,容纳不同数据类型的数据,因此也必须提供相应的查询语言来实现对不同数据类型的查询。

11.2.1.4 智能 Agent 的应用范围

在分布式人工智能和计算机应用系统领域,智能 Agent 技术的应用范围包括以下几个方面。

(1) 网络服务

Agent 的可移动性使其可以方便地在网络中流动,能够迁移到服务请求者所在的主机系统上,与服务请求者进行本地交互,可以实现非确定性的问题求解,有效提高服务响应速度,避开网络拥挤段,降低出错率以及提高服务的安全性等。

(2) 异步计算

Agent 引入了完整的异步计算环境,它可以异步地与处于其他时间和空间范围的节点进行交互,完成任务后将结果反馈给用户。

(3) 资源优化

Agent 能够减少网络连接所耗费的带宽,实现对网络负载的平衡,优化网络和计算资源。

(4) 流动计算

利用 Agent 可以将计算服务转移到处理能力最强和安全性最高的主机系统上执行,有效的避开了网络瓶颈,突破了处理能力的限制。

(5) 并行任务求解

将任务合理分解为多个部分,并分配给多个 Agent 并行处理,大大提高了工作效率和解决复杂问题的能力。

由此可见,利用智能 Agent 的并行性、流动性和信息处理能力,能够实现大型复杂计算机任务的求解。

11.2.1.5 多 Agent 系统的基本原理

多 Agent 系统,也称 MAS(Multi-Agent System)。研究单个 Agent 的目的是为了利用它对单个人的智能行为进行模拟,但现实中的人并不是一个孤立的个体,他需要与其他人进行交流、合作或对抗,他位于社会这个大的综合环境中。多 Agent 系统就是对人类社会这个智能群体系统的模拟,也是最能体现 Agent 技术价值的应用领域。

人类的绝大部分活动都涉及多人构成的社会团体,人们活动中面临的问题也越来越纷繁复杂,这也导致了对计算机系统完成大型复杂任务的需求。这些任务的完成凭借一台主机系统往往是不够的,需要多个系统彼此交互。多 Agent 系统正可以满足这种需要,它放松了对集中式、规划、顺序控制的限制,提供了分散控制、应急措施和并行处理策略。它允许多个 Agent 之间彼此分享数据、知识和服务,既可以提供更快速的问题求解,又可以降低软件或硬件的费用成本,提高系统利用效率。

目前对多 Agent 系统研究的重点是如何对 Agent 的行为进行规范和描述,以及如何协调一组自主的 Agent 之间的智能行为,例如协调它们的知识、目标和规划,使它们为一致的目标采取行动。多 Agent 系统中的单个 Agent 应该具有标准统一的开放式接口,使其他符合同样标准的 Agent 都可以对其进行存取,单个 Agent 不仅可以处理单一目标,并且可以处理不同的多个目标。另外,利用博弈论、经济学、社会学等方法描述和控制 Agent 间的对抗、冲突和联合等方面的问题也是多 Agent 系统的一个研究方向。

11.2.2 智能 Agent 技术在决策支持系统中的应用

决策支持系统目前已在企业决策、军事决策、工程决策、区域开发决策等各个方面获得了广泛的关注和应用。但是要使决策支持系统获得进一步的发展,真正成为人们生产生活上的价值巨大的计算机辅助系统,还需要克服如下几个方面的困难:① 大规模复杂的非结构和半结构化决策问题的求解。② 分布式的问题求解方式和过程。③ 模拟人类智力活动——并行性智能行为。

针对这些问题,人们从各个领域出发,提出了很多解决方案和相关理论。智能 Agent 技术也是其中的一种。研究证明,将智能 Agent 技术导入决策支持系统中是行之有效的。这主要表现在以下几个方面:

(1) 智能 Agent 拥有自己的知识,尤其是多个智能 Agent 相互协作和共享知识时,可以使决策支持系统获得更高的智能。

(2) 智能 Agent 具有学习功能,这使得基于多 Agent 的决策支持系统会在运作的同时不断丰富其知识,提高其适应能力和智能化的程度,就像不断学习的人一样变得越来越聪明。

(3) 智能 Agent 具有自主性,这有利于提高系统运行时的稳定性,不会因系统某个部分出错而导致整个系统的崩溃。

(4) 多 Agent 技术可以有效地实现知识的分布存储和对问题的分布式求解算法，便于处理更为复杂的问题。

(5) 建立基于智能 Agent 的决策支持系统便于利用包裹技术，即将决策支持系统的部分或全部转换为基于 Agent 的软件包，可以随时增加或减少其中 Agent 的数目，提高了软件组件的重复利用率，保护了用户的投资。

由此可见，建立基于智能 Agent 的决策支持系统是一项非常有意义的工作。

11.2.2.1 决策支持系统中的智能 Agent 类型

一般来说，基于 Agent 的决策支持系统由多个不同类型的智能 Agent 组成，最基本的智能 Agent 包括：

(1) 管理 Agent

管理 Agent 负责系统的管理，它是系统中第一个运行的 Agent，其他 Agent 加入系统时都必须向它注册。注册的信息包括 Agent 名字、类型、网络地址及其主要的功能等。另外，管理 Agent 还负责提供对已注册 Agent 信息的查询功能。以便每个 Agent 能够迅速找到合适的通信合作对象。

(2) 交互 Agent

交互 Agent 负责提供友好的用户界面。它的服务用户有三类：系统管理员、决策者和领域专家，相应地也就有三类交互 Agent：管理员交互 Agent、决策者交互 Agent 和专家交互 Agent。一般来说，系统管理员会在自己的主机系统上建立一个管理员交互 Agent，并通过交互 Agent 与管理 Agent 间的通信来实现系统管理操作。决策者交互 Agent 负责同决策者进行交互，获取决策问题，向其他 Agent 发送决策问题并收集决策方案，再提供给决策者。专家交互 Agent 则负责领域专家同系统的交互，专家利用它获得决策问题，再依据自己的知识和经验进行决策分析，提供决策方案。交互 Agent 应该具有较强的学习能力和适应能力，一旦建立，就要随时学习用户知识，了解用户处理问题的风格和特点，以便为用户提供个性化的服务，甚至能够独立地为用户处理一些问题。

(3) 决策处理 Agent

一个决策处理 Agent 中包含了一项决策方法以及该决策方法所需的知识。它从交互 Agent 那里获得决策问题，从信息 Agent 那里获得进行决策所需的信息与数据，执行过程中还可以接受管理 Agent 授权的领域专家的指导和帮助，执行完后得到的决策方案将发送给评估 Agent。决策 Agent 也可以进行知识学习，它的知识获取途径有两条：一是获得专家的决策知识；二是根据决策后的反馈信息调整内部参数。多个决策处理 Agent 还可以组成一个决策处理 Agent 组来处理更为复杂的决策问题，组内的各个 Agent 并行完成各自的决策任务。

(4) 评估 Agent

评估 Agent 负责保存由决策处理 Agent 或是由专家直接给出的决策方案，并利用相应的评价指标对各个方案进行评估选优，预测决策方案是否能得到预期的结果，最后再将各个决策方案及其评估结果通过交互 Agent 发送给各决策者，由决策者裁决最终的决策方案。

(5) 组合 Agent

组合 Agent 是一类利用已有决策方案形成新的决策方案的智能 Agent。这类 Agent 可以依照一定的规则，或是依据评估 Agent 做出的评估结论，自动地对决策处理 Agent 得到的决策方案进行调整和重组，一定程度上综合各个方案的优点，得到新的决策方案。同样，组合后的结果方案仍然要传递给评估 Agent 进行评估，甚至可以形成组合—评估—再组合这种重复演算的模式，以提高整个系统的智能化程度。

(6) 信息 Agent

信息 Agent 负责完成信息的采集和整理、数据挖掘与知识发现等工作。决策中的信息和数据的来源可以是用户、系统数据库或网络信息源。信息 Agent 可以监控环境信息的变化，及时根据变化更新信息的内容，正是这种数据信息的分布性以及采集过程的反复性，使得信息 Agent 比传统的信息处理技术更具有优势。

(7) 通信 Agent

通信 Agent 负责控制多个 Agent 间的通信与合作。它由通信协商器和通信规则管理器两部分构成。通信协商器主要用来为待求解的决策问题选择合适的、状态正常且具有相应能力的决策处理 Agent，因此通信协商器中必须存储有各个决策处理 Agent 的相关信息：包括能力、特征、知识、应用领域和约束条件等，并提供快速检索的手段。通信规则管理器主要用来确定在通信过程中各 Agent 之间的通信规则，监督和协调各 Agent 的行为活动，消除冲突和矛盾。通信规则管理器中应该存储有相应的通信规则，如规定某一 Agent 在什么时间、什么条件下可以同哪些 Agent 进行通信，通信的内容如何，通信的优先级如何，以及对通信的及时性有何要求，等等。

综上所述，一个基于 Agent 的决策支持系统的主要功能模块由上述各种类型的智能 Agent 共同组成，在大多数情况下，这些 Agent 都是分布在网络计算机上的，借助网络来完成通信。

11.2.2.2 基于智能 Agent 的决策支持系统的实现

基于 Agent 的决策支持系统是一个智能化的计算机人机交互系统，对它的设计和实现也是一个十分复杂的过程。一般来说，大致包括四个步骤：

(1) 任务分析

对决策问题按照自顶向下、由粗到精原则进行详细地分析，将其分解为若干子问题，再根据执行决策支持所需的要求设计一个具体的决策过程，包括处理每一个子问题的一系列有序的具体的执行步骤。

(2) 确定 Agent

根据决策过程，开发最适合完成给定任务的 Agent，也可以从软件商已开发的 Agent 软件包中选择合适的 Agent，选择的标准包括 Agent 能够解决问题的能力、执行任务的方式、执行时间、可靠性等。

(3) 定义 Agent 的行为

根据Agent的功能，指定Agent的身份、行为规则及通信协议等，包括相应的属性、方法和事件。

(4) 规定多个Agents间的协同与合作机制

即定义多个Agents间的通信机制以及同步协议等，控制器协调一致地进行工作，避免冲突和矛盾。

11.2.2.3 其他常用智能Agent

除了几类主要的智能Agent外，用于不同领域的决策支持系统还包含有具有不同用途的智能Agent。下面将分别讨论电子商务系统中的智能Agent技术，以及其他一些常用的智能Agent。

(1) 基于网络的决策支持系统中的智能Agent

基于网络的智能Agent技术为基于网络的决策支持系统提供了新的实现手段，其中应用的较多的智能Agent包括：

① 电子邮件Agent

电子邮件Agent可以监视用户日常发送电子邮件的行为，并且以场景—行为对的形式记录用户的每一次活动。当一个新的场景发生时，Agent将分析新场景的特征值，并向用户提出行动建议。Agent还要衡量建议的信心指数，如果信心指数高，则Agent就在用户的允许下执行建议；如果信心指数不高，则等待用户的指示。随着用户活动的不断增加，Agent的表现也不断地被完善。

② 网页浏览助手

有一些智能Agent可以充当用户浏览网页时的向导，例如：帮助用户寻找与当前页面相关的其他页面，针对用户的查询目的增加超链接，或是根据用户的兴趣偏好提出浏览建议。

③ 智能检索Agent（智能索引Agent）

这类智能Agent也被称为Web机器人或网络蜘蛛，常用于网络搜索引擎，它们一直在网络上游历，完成信息检索、知识发现、链接确认以及网页统计等任务。新一代的智能检索Agent将被用来完成对大型数据库和大量文档中的知识共享和知识获取。

(2) 电子商务系统中的智能Agent

总的来说，基于电子商务的智能Agent还不成熟。但也有一些较为成功的电子商务 Agent，用于帮助用户查询商品或服务的相关信息。

① 交易寻求者 Agent

这类 Agent 主要是帮助用户寻求某项商品的最低价格。但是这类 Agent 的实现必须要获得多个商品经销商的支持，而且用户在使用这类 Agent 之前必须先利用其他的智能 Agent 确定自己希望获得的是什么样的商品。

② 个人需求 Agent

这类 Agent 可以发现顾客的消费需求，并将需求与相应的产品和服务匹配起来。它们一般需要用户事先建立明确的兴趣偏好描述，如喜爱的电影、音乐、书籍或食品等，然后根据用户的偏好向用户推荐其喜爱的商品或服务，还可以将具有同样偏好的用户组织起来，形成相应的电子团体。这类 Agent 有助于市场分析者有效地预测顾客的消费走向，提供主动性服务，它还可以为广告商提供新的广告宣传形式，为不同的目标用户提供不同内容的广告条。

(3) 其他智能 Agent

除了上述的智能 Agent 外，在决策支持系统中，还有其他一些已经获得应用或是正在研究中的智能 Agent，下面是其中的几种：

① 工作流管理 Agent

这类 Agent 负责管理工作流的定义和运行。工作流管理 Agent 将捕获所有业务处理的活动步骤，并将它们用适当的方式（如图形对象）表示出来，用户可以通过在活动步骤间连线，定义活动间的关系和活动顺序，还可以制定活动规则。工作流被定义之后，Agent 就可以根据要求在适当的时机启动工作流，控制其自动执行，并检查执行结果，使工作处理过程具有更高的效率，减少了人工代理的成本和费用。

② 探查和提示 Agent

这类 Agent 主要用于发现电子邮件和新闻组中的有用信息。首先要由特定的用户制定探查信息的规则，确定电子邮件或新闻组的类型和范围等，然后由 Agent 根据规则反复地探查相应的电子邮件和新闻组,一旦发现了符合规则的新闻或信息,就将其提取出来,形成一个信息项。Agent 将多个依据统一规则提取的信息项集合在一起,形成一条具有标题和优先级的提示内容。当 Agent 对规定范围内的所有信息完成一轮探查后,就会将所产生的所有提示呈现给用户。

③ 常见问题回答(FAQ)Agent

这类 Agent 帮助人们寻找常见问题的答案。许多新闻组和技术群体都会建立自己常见问题文档。但由于人们在提问时采用的是自然语言,因此对同一个问题存在多种表述方式。这时智能 Agent 需要完成的任务就是为大量的 FAQ 文档建立索引,并提供接口,使用户可以用自然语言进行提问。智能 Agent 根据问题的内容寻找答案。由于常见问题的数目有限,而且问题的结构多为半结构化形式,所以这类 FAQ Agent 的可信度很高。

11.3 信贷决策支持系统案例分析

在前面的章节里,我们已经详细地介绍了关于各类决策支持系统的理论、方法和技术,本节将以大连某银行的贷款决策支持系统为例,帮助读者更进一步地了解决策支持系统在业务领域的实际应用价值和具体实现方法。该贷款决策支持系统运用了建模、知识表示、数据挖掘、多维数据分析、数据仓库等多项决策支持应用技术,是一个集综合性、智能性、应用性于一身的决策支持系统。

11.3.1 设计目的

贷款是银行的主营业务之一,也是银行经营风险的主要来源。错误的贷款决策将导致大量的呆账、死账,投资无法收回,银行效益下滑,甚至影响银行的生存与发展。为了及时识别和化解由贷款引起的经营风险,银行必须采取科学合理的信贷管理机制,提高贷款质量。信贷管理的内容包括:对贷款风险进行测定、追踪、调查和检查,以确定贷款企业的还款能力,预测贷款的安全性和效益性。评估贷款归还能力时应考虑的因素主要包括财务、非财务、现金流量与信用支持四个方面。其中,财务分析包括对企业的盈利能力、营运能力和偿资能力的分析;现金流量分析包括对企业过去的投资活动、经营活动、筹资活动的现金净流量的计算和分析,预测其现金流量未来状况。这两项构成了企业还款的第一来源,对它的分析和评价也是信贷决策中最重要、最复杂的工作。另外,对企业的租保、抵押等信用支持能力的分析构成了其还款的第二来源,再加上对法律责任、还款意愿等非财务因素的分析,就可以估算企业的还款能力及还款可能性的大小。

  银行的信贷管理是一个对信贷资产质量进行连续、反复评估的过程,也是一个复杂繁琐的过程,这就要求计算机系统能对整个贷款过程进行自动化管理,以节省人力和物力,同时提供有效的分析和预测支持工具,帮助解决人工难以完成的业务难题。以往的许多贷款管理系统,主要以提供账务的记录、存储和管理等功能为主,贷款决策仅作为结果存储在系统中,不能实现对贷款决策过程的支持,只能属于信息管理系统的范畴,这远远不能满足用户利用计算机系统辅助科学贷款决策制定的需求。因此在新的贷款决策支持系统中,除了计息、预警、报表打印、合同管理和相关统计等常备功能外,还应该致力于信贷业务过程的系统化、规范化和科学化,突出对信贷风险的智能化分析预测能力,准确反映企业财务、经营状况的历史轨迹和未来趋势,为贷款决策提供可靠依据。

11.3.2 功能需求分析 ●

  贷款包括申请、调查、审批、发放、回收、不良贷款处理等一系列环节。贷款决策支持系统从贷款所涉及的各项业务出发,围绕信贷业务、信贷分析、贷款决策等方面对各种数据进行采集、加工、汇总、分析和预测,全面、及时、准确地了解贷款企业的经营状况和财务状况,同时跟踪贷款的各种行为,为银行的贷款决策提供科学依据。具体来说,贷款决策支持系统应具有如下功能:

(1) 数据录入

包括对企业的自然状况、社会状况、贷款申请情况以及企业的各种财务报表（如资产负债表和损益表等）的录入，录入的数据和信息应尽可能全面、详细和准确，以便完整准确地反映企业状况。录入的数据存储在系统数据库中以备整理和分析。

(2) 数据查询

包括对各种类型数据的查询，为用户提供多种查询手段，允许用户自定义查询条件、查询范围、结果排序方法等；同时允许用户保存所定义的查询和打印输出查询结果。查询内容主要包括企业资料查询、贷款申请查询、财务报表查询、信用等级查询、风险度查询、风险分类查询等。

(3) 数据分析

贷款决策支持系统应提供强大的数据分析功能，这也是它与一般贷款管理系统的区别所在。数据分析包括对企业财务比率的分析、现金流量的分析、信用等级评定、风险度测算以及企业间的比较和分析等，通过多种手段，多方面地反映企业状况的变化趋势。

(4) 账务管理

通过对相关账务的操作和管理实现对各种贷款业务过程的支持，包括贷款的发放、回收、计息、风险分类等。另外还提供对银行整体贷款结构的分析工具，如对各类贷款所占比例进行统计，对各贷款企业进行比较，分析和预测贷款形势等。

(5) 报表处理

报表处理是银行业务极为重要的部分，贷款决策支持系统应该利用电子表格技术，实现对报表的操作，提供数据导入导出、数据格式变换、公式计算、图表生成、报表打印输出等功能。同时允许用户自行定义报表的格式和输出方式，并允许报表模板的定义与保存。

(6) 良好的用户支持

用户支持是任何一个计算机人机系统都必不可少的部分，尤其是对于决策支持系统。贷款决策支持系统的目的和功能决定了其操作复杂程度要高于一般的信息管理系统，操作人员必须具有较高的业务领域知识和计算机应用能力。因此该系统必须提供更好的用户支持方案，帮助用户尽快地熟悉系统操作，充分发挥系统各部分的利用价值。例如，提供简洁清晰的用户界面和详尽的用户帮助，必要时显示用户提示等。

(7) 系统维护

信贷决策支持系统还应该提供用户自定义系统的多项功能，包括对各个部分的参数定义，对计算公式、模板、科目等内容的修改以及对模型、知识、方法的增删。

整个信贷决策支持系统应充分考虑到贷款的实际操作过程，按贷前审查考评、贷中管理分析、贷后跟踪调查三个阶段规划设计系统，全面跟踪贷款的各种行为，保证决策分析过程的连贯性和完整性，强调决策分析方法的科学性，以及决策分析过程中的人机交互性和系统的自适应性。

11.3.3 模块设计

该贷款决策支持系统的功能结构如图11-2所示。它以数据仓库和数据挖掘技术为基础，以五大功能模块为主体。这五大模块分别是：数据输入模块、基础库模块、数据分析模块、决策分析模块和人机交互模块。

(1) 数据输入模块

数据输入模块提供数据录入功能。信贷决策支持系统中的数据属于多源数据，即数据来自于多个相关系统，例如，柜台业务系统、办公自动化系统、各下属机构的账目管理系统等。另外还存在大量需要业务人员手工输入的新的企业数据。因此数据输入模块包括两个部分：一是各种数据自动转换程序，用于将各个相关系统中的数据转化为决策支持系统可以接受的格式，并通过文件或网络导入系统；二是手工录入程序，它与人机交互界面相互作用，辅助用户录入企业的各种状况信息、贷款申请情况以及财务报表。录入数据时，尤其是录入财务报表时，用户可以根据企业的状况、行业的特点使用相应的模板，依报表模板录入数据，同时系统对数据的合

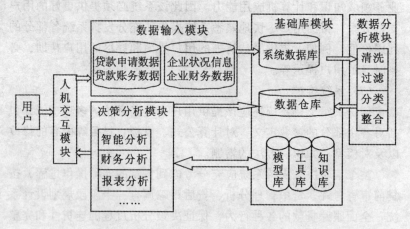

图 11-2 信贷决策支持系统的功能结构

法性、一致性进行校验,对财务报表进行平衡关系检查。用户也可以命令系统调用解析公式算法,自动产生相关报表。

(2) 基础库模块

基础库模块包括系统所需的各类数据库、模型库、知识库、工具库以及数据整合后形成的数据仓库。

数据库中的数据即是数据输入模块输入的数据,主要包括银行贷款数据和企业数据两类。这些数据经过数据分析模块处理后,以多维数据的形式按主题保存在数据仓库中,同时保存相应的维度和事实表。这些数据可供决策分析工具调用,产生决策分析结果,输出给用户以支持决策。

(3) 数据分析模块

数据分析模块利用数据挖掘和知识发现技术先对数据库里的数据进行清洗、过滤、分类、整合,再提取用户感兴趣的知识存入数据仓库中。这些知识一般都是隐式的,是蕴含在已有数据中但并没有被发现的潜在的有用信息。提取的知识表示为概念、规则、规律、模式等形式。

(4) 决策分析模块

决策分析模块是信贷决策支持系统中最重要的功能模块。其工作过程是：用户首先通过人机接口定义分析选项，如企业名称、时间段、分析项目、分析方式、分析条件、结果输出方式和格式等。决策分析模块根据用户定义的选项，查询相关的企业资料数据库，确定企业数据和分析主题。根据主题访问数据仓库，产生用户分析多维报表，其间可调用数据分析工具对数据进行分析。再从工具库中取出计算公式进行统计计算，产生相应的报表，如现金流量报表等。基于这些报表，决策分析模块再访问模型库，选择合适的分析预测模型进行决策分析，分析结果送到人机交互系统，按照用户需要的形式输出。用户也可以根据输出结果，提出新的要求和问题，启动下一个辅助决策过程，如此循环至用户产生满意的决策为止。由此可见，决策分析模块调动了系统内的其他模块联合工作，是信贷决策支持系统的核心模块。

(5) 人机交互模块

从上面的分析可以看出，决策分析过程是人和机器互动的过程，人机配合的好坏，很大程度上影响了决策结果的优劣。信贷决策支持系统中的人机交互模块主要完成的功能有：贷款决策数据的录入和查询，用户关于决策分析和业务处理的命令的输入，数据报表和分析结果的输出以及用户对系统的维护操作等。为了方便用户使用，该人机交互模块将所有计算机术语和数据代码通过企业资料、模板、科目字典、公式等解释为业务术语，帮助用户理解和定义。操作上支持为用户习惯的剪切、复制、粘贴等技术，利用树形层次结构显示账务信息，便于用户的浏览和比较。允许用户自定义查询条件，自定义报表格式和打印形式，支持多种所见即所得的打印方式。在数据分析和决策分析的过程中，采用选择方式提示用户定义分析条件，提供图表或图形等多种结果显示方式，并且支持用户随时对决策问题、决策过程、决策结果进行调整和补充。另外，用户可以随时调用帮助文件，获得系统帮助信息。

11.4　决策支持系统的发展趋势

回顾决策支持系统应用发展历程，大致可以归结为以下几个阶段：

(1) 20 世纪 70 年代初期是决策支持系统的起步时期，主要目的是实现辅助管理者解决半结构化问题，主要标志是利用交互技术完成管理任务。

(2) 20 世纪 70 年代中、后期的决策支持系统主要是帮助管理者做出判断和决策，强调的是支持而不是决策过程的管理。

(3) 20 世纪 70 年代末到 80 年代初，决策支持系统已获得了较为广泛的应用，并开始与运算学、决策科学等学科的理论和技术结合起来，此时的决策支持系统主要注重提高决策的"有效性"而不是"效率"。

(4) 20 世纪 80 年代中期，决策支持系统的应用性更强，功能更多，尤其是人工智能思想方法渗透到决策支持系统领域，出现了决策支持系统与专家系统的集成系统。此时的决策支持系统更加注重系统的柔软性。

(5) 20 世纪 90 年代以后的决策支持系统更加注重各种技术的综合运用，强调系统模型的自组织管理、系统的动态适用性以及人机交互的友好性。

决策支持系统的发展趋势主要是由决策环境的变化和科学技术的进步来驱动的。而决策支持系统进一步发展的动力主要包括以下几个方面：

(1) 计算机高速并行处理能力

高级计算机研究的一个主要目标是实现高速并行处理，即在同一时间内有多个进程在同时运行。这在快速求解决策问题时是非常有用的，例如，在求解某个非结构化和半结构化决策问题时，首先对问题进行分解，即将一个大而复杂的问题系统划分成多个相互之间具有独立性的求解较为简单的子问题系统。通过这种分解之后，求解一个大问题就转变成为求解多个子问题，再为计算机中多个紧密结合的并行处理单元模块和存储模块分配算法和资源，使它们同时并行处理各个子系统。这样，很大、很复杂的问题也能够利用计算机系统快速求解。

(2) 人工神经网络的出现

人工神经网络是指由大量人工处理部件在内部广泛互连而成的可训练网络，它以现代神经网络科学的研究成果为基础，模拟人脑思维功能的基本特征。由此而设计的神经网络计算机是一种新型的信息处理机，它模仿人脑的非算法信息处理方式，按照人脑的工作模式进行工作。在神经网络计算机上的信息系统可以多维地、并行地进行推理操作，不但速度快，而且能求解目前的计算机还无法解决的复杂问题。

(3) 多媒体技术的进一步发展

多媒体技术的进一步发展使计算机具有更强的声音、文字、图形、图像以及视频的综合处理能力。尤其是分布式多媒体技术的出现，将通信的分布性与多媒体的综合性和交互性相结合，从而产生一些新的信息产业，包括多媒体电子邮件、数字电子报刊、多媒体会议系统等，这些多媒体技术为决策支持系统提供了新的工具和手段。

(4) 相关学科的最新研究成果

随着决策支持系统应用领域的不断拓宽，与之结合的相关学科知识也越来越多，这些学科领域的最新研究成果也反过来促进了决策支持系统的发展。这些学科包括：管理科学、行为科学、美学、认识心理学、发展心理学、社会心理学、机器学习、对策论等。这些学科与决策支持技术相互交叉、相互影响、相互渗透，带来决策支持系统在某些重要方向的发展。

新的技术进步带来决策支持系统的研究和开发在深度和广度两个方向上不断扩展。深度上的扩展是指决策支持系统自身技术的发展，包括硬件环境和软件环境的变换带来的决策支持系统结构和功能上的根本性的变化。例如，新一代人工智能技术、多媒体技术、网络通信技术的发展带来的决策支持系统支持效率的大幅度提高和人机交互手段的多样化。广度上的扩展是指决策支持系统应用范围的扩宽，由此产生了更新、更多的应用决策支持系统。本书中所介绍的智能决策支持系统、群体决策支持系统、基于网络的决策支持系统、主管决策支持系统、多 Agent 决策支持系统，都是决策支持技术在广度上扩展的结果。可以预见，未来的决策支持系统将以多领域、多层次的形式全方位展开。

预计在将来的一段时间里将迅速发展并获得广泛应用的决策支持系统有：

(1) 决策支持中心（DSC—Decision Support Center）

指一个由了解决策环境的信息系统专家组成的决策支持小组，形成具有先进信息技术的决策支持核心。DSC 通常被设置在与上层管理机构十分接近的位置，以便及时提供决策支持，以支持上层管理机构制定紧急决定和重要决策的需要。DSC 的研究是今后决策支持系统研究的重要课题。

(2) 战略决策支持系统（SDSS—Strategic Decision Support System）

指用于支持战略研究和管理的决策支持系统，它将对上层管理机构和公司产生实质性的影响，它也是一个大家公认的重要而有意义的研究课题。

(3) 管理支持系统（MSS—Management Support System）

管理和决策是企业运作中密不可分的两个要素。决策是管理活动的核心。管理支持系统是支持管理活动全过程的决策支持系统，包括支持管理过程中的具体执行过程和反馈过程。它包括规划、控制、执行等几个层次，能给管理层提供管理控制的运用和战略规划的原始数据。管理支持系统也是决策支持系统的重要研究方向。

(4) 基于人工神经网的决策支持系统

基于人工神经网的决策支持系统是人工智能技术的新成果与决策支持系统结合的产物。而人工神经网系统是对人类大脑结构的模拟，使决策支持系统以类似于人脑的方式"思考"和处理决策问题，使其具有更高的智能化程度。例如，将人工神经网技术的研究结果应用于用户界面设计，可以实现手写输入、语音识别和语音合成等新的输入输出功能，并使用户与系统间的自然语言交互成为可能。在数据检索方面，通过分布记忆组织和联想记忆算法的神经网可以实现对非结构化信息的查询，数据按分布式格式分散于神经网中，用户利用模式识别检索数据，不需要定义严格的查询语句。另外，一些用于解决具体决策问题的神经网系统可以以模型的形式存放于决策支持系统的模型库中。

(5) 综合决策支持系统

单一的决策支持系统往往只能解决一个领域或一个方面的问题，而随着决策环境的日益复杂，各领域相关性、交叉性的不断提高，单一的决策支持系统往往难以胜任综合性的决策处理任务，因此，将各类决策支持技术集成，提供综合型决策支持工具就成为决策支持系统的一个发展趋势。将数据仓库、数据挖掘、在线联机分析、模型库、专家系统、分布式网络等技术集为一身的综合决策支持系统，除了在问题求解过程中完成不同的任务以外，各技术之间还可以相互支持，如利用专家系统增强系统的建模和数据管理功能，利用分布式网络支持构造数据仓库和专家系统，实现对数据和知识的获取。

参考文献

1 陈文伟. 决策支持系统及其开发（第2版）. 北京：清华大学出版社, 2000

2 孟波. 计算机决策支持系统. 武汉：武汉大学出版社, 2001

3 黄梯云. 智能决策支持系统. 电子工业出版社, 2001

4 俞瑞钊, 陈奇. 智能决策支持系统实现技术. 杭州：浙江大学出版社, 2000

5 陈晓红. 决策支持系统理论和应用. 北京：清华大学出版社, 2000

6 高洪深. 决策支持系统（DSS）理论·方法·案例. 北京：清华大学出版社, 1996

7 史忠植. 知识发现. 北京：清华大学出版社, 2002

8 Han, J., Kamber, M. 著, 范明, 孟小峰等译. 数据挖掘——概念与技术. 北京：机械工业出版社, 2001

9 范玉顺, 曹军威. 多代理系统理论、方法与应用. 北京：清华大学出版社, 2002

10 马芸生, 杜俊俐. 决策支持系统与智能决策支持系统. 北京：中国纺织出版社, 1995

11 陈景艳等. 决策支持系统. 成都：西南交通大学出版社, 1995

12 刘晶珠. 决策支持系统导论. 哈尔滨：哈尔滨工业大学出版社, 1990

13 李书涛. 决策支持系统原理与技术. 北京：北京理工大学

出版社,1996

14 周广声等. 信息系统工程原理、方法及应用. 北京:清华大学出版社,1998

15 黄梯云. 管理信息系统. 北京:电子工业出版社,1995

16 李伟华. 多媒体群体决策支持系统理论方法应用. 西安:西北工业大学出版社,2001

17 Schneider, G. P. 著,成栋,李进,韩翼东等译. 电子商务. 北京:机械工业出版社,2000

18 Elsenpeter, R. C., Velte, T. J. 著,前导工作室译. 电子商务技术指南. 北京:机械工业出版社,2001

19 许兆新,周双娥,郝燕玲. 决策支持系统相关技术综述. 计算机应用研究,2001(2)

20 张素萍. 浅谈基于数据仓库的决策支持系统. 计算机应用研究,1999(5)

21 胡彬华等. 基于构件方法在智能决策支持系统中的应用. 计算机应用研究,2002,19(4)

22 赵会群,鄢仁祥,高远. 基于组件技术的 DSS 模型设计与实现. 计算机工程,2000(8)

23 郭朝珍,康延东. 群决策支持系统通信部件的研究与实现. 软件学报,2000(3)

24 毛海军,唐焕文. 基于 Agent 的决策支持系统研究. 计算机工程与应用,2001(15)

25 张家生,赵会群. 基于组件的决策支持系统模型设计与实现,计算机应用,2002(2)

26 张发,赵巧霞,吴伟. 决策支持系统界面智能体研究. 计算机工程,2002(3)

27 李桢,倪天倪. 基于 Agent 的智能决策支持系统模型的研究及应用. 计算机工程,2002(5)

28 孙华梅,柴守平,黄梯云. 决策支持系统中的数据析取问题研究. 情报学报,2003(2)

29 王宗军等. 面向对象的智能模糊综合评价决策支持系统实现方法. 计算机工程与应用, 2003 (12)

30 刘静, 杨作慎. 群决策支持系统一致性问题的处理算法. 系统工程与电子技术, 2000 (6)

31 宋培义, 贾阳. 互联网决策支持系统应用方案. 北京广播学院学报（自然科学版）, 2002 (1)

32 琚春华. 基于 Internet 的群体决策支持系统研究与应用. 系统工程理论与实践, 2001 (2)

33 Mallach, E. G. *Decision Support and Data Warehouse Systems*. New York: McGraw-Hill Companies, 2000

34 Turban, E., Aronson, J. E. *Decision Support Systems and Intelligent Systems*, 5th ed. New Jevsey: Prentice Hall, 1998

35 Clemen, R. T. *Making Hard Decision — An Introduction to Decision Analysis*, 2nd ed. Belmont: Duxbury, 1997

36 Clemen, R. T., Reilly, T. *Making Hard Decisions with Decision Tools*. Belmont: Duxbury, 2000

37 Han J., Kamber, M. *Data Mining: Concepts and Techniques*. San Francisco: Morgan Kaufmann Publishers, 2001

38 Sage, A. P. *Decision Support System Engineering*. A Wiley-Interscience Publication. New York: John Wiley & Sons, Inc. 1991

39 Awad, E. M. *Building Expert Systems: Principles, Procedures, and Applications*. Mineapolis/St. Paul: West Publishing Company, 1996

40 Mesarovic, M. D., McGinnis, D. L. and West, D. A. *Cybernetics of Global Change: Human Dimension and Managing Complexity*. UNESCO, 1996

41 Van Hee, K. M. *Information Systems Engineering*. Cambridge UP, 1994

42 Gray, P. *Decision Support and Expert Systems*. Englewood

Cliffs, New Jersey: Prentice Hall, 1994

43 Watson, H. J., Houdeshel, G. and R. K. Rainer, Jr. *Building Executive Information System and Other Decision Support Applications*. New York: Wiley, 1997

44 Kleindorfer, P. R., Kunreuher, H. and Schoemaker, P. J. H. *Decision Sciences: An Integrative Perspective*. Cambridge, UK: Cambridge University Press, 1993

45 Holesapple, C. W., Whinston, A. B. *Decision Support Systems: A Knowledge-based Approach*. Minneapolis/St. Paul: West Publishing Company, 1996

46 Inmon, W. H. *Building the Data Warehouse*, 2nd ed. New York: Wiley, 1992

47 Sprague, R. H., Watson, H. J. *Decision Support Systems*, 4th ed. Englewood Cliffs, New Jersey: Prentice Hall, 1996

48 Olson, D. L., Courtney, J. F. *Decision Support Models and Expert Systems*. New York: Macmillan, 1992

49 Parsaye, K., Chignell, M. *Intelligent Database: Object-oriented, Deductive Hypermedia Technologies*. New York: Wiley, 1993

50 Poe, V. *Building a Data Warehouse for Decision Support*. Upper Saddle River, New Jersey: Prentice Hall, 1996

51 Mockler, R. J. *Computer Software to Support Strategic Management Decision Making*. New York: Macmillan, 1992

52 Jessup, L. M., and J. S. Valacich. *Group Support Systems: New Perspectives*. New York: Macmillan, 1993

53 Lloyd, P. *Groupware in the 21st century*. London: Adamantine Press Limited, 1994

54 Coleman, D., R. Khanna. *Groupware: Technology and Applications*. Upper Saddle River, New Jersey: Prentice Hall, 1995

55 Dhar, V., Stein, R. *Intelligent Decision Support Meth-*

ods: *The Science of Knowledge*. Upper Saddle River, New Jersey: Prentice-Hall, 1997

56　Angehrn, A. A., Jelassi, T. *DSS Research and Practice in Perspective*. Decision Support Systems, Vol. 12, No. 4, 1994

57　Arinze, B., Banerjee, S. *A Framework for Effective Data Collection, Usage and Maintenance of DSS*. Information and Management, Vol. 22, No. 4, 1992

58　Arinza, B. *A Contingency Model of DSS Development Methodology*. Journal of MIS, Vol. 8, No. 1, 1991

59　Belardo, S., Harrald, J. *A Framework for the Application of Group Decision Support Systems to the Problem of Planning for Catastrophic Events*. IEEE Transactions on Engineering Management, Vol. 39, No. 4, 1992

60　Belton, V., Elder, M. D. *Decision Support Systems: Learning from Visual Interactive Modeling*. Decision Support Systems, Vol. 12, No. 4, 1994

61　Binbasioglu, M. *Process-based Re-constructive Approach to Model Building*. Decision Support Systems, Vol. 12, No. 2, 1994

62　Bieber, M. *Automating Hypermedia for Decision Support*. Hypermedia, Vol. 4, No. 2, 1992

63　Bidgoli, H. *A New Productivity Tool for the '90s: Group Support Systems*. Journal of Systems Management, Vol. 47, No. 4, 1996

64　Biever, M. *On Integrating Hypermedia into Decision Support and Other Information Systems*. Decision Support Systems, Vol. 14, No. 3, 1995

65　Bhargava, H., Power, D. J. *Decision Support Systems and Web Technologies: A Status Report*. Proceedings of the 2001 Americas Conference on Information Systems, Boston, MA, 2001

66　Buckley, S. R., Yen, D. *Group Decision Support Systems: Concerns for Success. The Information Society, Vol. 7, No. 2, 1990

67　Bort, J. *Data Mining's Midas Touch*. InfoWorld, Vol. 18, No. 18, 1996

68　Chau, P. Y. K., Bell, P. C. *A Visual Interactive Decision Support System to Assist the Design of a New Production Unit*. INFOR, Vol. 34, No. 2, 1996

69　Chang, A., Holsapple, C. W. and Whinston, A. B. *A Hyperknowledge Framework of DSS*. Information Processing and Management, Vol. 30, No. 4, 1994

70　Chen, H. *An Inventory Decision Support System Using the Object-oriented Approach*. Computers & Operational Research, Vol. 23, No. 2, 1996

71　Holsapple, C. W. *Knowledge Management Support of Decision Making*. Decision Support Systems, Vol. 31, No. 1, 2001

72　Carlsson, C., Turban, E. *Decision Support Systems: Directions for the Next Decade*. Decision Support Systems, Vol. 33, No. 2, 2002

73　Dennis, A. R., Wheeler, B. C. *Groupware and the Internet: Charting a New World*. Proceedings of the Thirtieth Annual Hawaii International Conference on Systems Sciences, Wailea, HI, 1997

74　Dolk, D. R. *An Introduction to Model Integration and Integrated Model Environment*. J. of Decision Support Systems, Vol. 10, No. 3, 1993

75　Donovan, J. J., Madnic, S. E. *Institutional and adhoc DSS and Their Effective Use*. Database, Vol. 8, No. 3, 1997

76　Edelstein, H. *Mining Data Warehouses*. Information Week, Jan, 1996

77　Eierman, M. A., Niederman, F. and Adams, C. *DSS*

Theory: *A Model of Constructs and Relationships*. Decision Support Systems, Vol. 14, No. 1, 1995

78 Er, M. C., Ng, A. C. *The Anonymity and Proximity Factors in GDSS*. Decision Support Systems, Vol. 14, No. 1, 1995

79 Eom, S. B. *DSS Research: Reference Disciplines and a Cumulative Tradition*. Omega, Oct, 1995

80 Fjermestad, J., Hiltz, S. R. *Experimental Studies of Group Decision Support Systems: An Assessment of Variables Studied and Methodology*. Proceedings of the Thirtieth Annual Hawaii International Conference on Systems Sciences, Wailea, HI, 1997

81 James, F. Courtney. *Decision Making and Knowledge Management in Inquiring Organizations: Toward a New Decision-making Paradigm for DSS*. Decision Support Systems, Vol. 31, No. 1, 2001

82 Jurvis, J. *Standard Object Modeling*. Information Week, Sept, 1996,

83 Hatcher, M. *A Tool Kit for Multi-media Supported Group/Organizational Decision Systems*. Decision Support Systems, Vol. 15, No. 3, 1995

84 Hwang, M. I. H., Wu, B. J. P. *The Effectiveness of Computer Graphics for Decision Support: A Meta Analytical Integration of Research Findings*. Data Base, Vol. 21, No. 3, 1990

85 Holsapple, C. W., Johnson, L. E., Manakyan, H. and Tanner J. *The Empirical Assessment and Categorization of Journals Relevant to DSS Research*. Decision Support Systems, Vol. 14, No. 4, 1995

86 Ito, T. Shintani, T. *Utility Revision in a Java-based Group Decision Support System*. In the Proceedings of the 5th Pacific Rim International Conference on Artificial Intelligence (PRICAI'98) Workshop on Java-based Intelligent Systems, 1998

87 Ghafoor, A. *Multimedia Database Management Decision Systems*. ACM Computing Surveys, Vol. 27, No. 4, 1995

88 Goul, M., Henderson, J. C. and Tonge, F. *The Emergence of AI as a Reference Discipline for Decision Support Systems Research*. Decision Sciences, Vol. 23, No. 6, 1992

89 Giaoutzi, M., Nijkamp, P. *Decision Support Models for Regional Sustainable Development*. Avebury, Aldershot, UK, 1993

90 Lewinson, L. *Data Mining: Intelligent Technology Gets Down to Business*. PC AI, Nov./Dec, 1993

91 Mesarovic, M., Chen, X. *A Formal Representation of DSS Generator*. Accepted by Spring-Verlag, 1997

92 Meszaros, C., Rapcsak, T. *On Sensitivity Analysis for a class of Decision Systems*. Decision Support Systems, Vol. 16, No. 3, 1996

93 McFdden, F., Watson, H. J. *The World of Data Warehousing: Issues and Opportunities*. Journal of Data Warehousing, Vol. 1, No. 1, 1996

94 Ngwenyama, O. K., Bryson, N. and Mobolurin, A. *Supporting Facilitation in Group Support Systems: Techniques for Analyzing Consensus Relevant Data*. Decision Support Systems, Vol. 16, No. 2, 1996

95 Takahara, Y., Iljima, J. and Shiba, N. *A Model Management System and Its Implementation*. Systems Science, Vol. 19, No. 3, 1996

96 Takahara, Y. Chen, X. *Technological Support for EUD-Comparison Between Conventional Method and actDSS Method*. J. of Japan Society of OA Studies, Vol. 17, No. 2, 1996

97 Turban, E., Chi, R. *Distributed Intelligent Executive Information System*. Decision Support Systems, Vol. 14, No. 12, 1995

98 Takahara, Y., Songkhla, A. N. and Chen, X. *An Approach to Middle Range Decision Support System Development in Order-Organization-Oriented Context*. J. of Japan Society of OA Studies, Vol. 17, No. 2, 1996

99 Takahara, Y., Shiba, N. *Systems Theory and Systems Implementation—Case of DSS*. Proceedings of the CAST Conference, Ottawa, 1994

100 Tavana, M., Banerjee, S. *Strategic Assessment Model (SAM): A Multiple Criteria Decision Support System for Evaluation of Strategic Alternatives*. Decision Sciences, Vol. 26, No. 1, 1995

101 Tung, L. L., Turban, E. *Distributed GDSS: A Framework for Research*. Proceedings of the Twenty-eighth Annual Hawaii International Conference on Systems Sciences, Wailea, HI, 1995

102 Sankar, C. S., Ford, F. N. and Bauer, Michael. *A DSS User Interface Model to Provide Consistency and Adaptability*. Decision Support Systems, Vol. 13, No. 1, 1995

103 Saxena, K. B. C. *DSS Development Methodologies: A Comparative Review*. Proceedings of the Twenty-fifth Annual Hawaii International Conference on System Sciences. Los Alamitos, CA: IEEE Computer Society Press, 1992

104 Silverman, B. *Knowledge-based Systems and the Decision Sciences*. Interfaces, Nov./Dec, 1995

105 Serafini, P., Speranza, M. G. *A Decomposition Approach in a DSS for a Resource Constrained Scheduling Problem*. European J. of Operational Research, Vol. 79, 1994

106 Schoemaker, P. H. *Scenario Planning: A Tool for Strategic Thinking*. Sloan Management Review, 1995, Winter

107 Sodhi, M. S. *Development of a DSS for Fixed—Income Securities Using OOP*. Interfaces, March/April, 1996

108　Bui, T., Lee, J. *An Agent-based Framework for Building Decision Support Systems*. Decision Support Systems, Vol. 25, No. 3, 1999

109　Karacapilidis, N. *Integrating New Information and Communication Technologies in a Group Decision Support System*. International Transactions in Operational Research, Vol. 7, No. 6, 2000

110　Wang, K., Chien, C. *Designing an Internet-based Group Decision Support System*. Robotics and Computer-Integrated Manufacturing, Vol. 19, No. 1-2, 2003

111　http://202.107.127.122/ncourse/glxxxt/index/index.htm

112　http://www.ctiforum.com/resource/columns/tiantx.htm

113　http://dssresources.com/history/dsshistory.html